21世纪高等学校系列教材

RELI SHEBEI
ANZHUANG YU JIANXIU

热力设备安装与检修

（第二版）

主编　李润林　孙为民
参编　陈祖源　阮　涛　张文革

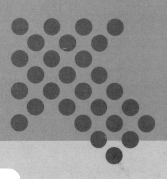

中国电力出版社
CHINA ELECTRIC POWER PRESS

内 容 提 要

本书是根据21世纪高等学校能源与动力工程专业"热力设备安装与检修"课程教学大纲编写的,全书共分十章,主要讲述火力发电厂汽轮机、锅炉本体和主要辅机的安装与检修工艺,对安装与检修施工组织、常用测量工具及起重设备等内容也做了简要介绍。

本书可作为能源动力类专业的学历教育教材,也可作为相关科技人员的参考用书。

图书在版编目(CIP)数据

热力设备安装与检修/李润林,孙为民主编. —2版. —北京:中国电力出版社,2015.8(2024.6重印)
21世纪高等学校规划教材
ISBN 978-7-5123-8070-7

Ⅰ.①热… Ⅱ.①李…②孙… Ⅲ.①热力系统-设备安装-高等学校-教材②热力系统-设备-检修-高等学校-教材 Ⅳ.①TK17

中国版本图书馆CIP数据核字(2015)第163285号

中国电力出版社出版、发行
(北京市东城区北京站西街19号 100005 http://www.cepp.sgcc.com.cn)
北京雁林吉兆印刷有限公司印刷
各地新华书店经售

*

2006年8月第一版
2015年8月第二版 2024年6月北京第十八次印刷
787毫米×1092毫米 16开本 20.5印张 502千字
定价 42.00元

版 权 专 有 侵 权 必 究
本书如有印装质量问题,我社营销中心负责退换

前 言

本书是根据21世纪高等学校能源与动力工程专业的"热力设备安装与检修"课程教学大纲编写的，全书共分十章，主要讲述火力发电厂汽轮机、锅炉本体和主要辅机的安装与检修工艺，对安装与检修施工组织、常用测量工具及起重设备等内容也做了简要介绍。

目前，我国热力设备的种类、型号较多，其检修工艺也因经验和地区不同而有差异，本书仅就部分典型热力设备和一些通用件的检修工艺进行阐述，供教学中使用。

参加本书编写的有山西大学李润林（编写第一、二、四、八各章）、郑州电力高等专科学校孙为民（编写第三章部分内容和第五、六章）、山西大学张文革（编写第七、十章）、武汉电力职业技术学院陈祖源（编写第三章部分内容）、郑州电力高等专科学校阮涛（编写第九章），全书由李润林、孙为民主编，并负责全书的修订工作。

本书由山东电力研究院高炳庆高工担任主审，编写过程中，武汉电力职业技术学院陈彦青老师提供了部分参考资料，编者表示衷心的感谢。

限于水平，书中难免存在不妥之处，恳切希望读者批评指正。

编 者
2015年6月

目 录

前言

第一章 热力设备安装与检修概论 ... 1
第一节 热力设备安装施工组织准备与管理 ... 1
第二节 设备的检修管理制度 ... 13
第三节 安装与检修的测量工具 ... 18

第二章 起重 ... 25
第一节 起重索具 ... 25
第二节 常用的起重机具 ... 36
第三节 起重机械 ... 42

第三章 转子测量工艺及按靠背轮找中心 ... 48
第一节 转子测量 ... 48
第二节 转子按靠背轮找中心 ... 54
第三节 两转子三轴承按靠背轮找中心 ... 63

第四章 转子找平衡 ... 66
第一节 刚性转子的不平衡类型及平衡原理 ... 66
第二节 转子找静平衡 ... 68
第三节 刚性转子的低速动平衡 ... 70
第四节 刚性转子的高速动平衡 ... 74

第五章 汽轮机本体及主要辅助设备的安装 ... 83
第一节 基础验收、台板和轴承座安装 ... 83
第二节 汽缸安装 ... 91
第三节 轴承的安装 ... 98
第四节 转子的安装 ... 103
第五节 隔板、汽封及通流部分间隙的检查及调整 ... 106
第六节 汽轮机扣大盖 ... 114
第七节 汽轮机辅助设备的安装 ... 118

第六章 汽轮机本体及主要辅助设备的检修 ... 130
第一节 汽缸检修 ... 130
第二节 隔板（或静叶环、持环）与汽封的检修 ... 140

  第三节 转子的检修 146
  第四节 轴承检修 152
  第五节 汽轮机调节、保安油系统检修 159
  第六节 汽轮机辅助设备检修 164
第七章 锅炉本体及主要辅助设备安装 171
  第一节 锅炉设备安装概述 171
  第二节 锅炉钢架的安装 177
  第三节 锅炉受热面的安装 189
  第四节 燃烧器的安装 213
  第五节 汽包及下降管的安装 217
  第六节 锅炉大件就位后的找正和拼缝 221
  第七节 锅炉主要辅助设备安装 223
  第八节 锅炉的启动准备及试运行 245
第八章 锅炉本体及主要辅助设备的检修 262
  第一节 锅炉本体主要部件的检修 262
  第二节 磨煤机的检修 265
  第三节 离心式风机的检修 275
第九章 发电机安装 278
  第一节 发电机本体的主要结构 278
  第二节 发电机安装前的准备工作 281
  第三节 发电机定子安装 282
  第四节 发电机转子安装 287
  第五节 发电机间隙的调整 290
第十章 管道与阀门的安装与检修 293
  第一节 管道的规范 293
  第二节 管子 294
  第三节 管道附件 299
  第四节 管道安装、维护及检修 302
  第五节 阀门的分类及构造 306
  第六节 阀门检修 317
参考文献 321

第一章 热力设备安装与检修概论

第一节 热力设备安装施工组织准备与管理

在电厂热力设备的安装工作中,施工前的各项准备工作是优质、高效地建设电站的主要环节。为了保证建设工程顺利地建成投产,应预先对施工前的工作做好全面的规划和充分的准备。由于电力建设工程具有规模大、人员多、专业工种交叉作业频繁、工期紧等特点,做好施工组织设计更显得非常重要。

施工组织设计应当具有科学性、先进性、实用性、群众性,务求切合实际,易为施工人员所掌握。在编制施工组织设计前,首先应根据批准的计划文件和设计文件,搜集资料,进行调查研究。搜集的资料一般包括选址报告,厂区测量报告,厂区水文、地质、地震和气象资料,设计图纸和设备交付进度,施工现场交通运输能力,地方材料质量及供应情况,地方企业的制造加工能力,施工用电源、水源和通信设施可能的供应方法,生活物资的供应情况,等等。编制施工组织设计时,应在对搜集的资料进行充分调查研究的基础上,对本工程的性质、特点、工程量、工作量以及企业的主客观条件进行综合分析,并且遵循以下原则:

(1) 符合国家计划建设期限和技术经济指标要求。

(2) 遵循基本建设程序,切实抓紧时间做好施工准备,合理安排施工工序,及时形成完整的生产能力。

(3) 加强综合平衡,调整年度施工密度并改善劳动组织,以降低劳动力高峰系数。

(4) 采用科学管理方法和先进施工技术,推广先进经验,努力提高机械化施工水平,以提高工效和劳动生产率,并降低成本。

(5) 在经济合理的基础上,充分发挥修造加工基地的优势,提高工厂化施工程度,减少现场作业量,以求压缩现场施工人员数量。

(6) 施工现场布置紧凑合理,方便施工,符合防火要求,提高场地利用率,大力节约施工用地。

(7) 实行全面质量管理,明确质量目标,清除质量通知,保证施工质量,不断提高工艺水平。

(8) 加强职业安全健康及环境保护管理,保证施工安全,实现文明施工。

(9) 做好现场组织机构的设置、管理人员的配备,力求精简、高效并能满足工程建设的需要。

(10) 积极推行计算机网络在施工管理系统中的应用,不断提高现代化管理水平。

热力设备主要包括锅炉、汽轮机及其辅助机械和设备。其施工组织是总的施工组织设计的重要组成部分,除应符合上述各项原则外,还应与其他工种协调配合,并根据具体情况,作出进度安排、场地布置、力能准备、施工材料准备以及工具准备、施工技术措施和工艺流程等准备工作。

一、施工组织设计的主要内容

（一）施工组织设计的作用

施工组织设计就是为完成具体施工任务创造必要的施工条件，制订先进合理的施工工艺所作的规划设计，是指导一个工程项目施工准备工作和具体施工活动的技术经济文件，是施工项目管理的行动纲领和重要手段。它的基本任务是根据国家对建设项目的要求，确定经济合理的规划方案，对拟建工程在人力和物力、时间和空间、技术和组织上作出全面而合理的安排，以保证又快、又好、又省、又安全地完成施工任务。

（二）施工组织设计的类型

施工组织设计，可以分为施工组织条件设计、施工组织总设计、单位工程施工设计三类。

为了适时地进行施工准备工作，施工组织设计必须分阶段地根据工程设计书来编制。这就是说，施工组织设计的各阶段是与主要设计的各阶段相对应的。

（三）编制单位工程施工组织设计的程序

单位工程施工组织设计的任务，就是根据编制施工组织设计的基本原则，施工组织总设计和有关原始资料，并结合实际施工条件，从整个工程项目的全局出发，选择最优的施工方案，确定科学合理的分部分项工程间的搭接、配合关系以及设计符合施工现场情况的平面布置图。从而以最少的投入，在规定的工期内，生产出质量好、成本低的工程项目，从而使施工企业获得良好的经济效益。

单位工程施工组织设计的编制程序如图1-1所示。

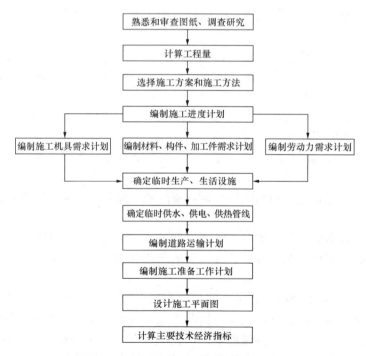

图1-1 单位工程施工组织设计程序

（四）单位工程施工组织设计的主要内容

由于工程性质、规模、繁简程度不同，因而对单位工程施工组织设计的内容和深度、广度要求也不同,不强求一致,但内容必须简明扼要,使其真正能起到指导现场施工的作用。

较完整的单位工程施工组织设计内容除包括工程概况和施工特点外,主要有以下五方面。

1. 施工方案的选择

施工方案的选择一般包括确定施工程序和顺序,主要分部分项工程的施工方法和施工机械。

(1) 确定施工程序。单位工程施工中应遵循的程序一般是先地下,后地上;先主体,后围护;先结构,后装饰;先土建,后安装。

(2) 确定施工顺序。施工顺序是指分部分项工程施工的先后次序。合理地确定施工顺序是编制施工进度计划、组织分部分项工程施工的需要,也是解决工种之间衔接问题的需要。

确定施工顺序时应考虑以下因素:

1) 遵循施工程序。施工程序确定了大的施工阶段之间的先后次序。施工顺序必须遵循施工程序。

2) 符合施工工艺。

3) 与施工方法相一致。

4) 考虑施工安全和质量。

5) 考虑当地气候条件影响。

(3) 选择施工方法。选择施工方法时,主要是选择在单位工程中占重要地位的分部(项)工程、施工技术复杂或采用新技术、新工艺的分部(项)工程以及不熟悉的特殊工程的施工方法。而对于按常规做法和施工人员熟悉的分项工程,只要提出应注意的特殊问题,可不必拟定详细的施工方法。

(4) 选择施工机械。选择施工方法必然涉及施工机械的选择问题。选择施工机械时,应着重考虑以下几方面:

1) 应首先根据工程特点选择适宜的主导工程施工机械。如在选择大型锅炉本体安装工程中起重机类型时,因工程量较大且集中,可以选用生产效率较高的塔式起重机;工程量较小或工程虽大却分散时,则宜采用无轨自行式起重机。

2) 应按以下三个参数来确定塔吊机型:①幅度(又称回转半径或工作半径),是指塔机中心至吊钩中心的水平距离,包括最大幅度和最小幅度两个参数。②起重量,是指最大幅度时的起重量和最小幅度时的最大起重量两个参数。③吊钩高度,是指塔轨或塔基顶面至吊钩中心的垂直距离。

3) 各种辅助机械应与直接配套的主导机械的生产能力协调一致。

4) 在同一施工现场,应使施工机械的种类和型号尽可能少一些。

5) 选用机械时,应尽量利用本单位现有机械。

2. 施工进度计划

发电厂建设的综合施工进度计划是锅炉、汽轮机、电气、热控自动、土建各工地相互配合,各主要工序间相互衔接,平行和交叉作业的指导性文件,编制施工综合进度计划时,应根据国家对本工程要求的投产日期、设备到货、材料供应以及现有的人力和物力等情况,全面地安排整个工程进度。热力设备(锅炉、汽轮机)的施工进度计划应在不违背综合进度的原则下,结合本专业的具体情况和特点进一步安排本身的详细进度。

(1) 编制施工进度计划需考虑以下各因素:

1) 设备的投产日期；
2) 土建移交安装的时间；
3) 大型吊装机具安装完毕后，投入使用的日期；
4) 主要设备及管材的到货日期；
5) 主要施工材料，加工、配制件及工具的落实及完成情况；
6) 针对本台机组设备结构特点的合理施工工序。

（2）施工进度计划有工程总体进度计划、单位工程进度计划、分部分项工程进度计划以及作业（月、旬）计划，所谓"三级施工进度计划"，是指前三类计划。

1) 总体进度计划是对大型工程项目及单位工程的总体规划的主要内容，它确定了每个单位工程在总体工程中的地位，包括开、竣工日期，主导工序的安排和搭接等。
2) 单位工程进度计划是按单位工程的施工进度所做的安排，它是指导施工的依据。
3) 分部分项工程进度计划是按单位工程的部位编制的，它是组织施工的实施计划。
4) 施工作业计划是总体进度计划的执行计划，一般有月或旬作业计划，主要落实工程任务，协调参加施工的单位和工种之间的协作配合关系，指导材料、机具、设备的准备和供应工作，合理地配备劳动力和工具等。

（3）施工进度计划编制的步骤如下：

1) 遵照基本建设程序，分析总体生产工艺流程、施工工艺流程及其相互关系，结合投产要求，分期、分批地对施工项目的生产装置和主要辅助生产装置以及配套工程按其建设过程及施工规律，对各个工程及各项工作进行合理排序，并用程序网络图及项目明细表表示出来。
2) 计算各工作项目的实物量，提出工作内容和工作要求。
3) 确定完成各工作项目的持续时间。
4) 列出对施工项目的施工力量、主要机具、物资供应、负荷试车等各项条件的需用量计划并对其进行综合安排，调整网络进度图中的部分程序和项目的持续时间。
5) 调整优化后的网络进度，确定关键路线和关键控制点，并且说明其内容。

（4）进度计划的编制内容包括文字说明及图表两部分：

1) 文字说明主要包括：①编制原则和依据；②建设总体部署，分期、分批各阶段的建设工作的重点及情况说明；③关键路线及关键控制点的含义和内容及主要工作叙述；④为保证进度计划的实现，对各专业计划提出的具体要求和各项措施；⑤完成进度计划需要的外部环境及有关单位需要解决的问题及意见。
2) 图表部分主要包括：①统筹进度计划运行网络图，在图中表示出关键路线、次关键路线及关键控制点、次关键控制点、一般控制点。②各专业需求数量表，按年分季排列，并加以说明。

工程总体进度计划应由施工单位编制，邀请设计单位参加讨论，单位工程和分部分项工程进度计划由施工单位编制。

图 1-2、图 1-3 为 N300 型汽轮机施工工序主要矛盾线和计划施工进度示例。图中双线箭头连接的工序线为主要矛盾线，它是结合工程具体情况安排的。

在制订设备安装检修的施工进度时，必须找出施工中的主要矛盾线，即影响工程进度的关键项目，并根据工序的要求确定几个主要的控制进度。根据人力、机具配备等具体情况及统筹法的原理确定完成的日期，以便于施工工程有节奏地、均衡地进行。

大型锅炉、汽轮机施工的主要控制进度如下：

第一章 热力设备安装与检修概论

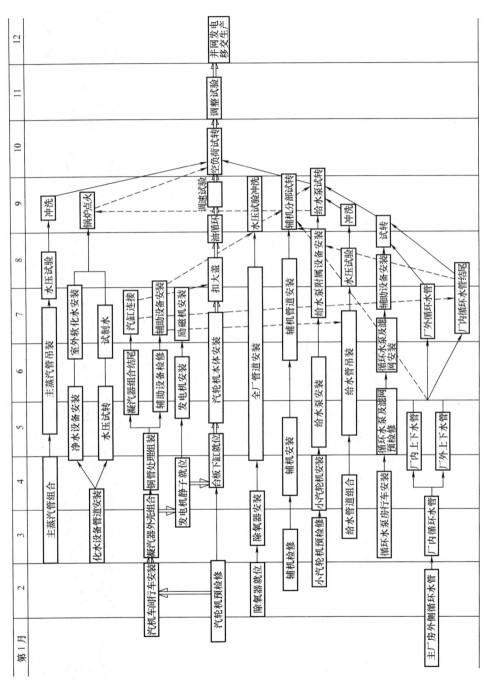

图 1-2 N300 型汽轮机施工工序主要矛盾线图示

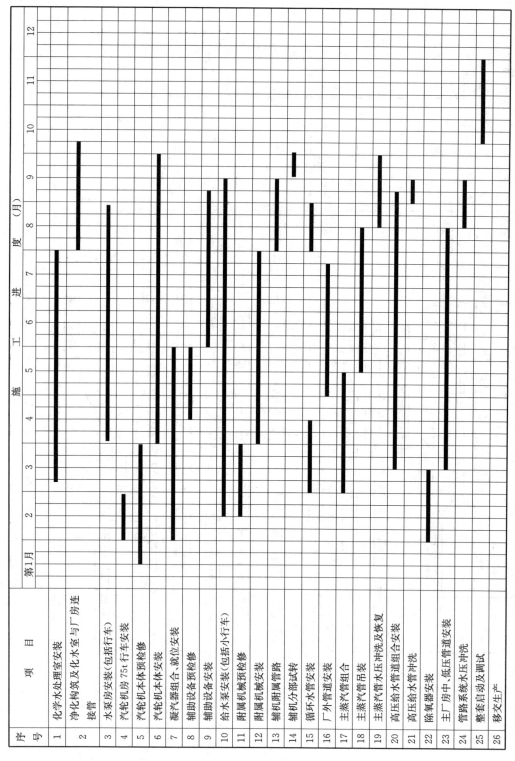

图1-3 N300型汽轮机计划施工进度图示

锅炉施工进度：①锅炉钢架组合吊装（锅炉房土建吊装）；②锅炉大件组合；③锅炉大件吊装；④锅炉水压试验；⑤风道、烟道、煤粉、燃油管路安装；⑥锅炉辅机分部试运转；⑦锅炉系统化学清洗；⑧点火冲管（包括安全门校验）；⑨第一次整套启动供汽。

汽轮机施工进度：①汽轮机预检修、预组合；②汽轮机间行车安装、试验完毕交付使用；③台板就位；④凝汽器壳体组合就位；⑤发电机静子就位；⑥汽轮机扣大盖；⑦主要汽水管路安装及保温敷设完毕；⑧调速油系统安装完毕；⑨油循环；⑩各辅机设备分部试运转及管路冲洗；⑪空负荷试运转；⑫并网发电，移交生产。

3. 资源需要量计划

（1）劳动力需要量计划。劳动力需要量计划主要是作为安排劳动力，调配和衡量劳动力消耗指标，安排生活设施的依据。其编制方法是将施工进度计划表内所列各施工过程每天（或旬、月）劳动量、人数按工种汇总填入劳动力需要量计划表。

（2）主要材料需要量计划。主要材料需要量计划主要作为备料、供料和确定仓库、堆场面积及组织运输的依据。其编制方法是根据施工预算中工料分析表、施工进度计划表、材料的储备定额和消耗定额，将施工中需要的材料，按品种、规格、数量、使用时间计算汇总，填入主要材料需要量计划表。

（3）配件和半成品需要量计划。安装所需配件及其他加工半成品需要量计划主要用于落实加工订货单位，并按照所需规格、数量和时间，组织加工、运输和确定仓库和堆放场。

（4）施工机械需要量计划。施工机械需要量计划主要用于确定施工机具的类型、数量、进场时间，落实施工机具来源，组织进场。

4. 施工平面选择与布置

大型火力发电厂热力设备外形尺寸大、结构复杂，锅炉及汽轮机的部分设备安装方法以组合安装为主，施工场地布置是施工组织准备的重要组成部分，合理布置对加快施工进度具有重要意义。按照施工总平面区域划分的原则，锅炉和汽轮机施工区一般布置扩建端，包括组合场、检修场、弯管场、堆放场等。N300 型机组汽轮机施工场地布置如图 1-4 所示。

（1）场地的选择要求。

1）组合场的位置要靠近主厂房与运输线，并在吊车的能力范围内，与主厂房（锅炉房、汽轮机间）应有铁路连接，以便于设备的运输。

2）场地平坦、土质结实，必要时予以平整和夯实，应有不小于 0.3% 自然排水坡度及排水设施，以防雨季积水，组件下沉。

3）根据设备组合安装的需要，组合场应有必要的面积和直线长度，具体长度按现场条件及规程要求确定。

4）组合场应尽量不占和少占农田。

（2）组合场面积的估算。

组合场地的面积，应根据设备的金属总重量、组合率，设备的堆放面积（各组件的外形尺寸大小）、通道面积及土壤承重力等方面来计算，常用公式如下：

$$A = \frac{KQK_1}{P\alpha} \tag{1-1}$$

式中 A——组合场面积，m^2；

Q——金属总重量（锅炉金属总重，机组高低压管道重量），t；

K——组合系数，锅炉 $K=0.70\sim0.80$，汽轮机、管道 $K=0.40\sim0.50$；

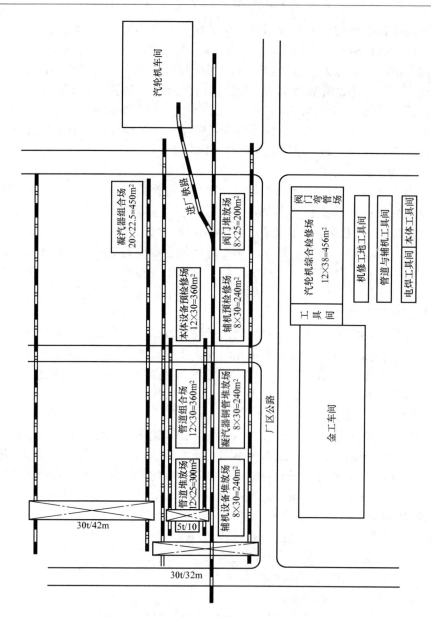

图 1-4 N300 型机组汽轮机施工场地布置图

P——土壤承重力,一般为 $0.2\sim0.3t/m^2$;

K_1——安全系数,锅炉 $K_1=1.25$,汽轮机 $K_1=1.0$;

α——场地利用系数,锅炉 $\alpha=0.78\sim0.82$,汽轮机 $\alpha=0.60\sim0.70$。

(3)施工平面图主要内容。

1)建筑物总平面图上已建和拟建的地上地下的一切房屋、构筑物以及道路和各种管线等其他设施的位置和尺寸。

2)测量放线标桩位置、地形等高线和土方取弃地点。

3)自行式起重机开行路线,轨道式起重机的轨道布置和固定式垂直运输设备位置。

4)各种现场加工厂的位置;材料、配件、半成品及设备的仓库和堆场。

5) 生产和生活设施的布置。

6) 场内道路的布置和引入的铁路、公路位置。

7) 临时给排水管线、供电线路、各种动力管道等的布置。

8) 一切防火及安全设施的位置。

5. 施工场地的力能供应

在施工场地中必须备有充分的力能供应，以保证工程的顺利进行，现场的力能供应主要包括：供电、供水、氧气、乙炔、压缩空气、蒸汽及其他（氢气，二氧化碳等），这些能源应用范围较广，尤其是在大型机组设备安装中，能否可靠地供应各种能源，是直接影响到工程是否能顺利进行的重要问题。

（1）供电。

电厂建设中的施工电源，新建厂一般取自工地附近现有的电网，扩建工程取自本厂电力系统，电力需要量应以土建、安装施工搭接阶段内的最大负荷为准，根据施工综合进度计算确定，计算施工用电容量应包括下列项目：

1) 土建、安装工程的动力及照明负荷；

2) 焊接及热处理用电负荷；

3) 设备分部试运转负荷，按安装机组中启动试运方案中拟使用施工电源的用电设备考虑；

4) 生活福利区照明及动力负荷。

（2）供水。

施工场地应布置足够的水源，以满足全工地的直接生产用水、施工机械用水、生活用水和消防用水的综合最大需要量。水源可取自临近现场的现有供水管线或设立临时供水系统，但须保证用水点有足够的水量和压头。供水水质应符合使用规定及要求，必要时进行处理后再使用。全工地总用水量应按直接生产用水、施工机械用水、生活用水及消防用水分别计算后综合确定。

（3）氧气。

现场氧气的总需要量可按工程规模和工程量，工期和工程施工的阶段安排，施工工厂化程度和现场加工量，并参考同类施工现场使用量来确定。

用氧高峰期间氧气需要量可按式（1-2）计算：

$$Y = \sum \frac{K_1 K_2 G y}{25t} \tag{1-2}$$

式中 Y——昼夜平均氧气需要量，m^3/d；

G——各类热机设备加工安装金属总重量，kg；

y——单位金属耗氧量，热机设备加工安装取 $6\sim10 m^3/t$，大型机组取较小值，m^3/t；

K_1——施工不均衡系数，取 $1\sim1.5$；

K_2——管道泄漏系数，取 $1.05\sim1.1$；

t——各类工程作业工期，月。

施工现场氧气供应方式应按工程规模和现场特点进行技术经济比较后确定。大中型机组工程宜采取分区集中供应方式，用管道送至组合场及主厂房内各施工用氧地点。

（4）乙炔。

大中型机组安装工程的主厂房、组合场及铆焊场区、土建工程大型金属结构加工场宜设乙炔站集中供气，对分散作业是较远场所，可采用乙炔气瓶供应的方式。

乙炔站至乙炔气用量较大的作业点的距离在250m以上或锅炉高度在60m以上时宜采用高压（0.15MPa以上）输送，一般情况下采用中压（0.007～0.15MPa）输送。集中供气乙炔站的位置应靠近负荷中心，能与周围地区隔离，能满足防火防爆要求；排水通畅，出渣方便，自然通风良好；不影响扩建工程施工。

施工现场乙炔及电石需要量可按氧气需要量计算：

$$C = 0.3Y \tag{1-3}$$

$$D = (5 \sim 6)C = (1.5 \sim 1.8)Y \tag{1-4}$$

式中　C——乙炔需要量，m^3/h；

　　　D——电石需要量，kg/h；

　　　Y——氧气需要量，m^3/h。

(5) 压缩空气。

压缩空气一般以分区设移动式空气压缩机为宜。大型机组安装工程尽量采用固定的空气压缩机，集中管理，空气压缩机台数不少于两台，总容量应满足当一台空气压缩机检修时能够供应施工主要用气量的要求。

现场压缩空气需要量应考虑以下需要：

1) 各种风动工具用气；

2) 各加工间用气；

3) 电弧气刨用气；

4) 清扫及喷砂除锈用气；

5) 风压试验用气。

(6) 氩气。

为提高焊口根部的焊接质量和管道系统的清洁度，高中压电厂的主蒸汽、主给水，再热器热段、冷段，汽轮机油系统等和大中型机组的锅炉承压部件的焊口在焊接时，按规定要求，采用氩弧打底。施工中氩气的使用量、供应来源和供应方式，都应在施工组织中作出安排。

(7) 供热。

蒸汽在施工中的应用越来越广，尤其是冬季施工时更为必要，现场的蒸汽需要范围如下：

1) 土建工程冬季施工。

2) 安装工程冬季作业，设备衬胶，锅炉水压试验，炉瓦保温作业等。

3) 生产性施工临建取暖（设备、材料仓库、试验室、制氧站、乙炔站、空气压缩机等）。

采用蒸汽供热时，如供热距离在300m以内，汽压应不小于0.15MPa；距离在500～1000m以内，汽压应不小于0.2MPa。

二、施工前的准备工作

热力设备安装工程项目的总程序是按照计划、设计和施工等几个阶段进行的。施工阶段又分为施工准备、土建施工、设备安装和交工验收等几个阶段，由此可见，施工准备阶段是施工的重要阶段之一。实践证明，凡是重视施工准备工作，积极为拟建工程创造一切施工条件的项目，其工程的施工会顺利地进行。

施工准备工作的基本任务是为拟建工程的施工建立必要的技术和物质条件，统筹安排施工力量和施工现场。

(一) 施工准备工作的分类

1. 按施工范围分类

按工程项目施工准备工作的范围划分，一般可分为全场性施工准备、单位工程施工条件准备和分部（项）工程作业条件准备三种：

(1) 全场性施工准备。它是以一个建筑工地为对象进行的各项施工准备，其特点是它的施工准备工作的目的、内容都是为全场性施工服务的。它不仅要为全场性的施工活动创造有利条件，而且要兼顾单位工程施工条件的准备。

(2) 单位工程施工条件准备。它是以一个建筑物或构筑物为对象而进行的施工条件准备工作，其特点是它的准备工作的目的、内容都是为单位工程施工服务的。它不仅为该单位工程在开工前做好一切准备，而且又为分部（项）工程做好施工准备工作。

(3) 分部（项）工程作业条件准备。它是以一个分部（项）工程或冬雨季施工为对象而进行的作业条件的准备。

2. 按施工阶段分类

按拟建工程所处的施工阶段划分，一般可分为开工前的施工准备和各施工阶段前的施工准备两种：

(1) 开工前的施工准备。它是在拟建工程正式开工之前所进行的一切准备工作，其目的是为拟建工程正式开工创造必要的施工条件。它既可能是全场性的施工准备，又可能是单位工程施工条件的准备。

(2) 各施工阶段前的施工准备。它是在拟建工程开工之后，每个施工阶段正式开工之前所进行的一切施工准备工作，其目的是为施工阶段正式开工创造必要的施工条件。如大型锅炉的本体安装工程一般分为地面组合、组合件吊装就位、本体水压试验等施工阶段，每个阶段的施工内容不同，所需的技术条件、物质条件、组织要求和现场布置等方面也不同，因此每个施工阶段在开工之前，都必须做好相应的施工准备工作。

综上所述可以看出，不仅在拟建工程开工之前要做好施工准备工作，而且随着工程施工的进展，在各施工阶段开工之前也要做好施工准备工作。施工准备工作既要有阶段性，又要有连续性。因此，施工准备工作必须有计划、有步骤、分期分阶段地进行，要贯穿整个工程建设过程之中。

(二) 施工准备工作的内容

施工准备工作的内容通常包括技术准备、物资准备、劳动组织准备、施工场外准备等工作。

1. 技术准备

技术准备是施工准备工作的核心，其内容主要有熟悉和审查施工图纸和相关技术资料、原始资料调查分析、编制施工图预算和施工预算以及编制施工组织设计等。

(1) 熟悉与审查施工图纸。

1) 熟悉与审查施工图纸的依据包括：①建设单位和设计单位提供的施工图设计；②设计、施工验收规范和有关技术规定。

2) 熟悉与审查设计图纸的目的是：①为了能够按照设计图纸的要求顺利地进行施工，生产出符合设计要求的最终产品。②使施工人员充分了解和掌握设计意图和技术要求。③发现设计图纸中存在的问题和错误，使其在施工开始之前改正，为施工项目提供一份准确、齐全的设计图纸。

3) 熟悉与审查设计图纸的内容。熟悉与审查设计图纸的内容很多，对于直接从事现场操作和管理的人员来说，主要应了解以下内容：①审查建筑图与安装图之间的坐标、标高、说明、技术要求等方面是否一致。②明确需要与土建施工配合的安装专业的隐蔽工程项目，以便及时配合土建施工，避免相互影响或遗漏，造成不应有的损失。③审查设计图纸中技要求高的分部（项）工程或采用新结构、新材料、新工艺的部分，以便采取可行的技术措施加以保证。④了解工程所需用的主要材料、设备的数量和规格。

4）熟悉与审查设计图纸的程序。熟悉与审查设计图纸的程序通常分为自审阶段、会审阶段和现场签证三个阶段。在设计图纸的自审阶段，由施工企业组织有关人员熟悉和自审图纸，作出自审图纸的记录。自审记录应包括对设计图纸的疑问和对设计图纸的有关建议。设计图纸的会审阶段一般由建设单位主持，设计单位和施工单位参加，三方进行设计图纸的会审。对所涉及的问题逐一做好记录，形成"图纸会审纪要"，由建设单位正式行文，参加单位共同会签，作为与设计文件同时使用的技术文件和指导施工的依据。

（2）编制施工图预算和施工预算。

1）编制施工图预算。施工图预算是按照所确定的施工范围，施工组织设计所拟定的施工方法，建筑安装工程预算定额及其取费标准，由施工单位主持编制的确定建筑安装工程造价的经济文件。

2）编制施工预算。施工预算是根据施工图预算、施工图纸、施工组织设计或施工方案、施工定额等文件进行编制的。它直接受施工图预算的控制。它是施工企业内部控制各项成本支出、考核用工、签发施工任务单、限额领料、基层进行经济核算的依据。

（3）编制施工组织设计。

2. 物质准备

（1）物质准备工作的内容。

1）建筑安装材料的准备。建筑安装材料的准备主要根据施工预算的工料计划、按照施工进度计划的使用要求和消耗定额，分别按材料名称、规格、使用时间进行汇总，编制出材料需用量计划。

2）配件、制品的加工准备。根据施工预算提供的配件，制品的名称、规格和消耗量编制出其需用量计划，为组织运输、确定堆放场地面积和储存条件等提供依据。

3）建筑安装机具的准备。根据采用的施工方案和安排的施工进度，确定施工机械的类型、数量和进场时间；确定施工机具的供应办法和进场后的放置地点和方式，编制建筑安装机具的需用量计划，为组织运输、确定存放场地面积等提供依据。

4）生产工艺设备的准备。按照拟建工程生产工艺流程及工艺设备的布置图，提出工艺设备的名称、型号、生产能力和需用量；按照设备安装计划确定分期分批进场时间和保管方式；编制工艺设备需用量计划，为组织运输、确定存放和组装场地面积提供依据。

（2）物质准备工作的程序。

物质准备工作的程序如图1-5所示。

3. 劳动组织准备

（1）建立精干的施工队组。施工队组的建立，要认真考虑各专业工种的比例，技工和普工的比例。组建施工队组要坚持合理精干的原则，同时制订出该工程的劳动力需要计划。

（2）向施工队组、工人队组进行技术交底。施工组织设计和技术交底的内容有：工程的施工进度计划、月（旬）作业计划；施工组织设计，尤其是施工工艺、质量标准、安全技术措施和降低成本措施；新结构、新材料、新技术和新工艺的实施方案和保证措施等。

交底工作应该按照管理系统和技术责任制的要求逐级进行，由上而下直到工人队组。交底的方式有书面形式、口头形式和现场示范形式等。

4. 施工场内外准备

（1）施工现场准备。施工现场是施工的全体参加者为夺取优质、高速、低耗的目标，而

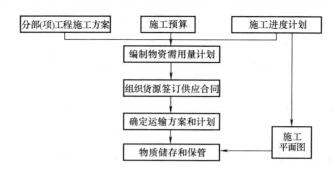

图 1-5 物质准备工作程序

有节奏、均衡连续地进行施工的活动空间。施工现场的准备工作，主要是为工程的施工创造有利的施工条件和物质保证。

1）做好施工场地和控制网测量。

2）搞好"五通一平"。"五通一平"是指通路、通水、通电、通信、通暖和平整场地。此外，根据承担工程任务的需要，如设置独立的能源供应站，比如制氧站、乙炔站、空气压缩站、生产蒸汽源等，并需敷设相应管线。

3）为了确保大型施工机械安全运行，应做好施工现场的补充勘探，如大型起重机轨道基础土壤应进行必要的补探工作。

4）搭设临时设施。

5）组织施工机具进场、组装和保养。按照施工机具需要量计划，组织施工机具进场。根据施工总平面图，将施工机具安装在规定的地点或仓库。对于固定安置的机具要进行就位、组装、接电源、保养和调试等工作。对所有施工机具都必须在开工之前进行检查和试运转。对起重设备要进行必要的荷载试验，以确保安全运行。

6）主要材料、配件、制品的储存和堆放。

7）提供主要材料的试验申请计划。按照主要材料的需要量计划，及时提出主要材料的试验申请计划，如钢材的机械性能和化学成分化验、耐火材料的试验，等等。

8）对于新技术项目，应按照有关规定和资料，认真进行现场试制和试验为正式施工积累经验和培训人才。

（2）施工场外准备。主要包括材料设备的加工和定货、分包工程的确定以及向主管部门提交开工申请报告等。

第二节 设备的检修管理制度

一、设备检修制度

设备有了故障之后，一般都是通过检修方法加以排除，以恢复其正常功能。但检修时机究竟选在故障发生之前还是故障出现以后，这是应该区别对待的。对于火电厂中像锅炉、汽轮发电机组等重大的关键设备，是不允许发生破坏性事故的。如果发生破坏性事故，将会造成电厂停产，给国民经济和人民生活带来极大的损失。在检修体制演变的过程中，根据不同的行业特点、不同的设备管理要求，出现了各种追求不同具体目标的检修方式。但就检修体制而言，归纳起来有四种，即事后维修、预防性定期检修、状态检修（或预知维修）和改进性检修，参见图 1-6。这四种检修体制并不是互相排斥的，在不同的管理要求下，它们是可以共存的。

检 修 体 制			
事后维修 Break-down Maintenance	预防性定期检修 Time-based Maintenance	状态检修 Condition-based Maintenance 或预知维修 Predictive Maintenance	改进性检修 Corrective Maintenance

图 1-6 四种检修体制

事后维修是当设备发生故障或其他失效时进行的非计划性维修。在现代设备管理要求下，事后维修仅用于对生产影响极小的非重点设备、有冗余配置的设备或采用其他检修方式不经济的设备。这种维修方式又称为故障维修。

预防性定期检修是一种以时间为基础的预防检修方式，也称定期检修。它是根据设备磨损的统计规律或经验，事先确定检修类别、检修周期、检修工作内容、检修备件及材料等的检修方式。计划检修适合于已知设备磨损规律的设备，以及难以随时停机进行检修的流程工业、自动生产线设备。

状态检修或预知维修是从预防性检修发展而来的更高层次的检修体制，是一种以设备状态为基础、以预测设备状态发展趋势为依据的检修方式。它根据对设备的日常检查、定期重点检查、在线状态监测和故障诊断所提供的信息，经过分析处理，判断设备的健康和性能劣化状况及其发展趋势，并在设备故障发生前及性能降低到不允许极限前有计划地安排检修。这种检修方式能及时地、有针对性地对设备进行检修，不仅可以提高设备的可用率，还能有效降低检修费用。状态检修与预防检修相比较，带有很强烈的主动色彩。

改进性检修是为了消除设备的先天性缺陷或频发故障，对设备的局部结构或零件的设计加以改进，并结合检修过程实施的检修方式。严格说来，它并不是一种检修体制，但是由于它不能列入上述三种体制，因此单独把它列为一类是合适的。改进性检修通过检查和修理实践，对设备易出故障的薄弱环节进行改进，改善设备的技术性能，提高可用率。与技术改造针对补偿设备的无形磨损相比，改进性检修是要通过改进和提高设备的可靠性、维修性来提高设备的可用率。

1. 预防检修制度

对设备进行预防检修，应恰当地选择检修时机。较为传统的选择原则是以设备的有效运行时间作为指标：当设备达到规定的运行期限时，即对其进行预防检修。在检修中对那些技术参数达不到规定指标的零件，均需进行修理或更换。这种以设备运行期限作为检修时机选择标准的检修制度，通常称为定期预防检修制度。另一种检修方式，则是根据设备的实际技术状态确定检修时机，即通过连续监测或定期诊断，当设备的某些参数或性能指标已确认下降到允许限度以下时才进行检修。这种检修方式，一般称为按需预防检修制度。

预防检修的优点是：可以做到防患于未然，保证设备使用的可靠性；节省检修时间，有利于提高设备的可用率和经济效益。这种预防检修制度，对于重要设备和复杂设备系统尤为必要。

目前，我国火电厂的热力设备基本上采用定期预防检修制度。设备从投入运行到经过若干次技术保养和局部小修、直到最后恢复性大修，即为设备使用和检修的一个周期。设备最佳检修周期的确定，是一个较为复杂且需慎重对待的问题。因为它不仅受设备的技术状态，零部件的磨损、腐蚀、劣化等因素影响，还受运行维护和检修工艺水平以及设备经济效益等因素影响。现在各电厂主要是根据长期运行积累的经验来确定设备的检修周期。

2. 点检管理

点检是一种科学的设备管理方法，它通过点检员对设备进行定点、定期检查，对照标准发现设备的异常现象和隐患，掌握设备故障的初期信息，及时采取措施将故障消灭在萌芽阶段。点检制在国内的应用是从宝钢开始的，20 世纪 80 年代在大型冶金企业推广，获得了巨大的经济效益。

点检与传统设备检查的根本区别在于点检是一种管理方法，而传统设备检查只是一种检查方法。点检作业的核心是经过特殊培养的专职点检员对固定设备群和区域进行专门检查，不同于传统的巡回检查。点检制的内容包括：

(1) 定点。预先设定设备的故障点，明确点检部位、项目和内容，使点检有目的、有方向地进行。

(2) 定量。结合设备诊断和趋势分析，进行设备劣化的定量管理，确定劣化速度，向状态检修过渡。

(3) 定人。按区域、按设备、按人员素质要求，明确专业点检员。

(4) 定周期。预先分类确定设备的点检周期，并根据经验的积累和科技研究成果进行修改和完善。

(5) 定标准。预先规定判断设备对象异常的点检标准，点检标准是衡量或判别点检部位是否正常的依据，也是判别该部位劣化的尺度。

(6) 定点检作业卡。预先编制点检作业卡，包括点检设备群和区域定义、点检路线、点检周期、点检方法、点检工具等，它是点检员开展工作的指南。

(7) 定记录。点检信息有固定的记录格式，便于信息管理和传递。点检记录包括作业记录、异常记录、故障记录和趋势记录。

(8) 定点检处理流程。点检处理流程规定了对点检结果的处理对策，明确了处理的程序。急需处理的隐患和缺陷，由点检员直接通知维修人员立即处理；不需要紧急处理的问题，则纳入计划检修中解决。这简化了设备维修管理的程序，使应急反应快，维修工作落实好。点检处理程序还规定要对点检处理活动进行反馈、检查和研究，不断修正点检标准，提高工作效率，减少失误。

我国大型发电厂已经开始推行点检制，利用 CMMS 对点检定修工作进行管理，同时强化作业标准管理，在作业卡的基础上开发点检作业文件包，并大力推进设备状态监测工作。经过努力，有的电厂已经形成了一套点检定修制度，使设备的完好率得到明显提高。

3. 发电设备状态检修

由于传统的检修体制存在明显缺陷，一些发达国家已开始进行基于设备状态评价的状态检修。这种维修体制是建立在管理方式和科学技术进步、尤其是监测和诊断技术发展基础之上的。它应用状态监测和故障诊断等技术获取信息，在故障将要发生之前或继续运行已很不经济时，有目的地进行适当和必要的维修。

可以简单地给状态检修下一个定义：在设备状态评价的基础上，根据设备状态和分析诊断结果安排检修时间和项目，并主动实施的检修方式，称为状态检修。

状态检修方式以设备当前的实际工作状况为依据，而非传统的以设备使用时间为依据，它通过先进的状态监测手段、可靠性评价手段以及寿命预测手段，判断设备的状态，识别故障的早期征兆，对故障部位及其严重程度、故障发展趋势作出判断，并根据分析诊断结果在设备性能下降到一定程度或故障将要发生之前进行维修。由于科学地提高了设备的可用率和明确了检修目标,这种检修体制耗费最低,它为设备安全、稳定、长周期、全性能、优质运行提供了可靠的技术和管理保障。

从理论上讲,状态检修是比预防检修层次更高的检修体制。原水电部1987年颁布的《发电厂检修规程》指出,应用诊断技术进行预知维修是设备检修的发展方向。但是,在发电设备上完全依靠和实施预知维修,目前是难以实现的。经过研究和实践,电力行业普遍认可的、包含预知维修成分在内的发电设备状态检修方式是一种综合或复合的检修方式,在国外有时称为发电设备优化检修,在国内则称状态检修。毫无疑问,状态检修是传统计划预修制的重大发展。根据当前实际情况,在国内发电设备上要推行的状态检修体制应该是在积极采用先进监测诊断技术、可靠性和寿命评价技术基础上的,以可靠性为中心,集预知维修、预防性计划检修、事后维修为一体的优化检修方式。

目前,在电厂推行状态检修所要达到的基本目标是:延长计划检修间隔;减少检修时间;提高设备可靠性和可用系数(可用率);增加发电量;延长设备寿命;降低运行检修费用;改善电厂运行性能;提高企业经济效益。

发电设备状态检修的内容可用图1-7概略表示。如上所述,状态检修是建立在设备性能和健康状态的监测与诊断基础上的,广义的监测与诊断还包括设备的可靠性评价与预测,设备的寿命评估与管理。设备诊断一般分为静态诊断和动态诊断,静态诊断要通过常规或离线探查掌握设备的状态,动态诊断则依靠状态监测与故障诊断技术在线探查设备的性能及健康状态。静态诊断和动态诊断的目的都是为检修决策提供依据。

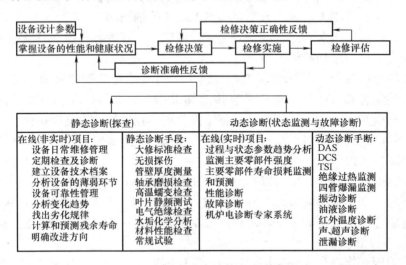

图1-7 发电设备状态检修基本内容简图

检修决策作为企业经营决策的一个重要部分,除了考虑诊断结论外,还要考虑企业的长期发展规划、人财物计划安排、电力市场与负荷预测、设备调度、外协条件等因素,充分进行风险分析和盈亏分析,最终作出决定和计划。检修计划中至少应包括:何时修(时间)、修什么(项目)、怎样修(方案)、谁来修(队伍)、采用何种技术手段修(实施)等内容。

修必修好是所有检修体制和方式的共同要求,但对状态检修的实施有更高要求,由于将主要按项目展开维修,维修过程的控制及时间要求更严密。显然,在这种情况下,粗放型的检修是行不通的,检修对人员素质的要求以及管理和组织的要求更高。同时,状态检修要求在检修时完成全面的静态检查和诊断,不仅按静态诊断的要求收集常规统计数据,还要注意验证导致本次检修的诊断结果的准确性，为检修决策积累经验或为诊断决策系统的自学习提供样本数据。

状态检修要求在检修结束后，对检修过程和结果进行评估，看是否达到检修决策的预期目标，并对今后修正决策、进一步提高管理水平提供参考。

二、检修工作的组织与管理

设备检修绝非单纯的技术性工作，它涉及多方面的内容。为了保证设备的检修质量，降低检修费用和缩短检修工期，就必须加强检修的组织与管理工作。

检修的管理工作主要包括：设备管理、技术资料管理、定期检修以及施工管理。

为了能使设备长期安全经济地运行，首先应该管好设备，加强日常对设备的技术维护与保养。这是一项经常性的工作，须认真对待。为此，应充分发挥工人及技术人员的积极性和主人翁责任感，建立健全岗位责任制。把设备落实到人，做到人人有专责，件件设备有人管。运行和检修人员应建立好技术档案，随时掌握设备的技术状态，发现问题及时处理，以确保设备良好地运行。

1. 检修等级

检修等级是以机组检修规模和停用时间为原则，将发电企业机组的检修分为 A、B、C、D 四个等级。

（1）A 级检修是对发电机组进行全面的解体检查和修理，以保持、恢复或提高设备性能。

（2）B 级检修是指针对机组某些设备存在的问题，对机组部分设备进行解体检查和修理，可根据机组设备状态评估结果，有针对性地实施部分 A 级检修项目或定期滚动检修项目。

（3）C 级检修是指根据设备的磨损、老化规律，有重点地对机组进行检查、评估、修理、清扫。C 级检修可进行少量零件的更换、设备的消缺、调整、预防性试验等作业以及实施部分 A 级检修项目或定期滚动检修项目。

（4）D 级检修是指当机组总体运行状况良好，而对主要设备的附属系统和设备进行消缺。D 级检修除进行附属系统和设备的消缺外，还可根据设备状态的评估结果，安排部分 C 级检修项目。

2. 检修间隔

100MW 及以上机组的 A 级检修间隔一般为 6～8 年，新机组首次 A 级检修安排在机组正式投产后一年左右。检修等级组合方式一般为：A-C-C-C-B-C-C-C-A。

3. 检修管理的基本要求

（1）在规定的期限内，完成既定的全部检修作业，达到质量目标和标准，保证机组安全、稳定、经济运行。

（2）采用 PDCA 循环（P-计划、D-实施、C-检查、A-反馈）的质量管理方法，从进行准备开始，制订各项计划和具体措施，做好施工、验收和修后评估工作。

（3）按质量管理体系的要求，建立质量管理体系和组织机构，编制质量管理手册，完善程序文件，推行工序管理。

（4）制订检修过程中的环境保护和劳动保护措施，合理处置各类废弃物，改善作业环境和劳动条件，文明施工，清洁生产。

（5）设备检修人员应熟悉系统和设备构造，性能和原理，熟悉设备的检修工艺、工序、调试方法、质量标准和安全操作规程。

（6）检修施工积极采用先进工艺和新技术、新方法，推广应用新材料、新工具，提高工作效率，缩短检修工期。

（7）利用先进的计算机检修管理系统，实现检修管理现代化。

4．检修的准备工作

设备检修前的准备工作应该充分详尽，它应包括以下内容：

（1）编制详细的检修项目表。编制时依据的资料有：检修规程中规定的检修项目；上次大修或小修中的项目；有关机械和零件磨损期限的资料；事故调查记录及防止事故的对策；技术安全检查记录及规定；设备运行记录，尤其是最后一次小修中及检修后运行中所发生的故障或异常情况记录。

（2）编制检修项目进度表。应对检修项目分类排队，把关键性的项目首先列出，规定每项工作应该完成的期限，制定出综合进度表。根据综合进度表所规定的检修项目，再将任务逐项分解，订出班组进度表。

（3）编制检修人员的组织与调配计划。

（4）编制器材及备品的供应计划。

（5）准备并校验各种测量工具及仪表。

（6）准备检修工具及图纸，检查起重运输设备的工作性能及技术状态。

（7）布置并清理工作现场，保证检修人员作业安全。

5．检修进行中的工作

检修工作一经开始，工作即刻紧张起来。为保证检修有条不紊地进行，应该注意做到：

（1）检修期间要坚持必要的会议制度。通过召开班组会、检修汇报会、技术研究会等，掌握检修进度、交流经验、推广先进方法，解决检修中出现的问题。

（2）为了历史地掌握设备的技术状态，在检修中必须做好各项记录，以作为下一次检修的参考依据。这些记录包括：设备拆卸记录、安装记录、各种试验记录、技术改进记录、拆装前后情况记录以及检修后尚存缺陷记录等。每项记录工作须确定专人负责，各项记录结果应当妥为保管。

事实证明，在设备检修中只要坚持以质量为中心，严字当头，加强管理，就能使检修工作做到高效、节约、安全。在这方面我国电厂结合各自的具体情况，创造了许多新鲜生动的经验，对推动检修水平的进一步提高起到了积极作用。

第三节 安装与检修的测量工具

热力设备安装检修过程中使用的常用量具主要有钢尺、线锤、塞尺、千分尺、百分表、水平仪、水准仪、经纬仪、激光准直仪等。这些量具的正确使用是保证安装质量的重要环节。

1．钢尺

钢尺是由薄钢制成的尺子，可以直接测量设备的尺寸及构件间的距离。钢尺一般有钢板尺（图1-8）、钢卷尺（图1-9）、钢折尺（图1-10）等三种，钢尺的规格有150、300、500、1000mm或更长等多种。

钢尺使用前应经过校验，在一个项目的测量中应尽量使用同一把尺子。测量时，钢尺应与被测线（件）垂直，以保证测量的准确性。使用长钢卷尺测量时，钢卷尺应拉紧、拉直、放平，尺面向上，不应有松荡、扭卷等现象。

第一章 热力设备安装与检修概论

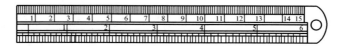

图 1-8 钢板尺

图 1-9 钢卷尺　　　　　　　　　图 1-10 钢折尺

2. 线锤

线锤见图 1-11，主要用于检查柱、杆物体等的垂直度及设备的正直度，也可以用于测量点线的移位等。

线锤的质量、大小和吊锤线的粗细应按情况选定，要求锤线能被线锤拉紧、拉直。测量时，量尺不应紧靠线锤，线锤不应动荡，以免破坏垂线的自然垂直度。当被测件较高时，应测上、中、下三点（一般只要测上、下两点）。在测量柱、杆的垂直度时，应以相互垂直的工件上的光洁平整面作为测点，以减小误差。

3. 塞尺

塞尺又称厚薄规，如图 1-12 所示。由一组不同厚度的钢片重叠，且把一端穿在一起而成。每片上刻有自身的厚度值，常用来检查固定件与转动件之间的间隙，检查配合面之间的接触程度。

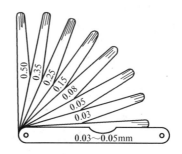

图 1-11 线锤　　　　　　　　　图 1-12 塞尺

在测量间隙时，先将塞尺和测点表面擦干净，然后选用适当厚度的塞尺片插入测点，但用力不要过大，以免损坏。如果单片厚度不合适，可同时组合几片来测量，一般不要超三片。塞尺要妥善维护，防锈防折，并不得用锤击。

4. 千分尺

(1) 外径千分尺。

千分尺有测量内径和外径的两种类型。测量外径的外径千分尺也有普通和桥形两种，测量时根据所测部位尺寸选用。普通外径千分尺用以测量小尺寸部位，使用方法见图 1-13，测量时将零件置于千分尺测量表面之间，利用帽 7 旋转千分丝杆，零件压住时不能产生歪斜，然后将零件轻轻晃动一下，并将千分螺丝向前试拧，直到帽 7 旋转而千分丝杆不动时为止。桥形千分尺（图 1-14）用以测量轴颈的椭圆度和不柱度（又称锥度），精度可达 0.01mm。桥形千分尺使用时，是将千分尺上端（A 点）定位在轴颈上面，千分尺丝杆通过轴心，使下端 B

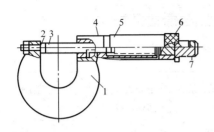

图 1-13 外径千分尺

1—马蹄架；2—砚；3—千分丝杆；4—有横刻度的固定套筒；
5—与 3 共同转动的套筒，表面带有刻度；6—调整帽；
7—帽（测量时用手转动此帽使千分丝杆进退）

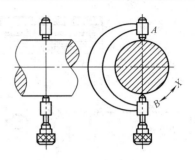

图 1-14 桥形千分尺测量
轴颈直径示意图

点做 X 弧移动，能轻微触及轴颈表面时，千分尺的读数即为测得的尺寸。

（2）内径千分尺。

内径千分尺为杆式结构，用于测量精度为 0.01mm 的零件内径及两表面所限定的距离，最小测量范围一般为 50mm。若测量范围超过这一范围时，则在千分尺轴柄的另一端加上一段量杆，见图 1-15 及图 1-16。通常每一内径千分尺配有一定数量的各种长度的接长杆。

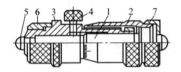

图 1-15 内径千分尺

1—千分丝杆；2—有游标刻度的转动套筒；
3—有刻度的固定套筒；4—止动螺丝；5—测头；
6—保护套；7—调整帽（可调整读数误差）

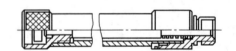

图 1-16 内径千分尺接长杆

测量时，内径千分尺的一端支撑在固定点上，为寻求最大尺寸，可将千分尺相对该点晃动，并旋动套筒 2，直至与顶端一点接触为止。图 1-17 所示即为圆筒内径的测量情况，将千分尺一端支持在圆筒底部，测尺通过内径圆心，左右晃动，调整测尺，当另一端定在最大位置上后，紧固止动螺丝，此时千分尺读数即为所测数值。

利用内径千分尺测量两平行平面间的距离时，将千分尺向任一方向摇动，当千分尺轻微地触及平面一点时，即测得的两平面间的最小距离，如图 1-18 所示。

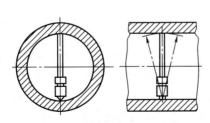

图 1-17 用内径千分尺测量
圆筒内径示意图

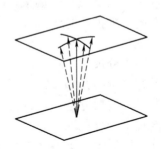

图 1-18 用内径千分尺测量两
平面间的距离示意图

5. 百分表

百分表是测量设备端面的瓢偏、圆周晃动度及平面位移的量具。图 1-19 是百分表的构造图。

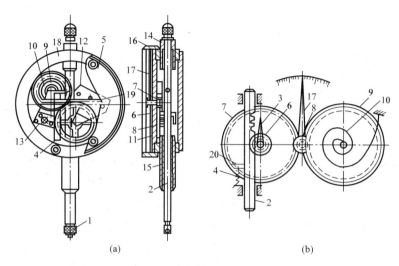

图 1-19 百分表构造图

1—触头；2—测量杆；3—小指针；4—弹簧；5—盖板；6～9—齿轮；10—圆盘弹簧；
11—刻度盘；12、13—支架；14、15—套筒；16—转动环；17—大指针；18—壳体；19—导板；20—压杆

百分尺利用一套与齿杆相啮合的齿轮把齿杆放大，通过指针显示在表面的刻度盘上。当被测件与触头 1 接触时，测量杆即带动齿轮旋转，指针随即指出表触头移动数值。大指针 17 旋转一周是 1mm，大指针旋转 10 周，则小指针旋转一周，数为 1cm。为了便于读数，操作时先旋转刻度盘 11，将表计调整到零位。百分表的精度一般为 0.01mm。测量时要先确保表杆移动灵活，表体与表架连接牢固，表座支脚稳固，这样才能测出准确数值。

6. 水平仪

水平仪用于检验机械设备平面的平直度、机件相对位置的平行度及设备的水平度与垂直度。常用的有普通水平仪、框式水平仪、玻璃管水平仪和合像水平仪。

(1) 普通水平仪。

普通水平仪如图 1-20（a）所示。只能用来检验平面对水平的偏差，其水准器留有一个气泡，当被测面稍有倾斜时，气泡就向高处移动，从刻在水准器上的刻度可读出两端高低的相差值。如刻度为 0.05mm/m，即气泡移动 1 格时，被测长度为 1m 的两端，高低相差为 0.05mm。

(2) 框式水平仪。

框式水平仪又称方框水平仪，如图 1-20（b）所示。其精度较高，有四个相互垂直的工作面，各边框相互垂直，并有纵向、横向两个水准器，故不仅能检验平面对水平位置的偏差，还可以检验平面对垂直位置的偏差。框式水平仪的规格很多，最常用是 200mm×200mm，其刻度有 0.02mm/m、0.05mm/m 两种。

水平仪使用前应将测量面及其底面擦净，并检验水平仪的零位是否正确。每次测量应将水平仪在原位上调转 180°复测一次，取两次测得读数的平均值，以消除零位偏差。测量时手不要触及水准管，以防温度影响，读数时视线应与水准管垂直。水平仪的工作面要保持净洁，不用时涂油保养，严防碰撞、擦伤及生锈。

(3) 玻璃管水平仪。

玻璃管水平仪如图 1-21 所示。用于测量较大（一般不大于 10～20m）的两测点间的标高与水平度。

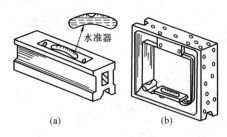

图 1-20 水平仪
(a) 普通水平仪；(b) 框式水平仪

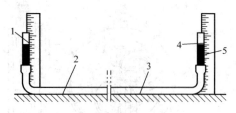

图 1-21 玻璃管水平仪
1—玻璃管；2—橡胶管（或塑料管）
3—测量面；4—液面；5—钢尺

使用时应将软管中的空气排净。测读时，应待玻璃管中水面稳定、视线应与水面相平，并以水面的凹点为准。冬季严寒气候下使用时，应采取防冻措施。

(4) 合像水平仪。

合像水平仪的构造如图 1-22 所示。由光学部分、杠杆部分和读数部分组成，主要用于测量汽轮机汽缸水平度和转子轴颈的扬度。

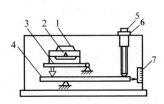

图 1-22 合像水平仪构造简图
1—放大镜；2—光学棱镜；3—水泡盒；
4—杠杆部分；5—调节螺丝；6—读数盘；
7—读数标尺

1) 光学部分。光学部分由光学棱镜 2 和放大镜 1 组成，光学棱镜位于水泡盒 3 上。水泡盒是一个封闭的玻璃管，管内装液体乙醚，还有一小部分稀薄的空气。玻璃管的表面做成圆弧形的。水平仪倾斜时，管内空气形成的气泡总要向管内最高的部分移动，通过光学棱镜把偏移的水泡合像成图，并通过放大镜的放大作用可以看出两半气泡一高一低。例如水平仪处于水平位置时，水泡盒中的气泡处于中间位置，从放大镜中看到两半气泡重合，如图 1-23 (a) 所示。当水平仪倾斜度每米为 0.01mm 时，气泡就偏离中间位置，向高处移动 0.20mm，如图 1-23 (b) 所示。这时从放大镜看到的左右气泡的相对偏移为 0.20+0.20=0.40mm。这个偏移值再经过放大倍数为 5 的放大镜，肉眼看到的读数为 5×0.40=2mm。所以水平仪在每米倾斜 0.01mm 时，气泡读数的读数为 2mm。

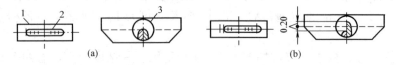

图 1-23 气泡位移及合像图形
1—水泡盒；2—气泡；3—合像图形

2) 杠杆部分。如图 1-24 所示，B、C 两点为固定支点，当水平仪倾斜时，杠杆组随之倾斜。调整 A 点，使杠杆绕 B 点上、下移动，就可使气泡恢复到中间位置。杠杆的比例为 1∶5，即 $\dfrac{BD}{AB}=\dfrac{1}{5}$。

3) 读数部分。读数部分的指示值，显示所测部件的水平状况。一般合像水平仪调节螺丝

5 的螺距为 0.5mm，将其旋转一周的距离等分为 100 格，则调节螺丝每旋转一格时，杠杆 A 点的位移为 0.005mm。因此，当 1m 长的平尺倾斜 0.01mm 时，则所用的 100mm 水平仪倾斜 0.001mm。根据水平仪杠杆 1∶5 的比例关系，A 点需向上（或向下）移动 0.005mm（一格），才能使气泡处于中间位置。

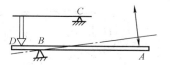

图 1-24　合像水平仪的杠杆部分

根据读数标尺 7 显示的数值，依据上述 1∶5 的比例关系，可算出调节螺丝应调整的距离。读数盘上的"＋"、"－"表示调节螺丝的旋转方向，即表示被测面的倾斜方向。

测量时水平仪的读数盘和标尺均应处于零位，再将水平仪置于被测平面上，调节调整螺丝，使两半气泡合为一体，读取读数 A。为了校验水平仪是否准确，需在同一测量位置将水平仪调转 180°，沿反向调整调节螺丝，使气泡合为一体，读出读数 B。若 B 值位于零点的另一侧时，则 A 为"＋"值，B 为"－"值。被测物的倾斜度 δ（或扬度）可用式（1-5）计算：

$$\delta = \frac{A-(-B)}{2} = \frac{A+B}{2} \quad (1-5)$$

若 $A \neq B$，说明气泡的中间位置与读数盘的刻度 0 位不符，其偏差 S 可用式（1-6）求出：

$$S = \frac{A+(-B)}{2} = \frac{A-B}{2} \quad (1-6)$$

计算方法举例如下（图 1-25）。

图 1-25（a）：$A=5$ 格，$B=-5$ 格，则

$$\delta = \frac{5-(-5)}{2} = 5 \text{ 格}$$

$$S = \frac{5+(-5)}{2} = 0 \text{ 格}$$

图 1-25（b）：$A=3$ 格，$B=-7$ 格，则

$$\delta = \frac{3-(-7)}{2} = 5 \text{ 格}$$

$$S = \frac{3+(-7)}{2} = -2 \text{ 格}$$

图 1-25（c）：$A=8$ 格，$B=2$ 格，则

$$\delta = \frac{8-2}{2} = 3 \text{ 格}$$

$$S = \frac{8+2}{2} = 5 \text{ 格}$$

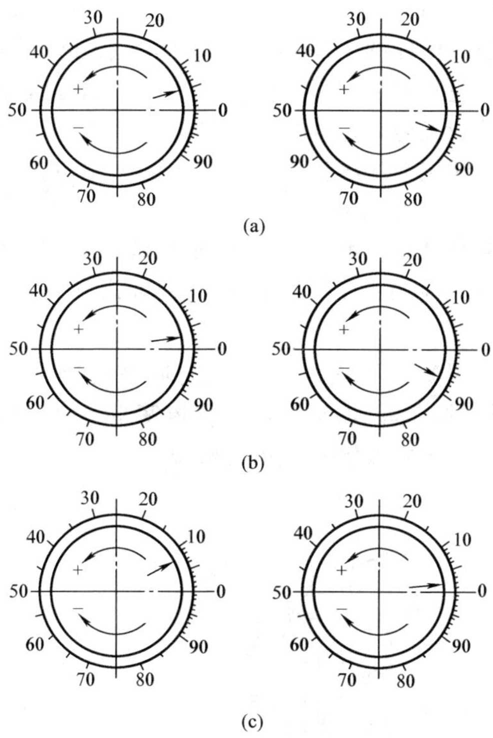

图 1-25　合像水平仪读数盘的几种位置

上述三组数值，总结了读数不同时扬度和偏差的计算方法。按此求出扬度方向，便于调节。

用水平仪测量时，应注意以下几点：①被测物面必须干净、平整。②水平仪转向 180°时，应摆放在同一位置，避免因加工面不平而产生误差。③如水平仪放在平尺上测量，则应测量四次，即水平仪和平尺各转向 180°分别测量，以消除被测面和平尺的加工误差。④水平仪放置在轴颈上时，应使横向气泡处于中央，水平仪无翘度时再测量。

7. 水准仪

水准仪又称光学水准仪，如图 1-26 所示。当被测间距较远，尺寸范围较大或上、下不便时，均可用它来测量其间的标高及水平度。

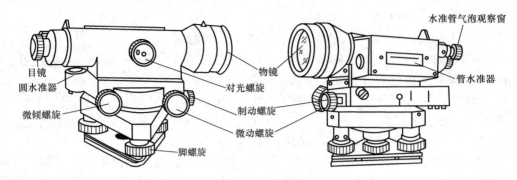

图 1-26 水准仪

使用水准仪最重要的是要调整好镜架的水平度及镜架的稳定性,保证镜头回转到任何角度与方向时,镜头上的十字准线都能处于平直状态。使用中要防止仪器受振动及碰撞,要确保仪器支脚不走动、不下陷,同时要注意标尺的正确使用与读数的准确性。

8. 经纬仪

经纬仪如图 1-27 所示,除具有水准仪的功能和用途外,还可测量垂直度、高度等,较水准仪更精确可靠。

经纬仪与水准仪的使用要求基本相仿。

9. 激光准直仪

激光准直仪如图 1-28 所示,可用来测量较高大范围内的水平、标高与垂直度,并可找定中心线等。

采用激光校正时,须避免环境温度变化、强光照射、基础振动等,否则将使激光束变形、飘移、不稳定及测量精确度降低。

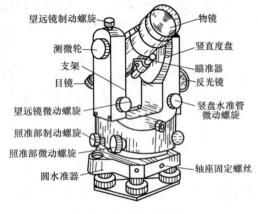

图 1-27 经纬仪

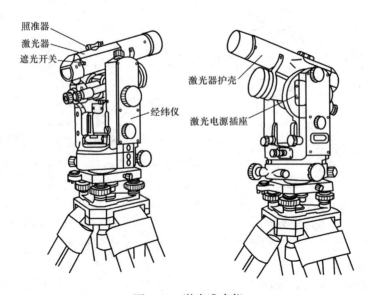

图 1-28 激光准直仪

第二章 起　　重

设备及零部件的起吊、搬运等作业通称为起重。起重作业是借助于起重索具、起重机构和起重机械等来完成的。

随着电力工业的快速发展，电站的建设规模、单机容量不断增大，热力设备及零部件的重量也在增加，无论是汽轮机本体及附属设备、锅炉钢架、受热面乃至发电机静子、转子，在安装与检修过程中都离不开起重作业。在大型电站的建设过程起重作业已成为非常重要的专业工种，合理地制订大型设备的起重方案，选择起重机械与机具，对高效、快速完成电站的建设与机组的检修施工具有十分重要的意义。

热力设备安装检修中起重作业主要包括：
(1) 设备、构件、材料的装卸车工作；
(2) 设备、构件、材料的水平运输工作；
(3) 设备、构件、材料的起吊就位工作。

第一节　起　重　索　具

在起重作业过程中，索具是必不可少的。它是用来绑扎起重物件（系重用）及传递起重机械的拉力给起重物件（吊重用）。常用的索具包括：麻绳、钢丝绳、拴连工具等。

一、麻绳

1. 麻绳的用途及性能

在起重作业中，麻绳（图 2-1）常用来绑扎和起吊轻型设备或者受力不大的缆绳、牵引绳等。它是用抗拉、耐磨和不易腐蚀的麻纤维机制而成。

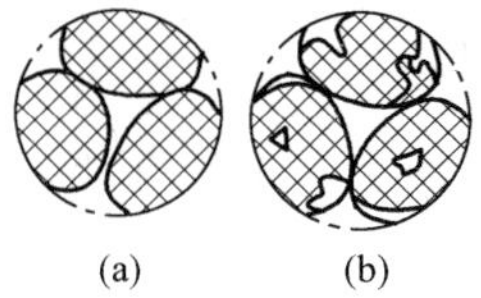

麻绳质软、轻便、易于绑扎和打结，但强度较低，磨损快，受潮易腐烂，而且新旧麻绳强度差别较大，不宜用来绑扎和起吊较贵重的设备物件。

图 2-1　麻绳类型
(a) 索绳；(b) 缆绳

施工中常用的麻绳分浸油和不浸油（白棕绳）两种。浸油麻绳防腐性能好，多用于潮湿场所，白棕绳主要用于捆绑和搬抬小型设备物件。

2. 绳的计算

麻绳在承载时常绕过圆筒或滑轮，同时受到拉伸、弯曲、挤压和扭转的作用，精确计算其综合应力是很困难的。在使用时，要求圆筒或滑轮槽的直径在麻绳直径的十倍以上。这样，在核算麻绳的强度时，只按纯拉伸来考虑，同时根据不同的用途选择适当的安全系数，以补偿计算误差，确保施工安全。麻绳的许用拉力 P 可按式（2-1）计算：

$$P = \frac{S_b}{K} \tag{2-1}$$

式中　P——允许起吊量，kN；
　　　S_b——麻绳破断拉力（查表 2-1），kN；
　　　K——麻绳的安全系数（查表 2-2）。

表 2-1　　　　　　　　　　旗白鱼牌白麻绳性能规格

直径 d (mm)	破断拉力 S_b (kN)	直径 d (mm)	破断拉力 S_b (kN)
6	2.0	25	24.0
8	3.25	29	26.0
11	5.75	33	29.0
13	8.0	38	35.0
14	9.50	41	37.0
16	11.50	44	45.0
19	13.00	51	60.0
20	16.00	57	65.0
22	18.50	63	70.0

表 2-2　　　　　　　　　　麻绳的安全系数 K

使用情况	安全系数 K	使用情况	安全系数 K
一般起吊作业	5	绑扎绳	10
缆风绳	6	吊人绳	14
千斤绳	6~10		

【例 2-1】 直径 $d=20$mm 的旗白鱼牌白麻绳，在作千斤绳使用时，允许吊重量为多少？

解： 查表 2-1，该麻绳的破断拉力=16000N

查表 2-2，取千斤绳安全系数为 $K=8$

用公式（2-1）可求得该麻绳的允许吊重 P 为

$$P \leqslant \frac{S_b}{K} = \frac{16000}{8} = 2000(\text{N})$$

在施工现场，一般是已知起吊设备重量而选麻绳直径 d，则可按式（2-2）计算：

$$d = \sqrt{\frac{4P}{\pi[\sigma]}} \quad \text{mm} \qquad (2\text{-}2)$$

式中　$[\sigma]$——麻绳的许用应力，查表 2-3，N/mm²。

表 2-3　　　麻绳的许用应力 $[\sigma]$ 表

种类	起重用麻绳 (N/mm²)	绑扎用麻绳 (N/mm²)
白麻绳	10	5
油浸麻绳	9	4.5

二、钢丝绳

钢丝绳是用优质高强度的碳素钢丝制成的，具有重量轻、挠性好、应用灵活，弹性大、韧性好、能承受冲击载荷，高速运行中无噪声、破断前有断丝预兆等优点。因此，在起重作业中应用最广泛。

起重作业使用的钢丝绳多为双重绕捻的钢丝绳。这种钢丝绳是由一层或几层钢丝绕成股，再由股圈绕麻芯绕成绳（图 2-2）。由于麻芯的存在使钢丝绳呈空心状态，能够保证钢丝绳具有足够的柔性和弹性；麻芯可吸附润滑油防止钢丝生锈，又能保证钢丝与钢丝之间、股与股之间的润滑。

1. 种类及结构

钢丝绳按其绕制的方向，可分为顺绕、逆绕、混合绕三种，见图 2-3。

（1）顺绕。钢丝绳中钢丝绕成股和股绕成绳的方向相同。这种钢丝绳挠性大，表面光滑，钢丝磨损小，但易自行扭转和松散。

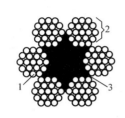

图 2-2 钢丝绳的断面
1—钢丝；2—绳股；3—绳芯

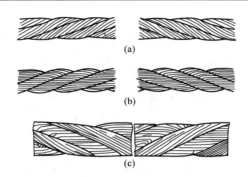

图 2-3 钢丝和股的绕捻方向
(a) 顺绕；(b) 逆绕；(c) 混合绕

（2）逆绕。钢丝绳中钢丝绕成股和股绕成绳的方向相反。这种钢丝绳丝和股，由于弹性力产生的扭转变形方向相反，故不易自扭和松散，其缺点是挠性差，易磨损，在起重机械和起重工作中应用最广。

（3）混合绕。钢丝绳中相邻的两股绕成反方向，兼有前两种绕法的优点。

2. 技术规范及代号

在起重工作中常用的钢丝绳中，常用的规格一般直径为 6.2～83mm，钢丝直径 0.3～3mm。钢丝的抗拉强度极限为 1400～2000MPa，分为 1400、1550、1700、1850、2000MPa 五个等级。

钢丝绳的代号由三组数字组成，如 6×19+1，6×37+1，6×61+1 等。各组数字意义表示如下：

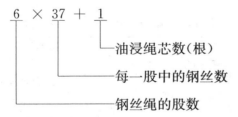

钢丝绳的种类很多，不过电厂热力设备安装检修起重工作中常用的为上述三种。

6 股 19 丝的钢丝绳比较硬，使用于弯曲半径较大、磨损较快的地方，如做缆风绳、拖拉绳以及固定起重机上滑车组串绕钢丝绳；6 股 37 丝的钢丝绳钢丝数较多且钢丝较软，适用于弯曲半径较小，磨损不大的地方，如临时吊装用的滑车组上的穿绕绳，捆绑绳及千斤绳；6 股 61 丝的钢丝绳比前两种都柔软，常用于重型起重机及起吊精密设备。上述三种钢丝绳的主要数据见表 2-4～表 2-6。

表 2-4 普通钢丝绳 （6×19+1）的主要数据

直径		钢丝总断面积 nA_i (mm²)	每 100m 重量 G_0 (N)	钢丝绳抗拉强度 σ_b (MPa)				
钢丝绳 d (mm)	钢丝 d_i (mm)			1400	1550	1700	1850	2000
				钢丝绳破断拉力 (kN)				
6.2	0.4	14.32	135.3	17	18.8	20.6	22.4	24.3
7.7	0.5	22.37	211.4	26.6	29.4	32.3	35.2	38
9.3	0.6	32.22	304.5	38.3	42.4	46.5	50.7	54.7

续表

直径		钢丝总断面积 nA_i (mm^2)	每100m重量 G_0 (N)	钢丝绳抗拉强度 σ_b (MPa)				
钢丝绳 d (mm)	钢丝 d_i (mm)			1400	1550	1700	1850	2000
				钢丝绳破断拉力 (kN)				
11.0	0.7	43.85	414.0	52.1	57.7	63.3	68.9	74.5
12.5	0.8	57.27	541.2	68.1	75.3	82.7	89.7	97.3
14.0	0.9	72.49	685.0	86.2	95.2	104.5	114.2	123
15.5	1.0	89.49	845.7	106	117.8	129	140.7	152
17.0	1.1	108.28	1023	128.5	142.5	156	170	184
18.5	1.2	128.87	1218	153	169.5	186	202	219
20.0	1.3	151.24	1429	179.5	198.9	218.5	247	257
21.5	1.4	175.40	1658	208.5	230	253	277	301.5
23.0	1.5	201.35	1903	239.5	265	290.5	316	342.5
24.5	1.6	229.09	2165	272.5	301.5	331	360	389.5
26.0	1.7	258.63	2444	307.5	340	373.5	407	440
28.0	1.8	289.95	2740	345	380	418.5	456	493
31.0	2.0	357.96	3383	425.5	471	517	562	608
34.0	2.2	433.13	4093	515	570	625.5	681	—
37.0	2.4	515.46	4871	613	678	744.5	810	—
40.0	2.6	604.95	5717	719.5	797.5	874	943	—
43.0	2.8	701.60	6630	834.5	922.5	1010	1100	—
46.0	3.0	805.41	7611	958.5	1041	1160	1268	—

表 2-5　　普通钢丝绳 (6×37+1) 的主要数据

直径		钢丝总断面积 nA_i (mm^2)	每100m重量 G_0 (N)	钢丝绳抗拉强度 σ_b (MPa)				
钢丝绳 d (mm)	钢丝 d_i (mm)			1400	1550	1700	1850	2000
				钢丝绳破断拉力 (kN)				
8.7	0.4	27.88	262.1	30	35.4	38.8	425.3	45.7
11.1	0.5	43.57	409.6	50	55.3	60.7	66	71.4
13.0	0.6	62.74	589.8	72	79.7	87.4	95.1	102.5
15.0	0.7	85.39	802.7	98	108.2	119	129	140
17.5	0.8	111.53	1048.0	128	141.3	155	169	182.5
19.5	0.9	141.16	1327.0	162	179.2	196.8	214	231.5
21.5	1.0	174.27	1638	200	223	242.5	264	288.5
24.0	1.1	210.87	1982	242	267.3	293.5	320	343.5
26.0	1.2	250.95	2359	288	319.2	349.5	380	411
28.0	1.3	294.52	2768	338	374	410.5	446	483
30.0	1.4	341.57	3211	392	434	476	517	560
32.5	1.5	392.11	3686	450	498	546.5	594	642
34.5	1.6	446.13	4194	512	567	621.5	667	731
36.5	1.7	503.64	4734	578	639	702	763	825
39.0	1.8	564.63	3508	648	717.5	787	852.5	923

续表

直径		钢丝总断面积 nA_i (mm²)	每100m重量 G_0 (N)	钢丝绳抗拉强度 σ_b (MPa)				
钢丝绳 d (mm)	钢丝 d_i (mm)			1400	1550	1700	1850	2000
				钢丝绳破断拉力 (kN)				
43.0	2.0	697.08	6533	800	886	971.5	1053	1139
47.5	2.2	843.47	7929	968	1070	1175	1280	—
52.0	2.4	1003.80	9436	1150	1276	1395	1520	—
56.0	2.6	1178.07	11074	1350	1497	1640	1780	—
60.5	2.8	1366.28	12843	1565	1730	1900	2090	—
65.0	3.0	1568.43	14743	1800	1992	2185	2376	—

表 2-6　　普通钢丝绳（6×61+1）的主要数据

直径		钢丝总断面积 nA_i (mm²)	每100m重量 G_0 (N)	钢丝绳抗拉强度 σ_b (MPa)				
钢丝绳 d (mm)	钢丝 d_i (mm)			1400	1550	1700	1850	2000
				钢丝绳破断拉力 (kN)				
11.0	0.4	46.97	432.1	51.4	57	62.5	68	73.5
14.0	0.5	71.83	675.2	80.4	88.8	97.6	106	114.8
16.5	0.6	103.43	972.2	115.6	128	140.4	15208	165.1
19.5	0.7	140.78	1323	157.6	174.4	191.2	208	225.2
22.0	0.8	183.88	1728	205.6	228	250	272	294
25.0	0.9	232.72	2188	260.4	288.4	316.4	344.4	372
27.5	1.0	287.31	2701	321.6	356	390.4	425.2	459.6
30.5	1.1	347.65	3268	391.2	430.8	472.8	514.4	556
33.0	1.2	413.73	3889	463.2	512.8	562.4	612	661.6
36.0	1.3	485.55	4564	543.6	602	660	718.4	686.8
38.5	1.4	563.13	5293	630.4	698	765.6	832	900
41.5	1.5	646.45	6077	724	800	876	956	1032
44.0	1.6	735.51	6914	820	912	1000	1088	1328
47.0	1.7	830.33	7805	928	1028	1128	1228	1488
50.0	1.8	930.88	8750	1040	1152	1264	1376	1836
55.5	2.0	1149.24	10803	1284	1424	1560	1700	—
61.0	2.2	1390.58	13071	1556	1724	1888	2056	—
66.5	2.4	1654.91	15556	1852	2052	2248	2448	—
72.0	2.6	1942.22	18257	2172	2408	2640	2872	—
77.5	2.8	2252.22	21174	2520	2792	3060	3332	—
83.0	3.0	2585.79	24036	2896	3204	3316	3824	—

3. 钢丝绳的强度计算

（1）钢丝绳的破断拉力计算。

钢丝绳的破断拉力 S_b 与钢丝绳的断面积和抗拉强度成正比。它们的关系式如下：

$$S_b = \frac{\pi d_i^2}{4} n \sigma_b \varphi \tag{2-3}$$

式中　d_i——钢丝绳中每一根钢丝的直径，mm；

n——钢丝绳中钢丝的总根数;

σ_b——钢丝绳中钢丝的抗拉强度,MPa;

φ——钢丝绳中钢丝的绕捻不均匀面引起的受载不均匀系数,常用钢丝绳的 φ 值如下:

$$6\times19+1 \quad \varphi=0.85$$
$$6\times37+1 \quad \varphi=0.82$$
$$6\times61+1 \quad \varphi=0.80$$

【例 2-2】 直径 $d=32.5$mm 的 $6\times37+1$ 钢丝绳,钢丝直径 $d_i=1.5$mm,抗拉强度 $\sigma_b=1700$MPa,求该钢丝绳的破断拉力 S_b。

解: 该钢丝绳的钢丝总数 $n=6\times37+1=222$ 根,受载不均匀系数 $\varphi=0.82$

根据式(2-3)得

$$S_b = \frac{\pi d_i^2}{4} n \sigma_b \varphi = \frac{3.14\times1.5^2}{4}\times222\times1700\times0.82 = 546530(\text{N})$$

表 2-4~表 2-6 中的钢丝绳破断拉力 S_b 就是根据各种规格直径的钢丝绳按式(2-3)计算出的近似整数值。

考虑到现场有时查找破断拉力不方便,用上述公式又太麻烦,所以常用经验公式(2-4)计算:

$$S_b = 520d^2 \tag{2-4}$$

式中 d——钢丝绳直径,mm。

此经验公式仅适用于钢丝抗拉强度为 1700MPa 的钢丝绳,其他钢丝绳可用如下经验公式:

当钢丝抗拉强度为 1400MPa 时

$$S_b = 428d^2 \tag{2-5}$$

当钢丝抗拉强度为 1550MPa 时

$$S_b = 474d^2 \tag{2-6}$$

当钢丝抗拉强度为 1850MPa 时

$$S_b = 566d^2 \tag{2-7}$$

当钢丝抗拉强度为 2000MPa 时

$$S_b = 612d^2 \tag{2-8}$$

为了便于现场的应用,也可用公式(2-4)进行修正,使其随强度的变化而破断拉力有所增减。如抗拉强度为 1550MPa 的钢丝绳即为

$$S_b = \frac{1550}{1700}\times520d^2 = 474d^2$$

如抗拉强度为 2000MPa 的钢丝绳即为

$$S_b = \frac{2000}{1700}\times520d^2 = 612d^2$$

【例 2-3】 使用经验公式求[例 2-2]钢丝绳的破断拉力 S_b。

解: 利用式(2-4)得

$$S_b = 520d^2 = 520\times32.5^2 = 549250(\text{N})$$

与【例 2-2】求得的 S_b 仅差 2720N,相对误差约为 0.5%,而且起吊设备时,钢丝绳的破断拉力为吊重的几倍。因此,采用经验公式所造成的误差,不会影响使用的安全性。

(2) 绳的许用拉力计算。

钢丝绳的许用拉力 P 亦可用公式（2-1）进行计算，只不过式中的安全系数 K 为钢丝绳的安全系数。S_b 为钢丝绳的破断拉力（查表 2-4～表 2-6）。

钢丝绳的安全系数 K 与载荷性质、牵引方式和挠曲大小因素有关，具体的值可根据条件查表 2-7，表中的机械传动轻、中、重级是以起吊速度的快慢来划分的（见表 2-8）。

表 2-7　　　　　　　　　　　　钢丝绳的安全系数 K

钢丝绳的用途与性质			滑轮（滚筒）的最小允许直径 D（mm）	安全系数 K
缆风绳和拖拉绳			≥12d	3.5
驱动方式	人力		≥16d	4.5
	机械	轻级	≥16d	5
		中级	≥18d	5.5
		重级	≥20d	6
千斤绳	有绕曲		≥2d	6～8
	无绕曲		—	5～7
捆绑绳			—	10
载人升降机			≥40d	14

注　1. 表中 d 为钢丝绳直径，mm。
　　2. 千斤绳无绕曲指两绕套与卸扣连接，中间无弯曲情况。
　　3. 拖拉绳指的是拖拉滑车组串绕的钢丝绳与千斤绳。

表 2-8　　　　　　不同吨位轻、中、重级工作性质的起吊速度　　　　　　（m/min）

工作性质	工作速度							
	吨位划分							
	10t以下	30t以下	50t以下	75t以下	100t以下	125t以下	200t以下	250t以下
轻级	8.4以下	6.3以下	5.5以下	4.2以下	3.5以下	2.2以下	1.5以下	0.8以下
中级	10～12	7.0～10	6.25～6.8	5.1～6.2	4.5～5	2.8～3.5	2.2	1.9
重级	15～19	13～15	7.5～9	5.2～7	5.5～6	4～4.3	3～3.3	2～2.3

4. 吊装千斤绳的计算

计算用作千斤绳的钢丝绳拉力 P 时，要根据绳数和绳索与垂直方向的夹角 α（图 2-4），同时应符合 $PK \leqslant S_b$ 才算安全。P 按式（2-9）计算：

$$P = \frac{1}{\cos\alpha} \times \frac{G}{n} \tag{2-9}$$

式中　G——被吊件的重量，N；
　　　n——绳数。

由式（2-9）可知，α 愈大，千斤绳受力亦愈大，为了安全起见。在选择千斤绳时，要使其具有足够的长度，以保证 $\alpha \geqslant 46°$ 为宜，条件允许时也不得使 $\alpha > 60°$。

【例 2-4】　如图 2-5 所示，两台起重机联合起吊重量 $G = 8000 \text{kg}$ 的水箱，若选用抗拉强度 $\sigma_b = 1700 \text{MPa}$ 的钢丝绳做捆绑绳，问钢丝绳直径应选多少毫米才合适？

解：每条钢丝绳的许用拉力

$$P = \frac{G}{2} = \frac{8000 \times 10}{2} = 40000 (\text{N})$$

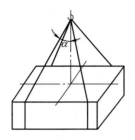
图 2-4　计算千斤绳拉力图示

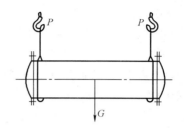
图 2-5　起吊水箱

由式（2-1）得 $PK=S_b$

做捆绑绳用 6 股 37 丝钢丝绳，安全系数取 $K=10$

则 $PK=40000×10=400000\mathrm{N}=400\mathrm{kN}≤S_b$。

查表 2-5 中抗拉强度为 $\sigma_b=1700\mathrm{MPa}$ 所应对应的破断拉力 S_b 无 400kN，取略大于此值的 410.5kN 等级，所对应的钢丝绳直径为 $d=28\mathrm{mm}$。因此，应选用 6 股 37 丝、直径为 28mm 的钢丝绳。

5. 钢丝绳的维护及使用注意事项

（1）使用时不能使钢丝绳折曲及夹、压、砸而发生扁平松股现象；

（2）钢丝绳在使用时，至少每隔一个半月要涂油一次，在长期保存不用时，每半年要涂油一次；

（3）钢丝绳穿绕滑车使用时，滑轮边缘不应有破裂现象，滑轮绳槽宽度应大于钢丝绳直径 1～3mm；

（4）要避免与钢铁构件及建筑物的棱角发生摩擦；

（5）吊装使用过程中，谨防钢丝绳与带电体和导线接触；

（6）保存钢丝绳时，应放置在干燥通风的库房内，并在存放前涂好油卷在木架上；

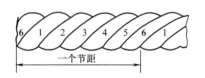

图 2-6　钢丝绳的一个节示意图

（7）钢丝绳使用一定时间后，应检查是否存在断丝、腐蚀、磨损和弯曲变形等缺陷，为了确保起吊工作的安全，当钢丝绳有下列缺陷之一者，应报废换新或截除：

1）一个节距内（图 2-6）断丝数在表 2-9 内规定数及以上时；

表 2-9　钢丝绳的报废标准

钢丝绳采用的安全系数	钢丝绳种类					
	6×19+1 钢丝绳一个节距内断丝数		6×37+1 钢丝绳一个节距内断丝数		6×61+1 钢丝绳一个节距内断丝数	
	钢丝绳搓捻方法		钢丝绳搓捻方法		钢丝绳搓捻方法	
	逆绕	顺绕	逆绕	顺绕	逆绕	顺绕
$K<6$	12	6	22	11	36	18
$K=6～7$	14	7	26	13	38	19
$K>7$	16	8	30	15	40	20

2）钢丝绳中有断股应报废；

3）钢丝绳的钢丝磨损或腐蚀达到及超过原来的 40% 时，钢丝绳受过严重火灾或局部电火烧过时时应报废；

4) 钢丝绳受冲击载荷后，这段钢丝绳较原来长度伸长 0.5%，应将这段钢丝绳割除。

三、拴连工具

在起重工作中，与钢丝绳配合使用的拴连工具有索卡、卸卡、吊环、横吊梁及地锚等。

1. 索卡

索卡又称钢丝绳夹头，用来将钢丝绳末端与其自身锁紧。如缆风绳绳头的固定，滑车组穿绕滑轮绳头固定，钢丝绳的临时连接等。常用的索卡如图2-7 所示，其中以图2-7（a）卡子的压紧力最强，应用最广，是国家标准件。

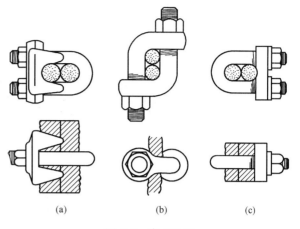

图 2-7 索卡种类
(a) 骑马式；(b) 拳握式；(c) 压板式

使用索卡时，索卡的数量及间距与钢丝绳的直径成正比例。一般索卡的间距最少为钢丝绳直径的 6 倍，索卡的数量最少不低于 3 只，可查表 2-10。

表 2-10　　　　　　　　　索卡使用标准表

钢丝绳直径（mm）	11	12	16	19	22	25	28	32	34	38	50
索卡的个数	3	4	4	5	5	5	5	6	7	8	8
索卡间的距离（mm）	80	100	100	120	140	160	180	200	230	250	250

使用索卡时还应注意以下几点：

（1）索卡的 U 形环应卡在绳头一边，由于 U 形环与钢丝绳的接触面积小，易使钢丝绳产生弯曲和损伤。如卡在主绳的一边，则不利于主绳的抗拉强度。

（2）使用索卡时，一定要把 U 形环螺栓拧紧直到钢丝绳直径被压扁 1/4~1/3 为止。为及时知道钢丝绳夹头在钢丝绳受力后是否滑动，可采取加装一只安全夹头的方法监督，安全夹头安装在距最后一只索卡约 500mm 处，将绳头放出一段安全弯头再与主绳夹紧。

（3）索卡使用前应进行质量检查，对丝扣有损坏者，不得使用。

2. 卸卡

卸卡又称卡环、卸扣。用于千斤绳与千斤绳、千斤绳与滑车组、千斤绳与各种设备（构件）的连接。它是起重工作中应用最广泛的拴连工具。卸卡使用灵活，一般都是用 20 号碳素钢锻造的，并经过准确的退火处理，以消除其残余应力，增加其韧性。

卸卡由弯环和横销两部分组成。如图 2-8 所示，常用的型式为直环形 [图 2-8 (a)]、马蹄形 [图 2-8 (b)] 两种。

使用卸卡时必须进行强度计算，应分别对弯环部分和横销部分进行受弯和受剪的复合应力的计算。由于计算复合应力比较麻烦，故一般施工现场多采用估算的方法。卸卡的承载能力主要与横销直径 d 和弯环部分直径 d_1 的平方成正比。因此在一般的起重作业中，常根据 d 和 d_1 估算出卸卡使用荷重的近似值。卸卡的允许荷重可用式（2-10）估算：

$$P = 6.4 d_{平均}^2 \tag{2-10}$$

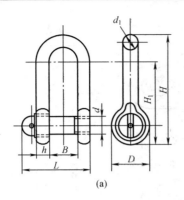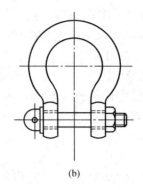

图 2-8 卸卡的种类示意图
(a) 直环形；(b) 马蹄形

式中　P——允许使用荷重；

　　　$d_{平均}$——横销与弯环直径的平均值，即 $d_{平均}=\dfrac{d_1+d}{2}$，mm。

对于重要的起吊和搬运工作，选用卸卡可查表 2-11。

表 2-11　　　　　　　　卸卡的各种规格及允许吊重

卸卡号码	允许负荷（kN）	钢索最大直径（mm）	卸卡的各部尺寸（mm）							
			D	H	H_1	L	B	d	d_1	h
0.2	2	4.7	15	49	35	35	12	M8	6	6
0.3	3.3	6.5	19	63	45	44	16	M10	8	8
0.5	5	8.5	23	72	50	55	20	M12	10	10
0.9	9.3	9.5	29	87	60	65	24	M16	12	12
1.4	14.5	13	38	115	80	86	32	M20	16	16
2.1	21	15	46	133	90	101	36	M24	20	20
2.7	27	17.5	48	146	100	111	40	M27	22	22
3.3	33	19.5	58	163	110	123	45	M30	24	24
4.1	41	22	66	180	120	137	50	M33	27	27
4.9	49	26	72	196	130	153	58	M36	30	30
6.8	68	28	77	225	150	176	64	M42	36	36
9.0	90	31	87	256	170	197	70	M48	42	42
10.7	107	34	97	284	190	218	80	M52	45	45
16.0	160	43.5	117	346	235	262	100	M64	52	52

卸卡在使用过程中应注意：

(1) 使用前应检查卸卡有无损伤和裂纹，螺丝不应过紧、过松及滑牙，销子不应弯曲，并要拧到底。

(2) 使用时必须放直，不得横向吃力，如图 2-9 所示，否则使卸卡的承载能力大大降低。

(3) 使用完毕，不允许高空拆下的卸卡往下摔，以防落地碰撞而变形或内部产生隐伤和裂纹。

3. 吊环

吊环（图 2-10）是为了便于起吊而装配在设备上的一种固定的拴连工具，如：汽轮机轴承盖，电动机外壳上等都装有吊环。这样，起吊时系结和卸除绳索是非常方便的。

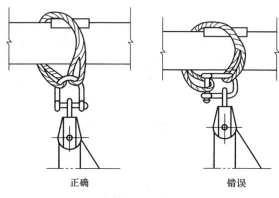

图 2-9 卸卡使用示意图

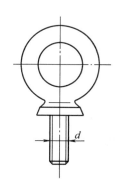

图 2-10 吊环示意图

使用吊环时，如果只有一个吊点，吊环单纯受拉伸；如果有两个以上吊点，吊环既受拉伸又受弯曲。所以使用两只以上吊环起吊设备时，钢丝绳间夹角不宜过大，一般在60°之内，以防吊环受过大的水平分力造成弯曲和断裂。在条件允许的情况下在吊绳之间加上支撑横梁是最好不过的。常用吊环的允许荷重见表2-12。

表 2-12　　　　　　　　　　吊 环 的 允 许 荷 重

丝杆直径 d (mm)	允许荷重（N）		丝杆直径 d (mm)	允许荷重（N）	
	垂直起吊	夹角60°吊重		垂直起吊	夹角60°吊重
M12	1500	900	M22	9000	5400
M16	3000	1800	M30	13000	8000
M20	6000	3600	M36	24000	14000

4. 横吊架

横吊架俗称扁担，可分为支撑横吊梁和扁担横吊梁两种，其主要作用是增加起重机提升的有效高度，改变吊索的受力方向，避免吊件变形，防止吊件与绳索间产生磨压和吊绳上受过大的水平分力等。

（1）支撑横吊梁。

支撑横吊梁可以防止被吊件变形和防止吊索与被吊件产生磨压，如图 2-11 所示。一般由无缝钢管（工字钢）、压板和吊索等组成。未使用支撑横吊梁前，吊索（用双点划线表示）与叶片磨压于 A 点，同时由于吊索倾斜产生垂直分力（T'）和水平分力（F'），因转子有挠度，F'作用于轴的两端，容易把轴压弯

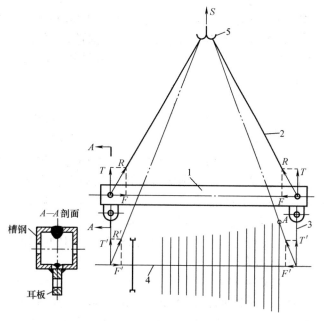

图 2-11 支撑横吊梁使用示意图
1—支撑横吊梁；2、3—千斤绳；4—汽轮机转子；5—吊钩

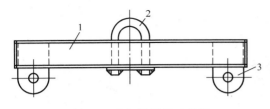

图 2-12 扁担横吊梁示意图
1—横吊梁；2—吊环；3—吊耳

和吊点向中部滑移，擦伤轴表面碰伤叶片。

（2）扁担横吊梁。

扁担横吊梁由工字钢和双槽钢制成，它除具有支撑横吊梁的作用外，还可以降低索具的高度，从而提高起重机的有效提升高度，如图 2-12 所示。用同一吊车在同一位置起吊同一屋架，由图 2-13 可知，采用扁担横吊梁起吊要比采用支撑横吊梁起吊更能提高有效提升高度 h 值。因此，在起吊高度受到限制时，采用扁担横吊梁更为合适。

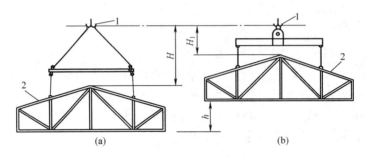

图 2-13 两种横吊梁提升高度比较
（a）用支撑横吊梁起吊；（b）用扁担横吊梁起吊
1—吊钩；2—屋架

第二节 常用的起重机具

在电厂热力设备安装与检修中常用的起重机具主要有千斤顶、链条葫芦、滑车和滑车组、卷扬机等。本节主要讲述它们的构造、原理、性能和规格。滑车组钢丝绳出端拉力的计算也将做主要介绍。

一、千斤顶

千斤顶具有自身重量轻、体积小、起重量大、操作省力、上升平稳、安全可靠等优点，在起重作业中应用广泛。借助于千斤顶可以用很小的力顶起很重的机械设备。千斤顶还可以用来校正设备安装的偏差和构件的变形等。千斤顶的顶升高度一般为 100～400mm，最大起重能力可达 500t。

千斤顶的种类很多，这里仅介绍最常用的螺旋千斤顶和油压千斤顶。

1. 螺旋千斤顶

螺旋千斤顶如图 2-14 所示。由壳体 5、螺母套筒 1、螺杆 2、伞形齿轮 4 以及传动机构等组成。工作时扳动摇把 3，通过伞形齿轮 4 带动螺杆 2 转

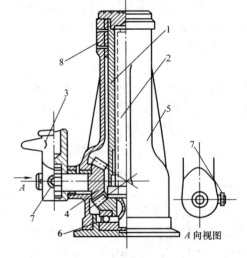

图 2-14 螺旋千斤顶示意图
1—螺母套筒；2—螺杆；3—摇把；4—伞形齿轮；5—壳体；6—推力轴承；7—换向扳扭；8—滑键

动，螺杆只转动不升降，在套筒上铣有定向的键槽，因此套筒沿着壳体上部的滑键 8 升降。换向扳扭 7 用以控制伞形齿轮的正反转，即控制套筒的升降。伞形齿轮的底部和底座架装有推力轴承 6，以减少螺杆底部的摩擦。这种千斤顶的起重量为 3~50t，顶升高度为 250~400mm，其规格与性能见表 2-13。

表 2-13　　　　　　　　　　螺旋千斤顶的技术性能及规格

型号	起重量（t）	最低高度（mm）	起升高度（mm）	手柄长度（mm）	操作力（N）	操作人数（人）	自重量（kg）
LQ-5	5	250	130	600	130	1	7.5
LQ-10	10	280	150	600	320	1	11
LQ-15	15	320	180	700	430	1	15
LQ-30D	30	320	180	1000	600	1~2	20
LQ30	30	395	200	1000	850	2	27
LQ50	50	700	400	1385	1260	3	109

2. 油压千斤顶

油压千斤顶如图 2-15 所示，其工作原理如下：工作时先提起摇把 5，油泵 2 的活塞上升，使油门 7 打开，油室 1 中的油压将油门 8 关闭。储油腔 3 中的油通过油门 7 进入油泵 2，然后向下压摇把，油泵活塞向下移动，使油泵中的油产生油压并不断增大，因而油门 7 关闭，当油泵中的油压大于油室中油压时，油门 8 开启，压力油进入油室 1 推动活塞 4 上升，将重物顶起。要使活塞 4 下降时，只要打开回油阀 6，使油室 1 与储油腔 3 相通，在重物作用下活塞 4 下降。

油压千斤顶具有起重量大、操作省力、上升平稳等优点，但上升速度比螺旋千斤顶慢。油压千斤顶的起重量为 3~320t，最大可达 500t，起重高度为 100~200mm，油压千斤顶的性能及规格见表 2-14。

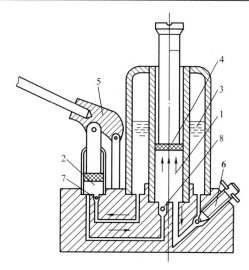

图 2-15　油压千斤顶示意图
1—油室；2—油泵；3—储油腔；4—活塞；5—摇把；
6—回油阀；7—油泵油门；8—油室进油门

表 2-14　　　　　　　　　　油压千斤顶的技术性能及规格

型号	起重量（t）	最低高度（mm）	起升高度（mm）	手柄长度（mm）	操作力（N）	操作人数（人）	储油量（L）	自重量（kg）
YQ-5A	5	235	160	620	320	1	0.25	5.5
YQ-8	8	240	160	620	365	1	0.3	7
YQ-12.5	12.5	245	160	850	295	1	0.35	9.1~10
YQ-16	16	250	160	850	280	1	0.4	13.8
YQ-20	20	285	180	1000	280	1	0.6	20
YQ-30	30	290	180	1000	346	1	0.9	30
YQ-32	32	290	180	1000	310	1	1	29

续表

型号	起重量(t)	最低高度(mm)	起升高度(mm)	手柄长度(mm)	操作力(N)	操作人数(人)	储油量(L)	自重量(kg)
YQ-50	50	300	180	1000	310	1	1.4	43
YQ-100	100	360	200	1000	400	2	3.5	123
YQ-200	200	400	200	1000	400	2	7	227
YQ-320	320	450	200	1000	400	2	11	435

二、链条葫芦

链条葫芦又称"倒链"。它结构紧凑，手拉力小，使用方便，适用于小型设备和构件的短距离起吊和搬运，起重量一般不超过10t，最大可达20t。链条葫芦种类很多，这里仅以SH型齿轮式链条葫芦为例进行介绍，如图2-16所示。这种链条葫芦技术性能见表2-15。

链条葫芦的使用与保养注意事项：

(1) 在使用前应检查吊钩、主键是否有变形、裂纹等异常现象，传动部分是否灵活。

(2) 在链条葫芦受力之后，应检查制动机构是否能自锁。

(3) 在起吊重物时，手拉链不许两人同时拉，因为在设计链条葫芦时，是以一个人的拉力为准进行计算的，超过允许拉力，就相当于链条葫芦超载。以起重量为3t的链条葫芦为例，其设计拉力为350N（相当于一个普通劳动力的正常拉力），当超过350N时，就意味着重物已超过3t。

(4) 重物吊起后，如暂时不需放下，则此时应将手拉链拴在固定物上或主链上，以防制动机构失灵、发生滑链事故。

(5) 转动部位应定期加润滑油，但严防油渗进摩擦片内而失去自锁作用。

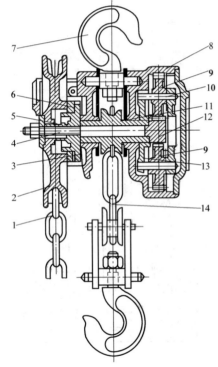

图 2-16 链条葫芦示意图
1—手拉链；2—链轮；3—棘轮圈；4—链轮轴；5—圆盘；6—摩擦片；7—吊钩；8—齿圈；9—齿轮；10—齿轮轴；11—起重链轮；12—齿轮；13—驱动机构；14—起重链子

表 2-15　　　　链条葫芦技术性能

型号	SH$\frac{1}{2}$	SH1	SH2	SH3	SH5	SH10
起重量（t）	0.5	1	2	3	5	10
试验重量（t）	0.625	1.25	2.5	3.75	6.25	12.5
满载时手拉力（N）	200	210	340	350	375	385
自重（kg）	11.5	12	16	32	47	88

三、滑车和滑车组

滑车和滑车组也是常用的起重工具,它需和卷扬机配合使用,其目的是减少移动物件所需的力或改变重物和施力绳的方向。单滑车的构造示意见图 2-17,若把轴上装两个、三个乃至更多的滑轮,则分别称为两轮滑车、三轮滑车和多轮滑车。

在实际工作中,把拴连于某点且滑车轴与该点距离不变的滑车称定滑车。随同重物一起升降的滑车称动滑车。一般大型的起重作业常把定滑车和动滑车配合起来使用,构成滑车组。

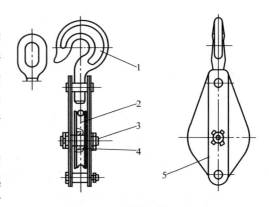

图 2-17 单滑车构造示意
1—吊钩(链环);2—滑轮;3—轴;
4—铜轴套;5—夹板

1. 滑车、滑车组的使用及滑车组的穿绕方法

组成滑车组其绳索的穿绕方法是这样的,将绳索穿绕一个定滑车(或动滑车)的滑轮,再穿绕一个动滑车(或定滑车)的滑轮,如此按顺序穿绕下去,直至把所有的滑轮全绕完,再把这端的钢丝绳用索卡固定于滑车的链环上。钢丝绳被固定的一端叫终根(也叫"死"头),另一端与卷扬机连接叫施力端(也叫"活"头)。

一般滑车组成滑车组时遵循下列原则:

(1) 如果定滑车和动滑车的轮数之和为偶数,则绳索的终根和施力端应在同一滑车上,见图 2-18。

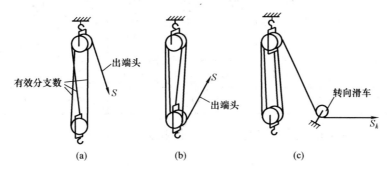

图 2-18 滑车组绳索穿绕示意图
(a) 出端头从定滑车引出;(b) 出端头从动滑车引出;
(c) 穿过导向滑车引入卷扬机

(2) 如果定滑车和动滑车的轮数之和为奇数,则绳的两端应分别在两个滑车上。

(3) 滑车组绳索负荷支线的数目总是等于滑轮的数目。

滑车组的称谓方法是这样的,表示定滑车轮数的数字在前,表示动滑车轮数的数字在后,如"二二"滑车组,即由两轮的定滑车和两轮的动滑车组成。

在滑车组中,动滑车上穿绕的绳索的根数称为滑车组的有效负荷支线也叫"走数",这样滑车组的全称如"二二走四""三三走六"等。

2. 滑车组出端头拉力 S 的计算

(1) 滑车组施力端从定滑轮引出时,施力端的拉力 S 和效率 η 为

$$S = \frac{Q}{n\eta} \tag{2-11}$$

$$\eta = \frac{1}{nE^n} \cdot \frac{E^n - 1}{E - 1} \tag{2-12}$$

式中　Q——起重量，N；

　　　n——在动滑车上的有效分支数；

　　　η——滑车组的效率；

　　　E——滑车轴与滑轮套的综合摩擦系数，采用滚动轴承时 $E=1.02$，采用青铜滑动轴承时 $E=1.04$，采用无衬套滑轮时 $E=1.06$。

采用青铜滑轮套出端头从定滑轮引出时，出端头的拉力 S 和效率 η 可从表2-16中查出。

表2-16　$E=1.04$ 滑车组出端头从定滑轮引出时，出端头的拉力 S 和效率 η 值

滑车组绳数	单绳	双绳	三绳	四绳	五绳	六绳	七绳	八绳	九绳	十绳
滑车组连接方式 $E=1.04$										
滑车组效率 η	0.96	0.94	0.92	0.90	0.88	0.87	0.86	0.85	0.83	0.82
出端头拉力 S	1.04Q	0.53Q	0.36Q	0.28Q	0.23Q	0.19Q	0.17Q	0.15Q	0.13Q	0.12Q

（2）滑车组施力端从动滑轮引出时，施力端的拉力 S 亦可按公式（2-11）计算，效率 η 则为

$$\eta = \frac{1}{nE^{n-1}} \cdot \frac{E^n - 1}{E - 1} \tag{2-13}$$

以上计算的施力端拉力 S 只是绳索自滑轮组引出的端头拉力。如果施力端从滑车组引出后，还需经过一个或几个导向滑车与卷扬机连接时，每经过一个导向滑车，就要增加一次导向滑车轮与轴的摩擦。因此还要在计算出的 S 上乘以滑车的综合摩擦系数，即

$$S_k = SE^k \tag{2-14}$$

式中　S_k——绳索经过最后一个导向滑车后出端头拉力；

　　　E——导向滑车的综合摩擦系数；

　　　k——导向滑车的个数。

3. 对滑车使用荷重的估算

现在出厂的滑车，都有允许使用荷重的铭牌式说明书。但有一些老式滑车没有出厂允许的使用荷重，要对它们进行计算，计算吊钩、滑车轴、夹板等零件强度比较复杂。制造厂设

计滑车时基本按照上述三个零件是等强度来计算设计的。另外，滑轮与钢丝绳间有一定的比例关系。因此，滑车允许使用荷重常可按照经验公式（2-15）进行估算：

$$P = n\frac{D^2}{1.6} \quad (2\text{-}15)$$

式中　P——滑车组估算的允许使用负荷，N；
　　　D——滑车滑轮的直径，mm；
　　　n——滑车的滑轮数。

四、卷扬机

卷扬机除作为滑车（滑车组）绳索的动力来源设备外，也是各种起重机械的动力来源设备。按其本身的动力来源分类，可把卷扬机分为手动和电动两种；按滚筒数目可分为单滚筒和双滚筒两种；按传动形式又可分为可逆齿轮箱式和摩擦式两种。卷扬机的牵引能力从 0.5~15t 不等，下面仅以可逆式电动卷扬机为例介绍其构造和传动原理。

1. 可逆式电动卷扬机的构造及传动原理

可逆式电动卷扬机是由电动机、减速齿轮箱、滚筒、电磁制动器、可逆控制器及底盘等组成，如图 2-19 所示。它的工作原理如下：首先接通卷扬机电源，再把可逆控制器手柄向顺时针方向转动，就可使电动机 3 逆时针方向转动，同时联锁电磁制动器 2 松开。电动机通过挠性联轴器 5 带动齿轮箱 6 的输入轴转动。齿轮箱的输出轴上装有小齿轮 7，通过它带动大齿轮 8 转动，大齿轮固定在卷筒 9 上，从而卷筒 9 随之转动，卷进钢丝绳，使物体提升。当可逆控制器手柄回复到零位时，同时切断电动机和电磁制动器的电源，电动机停止转动，电磁制动器的闸瓦则牢牢地

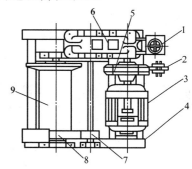

图 2-19　可逆式电动卷扬机示意图
1—可逆控制器；2—电磁制动器；3—电动机；
4—底盘；5—挠性联轴器；6—齿轮箱；
7—小齿轮；8—大齿轮；9—卷筒

抱在挠性联轴器上，不使其受吊件重量作用而转动，使吊件停止在空中；反之，将可逆控制器手柄向逆时针方向转动，就可使电动机向顺时针方向转动，从而使卷筒松出钢丝绳，使吊件下降。

2. 电动卷扬机牵引力的计算

（1）卷扬机牵引力的大小是由电动机功率、绳速及卷扬机的效率来决定的，计算公式如下：

$$P_{\mathrm{j}} = 1020\frac{P_{\mathrm{H}}\eta}{V_{\text{平}}} \quad \text{N} \quad (2\text{-}16)$$

$$\eta = \eta_0 \times \eta_1 \times \eta_2 \times \cdots \times \eta_i$$

式中　　　P_{j}——卷扬机的牵引力，N；
　　　　　P_{H}——电动机的功率，kW；
　　　　　η——总效率，总效率就是各传动效率系数和卷筒效率系数之间的乘积；
　　　　　η_0——卷筒的传动效率，卷筒与轴之间采用滑动轴承时 $\eta_0=0.94$，卷筒与轴之间采用滚动轴承时 $\eta_0=0.96$；
$\eta_1,\eta_2,\cdots,\eta_i$——各对齿轮间的传动效率，可查表 2-17。

表 2-17　　各种传动方式的效率系数

传动零件名称与方式			效率系数 η
卷筒，绳轮	滑动轴承		0.94~0.96
	滚动轴承		0.96~0.98
一对圆柱齿轮传动	开式传动	滑动轴承	0.93~0.95
		滚动轴承	0.95~0.96
	闭式稀油润滑传动	滑动轴承	0.95~0.97
		滚动轴承	0.96~0.98

(2) 钢丝绳平均速度计算。

钢丝绳的平均速度可按下式计算：

$$V_{平} = \pi D_{平} n$$

$$D_{平} = D + md$$

$$n = \frac{n_H i}{60}$$

$$i = \frac{Z_{主_1}}{Z_{从_1}} \cdot \frac{Z_{主_2}}{Z_{从_2}} \cdot \cdots \cdot \frac{Z_{主_i}}{Z_{从_i}}$$

式中　　$V_{平}$——钢丝绳平均速度，m/s；

　　　　$D_{平}$——卷绕钢丝绳后卷筒的平均直径，m；

　　　　D——卷筒直径，m；

　　　　m——卷筒上允许卷绕的钢丝绳层数；

　　　　d——钢丝绳的直径，m；

　　　　n——卷筒转速，r/min；

　　　　n_H——电动机的转速，r/min；

　　　　i——总的传动比；

$Z_{主_1}$，$Z_{主_2}$，…，$Z_{主_i}$——各对传动齿轮的主动齿轮的齿数；

$Z_{从_1}$，$Z_{从_2}$，…，$Z_{从_i}$——各对传动齿轮的从动齿轮的齿数。

3. 电动卷扬机的安装及注意事项

(1) 卷扬机装设的位置，应使操作人员在工作时能看到吊装物件。

(2) 卷扬机前面安装的第一个导向滑车的中心线应与卷筒中心线垂直，并与卷筒保持一定的距离，一般应大于卷筒长度的 20 倍。这样钢丝绳在卷筒上才能按顺序排列，不致斜绕和互相重叠挤压。

(3) 安装卷扬机时要在其底座下垫枕木，枕木不能伸出脚踏制动器一端的底座，以免妨碍操作。

(4) 卷扬机的固定应尽量利用附近建筑物或地锚。

(5) 卷扬机的电气控制器要放在操作人员身边。卷扬机电气设备要有接地线，以防触电。所有的电气开关及转动部分必须有保护罩保护。

第三节　起　重　机　械

现在热力设备安装中，都在厂房附近（或厂房内）装设担负厂房及热力设备组件吊装工作的起重机械；还在组合场地装设担负组合中起吊工作的起重机械（包括移动式起重机）。

它们分为门式起重机、塔式起重机、桥式起重机、龙门式起重机、梁式单轨起重机和移动式起重机等。这里对常用的起重机只做一般介绍。

一、门式起重机

60t 门式起重机构造示于图 2-20。驱动机构可使行走台车组 1 沿轨行走，回转机构 3 可使回转台 4 以上部分相对于门架 2 做 360°回转，主伸臂 7 可通过变幅滑车组 6 进行变幅，小、主、副三只吊钩和变幅的动力来源都是卷扬机，其起重性能见表 2-18。

此种起重机可单独（或配合滑车组）进行房架或锅炉组件的吊装，亦能兼顾组合场的起吊工作。

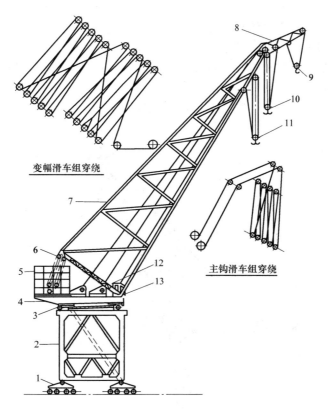

图 2-20　60t 门式起重机构造示意图

1—行走台车组；2—门架；3—回转机构；4—回转台；5—盛水箱（配重）；6—变幅滑车组；
7—主伸臂；8—鹤嘴；9—小钩；10—主钩；11—副钩；12—卷扬机；13—操作室（包括配电室）

表 2-18　60t 门式起重机性能表

	仰角(°)	起重量(t)	幅度(m)	起吊高度(m)	配用卷扬机		滑车组钢丝绳	
					规格(t)	数量(台)	规格	有效分支数
主钩	70	60	25.36	70.5	10	2	$\phi 26—6×37+1—1850$	2×5
	65	60	29.9	68.5				
	60	50	34.4	66.2				
	50	32	42.7	60.4				
	45	27	46.5	57				
	30	17	55.7	44.9				

续表

	仰角(°)	起重量(t)	幅度(m)	起吊高度(m)	配用卷扬机		滑车组钢丝绳	
					规格（t）	数量（台）	规格	有效分支数
副钩	50～60	30			10	1	$\phi 26—6\times 37+1—1850$	8
	60～70	40						
小钩					10	1	$\phi 26—6\times 37+1—1850$	2
伸臂变幅（°）	15～70				10	1	$32.5—6\times 37+1—1700$	20
伸臂回转（°）	360							

二、塔式起重机（塔式吊车）

2100t·m/100t 塔式起重机构造如图 2-21 所示。16 台行走台车可使塔吊沿轨道移动，转柱可回转 360°，变幅滑车组可使伸臂变幅，变幅和吊钩升降的动力是卷扬机，其技术性能见表 2-19。

这种起重机主要用于吊装厂房构架和锅炉组件。

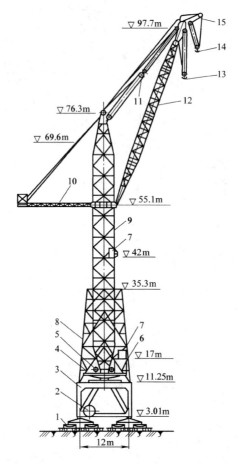

图 2-21 2100t·m/100t 塔式起重机示意图
1—行走台车；2—电缆卷筒；3—门架；4—机房大梁；5—卷扬机；6—磁力站小室；7—操作室；
8—塔身；9—转柱；10—平衡架；11—变幅滑车组；12—伸臂；13—主钩；14—小钩；15—鹤嘴

表 2-19　　　　　　　　　　2100t·m/100t 塔式起重机技术性能

	起重量（t）	仰角（°）	幅度（m）	提升高度（m）	升降速度（m/min）	配 10t 卷扬机台数（台）
主钩	100	70	18.5	88.5	1.6～3.2	2
	100	67	21.0	87.4		
	90	65	22.05	86.5		
	80	60	25.55	85.0		
	60	50	31.53	80.5		
	53	45	34.85	77.8		
	41	30	42.05	68.5		
	35	15	46.55	57.6		
	27	0	48.05	46.0		
小钩	30	10～70	47.2～21	55.4～95	5.3	1

三、桥式起重机（桥式吊车）

双梁双钩桥式起重机有 15/3t、20/5t、30/5t、50/10t、75/20t、100/20t 等数种，其跨度为 10.5～31.5m，起吊高度为 6～21m。50/10t 桥式起重机的简单结构如图 2-22 所示。桥梁 1 可沿轨道 3 行走，电动跑车 2 可在桥梁上的轨道中行走。

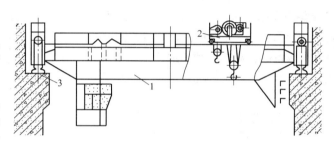

图 2-22　50/10t 桥式起重机
1—桥梁；2—电动跑车；3—轨道

该种起重机多设于汽轮机厂房中，在锅炉厂房中装设得比较少，用于热力设备的吊装或检修十分方便。

四、龙门式起重机（龙门吊车）

龙门式起重机有 20t/32m、30t/32m、50t/32m 等几种，起吊高度为 8～12m。30t/32m 龙门式起重机简单构造如图 2-23 所示，大车行走机构 10 可使整个龙门吊沿其轨道行驶，起

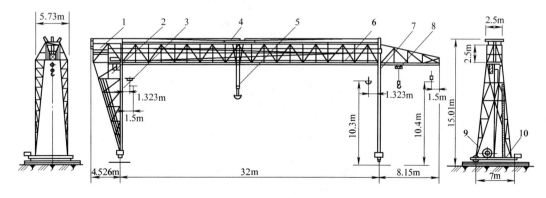

图 2-23　30t/32m 龙门式起重机构造示意图
1—桁架；2—操作室；3—刚性支腿；4—起重小车；5—起重吊钩；6—小钩轨道；
7—柔性支腿；8—电动葫芦；9—卷扬机构；10—大车行走机构

表 2-20　30t/32m 龙门式起重机的主要技术性能

起重量（t）	主钩	30
	电动葫芦	5
起吊高度（m）	主钩	10.30
	电动葫芦	10.40
起吊速度（m/min）	主钩	5.12
	电动葫芦	8
行走速度（m/min）	大车	22.2
	小车	26.8
	电动葫芦	20

重小车 4 可在桁架 1 上沿其轨道行走，带小钩的电动葫芦 8 可沿其轨道 6 行走，动力来源为电动机和卷扬机。龙门式起重机的技术性能见表 2-20。

该种起重机多设在组合场，用于设备、构件和材料的装卸、堆放及设备组合等工作。

五、梁式单轨起重机（单轨吊车）

梁式单轨起重机如图 2-24 所示，装设于风机、水泵、磨煤机室等处。它以电动机为动力，通过不同传动机构使其沿单梁轨道移动；又可以使卷筒提升重物。起重量一般为 1～5t，提升高度可达 6～20m，移动速度为 30m/min，重物上升速度为 8m/min。

六、移动式起重机

移动式起重机包括：履带式起重机、汽车式起重机等。它们的活动范围很广，可进行设备、材料的装卸和配合组合场的龙门吊工作，有时也能配合组合件的吊装工作。

1. 履带式起重机

履带式起重机如图 2-25 所示。可用蒸汽机、内燃机或电动机驱动。技术性能见表 2-21。

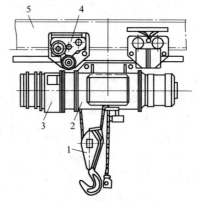

图 2-24　梁式单轨起重机

1—滑车；2—卷筒；3—电动机；4—传动装置；5—轨道

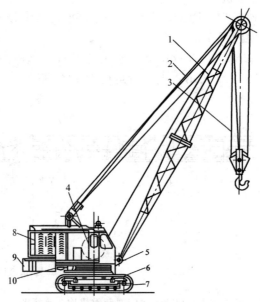

图 2-25　履带式起重机示意图

1—伸臂；2—变幅绳滑车组；3—起重滑车组；4—起重卷扬机；5—底盘；6—履带；7—支重轮；8—机身；9—平衡重；10—变幅卷扬机

表 2-21　　　　　　　　　　　履带式起重机主要技术性能

起重臂长（m）	15					30				40			
幅度（m）	4.5	6.5	9.0	12	15.5	8.0	11.0	16.5	22.5	10.0	15.5	21.5	30.0
起重量（t）	50	28	17.5	11.5	8.2	20	12.7	7	4.3	8	5	3	1.5
最大起吊高度（m）	12	11.4	10	8	3	26.5	25.6	23.8	19	36	34.5	32	25
起重机重量（t）	75.74					77.54				79.17			

2. 汽车式起重机

Q2-12 液压汽车式起重机外形及技术特性如图 2-26 所示。

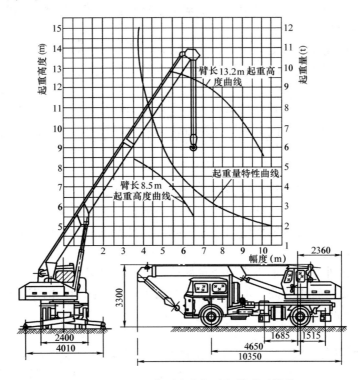

图 2-26　Q2-12 液压汽车起重机外形及性能

第三章 转子测量工艺及按靠背轮找中心

第一节 转 子 测 量

热力设备中转动机械的种类较多,如汽轮机、水泵、风机等。转子和静止部件的间隙要求是最基本的也是至关重要的要求。测量包括测量主轴及其附件的不柱度、椭圆度、晃度、瓢偏度和弯曲度,这些都是转子测量中的基本工艺指标。当转子发生弯曲时,将其校直则是保证转子正常运转的必要条件。

一、轴颈的不柱度和椭圆度

轴颈的不柱度和椭圆度一般是由加工误差造成的。

1. 不柱度

轴颈上同一纵断面内最大直径与最小直径之差称为轴颈的度,也称为不柱度(或锥度)。用外径千分尺在同一纵断面上沿轴线测量转子的直径即可测取该纵断面的最大直径和最小直径。

2. 椭圆度

同一横断面内最大直径与最小直径之差为轴的椭圆度。

可以用外径千分尺在同一横断面的各个方位上测量其直径即可测得该横断面的最大直径和最小直径,也可将转子放在轴承内用百分表测得其最大晃度值,即为椭圆度。

二、晃度及其测量

转子上旋转零件外圆面对轴心线的径向跳动,称为径向晃动,简称晃动。晃动程度的大小称为晃度。晃度是由转子弯曲、加工精度较差或者是安装在轴上的零件偏心、运行中的不均匀磨损等原因造成的。

1. 晃度测量

将被测转体的圆周分成八等分,并编上序号。固定好百分表架,将表的测杆按标准安放在圆面上。被测量处的圆周表面必须是经过精加工的,其表面应无锈蚀、无油污、无伤痕,否则测量就失去意义。

把百分表的测杆对准如图 3-1 (a) 所示的位置"1",先试转一圈。若无问题,即可按序号转动转体,依次对准各点进行测量,并记录其读数,如图 3-1 (b) 所示。

根据测量记录,计算最大晃度,即最大读数与最小读数之差。以图 3-1

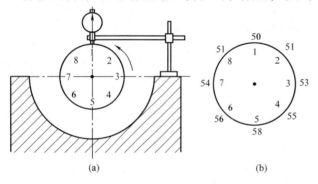

图 3-1 百分表测量转子晃度(单位:0.01mm)
(a) 百分表装置;(b) 测量和晃度记录

(b) 的测量记录为例,最大晃动位置为 1—5 方向的"5"点,最大晃度为 0.58−0.50＝0.08mm。

2. 测量晃度的注意事项

（1）在转子等分处做标记时，习惯逆着转子转动的方向顺序编号。

（2）晃度的最大值不一定在标记处，所以应记下晃度最大值及其具体位置，并打上明显的标记，以便检修时核对。

（3）打表时，将表的指针打到中间位置，以防止因出现负数造成计算的失误。

（4）百分表应安装牢固。

（5）测量晃度时必须保证转子不反转。如果发生转子反转，会由于转子在轴承中标高的变化而明显影响测量精确度。

三、瓢偏度及其测量

转子上旋转部件端面与轴线的不垂直度称为瓢偏，瓢偏程度的数值即为瓢偏度。a_1、a_2、a_3分别为叶轮或靠背轮与轴的不垂直度，如图3-2所示。

1. 瓢偏度的测量

在测量瓢偏度时，必须安装两只百分表。因为被测件在转动时可能与轴一起沿轴向移动，用两只百分表，可以把这移动的数值（窜动值）在计算时消除。装表时，将两表分别装在同一直径相对的两个方向上，如图3-3所示。将表的测量杆对准如图3-3所示的1和5点，两表与边缘的距离应相等。表计经调整并证实无误后，即可转动转体，按序号依次测量，并把两只百分表的读数分别记录下来。记录的方法有两种：一种用图记录，如图3-4所示；一种采用表格记录，如表3-1所示。

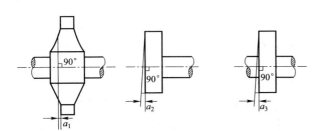

图 3-2 叶轮或靠背轮与轴的不垂直度示意图

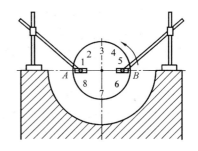

图 3-3 瓢偏度的测量方法

（1）用图记录的方法。

1）将 A 表、B 表的读数 A、B 分别记在圆形图中，如图3-4（a）所示。

2）算出两记录圆同一位置的平均数，并记录在图3-4（b）图中。

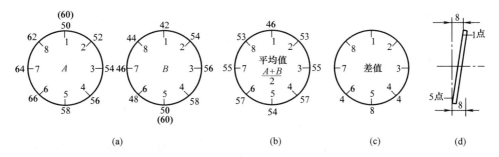

图 3-4 瓢偏度的测量记录（单位：0.01mm）

3) 求出同一直径上两数之差,即为该直径上的瓢偏度,如图 3-4 (c) 所示。通常将其中最大值定为该转体的瓢偏度。从图 3-4 (c) 中可看出,最大瓢偏度位置为 1—5 方向,最大瓢偏度为 0.08mm。该转体的瓢偏状态,如图 3-4 (d) 所示。

(2) 用表格记录的方法 (表 3-1)。

表 3-1　　　　　　　　　瓢偏度测量记录及计算举例　　　　　　　　　(0.01mm)

位置编号		A	B	A−B	瓢　偏　度
A	B				
1—5		50	50	0	瓢偏度 $= \dfrac{(A-B)_{\max} - (A-B)_{\min}}{2}$ $= \dfrac{16-0}{2}$ $= 8$
2—6		52	48	4	
3—7		54	46	8	
4—8		56	44	12	
5—1		58	42	16	
6—2		66	54	12	
7—3		64	56	8	
8—4		62	58	4	
1—5		60	60	0	

从图 3-4 (a) 和表 3-1 中可看出,测点转完一圈之后,两只百分表在 1、5 点位置上的读数未回到原来的读数,由 "50" 变成 "60",这表示在转动过程中转子窜动了 0.10mm,但由于用了两只百分表,在计算时该窜动值已被减掉。

测量瓢偏度应进行两次。第二次测量时,应将测量表杆向转体中心移动 5~10mm;两次测量结果应很接近,如相差较大,则必须查明原因(可能是测量上的差错,也可能是转体端面不规则),应再次重新测量。

2. 瓢偏计算时的注意事项

(1) 图与表所列举的数据均为正值,实际工作中有负值出现,但其计算方法不变。

(2) 若百分表以 "0" 为起点读数时,则应注意＋、－数的读法,在记录和计算时,同样应注意＋、－数。

(3) 用表计算时,其中两表读数差可以 $A-B$,也可以 $B-A$ 来计算,但在确定其中之一后,就不能再变。

(4) 图和表中的最大值与最小值不一定在同一直径线上。出现不对称情况是正常的,说明转体的端面变形是非对称的扭曲。

3. 测量瓢偏时的注意事项

(1) 测量瓢偏要在圆盘对面相隔 180°处装两块百分表,目的是消除轴向窜动。

(2) 百分表应尽可能架设在轮缘的最外边。因为如果表杆靠里面,其瓢偏数值会减小。另一方面两表距离边缘要相等,即两表要在同一同心圆上,且表杆必须垂直于测量面。

(3) 盘动转子时要均匀缓慢,不能有振动,否则有可能使百分表移动甚至损坏。在盘动转子时一般不准倒盘,否则会使转子在轴承或支架上的左右位置改变,这也会影响测量精度。

(4) 圆周等分要均匀,等分数一定是偶数。从理论上讲等分数越多测量越准确。但等分点过多烦琐费时,太少准确度又太差,一般采用 6 或 8 点。

(5) 瓢偏的数值应从相对 180°处的数值去找,不要从测得的数据中任意找一个最大值,再任意找一个最小值,求最大值与最小值之差,那是错误的。因为平面可能有变形,轴向位移也不一定相等。

四、轴弯曲的测量与直轴的方法

一条轴(杆),因本身质量及装配零件质量的影响,水平放置后要产生一个自然垂弧,中心线垂弧的水平投影应为一条连续的平滑曲线。在这样的轴(杆)的任何部位架设百分表,使表杆通过轴的中心,盘动轴(杆)后,百分表不会出现弯曲的摆动,这样的轴(杆)叫不弯曲轴。凡轴(杆)中心线垂弧的水平投影不是一个连续平滑曲线时,这条轴(杆)便有弯曲。在某一横断面弯曲数值的大小即该断面中心线偏离连续平滑曲线的数值。轴的最大弯曲度,即为某一断面中心线偏离连续平滑曲线数值最大的一点。从弯曲度定义看,弯曲度应为百分表杆跳动数值的1/2。

在火电厂的热力设备安装检修时,对轴弯曲是有严格要求的,如汽轮机转子轴、水泵轴等,必须进行详细的测量。如果弯曲值超过允许范围,就要进行直轴。经校直后的轴,其弯曲值必须在允许范围内。

1. 轴弯曲的测量

(1) 沿轴向确定待测转子的测点,将测点位置清理干净。

(2) 将转子放在专门的支架上。通常小型转子可以放在滚珠架或者 V 形铁上,大型转子须放在专用的支架上,汽轮机转子也可以放在汽缸内进行测量。测量前应限制转子的轴向位移在 0.10mm 以内。

(3) 将转子沿圆周若干等分,可以按转子联轴器的螺栓孔等分转子,在各测点架好百分表,测量杆中心线应通过转子的轴心并垂直于转子轴线,百分表的大、小针通常调到中间位置。

(4) 均匀地盘动转子,在每一个等分点做好记录。测量完毕应复查一次,复查时的测点和等分点应与前次一致,读数误差应小于 0.005mm。

(5) 根据记录计算各截面弯曲值和弯曲方向,各截面在某一方向上的弯曲值为该截面内相对 180°的两点的读数差的一半,绘制各截面弯曲相位图。

(6) 画转子沿轴向在各方向的弯曲曲线,从中分析转子的弯曲点、最大弯曲值和弯曲方向。

图 3-5 所示为某转子测量弯曲的装置和根据测量结果在某一方向绘制的弯曲曲线,由该曲线可以找到转子的最大弯曲点和该点的弯曲值。

如果最大弯曲度不是刚好位于所画的某一方位上,比如说位于 1—5 和 2—6 方位之间,那么只要把轴端圆周的等分分得多些就可以精确地求出最大弯曲度了。

若轴是整段单向弯曲(即一个弯),则最大弯曲点一定在诸方位曲线的同一断面上。若轴是多段异向弯曲(即多个弯),也用同样方法测量和绘制弯曲曲线,只不过是各段的最大弯曲点在不同方位断面上。

2. 直轴

大轴弯曲超过规定值就必须直轴。

(1) 轴的检查。

对轴进行检查主要包括裂纹检查、硬度检查和材质检查三项。

1) 裂纹检查。检查重点是最大弯曲点所在的区域。先用砂轮或砂布把轴表面的磨痕、毛刺等磨光擦净,敷以浸过 15%过硫酸铵水溶液的脱脂棉团,浸蚀 10~20min。取下棉团,

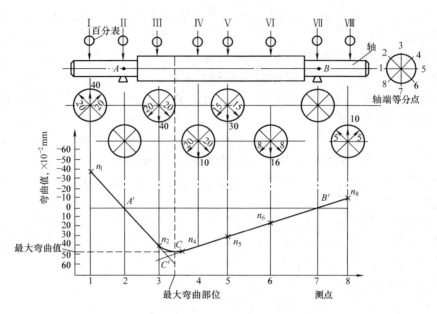

图 3-5 轴弯曲的测量

轴表面呈暗黑色，用清水洗净并以棉团擦干。之后再用浸过 3%硝酸酒精溶液的棉团覆盖其上，过 1～2min（若用浸有 10%硝酸水溶液的棉团需 15min）取下。用 10%碱溶液洗涤轴的表面，以中和残存的酸液。最后再用清水将轴的表面洗净，用吸水纸把水吸干。接着用 10 倍以上的放大镜观察浸蚀过的轴面。当有较大裂纹时，便能发现在浸蚀过的银白色的底子上呈现暗色。如果裂纹细小，当时发现不了，则需经过 24h 后才能显现出来。因此要进行两次检查，即浸蚀后的当即检查和 24h 以后的再检查。发现裂纹后，需在轴校直前将裂纹消除，否则在直轴过程中裂纹将继续扩展。消除裂纹前可用打磨法、车削法、x 射线法或超声波法（包括表面波检测法）测定裂纹的深度，以判断该轴是否有继续使用的价值。若裂纹的深度很大，严重影响轴的强度，则应更换新轴。通常对于较小裂纹的一般碳素钢轴可用补焊方法修理，补焊后应重新进行车削、热处理等。对于由合金钢材料如 27Cr2Mo1V 制造的汽轮机轴，因其可焊性极差，弄不好将产生其他变形或裂纹，所以当裂纹严重影响轴的强度时要换轴。若裂纹不太严重，对轴的强度影响不大，只要把裂纹除掉就可以了，但必须重新找好转子的平衡以弥补轴的不平衡。

2) 硬度检查。因为轴的弯曲很可能是由于局部摩擦造成的，这将引起摩擦部位的局部淬火而使硬度增加，所以在直轴前应检查摩擦部位和正常部位的表面硬度。如果轴的摩擦部位已经局部淬硬，在直轴前应先进行退火处理。

3) 材质检查。当没有轴的材质可靠资料时，直轴前应对轴的材料进行取样分析，确定其化学成分后才能制定正确的直轴工艺，因为针对不同材料的轴，必须采用不同的直轴方法。

(2) 轴弯曲与直轴。

电厂的动力设备中转动机械的大轴弯曲事故屡有发生。大轴一旦弯曲就需要直轴，由于对转子大轴的各种要求均较高，因而直轴时不能损伤大轴，以免大轴报废。对于水泵风机转子，由于它们的叶轮一般可以较方便地拆除，直轴仅需针对大轴进行，因而相对而言，它们的直轴较方便；而对于汽轮机转子而言则比较复杂，因为汽轮机转子上的叶轮一般不可拆，因而直轴就只能对整个转子进行，在这种条件下直轴就比较复杂。但它们的直轴机理是一样的。这里只介绍大轴弯曲的原因及直轴方法。

造成大轴弯曲的原因主要有以下三个方面。①制造过程中（锻造加工与热处理等）内部应力没有消除好，运行时由于时效作用或振动，应力消失，便出现了弯曲；②大轴锻造时由于材质不均匀，材质膨胀系数不一致，热态运行中会产生热态弯曲。这种情况不是很多，但肯定会存在；③机组发生故障，使轴产生永久性弯曲。这种故障主要是由于局部动静摩擦、汽轮机水冲击等故障使转子在很短时间内承受了很大的热应力及承受了很大的不平衡或外来冲击。

造成大轴弯曲的几方面原因及各自的区别是比较明显的，局部摩擦导致大轴弯曲是最常见的原因。在此主要讨论动静摩擦造成大轴弯曲的机理。一般而言局部摩擦是由于机组启停或运行时因各种原因造成强烈的振动或安装检修时动静间隙调整的过小等原因造成的。能造成大轴弯曲的局部摩擦往往是单侧摩擦。受摩擦的一侧，金属受热而加热，因而受到周围温度较低部分的限制而产生了压应力，如压应力大于该温度下的屈服极限时，则产生永久变形，受热部分金属受压而缩短，当完全冷却时，轴就向相反方向弯曲。摩擦伤痕就处于轴的凹面侧。大轴上的摩擦伤痕是判断这种事故原因的一个最重要的依据。局部加热直轴也就是采用这种原理，即在转子凸起部分进行局部加热使其产生永久变形。

1）捻打法。捻打轴弯曲部位的凹面，使该处金属延伸而将轴校直，如图 3-6 所示。圆周捻打范围为圆周的 1/3，轴向捻打范围根据材质、表面硬度和弯曲值决定。捻打次数为中间多，两侧递减。捻打时应注意用百分表测量弯曲值校直的进度，如果校直进度明显减缓，可能是捻打部位局部硬化，应及时进行 300～400℃ 的低温回火。为确保直轴效果，允许有一定的过直量，约 0.02mm。捻棒可用中碳钢或者黄铜棒制作。此法适用于直径小、弯曲较小的轴。

2）机械加压法。将轴的弯曲凸面朝上，用机械力将其向下压，使之校直。为增强直轴效果，可同时进行机械加压和捻打。如图 3-7 所示。捻打时，将轴放在支座上，轴与支座之间垫上铜垫等软金属或者垫上硬木，轴应在支座上固定牢固。最大弯曲点的凹面朝上，轴的另一端悬空，并适当施压。此法适用于直径、弯曲较小的轴。

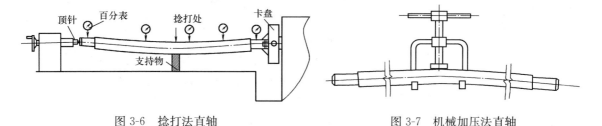

图 3-6　捻打法直轴　　　　图 3-7　机械加压法直轴

3）局部加热法。在轴的凸面迅速加热，使该处金属受挤压到超过屈服极限，冷却后这部分金属就产生拉伸应力使轴的弯曲减少或者消失。要点是，对轴的凸面的加热要迅速。措施是，将弯曲部位保温，在加热部位留出长方形或椭圆形的小孔，选用头号火嘴，加热时火嘴均匀移动从加热孔的中心逐渐扩展到边缘，然后再逐渐移到中心。当温度达到 600～700℃ 时，停止加热，用石棉布盖好加热孔，待轴冷却到室温时测量弯曲值，若未达到直轴要求，可再重复加热直轴。注意在加热过程中，开始时，轴的弯曲度会增加，加热完毕后降温过程中开始伸直。要求最后有 0.05～0.07mm 的过直量。直轴完毕后,应做退火处理,过直量在退火后也会减小或消失。

4) 局部加热加压法。加热前在最大弯曲点附近对轴的凸面施压,使轴产生与弯曲方向相反的预变形,然后按局部加热的方法加热直轴。加热过程中,加热处的金属膨胀受阻,提前达到屈服极限,直轴效果更好。注意加热完毕,必须等轴完全冷却后方可卸压。局部加热法和局部加热加压法的加热温度较难控制,对于合金钢在加热过程中容易产生裂纹,直轴的效果也不够稳定。

5) 应力松弛法。利用金属材料在高温下应力逐渐减小的原理,对轴最大弯曲部位的整个圆周进行加热,最终加热温度控制在轴的回火温度以下的某一温度;然后在轴的凸面加压,加压数值控制在轴的屈服极限以下的某一数值,加压的着力点应尽量接近轴的最大弯曲点,使轴的弯曲部位产生与弯曲方向相反的弹性变形,由于高温作用,部分弹性变形将转变为塑性变形,从而使轴校直。应力松弛法直轴比较安全可靠,适用于采用合金钢整锻制造的汽轮机高压转子。

第二节 转子按靠背轮找中心

在热力设备的安装与检修过程中,转动机械的转子按靠背轮找中心是一道极其重要的工序,它关系到轴系能否正常平稳地运转。例如在汽轮发电机组的安装过程中,将汽缸、轴承座准确就位后,各转子先对汽缸找中心,然后各转子还需要按靠背轮找中心,以便使轴系中所有转子的轴线连成一条均匀、连续、光滑的曲线。检修方面从理论上说,机组正确地安装就位后,转子中心不必再做调整,但实际上由于运行过程中的轴瓦磨损、基础不均匀沉降等诸多因素的影响,转子中心有可能发生较大的变化,需要根据具体情况进行调整,这也往往需要对转子进行按靠背轮找中心的工作。

一、靠背轮找中心的方法

为了说明靠背轮找中心的方法,我们先来分析两个转子同心的必要条件。

先假定两个转子的靠背轮外圆是光滑的绝对正圆,并且与转子绝对同心;靠背轮的两端面是绝对平面,并且与转子的中心线绝对垂直。在这两个前提下,很显然只要证明两转子的靠背轮外圆和两转子的靠背轮端面相互平行,就可以肯定两转子是同心的。

根据几何原理参看图 3-8 可证明。

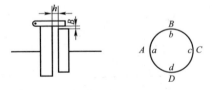

图 3-8 联轴器的圆周及端面值

(1) 靠背轮外圆周上任意三点的相对距离(常简称为圆周值)相等,就能判定两半靠背轮外圆同心。

(2) 靠背轮两端面不在一直线上的任意三点的间隙值(简称端面值)相等,就能判定两半靠背轮端面相互平行。

为了调整中心方便,在检查时都测量外圆周左、右、上、下四点的圆周值 A、B、C、D 及端面值 a、b、c、d。在水平方向若两转子中心线偏离 f 时 [图 3-9 (a)],其圆周差为

$$\Delta A = A - C = f - (-f) = 2f$$

若两转子中心线不平行 [图 3-9 (b)] 端面差 $\Delta a = a - c \neq 0$,两中心线交角越大,Δa 值越大。因而可以按 ΔA 及 Δa 值来调整中心线位置。同样在垂直方向也可以根据 ΔB 及 Δb 来调整中心线的位置,从而达到两转子同心。

显然在上面两个假定的条件下，找中心非常方便，可以仅盘动一个转子测量三个圆周值即可得出准确的圆周差；可以在两转子都静止的条件下测量三个端面值即可得出准确的端面差，而后即可按此推算调整量，而事实上由于靠背轮不可能没有加工及安装误差，因而它的外圆不可能是绝对的正圆，它与转子的中心线也不会绝对的同心，综合表现为外圆周面上存在一定的晃动度。同理，靠背轮端面也不可能是绝对的平面，它与转子中心线也不可能绝对地垂直，综合表现为端面上存在一定的瓢偏度。晃动度及瓢偏的影响从

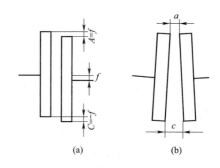

图 3-9 圆周差及端面差与转子的中心关系
(a) $A-C \neq 0$ 中心线错位；
(b) $a-c \neq 0$ 中心线不平行

图 3-10 中可以清楚地看出。若按上述的方法检查具有晃动度及瓢偏度的靠背轮，测出的圆周值，将包括靠背轮所存在的晃动度 u［图 3-10（b）］；测出的端面值将包括靠背轮端面的瓢偏度 w 在内［图 3-10（a）］。因而就会将本来同心的两转子，错误地判断为不同心。可见这种检查方法对于实际的靠背轮还需改进，设法消除晃动度及瓢偏度的影响。

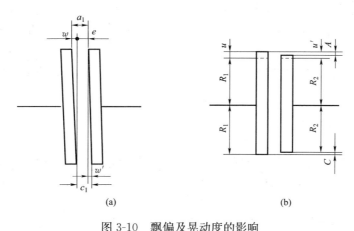

图 3-10 瓢偏及晃动度的影响
(a) 瓢偏度对端面值的影响；(b) 晃动度对圆周值的影响

细致地分析一下图 3-9 及图 3-10 可知，由于转子中心线不同心而产生的圆周差及端面差是不随靠背轮转动而改变的。而晃动度 u 及瓢偏度 w 的影响是随着它所在位置的移动而改变的。根据这一特点，将测量圆周值的方法做如下改变：在测出左侧圆周值 A 后，将靠背轮每转动 $90°$，即将晃动度 u 及 u' 所在部分分别转到上、右、下的测量位置时，再依次测量圆周值 B、C、D。使影响圆周值 A 的晃动度 u 及 u'，也同样影响各位置的 B、C、D。当计算圆周差 $(A-C)$ 及 $(B-D)$ 值时，晃动度 u 及 u' 就自然被消除掉。

对端面值也可采用同样的方法消除瓢偏度的影响，但在靠背轮的转动过程中，转子难免发生轴向窜动，为了同时消除轴向窜动的影响，在四个测量位置上，同时将对称位置的两端面值测出（在字母右下方标注位置序号）。如在不转动位置测出：$a_1=e+w$，$c_1=e+w'$；当转动 $180°$ 后，此时由于转子轴向窜动，将 e 变为 $e+g$，在此测量位置上测出的 $a_3=e+g+w'$，$c_3=e+g+w$。端面值取两次测量的平均值之差［图 3-10（a）］，即

$$\Delta a = \frac{a_1 + a_3}{2} - \frac{c_1 + c_3}{2}$$
$$= \frac{(e+w)+(e+g+w')}{2} - \frac{(e+w')+(e+g+w)}{2} = 0$$

显然，将其瓢偏值及转子轴向窜动的影响同时被消除。

根据上述分析可将检查实际靠背轮中心的方法归纳如下：在靠背轮旋转 $0°$、$90°$、$180°$、$270°$ 的四个位置上分别测出圆周值 A、B、C、D 和端面值 a_1 及 c_1、b_2 及 d_2、c_3 及 a_3、d_4 及 b_4，并将测量结果按图 3-11 所示方法记录下来。

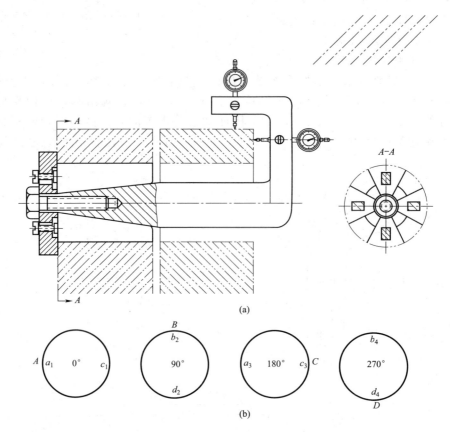

图 3-11 装设千分表专用卡子及记录方法
(a) 专用卡子；(b) 记录方法

二、按靠背轮找中心的测量

（一）测量方法

1. 用千分表测量的方法

一个测量圆周值的千分表和两个测量端面值的千分表，通常使用两个专用卡子固定在一侧靠背轮上，千分表的测量杆分别与另一侧靠背轮的外圆周面及端面接触（图 3-11）。卡子的结构形式很多，它是依据靠背轮的结构形状来制作的。图 3-11（a）所示的是一种通用性较好的专用卡子。卡子必须将千分表固定牢固，并使测量端面值的两个千分表尽量在同一直径线并且距离中心相等的对称位置上。千分表测量杆接触处，必须光滑平整。

两半靠背轮按组合记号对准，并用临时销子连接，以便用吊车可同时盘动两转子。测量时应使千分表依次对准每个测量位置。两个转子转动过程中，应尽量避免冲撞，以免千分表振动引起误差。为此临时连接两转子用的销子直径不应过小，比销孔直径小 1~2mm 即可。在转动四个测量位置后，还应转回到起始位置，此时测圆周的千分表的读书应复原；测端面值的两个千分表的读数的差值应与起始位置的差值相同。另外还可按下式检查圆周值测量结果的正确性：

$$A+C \approx B+D$$

对高压汽轮机来说，若误差大于 0.03mm，应查找原因，并重新测量。

2. 用塞尺测量方法

对于有些设备的靠背轮由于空间的间隙小通不过千分表等原因，不能使用上述办法测量，可采用塞尺测量的办法。它是借助一个固定在一侧靠背轮上的专用卡子来测量圆周值，见图 3-12。端面值可直接用塞尺测量。塞入间隙内的塞尺不应超过四片，间隙太大时应配合使用经过精加工的垫块。在测量时应特别注意：要使每次测量时塞尺插入深度、方向、位置以及使用的力量都力求相同。因此在联轴器上，从卡子开始，每隔 90°用粉笔临时标记好端面的测量位置。在测量圆周值时，塞尺塞入的力量不要过大，以防将卡子活动，引起误差。最好在四个位置测完后，将联轴器转到起始位置，再次测量起始位置的圆周值，以检查卡子是否活动。

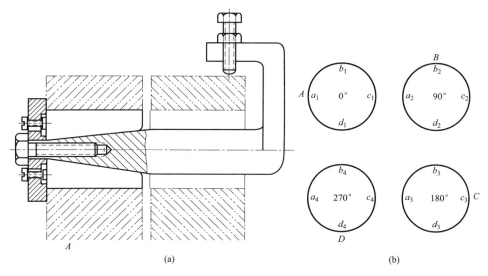

图 3-12 用塞尺测量的专用卡子及记录方法
(a) 专用卡子；(b) 记录方法

由于靠背轮安置在轴承内，下方的圆周值 D 及端面值 d_2 及 d_4 无法使用塞尺测量，只好忽略靠背轮外圆周的椭圆度及端面的不平度。在假设外圆周为绝对正圆和端面为绝对平面的条件下，就可按下式计算出 D、d_2 及 d_4。

$$D = A + C - B$$
$$d_2 = a_2 + c_2 - b_2$$
$$d_4 = a_4 + c_4 - b_4$$

因此在 90°及 270°的测量位置上，就需要测量出上部和左右三点的端面值 a_2、c_2、b_2 和 a_4、

c_4、b_4。在实际测量工作中,为了统一起见,在 0°和 180°的位置上也同样测出三点的端面值 a_1、c_1、b_1 及 a_3、c_3、b_3,也按同样方法计算出 d_1 和 d_3,并按图 3-12 的方式记录测量结果。此时端面差值是取四个位置的平均值之差,即

$$\Delta a = \frac{a_1 + a_2 + a_3 + a_4}{4} - \frac{c_1 + c_2 + c_3 + c_4}{4}$$

(二)测量过程中的注意事项

(1)应注意检查各轴瓦安装位置的正确性及各轴颈在轴瓦内和轴瓦在洼窝内的坐落和接触是否良好,以保证转子在轴瓦内不致左右摆动。一般在进行测量前,应连续盘动转子数圈,将轴瓦压紧。

(2)检查油挡和汽封等各部分的间隙,确信转子未压在油挡和汽封齿上。

(3)对于长度较大的半挠性波形联轴器,应按制造厂的规定,在每次测量时,用千斤顶将联轴器预先抬高一定的数值,以补偿其下垂。

(4)在测量时,两半靠背轮间不许有任何刚性连接。需要时可用销子临时连接两半靠背轮以便能同时盘动两转子。每次测量前,必须用手检查销子是否蹩劲。如有蹩劲,可用端头包铜大撬棒在转子的适当部位(常在盘车大齿轮处)稍微撬动转子,使之消除。若用吊车盘动转子,钢丝绳也应稍微松开,不许吃劲,保证转子不因受扭力而发生位移。

(5)测量记录上应注明专用卡子固定在哪侧靠背轮上。

三、靠背轮找中心的调整方法

1. 中心质量标准

靠背轮垂直及水平的圆周差及端面差不应超过制造厂规定的标准。通常采用的允许偏差值见表 3-2。表内规定的数值未考虑各部件在运行时由于各种原因发生位置变化时对靠背轮中心的影响。如各轴承在运行时,因温度不同,热膨胀引起的高度差的影响;凝汽器采用弹簧支座,且与排汽缸采用刚性连接的机组,充水后低压缸排汽室下落对中心的影响等。可以根据运行的经验或实验测出上述影响的大小,来具体规定所需的水平及垂直圆周差及端面差。

表 3-2 靠背轮圆周差及端面差规定标准

联轴器型式	允许偏差(mm)	
	圆周	端面
挠性	0.08	0.06
半挠性	0.06	0.05
刚性	0.04	0.02

2. 轴瓦调整量的计算

中心偏差不符合要求时,需采用移动轴瓦垂直和水平位置来调整中心。从图 3-13 中可知,将两转子上任何一个轴瓦的位置移动 x 时(以垂直方向为例,水平方向完全相同),能同时使靠背轮的端面差及圆周差改变 Δa 及 ΔA,它们数量上的关系如下。

在移动离靠背轮较远的 4 瓦(或 1 瓦)时,如图 3-13(a)所示,按三角形相似原理有如下关系:

$$\frac{\Delta a}{\phi} = \frac{x}{L_2} = \frac{\frac{1}{2}\Delta A}{L_1}$$

即

$$\Delta a = \frac{\phi}{L_2}x; \quad \frac{\Delta A}{2} = \frac{L_1}{L_2}x$$

在移动靠近靠背轮的 3 瓦(或 2 瓦)时,如图 3-13(b)所示,按三角形相似原理也有如下关系:

$$\frac{\Delta a}{\phi} = \frac{x}{L_2} = \frac{\frac{1}{2}\Delta A}{L}$$

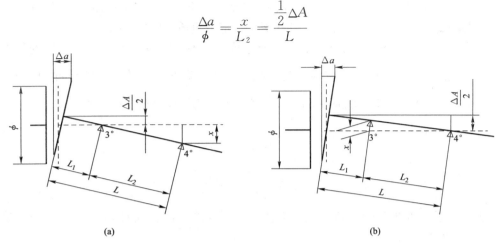

图 3-13 移动轴瓦改变端面及圆周差示意图
(a) 移动 4 瓦；(b) 移动 3 瓦

即
$$\Delta a = \frac{\phi}{L_2}x ; \quad \frac{\Delta A}{2} = \frac{L}{L_2}x$$

从上面的分析说明，为了消除靠背轮存在的端面差及圆周差，可以移动两转子中任何一个或两个轴瓦，也可以同时移动三个或四个轴瓦，调整方法很多。选择调整方法的原则应该是尽量恢复机组安装时（或上次大修后）转子与汽缸的相对位置，以保持动、静部件的中心关系，减少隔板、轴封套中心的调整工作，也便于保持发电机的空气间隙。

在靠背轮找中心工作中，大多数情况是两转子中有一个转子的位置已经固定，只允许移动另一个转子的两个轴瓦。如单缸机组调整汽轮机转子与发电机转子靠背轮中心时，汽轮机动静部分的中心、汽封间隙已调好，并已正式组合，因而汽轮机转子不允许再做移动；对于多缸机组常是其中一个转子已在另一端靠背轮调整中心时将位置固定等。

在上述情况下，按如下方法计算轴瓦的移动量就更为方便。计算是分两步进行的。

(1) 保持圆周差 ΔA 不变，先算出为消除端面差 Δa，3 瓦和 4 瓦所需的移动量 x' 及 y'，即转子中心线移到点划线的位置，如图 3-14 所示。根据三角形相似原理：

$$\frac{\Delta a}{\phi} = \frac{x'}{L_1} = \frac{y'}{L}$$

得
$$x' = \frac{L_1}{\phi}\Delta a \text{ 及 } y' = \frac{L}{\phi}\Delta a$$

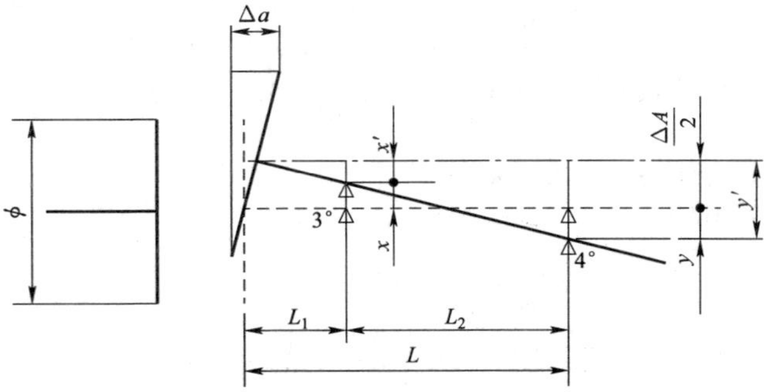

图 3-14 计算轴瓦移动量示意图

从图 3-14 中可以看出，x' 及 y' 与 Δa 向是一致的，即 Δa 为上张口时，两轴瓦向上抬起并定为正值；Δa 为下张口时，两轴瓦向下落，并定为负值。

（2）平移转子消除圆周差 ΔA。平移转子，端面差不会改变。因转子中心线的偏差为圆周差之半，当转子中心线偏高时定为正值，两轴瓦就下落 $\dfrac{\Delta A}{2}$，偏低时定为负值就上抬 $\dfrac{\Delta A}{2}$。

将消除 Δa 及 ΔA 所要求两轴瓦移动量综合，便是所求的轴瓦移动量 x 及 y。可列出如下两式：

$$x = \frac{L_1}{\phi}\Delta a - \frac{\Delta A}{2}$$

$$y = \frac{L}{\phi}\Delta a - \frac{\Delta A}{2}$$

Δa 及 ΔA 按上面规定的正负号代入上两式中，计算出的轴瓦移动量 x 及 y 为正值时轴瓦上抬，为负值时轴瓦下落。

【**例 3-1**】对轮找中心例题。在找正汽轮机与发电机对轮中心时测得的数据（单位丝）如图 3-15 所示：

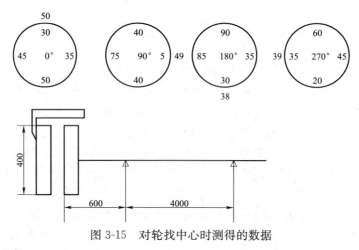

图 3-15 对轮找中心时测得的数据

解：（1）状态分析。

计算平均间隙如图 3-16 所示：

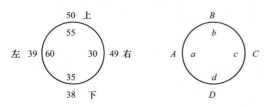

图 3-16 对轮找中心时计算的平均间隙

从数值上看对轮间端面间隙 $b>d$，则为上张口，$a>c$ 则为左张口。圆周值 $B>D$，$C>A$，说明调整轴偏低、偏左（从发电机一端看汽轮机，量具固定在汽轮机转子上），可见两转子的靠背轮端面不平行也不同心。

（2）计算调整量。

根据计算出的平均间隙，画出转子的偏差状态如图 3-17 所示：

一般先调整水平偏差，再调整垂直方向偏差。

① 3 轴承应做水平移动量为

$$x_{3v} = \frac{L_1}{\phi}\Delta a - \frac{1}{2}\Delta A$$

$$= \frac{600}{400} \times (60-30) - \frac{1}{2}(49-39)$$

$$= 45 - 5 = 40 \text{ 丝}$$

② 4轴承应做水平移动量为

$$x_{4v} = \frac{L}{\phi}\Delta a - \frac{1}{2}\Delta A$$
$$= \frac{600+4000}{400} \times (60-30) - \frac{1}{2}(49-39)$$
$$= 345 - 5 = 340 \text{ 丝}$$

③ 3轴承应做上下移动量为

$$x_{3n} = \frac{L_1}{\phi}\Delta b - \frac{1}{2}\Delta B$$
$$= \frac{600}{400} \times (55-35) + \frac{1}{2}(50-38)$$
$$= 30 + 6 = 36 \text{ 丝}$$

④ 4轴承应做上下移动量为

$$x_{4n} = \frac{L}{\phi}\Delta b - \frac{1}{2}\Delta B$$
$$= \frac{600+4000}{400} \times (55-35) + \frac{1}{2}(50-38)$$
$$= 230 + 6 = 236 \text{ 丝}$$

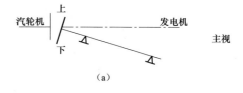

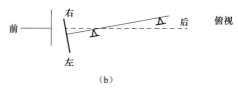

图 3-17 偏差状态示意图
(a) 垂直方向偏差；(b) 水平方向偏差

计算结果：前轴承（3号轴承）向左移动 40 丝（0.40mm），向上移动 36 丝（0.36mm）；后轴承（4 号轴承）向左移动 340 丝（3.40mm），向上移动 236 丝（2.36mm）。

3. 调整轴瓦的方法

调整轴瓦位置的方法与轴瓦结构有关，例如高压汽轮发电机常用的轴瓦位置的调整方法有如下两种：

(1) 具有专用轴承座的轴瓦，是在轴承座与基础台板间加减垫片来改变轴瓦垂直方向的位置；将轴承座左、右移动来改变轴瓦水平方向的位置。加减垫片的厚度及左右移动的数值与计算的轴瓦移动量相等。大多数发电机的后轴瓦都是这种结构形式。励磁机改变机座位置的调整方法与此相似。

(2) 带调整垫块的轴瓦是采用改变下半轴瓦上三块调整垫铁内的垫片厚度来移动轴瓦位置的。由于两侧的调整垫铁的中心线与垂直中心线的夹角 α 一般小于 90°，致使垫片厚度的调整值与要求的轴瓦移动量不相等，两者之间关系如图 3-18 所示。

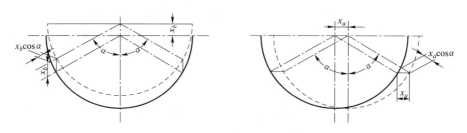

图 3-18 计算轴瓦调整垫片厚度示意图

1) 垂直方向移动 x_b 时，下部垫铁垫片加减值与轴瓦移动量 x_b 相同，两侧垫铁垫片厚度同时加（或减）$x_b\cos\alpha$。

2) 水平方向移动 x_a 时，下部垫铁不动，两侧垫铁垫片加（或减）$x_a\sin\alpha$。

若轴瓦同时需在垂直及水平方向移动时，两侧垫铁垫片厚度调整值应为上述两项的代数和。

四、靠背轮找中心产生误差的原因

在找靠背轮中心的工作中，常产生误差，往往得不到计算过程中所预定的中心状态，使测调工作反复几次才能符合质量要求。产生误差的原因可以归纳为如下几个方面。

1. 轴瓦转子安装方面

如翻瓦调整垫片后重新装入的位置与原来位置不同；轴颈在轴瓦内和轴瓦在洼窝内的坐落接触不良或轴瓦两侧垫片有间隙，使转子位置不稳定等。

2. 测量工作方面

如测量时，由于盘动转子的钢丝绳未松，临时连接的销子蹩劲等，使转子受扭力而发生微量的位移；用千分表测量时，千分表固定不牢固，在盘动转子时振动太大，使千分表位置改变；千分表测量杆接触处不平，两半靠背轮稍微发生错位就产生误差；读表误差；在用塞尺测量时，工作人员经验不足，各次测量中塞尺塞入的力量和深度不一致和测量位置不同，引起的测量误差。

3. 垫片调整工作方面

垫片层数过多，垫片不平，有毛刺或宽度过大，结果使垫铁卡住引起误差。因此轴瓦垫铁内的垫片应使用薄钢片，垫片最薄不应小于 0.05mm，垫片层数一般不应超过三层，应平整无毛刺，宽度应比垫铁小 1~2mm。在调整过程中，垫铁被敲打出现凹凸不平现象或位置颠倒，改变了接触情况，也会引起误差。

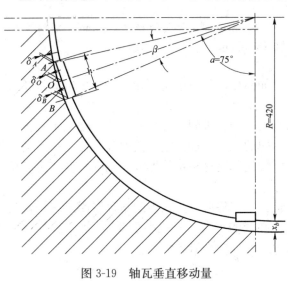

图 3-19 轴瓦垂直移动量过大引起的误差

4. 轴瓦垂直方向移动量过大引起误差

由于调整垫铁具有一定的宽度 h，在轴瓦做向上（或向下）移动 x_b 时，从图 3-19 中可以看出两侧垫铁上端（A 处）及下端（B 处）所需增加（或减小）垫片的厚度（δ_A 及 δ_B）的数值与上述按中心线（O 处）计算之值 δ_O 有一定偏差，它不但会使两侧垫铁接触变坏，也使中心调整工作产生误差。

五、转子按靠背轮找中心时需要整体考虑的问题

1. 确定调整方案

在汽缸准确定位的条件下转子按靠背轮找中心时，做出综合记录后，应根据偏差状态，结合两转子各自在汽缸中的中心状态，尤其是轴封间隙情况，来决定应该调整的转子。在多缸汽轮机中还要考虑一个转子调整，对后续靠背轮偏差的影响。一般认为，如果以第一个转子或者最后一个转子作为基准，对相邻的转子进行调整，然后再对后续转子按靠背轮找中心进行调整，反复对多个转子调整后，最后一个被调整转子的调整量可能会累积到很大的数值，这就可能引起最后一个被调整的转子在静止部件中无法正确定位，所以，在静止部件正确定位的前提下，通常都以靠近中间的某一个转子作为基准。当然，根据各转子的偏差状况，尤其是各转子在静止部件中的相对位置全面权衡后，也

可以将其他转子作为基准。

2. 综合考虑运行中各种因素对转子中心的影响

转子按靠背轮找中心的目的是最终保证机组在运行时各转子的轴线能连成一条光滑的曲线，而按靠背轮找中心的工作是在转子静止的冷态进行的，汽轮机进入运行状态后，汽缸、转子、凝汽器、轴承座等设备的温度会不断变化，转子材料的物理特性、转子转动后油膜的厚度也会不断变化，这些都会影响到转子中心的变化。所以在按靠背轮找中心确定转子的调整量时应预先考虑到这些因素的影响，为这些变化预留合理的偏差。通常，汽轮机厂商在考虑了这些因素后，会给出汽缸准确定位后各靠背轮应遵循的偏差数值的参考范围。

第三节 两转子三轴承按靠背轮找中心

随着汽轮机结构的不断改进和变化，轴承的结构和布局都发生了很大变化，与传统方式的差别也日益突出，这些变化对转子按靠背轮找中心的方法也提出了相应的要求。图 3-20 (a) 是 200MW 机组高中压转子的轴承布局，它采用了两转子三轴承的形式。图 3-20 (c) 是瑞士 ABB 公司生产的超临界压力、中间再热、反动式、凝汽式汽轮机的轴承布局，它的支承方式更具特点，其主要优点在于大大减少了轴承的数目，从而有效地缩短了机组的轴向尺寸。

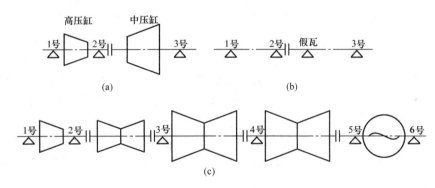

图 3-20 轴承布置图
(a) 200MW 机组高中压转子轴承布局；(b) 调整过程中需加假瓦；
(c) 瑞士 ABB 公司生产的超临界压力、中间再热、反动式、凝汽式汽轮机的轴承布局

下面主要讨论图 3-20 (a) 所示的两转子三轴承结构的靠背轮找中心的问题，其他形式的轴承布局可以参考下面的方法。

一、两转子三轴承按靠背轮找中心的问题

两转子采用三轴承支承的主要问题在于怎样合理分配三个轴承的负荷，通常希望能够比较均匀地将负荷分配到这三个轴承上去。然而，装上假瓦后在按靠背轮找中心的过程中如果简单地依照两转子四轴承按靠背轮找中心的方法调整轴瓦将靠背轮的偏差消除掉，那么就会明显加重 2 瓦的负荷，而使 1 瓦的负荷大为减轻，甚至造成 1 瓦空载。所以，在这种轴承布局中，按靠背轮找中心时就不能简单地消除靠背轮的全部偏差，而是应该特意在两个靠背轮之间留出一个合适下张口。这样，在保持这个合适的下张口的情况下，调整好轴瓦位置后，通过强行拧紧靠背轮螺栓的方法来消除下张口，从而使一部分载荷转移到 1 瓦，2 瓦的载荷

因此得以减轻，达到均衡各轴承载荷的目的。

二、两转子三轴承按靠背轮找中心的方法

（一）已知下张口数值按靠背轮找中心的方法

下张口的数值一般由汽轮机制造厂提供，当已知下张口的规定数值后，在计算轴瓦调整量时，应该留出这个规定数值的下张口。下面仅就两转子三轴承已知下张口数值按靠背轮找中心的不同之处加以说明。

1. 轴瓦调整量的计算

设下张口的预留值为 e，测量系统如图 3-21 所示，则 2 号瓦和 1 号瓦的上下调整量应按下式计算：

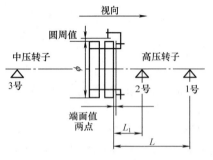

图 3-21 测量系统图

2 瓦：$h_2 = \dfrac{a-(c+e)}{\phi} L_1 + \dfrac{A-C}{2}$

1 瓦：$h_1 = \dfrac{a-(c+e)}{\phi} L + \dfrac{A-C}{2}$

也就是说，应适当地将 2 瓦和 1 瓦向上多调整一定的数值，以形成规定的下张口值 e。

2. 与两转子四轴承测量和调整方法的不同之处

（1）先装上一个假瓦如图 3-20（b）所示，按前述方法将左右找正，留出规定的下张口。

（2）测量时尤其注意将联轴器的止口脱开，防止止口蹩劲造成测量的误差。

（3）找好中心，留出规定的下张口后，均匀地拧紧联轴器螺栓，使假瓦空载，然后撤去假瓦，这样就能将 2 瓦的一部分负载转移到 1 瓦，使三个轴瓦的负载得以均衡。

（二）确定下张口预留值的方法

机组长期运行后，可能出现很多结构变化而造成轴承负荷的变化，这时往往需要重新确定两转子三轴承靠背轮找中心时预留下张口的数值，下面介绍两种确定下张口的方法。

1. 扬度试验确定下张口

（1）如图 3-20（b）所示，先装好高压转子，找好高压转子的扬度，然后装上假瓦，放入中压转子按靠背轮找好中心，务必将端面值误差和圆周值误差分别控制在 0.02mm 和 0.03mm 以内。

（2）在 2 瓦轴颈装上合像水平仪，均匀地上紧联轴器螺栓。如果联轴器中心合格，合像水平仪的读数不应有变化。

（3）撤去假瓦，中压转子的部分重量转移到 2 瓦，2 瓦的扬度发生相应变化。

（4）抬起 3 瓦，使 2 瓦的扬度恢复到起始值，这时，三个轴承的标高应符合规定要求。

（5）装上假瓦，使之与轴颈接触但正好不受力，即保证 2 瓦的扬度此时不因假瓦而变化。松开联轴器螺栓，2 瓦扬度必然变化，同时在两个联轴器之间出现下张口，准确地测定这个下张口的数值，它正好就是需要确定的靠背轮找中心的预留值。

此法适用于对 2 瓦扬度有严格要求的机组。

2. 负荷试验确定下张口

（1）装上假瓦形成四个轴承，依照两转子四轴承的方法按靠背轮找正；如图 3-22（a）所示。

（2）按一定的间隔（比如每次抬高 0.04mm）逐步抬高 1 瓦，测量张口的变化并做好记录，如图 3-22（b）所示，从而找出 1 瓦抬高量与张口的数量关系。

(3) 将 1 瓦放下,使其轴颈扬度复原。连接联轴器螺栓,用弹簧秤在 2 瓦附近吊起转子,撤去假瓦,再放松弹簧秤,将 2 瓦的扬度复原,称出 2 瓦此时的负载。然后逐步抬高 1 瓦,依次称出 2 瓦对应的负载,测量各轴颈的扬度,如图 3-22(c)所示。

(4) 将 1 瓦恢复原位,同样用弹簧秤称出 1 瓦抬高时,1 瓦负载的变化和各轴颈扬度的变化,如图 3-22(d)所示。

(5) 3 瓦的负载可由高中压转子的总重量和 1 瓦、2 瓦的负载计算得出。最后根据试验数据找出一组与汽轮机厂提供的各轴承负载分配值最接近的数据,这组数据里的张口值就是该机组高中压转子(两转子三轴承)按靠背轮找中心时应该预留的张口值。

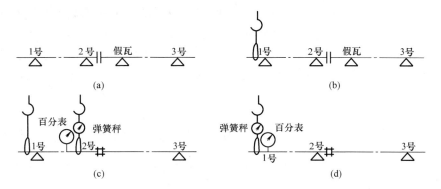

图 3-22 轴瓦负荷试验确定下张口
(a) 装上假瓦找正;(b) 测量 1 瓦抬高值与张口的关系;
(c) 测量 2 瓦的负载与 1 瓦抬高值的关系;(d) 测量 1 瓦的负载与 1 瓦抬高值的关系

第四章 转子找平衡

汽轮发电机组、水泵、风机等回转机械在运行中产生振动是难免的，转子的质量不平衡往往是造成机械振动的主要原因之一。特别是汽轮发电机组，其运行转速很高，即使转子上存在数值很小的偏心质量，也会产生较大的不平衡力引起机组振动。采用一些工艺措施来改变转子的质量分布，使其各质点的离心惯性力相互平衡，或者被控制在允许的范围内，机械设备就能够安全平稳地运转。因此，对转子找平衡，就成为消除机组振动的主要措施之一。

转子找平衡，不仅在制造厂要严格进行，在运行单位也是一项必不可少的工作。因为汽轮发电机组及其他一些回转机械，在长期运行中受到多种因素的影响，如果在检修中修复、更换了部分损坏零件，可能会使转子原有的平衡状态发生改变，所以在每次大修中都要对检修过的转子重新找平衡。

转子找平衡是一项细致而又费时的工作。由于受客观条件的限制，要求检修人员应很好地掌握平衡工艺。本章的目的就在于：介绍转子质量不平衡的类型，阐述转子找平衡的原理和方法。

第一节 刚性转子的不平衡类型及平衡原理

转子是弹性体，当其惯性主轴偏离旋转轴线时，运转中转子上的不平衡离心力将或多或少地使转子产生挠曲变形。当转子的工作转速低于第一临界转速时，转子的刚性很强，不平衡离心力使转子产生的动挠曲变形小到可以忽略不计，这样的转子称为刚性转子。工作转速高于转子第一临界转速的转子称为柔性转子。所谓刚性转子，只是习惯上的一种叫法。严格地讲，绝对刚性的转子是不存在的。本章中所说的刚性转子，则是指转子转速较低时，在工程上为了简化所研究的问题，而认为这样的转子是刚性不变形的。转子在做低速动平衡时，都可按刚性转子来对待。

一、转子不平衡的三种类型

（一）静不平衡

如图 4-1（a）所示，假设转子仅由两个对称、等重的圆盘和轴组成，轴通过两圆盘的中心并支持在轴承上。如果两圆盘的重心距轴线有相同的偏心距 e，偏心方向位于轴的同一侧，且在通过轴线的同一平面内。这时，整个转子的重心 S 也将在轴线的一侧。转子静止时，重心位置总是处于最下方；转子转动时，所产生的离心力 $\vec{F_1}$ 和 $\vec{F_2}$ 将使轴承与基础发生振动。转子的这种不平衡称为静不平衡。

（二）动不平衡

若两个圆盘的重心位于轴线的异侧，在通过轴线的同一平面内，且有相同的偏心距 e，这时整个转子的重心 S

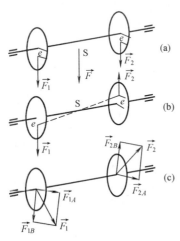

图 4-1 转子的三种不平衡
(a) 静不平衡；(b) 动不平衡；
(c) 动、静混合不平衡

将在轴线上[图 4-1（b）]。

转子静止时，它是平衡的，转子转动时，离心力 $\vec{F}_1$ 和 $\vec{F}_2$ 构成一对大小相等，方向相反的力偶作用在转子上，此力偶的作用面亦随转子一起转动，使转子产生绕轴线的摆动，相应地引起轴承和基础发生振动。这种不平衡现象只有在转子转动时才出现，故称之动不平衡。

（三）动、静混合不平衡

若两个圆盘重心的偏心距 e 不相等，两个圆盘的重心又不在通过轴线的同一平面内[图 4-1（c）]，这时整个转子的重心将不在轴线上，转子是静不平衡的；当转子转动时，由离心力 $\vec{F}_1$ 和 $\vec{F}_2$ 构成一组力系，又造成轴承和基础发生振动。这种在静止和转动时都存在的不平衡，称为动、静混合不平衡。

根据力学原理，可将图 4-1（c）中的力 $\vec{F}_1$ 和 $\vec{F}_2$ 分解成如图 4-2 所示的力，即

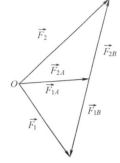

图 4-2 力的分解

$$\vec{F}_1 = \vec{F}_{1A} + \vec{F}_{1B}; \quad \vec{F}_2 = \vec{F}_{2A} + \vec{F}_{2B}$$

而且
$$\vec{F}_{1A} = \vec{F}_{2A}; \quad \vec{F}_{1B} = -\vec{F}_{2B}$$

这里 $\vec{F}_{1A}$ 和 $\vec{F}_{2A}$ 大小相等，方向相同构成一个静不平衡力；$\vec{F}_{1B}$ 和 $\vec{F}_{2B}$ 大小相等，方向相反构成一个动不平衡力偶。由此可见，作用于转子上的任何动、静混合不平衡，都可以分解为一个静不平衡和一个动不平衡。

上面所述转子的三类不平衡中，静不平衡可用静平衡法予以消除；动不平衡及动、静混合不平衡，必须用动平衡法进行消除。

二、转子动平衡法的基本原理

由理论力学可知，要想使转子得到完全平衡，必须同时满足两个条件：各个偏心质量产生的离心惯性力之和等于零（$\sum \vec{F}_i = 0$）；由这些惯性力所构成的合力矩亦为零（$\sum \vec{F}_i = 0$）。

在图 4-3（a）中设 m_1、m_2、m_3 为不在同一回转平面内的三个偏心质量，它们位于 1、2、3 三个回转平面内；r_1、r_2、r_3 分别为这三个偏心质量的回转半径。当转子以等角速度 ω 回转时，各偏心质量产生的离心惯性力为：$F_i = m_i \omega^2 r_i$（$i=1, 2, 3$），这些惯性力构成了一个空间力系。为了平衡惯性力偶，则必须选取两个平面 Ⅰ 及 Ⅱ 作为安装平衡质量的平面。

按照力的分解法则，把不在同一平面内的惯性力 $\vec{F}_1$、$\vec{F}_2$、$\vec{F}_3$ 分别分解到两个平衡平面 Ⅰ 和 Ⅱ 内[图 4-3（a）]。这样，就把原来空间力系的平衡问题，转化为两个平面汇交力系的平衡问题，如果将平面 Ⅰ 和平面 Ⅱ 内的各分力再以其合力 $\vec{F}'_Ⅰ$ 和 $\vec{F}''_Ⅱ$ 来代替，要使转子得到平衡就更简单了。只要在平面 Ⅰ 和平面 Ⅱ 内各加上适当的平衡质量 $m_Ⅰ$ 与 $m_Ⅱ$，使其产生的惯性力 $\vec{F}_Ⅰ$、$\vec{F}_Ⅱ$ 分别与 $\vec{F}'_Ⅰ$、$\vec{F}''_Ⅱ$ 大小相等，方向相反且共线[图 4-3（b）与（c）]，就可使偏心质量在回转时所产生的空间离心惯性力系的合力和合力距均等于零，使转子达到完全平衡。

归纳以上分析，可以得到刚性转子的动平衡特点：

（1）对于实际刚性转子，无论其不平衡质量的分布如何，总可以把一个转子看成是由若干个垂直于轴线的圆盘组成，只需任选两个平衡面在其内加入适当平衡质量，即可使转子达到完全平衡。

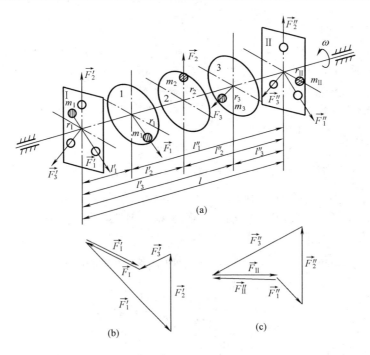

图 4-3 力的分解与合成

（2）刚性转子的平衡与其转速无关，在某一转速下加入平衡质量得到平衡后，在另外转速下也将是平衡的。

第二节 转子找静平衡

对于轴向长度较短的转动部件，如汽轮机的单个叶轮，泵及风机的单圆盘转子等，不平衡主要表现为单纯的静不平衡。不论其转速高低，一般只要做到静平衡就能满足平衡的要求。

转子找静平衡通常是在静平衡架上进行的。该平衡架的主要部分为水平安装的两个相互平行的钢制刀口形导轨（或圆柱形导轨）。找平衡时将转子放在导轨上，通过调整所加平衡重量的大小和位置而使转子达到静平衡。

一、转子显著不平衡的找平衡方法

如图 4-4 所示，若转子 1 由其上的不平衡重量而引起的转动力矩 M（$M=He$）大于转子轴 2 和平衡架导轨 3 间的滚动摩擦阻力矩 M_1 时，则转子能够自由转动最终使 H 位于正下方，这种静不平衡称为显著不平衡。其找平衡的方法如下：

（1）首先使转子自由转动，待其停止转动后可知其不平衡重量 H 的方向必是正下方。

（2）把不平衡重量 H 置于水平位置 [图 4-5（a）]，在 H 的对面转子边缘处加入试加重量 S，使转子按箭头方向转动一小角度（以 30°～45°为宜）。

（3）将转子转 180°，使不平衡重量 H 和试加重量 S 位于同一水平面上 [图 4-5（b）] 并在试加重量 S 处再加一适当重量 P，以使转子能按箭头方向转动和第一次相同的角度。

（4）因转子两次按相同的方向转过的角度相同，由此得到转动力矩的关系式

$$Hx - SR = (S+P)R - Hx$$

即

$$Hx = \frac{(2S+P)R}{2} \tag{4-1}$$

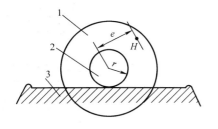

图 4-4 静不平衡转子
1—转子；2—轴；3—导轨

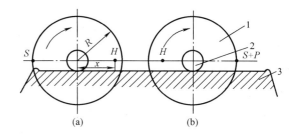

图 4-5 找显著不平衡
1—转子；2—轴；3—导轨

若想使转子达到完全平衡，所加平衡重量 Q 应满足 $Hx=QR$ 的条件，即

$$Q = \frac{2S+P}{2} = S + \frac{P}{2} \tag{4-2}$$

式 (4-2) 给出了应加平衡重量 Q 的大小，其加装位置与试加重 S 的位置相同。

二、转子不显著不平衡的找平衡方法

在图 4-4 中，若转子 1 的转动力矩 M 小于它的滚动摩擦阻力力矩 M_1 时，转子虽有转动趋势，但不能转动到使 H 位于正下方，这样的不平衡称为不显著不平衡。它的找平衡具体步骤是：

(1) 先把转子分成若干等份（如 6，8，12 等分均可），并将各等分点标上序号（图 4-6）。

(2) 将 1 点置于水平位置，加上试加重量 S_1，使转子按箭头方向转过一小角度，然后将 S_1 取下。用同样方法依次在 2，3，4，…诸点试加重量，均使各点按箭头方向转过相同角度。试加重量最小的点，即是转子不显著不平衡重量 H 所在的方向（或近似方向）。现假设在 4 点所加重量最小，为 S_{min}，则与其对应的 8 点试加重量必然最大，为 S_{max}[图 4-6 (b)]。

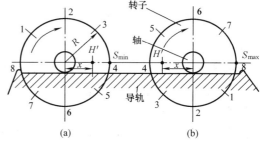

图 4-6 找不显著不平衡

(3) 因为在第 4、8 两点试加重量后转过的角度相同，由此可得关系式

$$H'x + S_{min}R = S_{max}R - H'x$$

$$H'x = \frac{S_{max} - S_{min}}{2} R \tag{4-3}$$

(4) 要想使转子达到完全平衡，所加平衡重量 Q' 应满足 $H'x = Q'R$ 的要求，于是得到

$$Q' = \frac{S_{max} - S_{min}}{2} \tag{4-4}$$

利用式 (4-4) 可求出应加平衡重量 Q' 的大小，其加装位置与最大试加重量 S_{max} 的位置相同。

三、剩余不平衡重量

转子找完平衡后，并不能说已处于绝对的平衡状态，转子还会有剩余的不平衡重量存在，转子转动时仍会引起振动。这时为使转子的平衡状态得到进一步改善，应按照找不显著不平衡的方法，对转子再进行一次找平衡，以求出用来平衡剩余不平衡重量的试加重量 q。一般规定，试加重量 q 在转子工作转速下产生的离心力以不大于转子重量的 4%～5% 为合格。

第三节 刚性转子的低速动平衡

转子找动平衡工作,通常先在低速下进行。这是因为汽轮发电机组的转速比较高,新制造的或是经过大修后的转子,对其平衡情况不够了解,若预先在低速下找动平衡,使转子基本上达到平衡要求,则不致在高速下引起过大的振动,同时也为在高速下进一步找平衡提供了基础。

在一般情况下,对于中小容量的汽轮机和发电机转子,只要低速动平衡质量较好,在工作转速下轴承振动大多都能符合要求。对于大型转子,特别是细而长的大型发电机转子,往往还需进行高速动平衡。

目前,各电厂所做的转子低速动平衡,多在平衡台上进行。它是利用机械共振放大以确定不平衡重量的数值和位置的。现将这类平衡台的类型和结构简述如下:

一、低速动平衡台

刚性转子平衡是以转子不发生显著挠曲变形为前提的,因此,平衡转速应低于一阶临界转速的 0.4~0.5 倍。若在转子自身支承轴承上做低速动平衡,由于轴承座的支承刚度较大,在这样低的平衡转速下,转子的不平衡力不能激起明显的轴承座振动。所以,必须借助于低速平衡台对不平衡做共振放大。

低速平衡台有摆动式[图 4-7(a)]和弹性体式[图 4-7(b)]两种。摆动式低速平衡台主要由轴瓦及瓦座、弧形承力座、承力板等组成,转子的两端搁置在平衡台两侧的轴瓦上。弧形承力座绕其回转中心 O 摇动,摆动惯性是转子和轴瓦对回转中心 O 的质量矩,摆动中转子的重力产生相对于 O 的恢复力矩。所以,弧形承力座的半径 R 越大,承力板到轴中心的距离 H 越小,则系统的惯性质量越大,自振频率就越小。因此,对不同大小的转子,要求采用不同大小的 R 和 H。通常,这种平衡台的共振转速设计在 150r/min 附近。

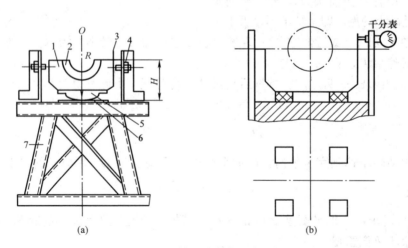

图 4-7 低速平衡台示意图
(a) 摆动式平衡台;(b) 弹性体式平衡台
1—轴瓦座;2—轴瓦;3—千分表挡板;4—紧固螺栓;5—弧形承力座;6—承力板;7—台架

弹性体式平衡台,除去弧形承力座以橡胶垫代替外,其他部分的结构均与摆动式平衡台相同。这种平衡台稳妥可靠,易于掌握,但其灵敏度较低。

橡胶垫的弹性系数因材料而异，通常应由试验确定。要根据转子的轻重程度，选择合适的橡胶垫材料。由于橡胶垫容易调整，增加其承压面积或减少其厚度，可以提高共振转速。橡胶垫的合适压力为 80～120N/cm²，在实际工作中，其共振转速主要通过调整橡胶垫的厚度来实现。

调整橡胶垫的尺寸时，应注意使两侧轴承的共振转速相接近。对于两侧对称、重心位于两个支承中间的转子来说，只要使两侧橡胶垫的厚度和总面积相等，则两个轴承的共振转速就差不多。面对多数汽轮机转子，由于低压侧尺寸大，高压侧尺寸小，转子重心不在中间，致使两个支承所受载荷不同。考虑到共振转速的高低与橡胶垫的压缩量成反比，为使两侧轴承的共振转速接近，则必须使两侧橡胶垫的面积不同而压缩量相同。再有，应注意把橡胶垫放在轴承外壳底部的两侧，至少在四个角上各放一块。当需要放置四块以上时，也应避免放在轴承的轴向中心线上。

弹性体式平衡台的共振转速较高，一般第一共振转速取 100～180r/min，第二共振转速取 200～300r/min，大型转子的共振转速取得略低一些，故所需电动机的功率也大些。

弹性体式平衡台结构简单，在发电厂现场容易实施，虽然灵敏度稍逊于摆动式，但一般能满足平衡要求，故在发电厂中用得较多。

二、刚性转子低速动平衡的方法

利用平衡台做低速动平衡，从总的方面区分有两种方法：一种是当平衡台两侧共振转速相同或接近时，在两侧轴承完全松开的情况下，于转子两个侧面上同时加重平衡法；另一种是当平衡台两侧共振转速相差较大时，在两侧轴承一侧松开、一侧紧固的情况下，于转子端面上分别加重平衡法。至于如何确定平衡重量的大小和位置，则有两点法、三点法、试加重量周移法等。其中，两点法手续简便，但因取得的数据少，平衡准确性较差；试加重量周移法虽平衡准确性较高，然而步骤烦琐耗时较多。在平衡实践中，对较难平衡或平衡要求较高的转子，如发电机转子，多将上述两种方法结合起来使用。即开始先用两点法平衡将大振幅降下，然后再用试加重量周移法进行平衡。这样既省时间，又能提高平衡质量。

下面，将介绍平衡台轴承在一侧紧固另一侧松开情况下，确定转子平衡重量大小和位置的方法。

（一）两点法

先在两侧轴承完全松开的情况下启动转子，测取在平衡转速下两侧轴承的原始振幅。若 A 侧振动大（振幅为 A_0），则将 B 侧轴承紧固，先平衡 A 侧。在转子 A 侧平衡面上任取一点（做记号 1）加上试加重量 P，启动转子到平衡转速，测得共振振幅 A_1。再按相同半径将该试加重量 P 顺转动方向移动 90°（做记号 2，作图时其位置要与转动方向和转过的角度相对应），测得共振振幅 A_2。试加重物在转子上的位置如图 4-8（a）所示。根据三次测量值，作图计算如下 [图 4-8（b）]：

以 O 为圆心，A_0（取适当比例）为半径作 O 圆，并将 O 圆四等分。再分别以 O 圆上的 1、2 点（作图的 1、2 点应与试加重量的 1、2 点相对应）为圆心，以 A_1、A_2（取与 A_0 相同比例）为半径作 O_1 圆和 O_2 圆。此两圆相交于 C、C' 点，连接 OC 和 OC'，并延长 OC，分别交 O 圆 K、K' 点。OC 和 OC' 即为试加重量引起的振幅。平衡重量的大小由式（4-5）求得：

$$Q_a = \frac{OK}{OC}P \quad \text{或} \quad Q_a' = \frac{OK'}{OC'}P \tag{4-5}$$

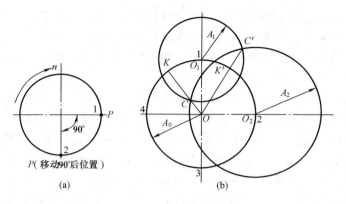

图 4-8　90°二次试加重量平衡法
(a) 二次试加重量位置；(b) 计算平衡重量图解法

以下证明式（4-5）。连接图 4-8（b）中的 OO_1、O_1C 和 OC，则 $OO_1 = A_0$，为原始不平衡重量和试加重量 P 共同引起的振幅；OC 即是由试加重量 P 引起的振幅。显然，要想使转子的振动为零，则需使由平衡重量引起的振动同由不平衡重量引起的振动数值相等且方向相反。假设振幅大小与不平衡重量成正比，即 $\dfrac{P}{Q_a} = \dfrac{OC}{OK}$。由此得：$Q_a = \dfrac{OK}{OC} P$，平衡重量 Q_a 应加在 K 点对应的转子的位置上。同理可以证明：$Q_a' = \dfrac{OK'}{OC'} P$，所得平衡重量 Q_a' 应加在 K' 点对应的转子的位置上。

以上两个答案只有一个正确，需经分析和试加重量后确定。

当完成 A 侧的平衡后，采用与上述相同的步骤平衡 B 侧，可求得平衡重量 Q_b（或 Q_b'）。

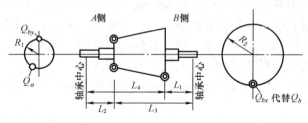

图 4-9　平衡重量的分配

当两侧分别平衡好之后，为了同时松开两侧轴承转子仍能保持平衡，应将 B 侧平衡重量 Q_b 按图 4-9 所示转子尺寸再分成两个重量 Q_{bx} 和 Q_{by}。Q_{bx} 固定在 B 侧代替 Q_b，Q_{by} 固定在 A 侧与 Q_{bx} 位置相差 180°处。Q_{bx} 和 Q_{by} 按式（4-6）和式（4-7）计算

$$Q_{bx} = \frac{Q_b L_4 L_3}{L_4 L_3 - L_1 L_2} \quad \text{g} \tag{4-6}$$

$$Q_{by} = \frac{Q_b L_1 L_4}{L_4 L_3 - L_1 L_2} \cdot \frac{R_2}{R_1} \quad \text{g} \tag{4-7}$$

式中　L_1、L_2、L_3、L_4——转子尺寸，mm；

R_1、R_2——转子 A 侧及 B 侧固定平衡重量的半径，mm。

将分重量 Q_{bx} 及 Q_{by} 加到转子两个端面上后，再次启动转子，如共振振幅降到满意程度则找平衡工作结束。

（二）试加重量周移法

转子按试加重量周移法找平衡，其基本步骤是：

(1) 将平衡台上转子升速到高于第二共振转速约 100r/min，然后切断电源使转子缓慢

降速，测量转子在共振时两侧轴承的振动情况。如振动大的为 A 侧（原始振幅为 A_0），振动小的为 B 侧（原始振幅为 B_0），则先平衡 A 侧，后平衡 B 侧。

（2）将转子 A 侧端面分成 6~8 等份，按其转动方向顺序编号。

（3）把试加重量 P 固定在 A 侧平衡面的 1 点上，启动转子仍升速到高于第二共振转速约 100r/min，切断电动机电源，松开 A 侧轴承的紧固螺栓，测量其共振振幅。转速每降低 10 或 20r/min 读一次，并做好记录；当转速降至第一共振转速以下，则每降 20~40r/min 读一次。待转子停转后，将试加重量 P 取下，再按上述程序依次将 P 固定在 2，3，…，8 各点上，测量共振振幅。

（4）选直角坐标系，取适当比例将平衡面各等分点标在横轴上，再把各点共振振幅标在相应的纵坐标上，便可绘出如图 4-10 所示曲线。共振振幅最小的位置即为应加平衡重量的位置。

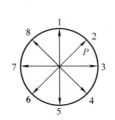
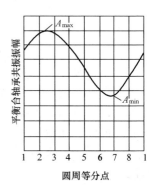

图 4-10 振幅曲线

（5）由图 4-10 可知：平均振幅 $A_m = \dfrac{A_{max}+A_{min}}{2}$，为原始不平衡重量引起的振幅，振幅幅度 $A_a = \dfrac{A_{max}-A_{min}}{2}$，为仅由试加重量引起的振幅。根据平衡重量与试加重量之比等于原始振幅与试加重量引起的振幅之比的关系，可得应加平衡重量 Q_a 的计算式：

当 $A_m = A_0$ 时，说明试加重量小于不平衡重量，这时

$$Q_a = \dfrac{A_{max}+A_{min}}{A_{max}-A_{min}} P \qquad (4-8)$$

当 $A_m \geqslant A_0$ 时，说明试加重量大于不平衡重量，这时

$$Q_a = \dfrac{A_{max}-A_{min}}{A_{max}+A_{min}} P \qquad (4-9)$$

（6）把平衡重量 Q_a 固定在应加的位置上，再次启动转子，对所加平衡重量及位置进行精细调整，以使 A 侧共振振幅不超过允许值方可认为合格。

（7）用同样方法确定 B 侧的平衡重量 Q_b 及位置。为了使 B 侧所加的平衡重量不致破坏已经找好了的 A 侧平衡，应将 Q_b 分成两个重量 Q_{bx} 和 Q_{by}，其处理方法与前述两点法相同。

（8）当加好两侧平衡重量后，在两侧轴承完全松开情况下，重新测量两侧轴承共振振幅。如不合格，可根据剩余振幅调整所加平衡重量，直到平衡合格为止。

在两点法和试加重量周移法中，试加平衡重量 P 可按式（4-10）计算：

$$P = 1.5 \dfrac{WA_0}{R\left(\dfrac{n}{3000}\right)^2} \ \text{g} \qquad (4-10)$$

式中　W——转子重量，kg；

　　　A_0——原始振幅，10^{-2} mm；

　　　R——试加平衡重量安装半径，mm；

　　　n——平衡转速，r/min。

按式（4-10）算得的试加平衡重量应根据情况适当增减，以使试加平衡重量产生的离心

力不大于转子重力的 10%～15%。

三、低速动平衡质量的评价

低速动平衡质量的评定标准是：在工作转速下剩余不平衡重量对某侧所产生的离心力 F，不应超过转子自身作用在该侧轴承上重力的 5%，否则应视不合格。

剩余不平衡重量在工作转速下产生的离心力 F，由式（4-11）确定：

$$F = 98KAR\left(\frac{n}{3000}\right)^2 \text{ N} \tag{4-11}$$

式中 K——平衡台的灵敏度系数（用消除平衡台某一侧轴承共振振幅 1mm 所应加的平衡重量来确定），kg/mm；

A——平衡台某一侧轴承的剩余共振振幅，μm；

R——固定平衡重物处的半径，m；

n——转子的工作转速，r/min。

5% 是个经验标准，它是在我国电厂历年来现场平衡统计资料基础上取得的，按此标准，机组在工作转速下，其轴承振动一般不会超过 $20\mu m$。

四、低速动平衡的注意事项

转子找平衡是项复杂的工作，为保证找平衡的质量，除应切实做好组织管理工作外，应注意以下问题：

（1）发电厂采用的低速动平衡设备，临时组装的多，有的比较简陋。组装平衡台时，应用拉线方法使两侧轴瓦沿轴中心线在同一条直线上，轴承两侧制动螺栓的中心线亦应在一条直线上。转子吊到平衡台上后，要测量并调整转子两端轴颈的扬度，使其大小相等而方向相反。

（2）在平衡台上正式找平衡前，应将转子回转数次，以消除因转子停放时间较长转子上、下温度不均造成的热弯曲。特别是较长的转子，或平衡台附近有热源易使转子各部分产生温差的时候，更应加以注意。

（3）启动平衡台上的转子，必须使转子转速超过平衡台的较高的一个共振转速。动平衡的结果，应使共振振幅在高、低两个共振转速下都能达到满意的数值。应当指出，在找转子平衡时，如果没有将转速升高到必要的数值，即仅在较低的一个共振转速下达到动平衡，将有可能使机组在运行中发生不能容许的振动。

（4）平衡台应有良好的挡油装置。不允许轴承下面的橡胶垫或弧形承力座之间有油，否则会造成轴承的滑动使测量数据不准确，而且还会破坏安装时的中心位置。

（5）轴瓦润滑油的温度应保持在 30～40℃ 之间，其温度的调节，通常采用电灯泡加热的方法。

（6）观测振幅的读数人员应由专人担任，以免因不同人视觉差异影响记录的准确性。

（7）负责松紧制动螺栓的人员要坚守岗位。制动螺栓的松紧范围是 3～5mm，当发现转子振动过大轴承摆动剧烈时，应及时用制动螺栓将轴承顶住不要松开，然后用试加平衡重量的方法使之大振幅降下来，再按正常程序精确地进行动平衡。整个工作应有条不紊，确保安全。

第四节　刚性转子的高速动平衡

从广义上说，刚性转子找动平衡时，因其平衡转速都在第一临界转速以下所以叫低速动平衡，而柔性转子找动平衡时，因其平衡转速要通过或超过临界转速，故叫高速动平衡。实际上，我们又习惯把转子在自身轴承上按工作转速，或根据振动情况而选择的某一转速进行的平衡叫高速动平衡；而用其他放大不平衡力的装置（如平衡台）进行的动平衡，称做低速动平衡。从刚性转子的定义出发，转子在低速下和在高速下的找动平衡工作，并无原则性差别。但有些刚性转子的部件，在低速和高速下因离心力大小不同，会使部件的径向位置发生变化，虽然在低速下是平衡的，但在高速下仍有失去平衡的可能，如有些发电机转子端部线圈的位置就与转速有关。特别是对于高参数大容量的机组，低速平衡已难以保证转子在工作转速下的振动符合要求，因此各电厂已逐渐采用高速动平衡的方法来平衡转子。

高速动平衡的方法较多，一般多采用同时测量振幅和相位的方法，统称测相找平衡法。测相找平衡法又分好多种，其中以画线法为基础，以闪光法为最普遍，故在此仅介绍这两种方法。

一、画线法找平衡

画线法是最简单的测相找平衡法，它利用画线来确定转轴振动的高点，从而找到相位，同时也测量轴承的振幅，然后根据试加重量引起的振幅和相位的变化，求出不平衡重量的大小和位置。具体作法如下：

在轴承附近选择一外露的光滑轴段，用千分表检查该轴段的晃动度不得超过 $20\mu m$。启动转子到工作转速，用红色铅笔或尖铜条去碰触转轴，当感到刚接触上便立即撤回，如此反复在不同位置上连画数次，同时测量轴承的振幅 A_0。待停机后，确定比较明显的画线端点，找出每条弧线的中点，以多数点连一直线，该线即为第一次画线中心 L_0。

将 L_0 标在图 4-11 所示的草图上，并按一定比例将振幅向量 $\vec{A_0}$ 标在 OL_0 线上。

在转子上自画线中心 L_0 逆转 $90°$ 的位置上加一试加平衡重量 P，再次启动转子到工作转速。采用同样方法进行画线及测量振幅后停机，找出第二次的画线中点，并将该中点 L_1 标在草图上，沿 OL_1 线标出振幅向量 $\vec{A_1}$（其比例与 $\vec{A_0}$ 同）。

振幅向量 $\vec{A_1}$ 是由转子的不平衡重量及试加平衡重量共同作用在转子上引起的结果，该向量为 $\vec{A_0}$ 与 $\vec{M}$ 两个向量相加的合成向量，即

$$\vec{A_1} = \vec{A_0} + \vec{M}$$

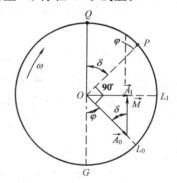

图 4-11 画线法找平衡

其中 $\vec{M}$ 为试加平衡重量 P 引起的振幅向量。由图 4-11 可知，向量 $\vec{M}$ 滞后于其试加平衡重量 P 一个 φ 角，而向量 $\vec{A_0}$ 必然也滞后于不平衡重量 G 一个 φ 角。因此，只需把向量 $\vec{A_0}$ 所在的 OL_0 线顺转 φ 角，便可得到不平衡重量 G 的方位 OG 线，再将 OG 线反向延长，即可得到应加平衡重量 Q 的位置。

根据振幅与不平衡重量成正比的关系，即 $\dfrac{P}{M}=\dfrac{G}{A_0}$，可知 $G=\dfrac{A_0}{M}P$。这样在与 G 相差 $180°$ 的位置上加入平衡重量 $Q=\dfrac{A_0}{M}P$，就能使转子得到平衡。

另外，若分析图 4-11 中的振幅向量三角形也不难看出：要使转子达到平衡，必须使 $\vec{M}$ 与 $\vec{A_0}$ 大小相等、方向相反，并且共线，亦即应使 $\vec{A_1}$ 为零向量。为此，必须将平衡重量 Q

加在试加平衡重量 P 逆转 δ 角的位置上,以使 $\vec{M}$ 也逆转 δ 角,且平衡重量 $Q=\dfrac{A_0}{M}P$。

二、闪光测相法找平衡

在画线找平衡方法中,应加平衡重量 Q 的大小和位置,是通过试加重量以后,根据振动的大小和相位的变化而确定的。因此,只要找出 $\vec{M}$ 的大小和 δ 角,就能决定 Q 的大小和方向,而不一定非要求出滞后角 φ 不可。也就是说,可以依据相位的相对变化进行找平衡工作;而轴承振动及转子上某一固定点的相对相位,通常是可以测量的。

(一) 相对相位的测量方法

振幅的相对相位可通过闪光法进行测量。如图 4-12 所示,为闪光测相原理。

测量前先在轴的端面任意处画一径向白线,在轴承座端面顺轴转动方向画一刻度盘。在某处(如 b 点)安置拾振器,拾振器能将振动的机械量转化为电量,其输出电压信号又通过闪光线路控制闪光灯。当转子转动且其振动的峰值经过拾振器的触点时,便激发闪光灯闪光。由于闪光频率与振动频率同步,振动频率又与转速相同,因此转子每转一周,闪光灯便闪光一

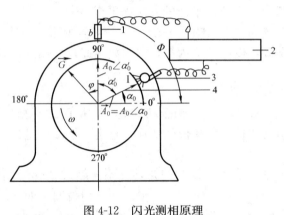

图 4-12 闪光测相原理
1—拾振器;2—闪光测振仪;3—闪光灯;4—白线

次,白线于同一位置(按静子刻度)显现一次。因为闪光频率较高,而人的眼睛又存在时滞,所以看起来就好像白线停留在一处不动似的,对照刻度盘上的零度线就能读用铅笔画线找出高点位置一样。

在图 4-12 中,b 点表示拾振器的安装位置。转子在恒定的平衡转速下,由不平衡质量 $\vec{G}$ 引起的振幅 $A_0\angle\alpha_0'$ 滞后于 $\vec{G}$ 的相位角 φ 是恒定的。当拾振器的位置给定,φ 为常数(图示情况下 $\varphi=90°$ 时),振幅的实际相位角 $\angle\alpha_0'=\angle\varphi-\angle\alpha_0$。而且当 $\angle\alpha_0'$ 增加时,$\angle\alpha_0$ 减小,反之亦然。两者存在一一对应关系。只要记住 $\angle\alpha_0'=\angle\varphi-\angle\alpha_0$ 的关系,当然也就不妨以白线停留的角度 $\angle\alpha_0$ 当做由不平衡重量 $\vec{G}$ 引起的振幅相位角。在此,将 $\angle\alpha_0$ 改称为振幅相对相位角。这时由 $\vec{G}$ 引起的以相对相位表示的振幅向量定义为 $\vec{A_0}=A_0\angle\alpha_0$,但它并不是真正的振幅向量,真正的振幅向量还是 $A_0\angle\alpha_0'$。引入相对相位振幅向量概念之后,就能利用闪光测振仪来观察读数,以便更为精确地给出振幅向量的位置。

根据在一定的平衡转速下,振幅滞后于不平衡重量的相位角 φ 为一常数,以及拾振器的安装角度 Φ 也为一常数这两个条件,我们不难证明,转子上的不平衡重量位置变化时,相对相位角与实际振动相位角变化的关系为:在轴端面画径向白线,在静子上顺转动方向刻度时,当转子上不平衡重量逆刻度方向移动一个 α 角时,实际振动的相位也逆刻度方向移动一个 α 角,但振幅相对相位却顺刻度方向移动一个 α 角;反之亦然。

(二) 闪光测相找平衡原理

闪光测相找平衡,是通过试加重量前后以相对相位表示振幅向量的变化来找平衡的方法,故称相对相位找平衡法,亦简称测相找平衡。

当在转子上画线,静子上顺转动方向刻度时,其相对相位平衡法是:在平衡转速(一般

等于或接近工作转速）下，先测得原始不平衡重量 $\vec{G}$ 引起的相对振幅向量 $\vec{A}_0 = A_0 \angle \alpha_0$，再在转子上任一位置加试加平衡重量 $\vec{P}$，在同一平衡转速下测得由 $\vec{G}$ 和 $\vec{P}$ 共同引起的相对合成振幅向量 $\vec{A}_{01} = \vec{A}_0 + \vec{A}_1$。将相对合成振幅向量 $\vec{A}_{01}$ 与相对原始振幅向量 $\vec{A}_0$ 相减，便可得到由试加平衡重量 $\vec{P}$ 引起的以相对相位表示的振幅向量 $\vec{A}_1 = A_1 \angle \alpha_1$。由图 4-13 可见。$\vec{A}_0$ 顺转动方向落后于 $\vec{A}_1$ 一个

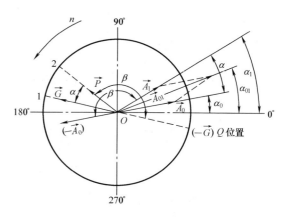

图 4-13　测相找平衡原理

$\angle \alpha_0$。根据不平衡重量在转子上移动时相对相位之间和实际相位之间的关系，则知 $\vec{G}$ 应顺转动方向领先 $\vec{P}$ 一个 $\angle \alpha_0$。以试加重量 $\vec{P}$ 的方位线 O2 为准，顺转动方向作 $\angle \alpha_0$，即得到原始不平衡重量 $\vec{G}$ 的方位 O1 线，将 O1 线反向延长便是应加平衡重量 $\vec{Q}$ 的位置，平衡重量 $Q = P \dfrac{A_0}{A_1}$。或者，在 $\vec{A}_0$ 向量的反方向画出 $-\vec{A}_0$，这时 $-\vec{A}_0$ 与 $\vec{A}_1$ 的相对相位角差值为 $\angle \beta = \angle(\alpha_0 + 180° - \alpha_1)$（按静子上刻度）。由图 4-13 可见，要想消除振动，必须使 $\vec{A}_1$ 与 $\vec{A}_0$ 的大小相等、方向相反，即 $A_0 \angle \alpha_0 + A_1 \angle \alpha_1 = 0$。为此，应将 $\vec{A}_1$ 顺转动方向移动 $\angle \beta$，以使 $\vec{A}_1$ 与 $(-\vec{A}_0)$ 相重合。与此相应，由试加重量 $\vec{P}$ 的位置逆转动方向移动 $\angle \beta$，便得到应加平衡重量 $\vec{Q}$ 的位置。平衡重量仍是 $Q = P \dfrac{A_0}{A_1}$。

这里需要指出的是：当在转子上画线、在静子上逆转动方向刻度时，所得结果与上述相同。但当在静子上画线、在转子上刻度时，无论刻度是顺转动方向还是逆转动方向，振幅的实际相位变化与相对相位变化都是相同的，即相位差的数值相等、方向相同。因此，当 $\vec{A}_1$ 到 $-\vec{A}_0$ 顺刻度方向转 $\angle \beta = \angle(\alpha_0 + 180° - \alpha_1)$ 时，$\vec{P}$ 到 $-\vec{G}$ 也顺刻度方向转 $\angle \beta = \angle(\alpha_0 + 180° - \alpha_1)$。

（三）幅相影响系数法找平衡

测相找平衡的方法较多，这里仅就其中的幅相影响系数法作一介绍。

所谓幅相影响系数（简称影响系数），是指在转子某侧任意位置上试加单位重量后，引起的每个轴承的振幅和相位的变化。

令原始振幅为 $A_0 \angle \alpha_0$，试加重量为 $P \angle p$，由 $P \angle p$ 和原始不平衡重量引起的合成振幅为 $A_{01} \angle \alpha_{01}$，而试加重量 $P \angle p$ 引起的振幅为 $A_1 \angle \alpha_1 = A_{01} \angle \alpha_{01} - A_0 \angle \alpha_0$，这时试加重量 $P \angle p$ 对该轴承的影响系数则为

$$K \angle k = \frac{A_1 \angle \alpha_1}{P \angle p} = \frac{A_1}{P} \angle (\alpha_1 - p) \tag{4-12}$$

影响系数求出后须进行校核。例如可通过再次试加另一重量求出影响系数，与原来求得的影响系数比较，若两次求出的结果基本相同，方可使用。

利用影响系数找平衡，根据所选加重平面的多少，可分为单面、双面或多面找平衡。下面仅介绍单面找平衡法和双面找平衡法。

1. 单面找平衡法

首先测出原始振幅 $\vec{A}_0$，再测出加上试加重量 $\vec{P}$ 后的合成振幅 $\vec{A}_{01}$。作向量图（图 4-14）。求出 $\vec{P}$ 引起的振幅 $\vec{A}_1 = \vec{A}_{01} - \vec{A}_0$，则得影响系数 $\vec{K} = \dfrac{\vec{A}_1}{\vec{P}}$。

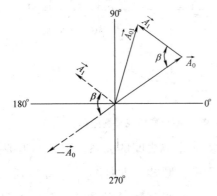

由影响系数的定义可知，任何一个不平衡重量 $\vec{G}$ 所引起的振幅 $\vec{A}_0 = \vec{K} \cdot \vec{G}$。而所加平衡重量 $\vec{Q}$ 应与不平衡重量 $\vec{G}$ 大小相等、方向相反，即 $\vec{Q} = -\vec{G}$。故平衡重量 $\vec{Q} = -\dfrac{\vec{A}_0}{\vec{K}}$，$\vec{Q}$ 的位置应按平衡原理中的加重原则确定。

图 4-14 向量图

2. 双面找平衡法

先测出两侧轴承的原始振幅 $\vec{A}_0$、$\vec{B}_0$。然后在 A 侧试加重量 $\vec{P}_a$，测出两轴承的振幅 $\vec{A}_{01}$、$\vec{B}_{01}$；在 B 侧再试加重量 $\vec{P}_b$，测出两轴承的振幅 $\vec{A}_{02}$、$\vec{B}_{02}$。作向量图（图 4-15），以计算幅相影响系数。

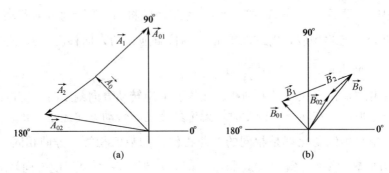

图 4-15 向量图

由试加重量 $\vec{P}_a$ 引起的振幅

$$\text{对 } A \text{ 侧轴承} \quad \vec{A}_1 = \vec{A}_{01} - \vec{A}_0$$

$$\text{对 } B \text{ 侧轴承} \quad \vec{B}_1 = \vec{B}_{01} - \vec{B}_0$$

由试加重量 $\vec{P}_b$ 引起的振幅

$$\text{对 } A \text{ 侧轴承} \quad \vec{A}_2 = \vec{A}_{02} - \vec{A}_0$$

$$\text{对 } B \text{ 侧轴承} \quad \vec{B}_2 = \vec{B}_{02} - \vec{B}_0$$

在 A 侧加重时的幅相影响系数

$$\text{对 } A \text{ 侧轴承} \quad \vec{K}_{1,a} = \dfrac{\vec{A}_1}{\vec{P}_a}$$

对 B 侧轴承　　　　$\vec{K}_{1,b} = \dfrac{\vec{B}_1}{\vec{P}_a}$

在 B 侧加重时的幅相影响系数

对 A 侧轴承　　　　$\vec{K}_{2,a} = \dfrac{\vec{A}_2}{\vec{P}_b}$

对 B 侧轴承　　　　$\vec{K}_{2,b} = \dfrac{\vec{B}_2}{\vec{P}_b}$

利用幅相影响系数，可列出两侧轴承振幅的向量方程式

$$\vec{G}_a\vec{K}_{1,a} + \vec{G}_b\vec{K}_{2,a} = \vec{A}_0 \tag{4-13}$$

$$\vec{G}_a\vec{K}_{1,b} + \vec{G}_b\vec{K}_{2,b} = \vec{B}_0 \tag{4-14}$$

联立求解式（4-13）和式（4-14），可得不平衡重量

$$\vec{G}_a = \dfrac{\vec{A}_0\vec{K}_{2,b} - \vec{B}_0\vec{K}_{2,a}}{\vec{K}_{1,a}\vec{K}_{2,b} - \vec{K}_{1,b}\vec{K}_{2,a}} \tag{4-15}$$

$$\vec{G}_b = \dfrac{\vec{B}_0\vec{K}_{1,a} - \vec{A}_0\vec{K}_{1,b}}{\vec{K}_{1,a}\vec{K}_{2,b} - \vec{K}_{1,b}\vec{K}_{2,a}} \tag{4-16}$$

因平衡重量与不平衡重量应大小相等、方向相反，即：$\vec{Q}_a = -\vec{G}_a$；$\vec{Q}_b = -\vec{G}_b$，故 A、B 两侧应加的平衡重量为

$$\vec{Q}_a = \dfrac{\vec{A}_0\vec{K}_{2,b} - \vec{B}_0\vec{K}_{2,a}}{\vec{K}_{1,b}\vec{K}_{2,a} - \vec{K}_{1,a}\vec{K}_{2,b}} \tag{4-17}$$

$$\vec{Q}_b = \dfrac{\vec{B}_0\vec{K}_{1,a} - \vec{A}_0\vec{K}_{1,b}}{\vec{K}_{1,b}\vec{K}_{2,a} - \vec{K}_{1,a}\vec{K}_{2,b}} \tag{4-18}$$

$\vec{Q}_a$ 和 $\vec{Q}_b$ 的加重位置应根据平衡原理中的加重原则确定。平衡重量加上以后，若平衡效果尚未达到理想要求，这时可将剩余振幅当做原始振幅，再使用试验得出的幅相影响系数及式（4-17）和式（4-18），求出需补加的平衡重量。

对于形状复杂或平衡要求高的转子，当两面找平衡法达不到要求时，可在三个或四个平面上进行平衡。其步骤与两面找平衡法基本相同，这里不再赘述。

转子高速动平衡实例

为便于读者在实际工作中参考，现将转子高速动平衡的方法和步骤通过实例简述如下。

（一）找平衡的基本步骤

（1）准备并检查闪光测振仪。

（2）在转子轴端面用白漆画一条宽 1~3mm 的径向线，在白线附近的静子（轴承座端面）上贴一张 360°的刻度盘。如果画线和贴刻度盘的位置不便时，可在轴端面贴刻度盘，在附近的静子上画白线。

（3）第一次启动转子，在达到工作转速的 30%时，开始测量各轴承垂直、水平、轴向三个方向的振动。若在升速过程中，任何一个轴承的振动有超过 0.25mm 趋向时，应停止升速；若振动不大，可继续升速至平衡转速。

平衡转速是这样选择的，即在此转速下找平衡时，轴承任何方向的振动不得超过 0.25mm，并且此转速距转子的共振转速不低于 20%。在平衡转速下，测得振幅中的最大值的方向为平衡工作的原始方向，以后测量就

以此方向为标准。轴承振动大的一侧定为 A 侧,另一侧为 B 侧。对各轴承的振幅和相位测量三次,然后停机。

(4) 利用式 (4-10) 计算试加重量。加上试加重量的目的是使振动的振幅和相位发生变化,以取得平衡重量与振幅间的计算依据。同样的转子,即使具有相同的不平衡数值,但表现在各自轴承上的振动也往往不同。因此按式 (4-10) 算出的试加重量,有过分偏大或偏小的可能。为此,在计算出试加重量后,应使此试加重量在转子工作转速下产生的离心力不超过转子重量的 30% 为宜,否则需加以修正。

(5) 加上试加重量后启动转子,在升速过程中要注意监视轴承的振动,特别是监视通过临界转速时的振动,当到达平衡转速后,测量各轴承的振动。

试加重量要在两侧交替加装,即在 B 侧加装时,应取下 A 侧的试加重量。加入试加重量后在启动中遇有下列情况时应重新起动:安装试加重量侧的轴承振幅变化小于 10%,同时相位角变化小于 20%,这时应将试加重量增加 40%～60%;轴承振幅超过 0.25mm,同时相位角变化为 180°±20°,这时需将试加重量减少 40%～60%;轴承振幅超过 0.25mm,同时相位角变化小于 20°,这时应将试加重量逆转子转动方向移动 90°。

(6) 将各次启动转子测得的振幅和相位,按照一定比例作出向量图,进行计算和分析,求出应加平衡重量的大小及位置。

(7) 加装平衡重量后再次启动转子,如果分析、计算和加重正确,一般都会收到良好效果,在平衡转速下的振动合格后,还要升速到工作转速,如亦合格,才算平衡工作结束。

(二) 转子找平衡举例

平衡一重量为 12t 的发电机转子,已知其工作转速为 3000r/min,选取平衡转速为 2600r/min,加重位置半径取 $R=500$mm。

利用闪光法测振动相位,在转子上贴刻度盘,在静子上画线。

第一次启动转子,测出原始振动:$\vec{A}_0=24\angle 40°$,$\vec{B}_0=12\angle 250°$(振幅的单位为 10^{-2}mm)。

在 A 侧加重 $\vec{P}_a=1200\angle 130°$(单位为 g),第二次启动转子测得 $\vec{A}_{01}=15\angle 75°$,$\vec{B}_{01}=13\angle 205°$。

在 B 侧加重 $\vec{P}_b=600\angle 340°$,第三次启动转子测得 $\vec{A}_{02}=21\angle 30°$,$\vec{B}_{02}=8\angle 300°$。

根据三次启动转子测得的数据,作向量图(图 4-16),计算幅相影响系数。

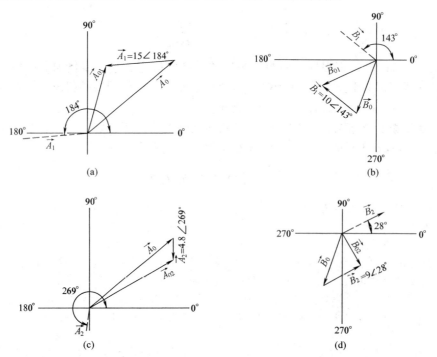

图 4-16 向量图

在 A 侧加 $\vec{P}_a$ 后的影响系数为

对 A 侧　　　$\vec{K}_{1,a} = \dfrac{\vec{A}_{01} - \vec{A}_0}{\vec{P}_a} = \dfrac{\vec{A}_1}{\vec{P}_a} = \dfrac{15\angle 184°}{1200\angle 130°} = 0.0125\angle 54°$

对 B 侧　　　$\vec{K}_{1,b} = \dfrac{\vec{B}_{01} - \vec{B}_0}{\vec{P}_a} = \dfrac{\vec{B}_1}{\vec{P}_a} = \dfrac{10\angle 143°}{1200\angle 130°} = 0.00833\angle 13°$

在 B 侧加 $\vec{P}_b$ 后的影响系数为

对 A 侧　　　$\vec{K}_{2,a} = \dfrac{\vec{A}_{02} - \vec{A}_0}{\vec{P}_b} = \dfrac{\vec{A}_2}{\vec{P}_b} = \dfrac{4.8\angle 269°}{600\angle 340°} = 0.008\angle 289°$

对 B 侧　　　$\vec{K}_{2,b} = \dfrac{\vec{B}_{02} - \vec{B}_0}{\vec{P}_b} = \dfrac{\vec{B}_2}{\vec{P}_b} = \dfrac{9\angle 28°}{600\angle 340°} = 0.015\angle 48°$

利用式（4-17）计算 A 侧应加的平衡重量为

$$\vec{Q}_a = \dfrac{\vec{A}_0 \vec{K}_{2,b} - \vec{B}_0 \vec{K}_{2,a}}{\vec{K}_{1,b}\vec{K}_{2,a} - \vec{K}_{1,a}\vec{K}_{2,b}}$$

$$= \dfrac{24\angle 40° \times 0.015\angle 48° - 12\angle 250° \times 0.008\angle 289°}{0.00833\angle 13° \times 0.008\angle 289° - 0.125\angle 54° \times 0.015\angle 48°}$$

$$= \dfrac{0.36\angle 88°(a) - 0.069\angle 179°(b)}{0.0000666\angle 302°(d) - 0.0001875\angle 102°(e)}$$

$$= \dfrac{0.37\angle 74°(c)}{0.000239\angle 287°(f)} = 1548\angle 147°$$

在利用式（4-18）计算 B 侧应加的平衡重量为

$$\vec{Q}_b = \dfrac{\vec{B}_0 \vec{K}_{1,a} - \vec{A}_0 \vec{K}_{1,b}}{\vec{K}_{1,b}\vec{K}_{2,a} - \vec{K}_{1,a}\vec{K}_{2,b}}$$

$$= \dfrac{12\angle 250° \times 0.0125\angle 54° - 24\angle 40° \times 0.0083\angle 13°}{0.000239\angle 287°}$$

$$= \dfrac{0.15\angle 304°(g) - 0.2\angle 53°(h)}{0.000239\angle 287°}$$

$$= \dfrac{0.285\angle 262°(i)}{0.000239\angle 287°} = 1192\angle 335°$$

以上两式中向量减法的运算如图 4-17 所示，图中字母 a、b、$\cdots$ 代表计算式中的向量值。

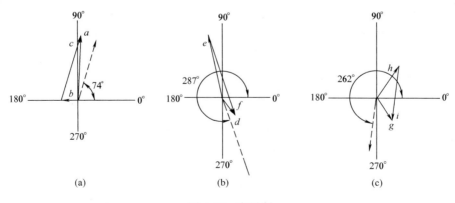

图 4-17　向量图

由于刻度盘贴在转子上，实际振幅的相位变化与其相应的相对相位变化数值相等且方向相同，所以实加平衡重量为 $\vec{Q}_a = 1548\angle 147°$，$\vec{Q}_b = 1192\angle 335°$。

将平衡重量 $\vec{Q}_a$、$\vec{Q}_b$ 加在转子两侧，第四次启动转子到平衡转速和工作转速，测量轴承的振动，效果仍不理想，则可将第四次启动转子测得的轴承振动当做原始振动，继续利用前面平衡工作中的幅相影响系数，再求出应加的补充平衡重量，直至各轴承的振动均达合格时为止。

以上所述为刚性转子的找平衡方法。在找平衡过程中，认为转子是刚性不变形的，只考虑失衡离心力对转子振动的影响。但是，对于现代的大型汽轮发电机来说，机组的容量不断增加，转子的长度及重量也随之增大，机组的工作转速高于第一、第二临界转速，有的甚至高于第三临界转速。在这种情况下，转子的动挠曲变形就不容忽略。因此通常把转子在失衡离心力作用下轴线发生动挠曲变形的转子，称为柔性转子。

对于柔性转子，如不考虑动挠曲变形的影响而按刚性转子的平衡原理进行平衡，则只能保证在该平衡转速下的平衡。因转子的动挠曲变形是随着转速而变化的，故当转速一旦发生变化，则其原来的平衡即将破坏。由此可见，柔性转子的平衡和刚性转子的平衡是有本质区别的。柔性转子平衡的具体方法，已有国际标准化协会的试验方法标准可供实行，这里不再介绍。

第五章 汽轮机本体及主要辅助设备的安装

第一节 基础验收、台板和轴承座安装

一、基础验收

汽轮机基础是用钢筋混凝土制成的,在基础浇灌之前,汽轮机安装人员就必须同土建人员一起核对基础模板的外形尺寸和标高;地脚螺栓孔和其他预留孔洞以及预埋件的安装是否符合基础施工图及安装的要求。基础浇灌完工,待保护期满拆除模板后,安装人员再会同土建人员一起进行基础验收,通常可从以下几个方面进行检查。

1. 外观检查

基础表面应平整,无钢筋露出,无裂缝、蜂窝、麻面等,特别是布置垫铁的基础表面不应有外露钢筋,更不应有水泥砂浆抹面。基础表面有一厚20~50mm的夹层,可将其全部打掉,以保证基础质量。

2. 测量汽轮机台板下混凝土表面和凝汽器基础标高

所测标高应符合设计图纸要求,允许偏差±10mm。

3. 检查地脚螺栓孔

地脚螺栓孔应光洁,孔洞垂直。其垂直程度可用吊线锤方法检查,沿螺栓孔全长的允许偏差应不超过0.1D(D为圆形地脚螺栓孔直径或方形螺栓孔的边长或长方形地脚螺栓孔的短边长),否则不合格(图5-1)。

4. 检查基础的纵横中心线

根据厂房柱子的中心线或根据土建单位在基础上预留的标志,用钢丝

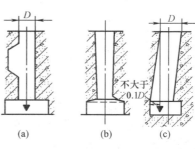
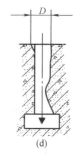

图5-1 地脚螺栓孔的检查
(a) 正确;(b) 底面不平;(c) 倾斜;(d) 内部不平直

画出基础的纵向中心线,如图5-2所示。纵向中心线确定完毕后,参照图纸上地脚螺栓孔和汽缸排汽口的相互位置定出各轴承座、排汽口(或凝汽器)、发电机和励磁机的横向中心线。同时应该根据基础上各地脚螺栓孔实际偏差情况,调整各横向中心线的位置,以便安装时地脚螺栓能顺利穿入并有调整的余量。

用三角尺检查基础的纵、横中心线是否垂直,如图5-3所示。以钢丝的交点O为基准,自O点在AA'线上量出OA,在BB'线上量出OB,若$AB=\sqrt{OA^2+OB^2}$,则纵横中心线垂直,否则互相不垂直,其误差应小于1mm/m。根据中心线查对各预留孔及管沟的相对尺寸,这些都应满足安装要求,超过允许误差的都应修整。

5. 检查基础上的预埋件

检查基础上预埋件的钢材型号、断面、纵横中心线和标高是否符合设计规定。预埋件应平直无歪斜,并有足够的强度。对直埋式地脚螺栓和预埋较大蒸汽阀门的钢质支架时,安装单位应参与预埋全过程,以保证预埋件的尺寸、垂直度、水平度都能达到标准要求。

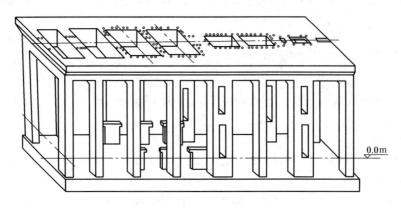

图 5-2 汽轮机基础

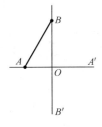

图 5-3 检查纵横中心线

6. 设置基础各标高处的沉降观测点

在主设备安装的全过程中，按不同阶段观测基础的沉降状况，预防因基础沉降造成对设备安装的影响。一般应按下列工序观测基础沉降，并做出记录：

(1) 汽轮机和发电机安装前以及汽轮机就位后；
(2) 汽轮发电机主设备全部安装就位后；
(3) 汽轮发电机整套设备启动前；
(4) 168h 试运后。

沉降值应达到规范要求，不允许基础有较大的不均匀沉降。

二、基础垫铁安装

1. 垫铁布置原则

基础检查合格，混凝土强度超过设计值的 70% 以后，便可开始机组的安装。首先根据垫铁布置图，在基础上划出垫铁的位置。垫铁布置图一般由制造厂提供。如果制造厂未提供垫铁布置图，则可按以下原则进行垫铁布置：

(1) 台板地脚螺栓的两侧；
(2) 台板主筋及纵向中心线部位；
(3) 台板的四角处；
(4) 布置垫铁的总面积按垫铁单位面积的静载荷不超过 392N/cm² (约 4MPa) 计算；
(5) 相邻两块垫铁的距离，小型台板一般为 300mm 左右，大型台板可达 700mm。

2. 垫铁加工

设备荷重由垫铁传递至基础，垫铁的载荷很大，所以垫铁材料一般为钢材。钢制垫铁一般加工为平垫铁和楔形垫铁，如图 5-4 所示。平垫铁的平面尺寸应比楔形垫铁周边各加

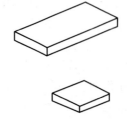 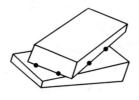

图 5-4 平垫铁和楔形垫铁

大 10~20mm，垫铁间接触面应经过机械加工。平垫铁表面粗糙度达到 $\sqrt{6.3}$，楔形垫铁粗糙度达到 $\sqrt{12.5}$，厚度一般为 20~50mm，斜度为 1：10~1：25 范围内。两斜面结合紧密，无翘动。

3. 垫铁安装

垫铁应平整、无毛刺及卷边；与垫铁接触的基础表面应无砂浆层或渗透在基础上的油污。垫铁与基础的接触面，通常用涂色法进行检查，即在去除基础砂浆层后，用刀口形手锤剔平安放垫铁的基础面，使面积较垫铁的长和宽各大 20mm 左右，以备位置稍有变化时进行调整，在垫铁上涂以红丹油，使之与基础面相压合，以色痕来判断二者接触情况。要求二者的总接触面积在 50% 以上且无翘动。

每叠垫铁用一块平垫铁和一对斜垫铁组成。如遇特殊情况最多不能超过 5 块，其中只允许用一对斜垫铁。各层垫铁之间应接触密实，用 0.05mm 塞尺检查应塞不进。安装垫铁时，两块斜垫铁的错开面积不超过该垫铁面积的 25%。斜垫铁安装好后，在二次灌浆前应用电焊在垫铁的侧面点焊牢固。

另外垫铁与基础也可以采用黏合法与基础相接触。所谓黏合法，即是用环氧树脂砂浆将垫铁黏合在基础表面上。环氧树脂与砂浆的配比应符合要求。

4. 混凝土垫块的配制

在垫铁下面需要混凝土垫块时，按下列要求制作：

（1）材料。用粒度为 0.5~1.5mm 的标准砂，600 号无收缩水泥，洁净的自来水配制砂浆。砂、水泥、水的配合比为 4：4：1（参考数）。

（2）垫块制作。将基础表面冲洗干净，保持潮湿 24h，在垫块位置支模盒，灌入砂浆夯实。达到要求标高后，放上平垫铁再加力夯实，水平达到合格后，拆掉模盒，用水泥将平垫铁四周抹成斜坡。环境温度保持在 10℃ 以上，养护 1d，再覆盖草袋，浇水养护 3~5d，然后自然养护至干固。

三、地脚螺栓的安装要求

安装前清除地脚螺栓的油污、锈迹，使地脚螺栓与螺母配合良好，且平直。安装时应达到下列要求：

（1）螺栓在孔洞内处于垂直状态，四周有间隙。

（2）螺母与台板间加垫圈，垫圈与台板接触面接触良好。

（3）直埋式地脚螺栓，待底部加垫板后再上螺母。垫板与基础表面要密实接触。设备找正后，底部螺母点焊或锁紧。

（4）螺栓紧好后，螺母外应有 2~3 扣丝外露。

（5）紧固地脚螺栓时，注意汽缸负荷分配或汽缸中心均不发生变化。

（6）地脚螺栓最终紧固时，应复查汽缸水平或转子中心，并用 0.05mm 塞尺检查台板与轴承座间，台板与汽缸间，台板与垫铁间以及各层垫铁之间的接触情况，应密实无间隙。

四、台板与轴承座检修

汽轮机的主要部件都是通过下汽缸和轴承座设置在台板上的。台板的下支承面垫以垫铁，而垫铁则直接置于混凝土基础上，并用地脚螺栓紧固，再经二次灌浆后使台板、垫铁和基础形成一体。

（1）台板检修。台板检修的内容主要是研刮。根据台板的支承部位不同，研刮的精度要求亦有差异。因为低压缸相对热位移较小，故对低压缸四周的台板与搁脚的接触面研刮到 0.05mm 塞尺塞不进，均匀接触面积达 70% 左右即可。轴承座与台板的接触面，尤其前轴承座与台板的接触面，热位移量相对较大，研刮精度要求高。研刮后接触面用 0.03mm 塞尺塞不进，用涂色法检查，均匀接触面在 75% 以上。

台板与垫铁间的接触面要均匀、密实，用 0.05mm 塞尺检查，局部塞入深度不得超过侧边长度的 1/4。

台板与轴承座采用相对接触面对研刮的方法研磨。研刮合格后，将台板下部的油漆油污清理干净，便于二次灌浆时与混凝土凝结牢固。

（2）轴承座检修。轴承座检修包括水平接合面和法兰面的检查研刮、轴承座内部清理、轴承座内渗漏试验三项。

1) 首先组合接合面，用塞尺和涂色法检查，达不到要求时进行研刮。研刮精度要达到 0.03mm，塞尺塞不进，接触面均匀，无沟道划痕。

2) 清理轴承座内部，用异形小砂轮打磨，将轴承箱内部的型砂彻底清理干净，避免磨瓦事故。

3) 轴承座渗漏检查。将轴承座垫高，下部法兰孔及其他孔洞上好堵板，将煤油注入轴承座内，注油高度到回油管孔上缘以上，在轴承座外部相对盛油部位涂白粉，静置 24h 后检查，观察外涂白粉有无渗漏现象。如有渗漏，即与制造厂联系，采取补漏措施。一般用补焊消除渗漏。补漏后再检查，直至无渗漏为止。

五、台板、轴承座安装

（一）台板与轴承座组合就位

实践证明，机组的最终找平、找正均以汽缸为准，故在施工中多采取台板与轴承座组合后就位，减少单独就位的调整工作。组合时应做好以下几项工作：

（1）修刮台板与轴承座间的滑销，按图纸要求留好间隙。为了防止滑销偏斜，组装时将滑销靠紧一侧，间隙留在另一侧。各轴承座的滑销间隙均应留在同一侧，防止热胀时滑销卡涩。

（2）在台板与轴承座接触面上涂鳞状黑铅粉或二硫化钼。组装时根据各轴承座工作部位热胀位移量的大小，确定轴承座与台板的相对位置，以便热胀时轴承座与台板接触面的边缘正好对齐，使轴承座在最佳状态下支撑载荷。

（3）台板与轴承座相对位置符合要求后，即可紧固定位。两侧若用压销联接，可在压销与轴承座下部凸肩之间的间隙处，垫入适当厚度的石棉胶板，再紧固压销螺栓；若用螺栓联接，应拧紧螺栓，使台板与轴承座组合成一体。

（4）单独落地式轴承座（轴承座不与汽缸刚性部件连接在一起），按基础上所画的轴承座纵横中心线和图纸注明的标高定位。吊装就位后，用拉钢丝法初步找平、找正。所谓找正是使轴承座纵向和横向的中心位置与基础的纵、横中心线重合；找平即是将轴承座中分面的横向和纵向扬度调整至符合制造厂的设计要求；各轴承座的标高也应根据轴系的安装扬度来调整。水平位置需要调整时，用千斤顶移动；标高需要调整时增（或减）垫铁厚度即可。

（二）轴承座找正

轴承座的横向定位通常是将轴承外油挡洼窝或轴承洼窝水平接合面的两侧与汽轮机纵向中心线的距离调至相等。找正的方法有拉钢丝法、假轴法、光学准直仪和激光准直仪法等。采用较多的有拉钢丝法和激光准直仪法，下面介绍这两种方法。

1. 拉钢丝找轴承洼窝中心

在汽轮机基础纵向中心线前后位置的预埋件上，各装置一个用槽钢做成的架子，架子上面装有上下、左右可调整的螺栓，用来悬挂钢丝，图 5-5（a）为拉钢丝支架之一。沿纵向中心线的方向，在汽轮发电机中心线之高度上拉起直径约 0.40mm 的钢丝。钢丝采用材质较好的琴钢丝或弹簧钢丝。两端用重块拉紧，重块的重量相当于钢丝拉断力的 2/3。钢丝也可通过蜗轮、蜗杆带动的绕线盘来拉紧，如图 5-5（b）所示。用来对准基础中心线的两端线锤应悬挂在钢丝的同一侧，并分别对准基础中心线。

钢丝架设完毕后，可用钢尺对轴承座进行初步找正，将钢尺置于轴承座洼窝结合面上，测量钢丝离洼窝中心两侧的距离，使两侧距离相等，误差在 0.50mm 之内。较为精确的方法，可用内径千分尺测量，测量方法见图 5-6。将千分尺之一端安置在轴承座外油挡洼窝或轴承洼窝接近水平接合面之 1 点上，另一端沿钢丝附近的 AB 弧上下移动，利用千分螺丝增减千分尺的长度，使其与钢丝稍稍接触。定好 a 尺寸后，将内径千分尺挪向另一侧 2 点处，并用同样的方法再次测定 b 尺寸。如果 a 与 b 相差较大，可用千斤顶或特制的移动螺栓将台板连同轴承座一道移向一侧或另一侧，直至 a 和 b 尺寸调整到符合制造厂给定的数值为止，一般两者之差小于 0.10～0.20mm。

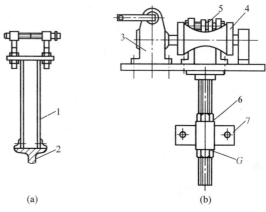

图 5-5 拉钢丝支架示意图
1—槽钢；2—预埋件；3—蜗轮、蜗杆组合件；4—绕线盘；5—敛线螺帽；6—调节螺帽；7—固定件

为使测量更为准确，可采用图 5-7 所示装置，即以干电池作为电源，导线一端接在钢丝上，另一端与轴承外壳相接，当千分杆与钢丝搭接点和轴承洼窝中心重合时，耳机会发出音响，这样测量的精确度较高。

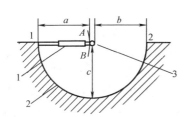

图 5-6 拉钢丝找中心测量方法 I
1—千分尺；2—轴承洼窝；3—钢丝

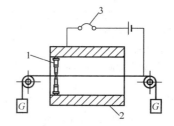

图 5-7 拉钢丝找中心测量方法 II
1—千分尺；2—轴承洼窝；3—耳机

用拉钢丝找中心，对找正轴承座或汽缸接合面左、右的中心是很准确而方便的；对找上、下的中心则必须考虑钢丝的自重所造成的垂弧的影响。

如考虑钢丝垂弧的影响，要将各轴承洼窝找成同心，如图 5-8 所示，则应满足式（5-1）的要求：

$$a = b = c + f_x \quad 或 \quad c = r - f_x \tag{5-1}$$
$$r = \frac{a+b}{2}$$

式中　f_x——测点处钢丝挠度；
　　　r——轴承洼窝半径。

图 5-9 为拉钢丝找中心示意图。钢丝的悬重 G 用式 $G=80d^2$ 计算，其中 d 为钢丝直径。钢丝悬吊重块 G 后，钢丝挠度用式（5-2）计算：

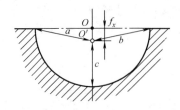

图 5-8　考虑挠度后轴承洼窝找中心
O—轴承洼窝中心；O'—钢丝位置

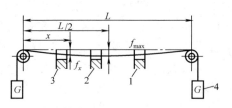

图 5-9　拉钢丝找中心示意图
1、2、3—轴承座；4—重块

$$f_x = 0.0383(L-x)x \quad \text{mm} \tag{5-2}$$

式中　L——钢丝跨度，mm；
　　　x——测量点至最近固定点的距离，m。

当 $x = \dfrac{1}{2}L$ 时，$f_x = f_{\max}$。

为了减小计算工作量，钢丝的挠度也可以从相关的表中查取，由于篇幅所限，此处略去。

大容量汽轮机各轴承标高并非一致，当钢丝两端的标高按基准标高定位后，则其他各轴承中心位置的调整，应满足式（5-3）及式（5-4）要求：

$$a = b = c + f_x + \Delta x \tag{5-3}$$

$$c = r - f_x - \Delta x \tag{5-4}$$

式中　Δx——各轴承处洼窝中心相对标高，可从图纸中查出。

考虑钢丝挠度和轴承座相对标高找中心的方法如图 5-10 所示。

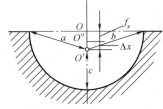

图 5-10　考虑钢丝挠度和轴承座相对标高找中心
O—轴承洼窝中心；O'—钢丝位置；
O''—机组基准轴承安装标高

2. 激光准直仪找轴承洼窝中心

激光准直仪是根据光在均匀介质中沿直线传播的原理，采用方向性好、发散角小、亮度高、光强分布稳定并对称的氦氖气体激光器作为光源，在空间中形成一条可见的红色光束，再配以适当的光电转换和放大显示装置把偏离这条直线的差值用电量显示出来，因此其读数准确。用激光准直仪找中心既有拉钢丝法的直观性和简单性，又读数准确，因而用于大型汽轮机的安装是一种比较理想的准直工具，可以增加精度、提高效率和节省人力。激光准直仪的结构主要包括发射和接收两部分，现分述如下：

发射部分由激光发射器和基座装置组成。图 5-11 所示为激光发射器。其中激光管 1 由激光电源点燃。激光电源是由低压整流、控制、变换和高压整流四部分线路组成，触发氦氖气体激光管发出激光束。激光束经过目镜 4、小孔 5 和物镜 6 等望远镜系统，使光束直径被放大 10 倍而发散角缩小到 1/10 呈平行光束射出。小孔 5 的直径约为 0.1mm，因此平行光束的直径为 1~2mm 左右，调整螺丝可用来调整光束发射的方向。通过基座装置可以调整激光束的上、下和左、右位置以及水平和垂直方向的发射偏角。

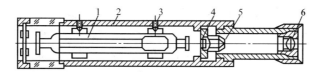

图 5-11 激光发射器构造简图
1—激光管；2—外壳；3—调节螺丝；4—目镜；5—小孔；6—物镜

接收部分由接收靶和显示器组成，其作用是把激光信号通过光电转换变为电信号输出，由显示器将输出的电信号放大并用电表模拟显示。由发射器来的激光束经过接收靶前的滤光片送至如图 5-12 所示的靶体。靶体主要是由四象限的硅光电池及平衡电位器组成。硅光电池上下两个象限为一组，用来检测 y 方向对光轴的偏离。左右两个象限为另一组，用来检测 x 方向对光轴的偏离。当光束与光电池中心重合时，在每一个象限上光照面积相等，各象限产生的光电流也相等。当光电池中心偏离光束中心时，各象限光照面积不等，所产生的电流也

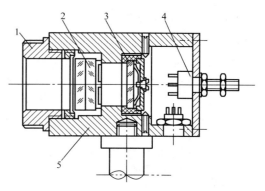

图 5-12 接收靶示意图
1—遮光罩；2—滤光片；3—四象限硅光电池；
4—电位器；5—壳体

不同。这样当激光束照在靶体的中心点上时，各对光电池所产生的电流大小相等、方向相反，则在显示器表计上读数为零；反之，显示器表计上有读数。因此根据显示值的大小和正负，便可知道靶中心与光束中心的偏离值。

接收靶可与定心器配合使用，定心器也称找中仪，用来检测汽缸、轴承座、隔板等的中心相对位置。

利用激光准直仪进行轴承和汽缸洼窝找正的方法如下：

将激光发射器固定在汽轮机基础的一端，并靠近基础纵向中心线安置。在相对应的另一端放置一平板和三角棱镜，如图 5-13 所示。平板必须校正水平，三角棱镜的底边和另一边垂直，表面镀有钼金属薄膜，能将入射的光束折回。将激光电源接上后，激光管点亮，射出一条可见的激光束。在校中心之前，应将激光束调整到汽轮机基准轴承洼窝中心的安装标高。可在基础的纵向中心线上选择较远的两点，悬吊两个线锤，使重锤的尖端指准基础中心线。然后调整发射器上下、左右位置及转角，使激光束穿过这两个线锤的垂线，光点被垂线一分为二。测量光点的高度要正好是汽轮机基准轴承的安装标高，并且由三棱镜反射回来的光束正好与入射光束重合，则此激光束代表了通过汽轮机基准轴承洼涡中心并位于安装标高上的一条水平光束。

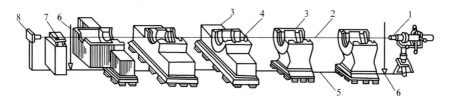

图 5-13 用激光准直仪找正轴承座
1—激光发射器；2—光轴；3—轴承座；4—定心器及光电接收靶；
5—基础纵向中心线；6—线锤；7—三棱镜；8—显示器

为了监视这条光束是否飘移，可在远离发射器的对面安装一个固定的光电接收靶，先使光束打在光电接收靶的滤光片上，通过调整支撑滤光片的三只螺钉，使由滤光片反射回来的光束与入射光束重合。然后再调整接收靶的上下、左右位置，使显示器的数值为零。以后在校中心的过程中该显示器的读数如有变动，则需查明原因。

激光束的方向确定后，可将装有光电接收靶的定心器置于轴承洼窝中。根据显示器电表偏移的数值，改变轴承座的位置。如果表示上下和左右的两只显示器的读数均为零，则说明轴承洼涡的中心与光束重合了。此时，该轴承的标高即为基准轴承的安装标高。然而各轴承座在找正时，其标高要求并不一致，因此需根据各轴承座的相对标高来找正轴承座。例如某轴承相对于设计标高要低 0.10mm，则在找中心时要求从显示器的读数中左右为零，上下为 -0.1mm。

用激光准直仪找正时，除了在轴承洼窝处进行测量外，还应在轴承座挡油环洼窝外进行测量，以便转子吊入后，可用该点测量所得的数值调整转子的中心位置。但由于转子有一定挠度，因此轴承座挡油环洼窝中心的相对标高应将该轴承洼窝的相对标高减去转子在该点的挠度。

激光准直仪不仅适用于轴承座找正和确定标高，也可以用于汽缸安装和轴封洼窝找中心，以及隔板和汽封套找中心等方面。较拉钢丝找中心等方法，利用激光准直仪可以提高安装质量，加快安装进度，效果较好。

轴承座轴向位置的找正是将轴承座的横向中心与基础的横向中心线重合。找正的方法如图 5-14 所示。将一平尺置于轴承座的水平接合面上，平尺的一底边与轴承座水平接合面上的横向中心线记号重合，然后在平尺的两端挂以线锤，调整轴承座的位置，使线锤的尖端指准基础上的横向中心线即可。

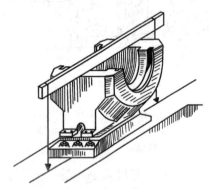

图 5-14 轴承座轴向位置的找正

（三）轴承座的找平及标高确定

轴承座的找平包括横向和纵向。横向找平可将水平仪放在靠近轴瓦洼窝的接合面上进行，如图 5-15 所示。调整台板下的斜垫铁的高低就可使轴承座横向水平符合要求。

上述测量方法要受到接合面的加工精度和轴承座变形的影响，因而测量结果不够准确。较好的测量方法是在轴承洼窝上放一平尺，将精密水平仪放在平尺上测量，如图 5-16 所示。测量时需将平尺和精密水平仪调头 180°，求取平均值，以消除水平仪底座及平尺两平面的不平行度所造成的测量误差。

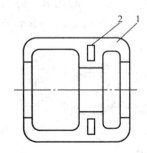 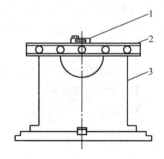

图 5-15 利用合像水平仪测量轴承座横向水平
1—轴承座接合面；2—合像水平仪安放位置

图 5-16 利用平尺和合像水平仪测量轴承座横向水平
1—合像水平仪；2—平尺；3—轴承座

轴承座的横向水平，一般允许偏差不超过 0.20mm/m。各轴承座横向水平之差值要求不超过 0.10mm/m。

大型机组目前一般都采用纵向布置，所以通常都是靠锅炉的一侧偏高。这主要是考虑锅炉房的基础负重较大，一旦发生下沉，其下沉量也较大。N200 型汽轮机制造厂要求在半空缸情况下，测量汽缸和轴承座横向水平，各段倾斜方向一致，相差不超过 0.05mm/m。

轴承座的纵向扬度和标高，应根据转子的安装扬度来确定。测量轴承座的纵向扬度时，可在轴承座四角划定的位置上直接用合像水平仪放在接合面上进行测量；也可利用垫尺放在两轴承洼窝的中分面上，然后在垫尺上放置平尺和合像水平仪进行测量，如图 5-17 所示。测量时应考虑中分面与几何中分面的误差，该误差可通过在垫尺下放置某一厚度的垫片来修正。各轴承座的标高，按制造厂给定值用水平仪测量定位。在调整轴承座扬度时，还要复查油挡洼窝中心与转子中心，使其保持一致。上述要求达到后，轴承座即可初步定位。备好垫铁，在千分表监测下，紧固地脚螺栓。

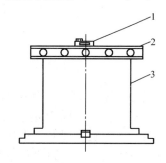

图 5-17 轴承座纵向水平的测量
1—合像水平仪；2—平尺；3—垫尺

第二节 汽 缸 安 装

当落地式轴承座初步找正调整工作结束后，即可按低压缸到高压缸的安装顺序开始安装。

一、汽缸的清理检查

(1) 对汽缸表面清理干净后，用砂轮打磨汽缸壁的应力较集中的部位。如进汽喷嘴室、汽缸变径的弯角等处，均应用砂轮打磨，露出金属光泽。用放大镜查找裂纹，如发现裂纹，应与制造厂协商处理。

(2) 对汽缸表面出现的焊瘤、夹渣和铸砂要清除干净。

(3) 清除汽缸垂直和水平接合面的精加工面上存在的毛刺和凸起部分。

(4) 汽缸上的孔洞及接管口等，应畅通、无损伤。如有法兰管口时，应确保法兰面接合严密，否则应研磨。

二、汽缸组合

由于制造工艺水平的不断提高，汽缸在加工过程中缺陷亦随之减少，故较少出现汽缸组合中的错口和接合面间隙过大的问题。一般设备到达现场后，汽缸较多采用水平组合法，当发现缸体刚度较差时，应采用圆筒形组合法。

1. 圆筒形组合法

圆筒形组合法如图 5-18 所示。这种方法是将各段上、下半汽缸组合后，再将各段汽缸按结构要求进行组合。其组合程序和工艺要求分述于下：

(1) 将该组合的下汽缸支撑牢固，且水平接合面呈水平状态。

(2) 将上汽缸吊至下汽缸的对应位置，打入水平接合面稳钉销，在自由状态下，用塞尺检查接合面内、外侧的间隙和汽缸内所有汽封洼窝、隔板洼窝的错口。一般要求洼窝错口不大于 0.1mm，垂直接合面上的错口不应大于 0.02mm。如错口超标，应加以处理。

(3) 错口消除后，紧好水平接合面螺栓总数的 1/3，检查接合面内、外侧间隙，汽缸高

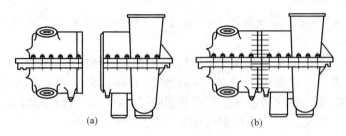

图 5-18 汽缸的圆筒形组合
(a) 分段组合成圆筒形；(b) 整体组合成圆筒形

压段接合面用 0.05mm 塞尺塞不进，中、低压段接合面个别部位，允许塞入深度不得超过接合面密封面宽度的 1/3，否则应做研刮处理。

（4）当汽缸各段圆筒形组合均达合格后，进行各段相互组合。一般以低压段为准，先中压段与低压段组合，再进行高压段与中、低压段进行组合。汽缸垂直面组合顺序及工艺要求基本与水平面相同。

（5）组合中当发现垂直接合面间有张口时，应松开水平接合面螺栓，再次拧紧垂直接合面的 1/3 螺栓。当垂直面的张口和间隙全部消除后，再将水平面螺栓总数的 1/3 紧固，水平面应接触严密；否则，应研刮处理。

（6）上述试组合全部合格后，垂直接合面涂上涂料，紧固垂直接合面螺栓。螺栓紧固顺序，应先紧靠近稳钉销及水平接合面处的螺栓，再紧固两侧对称接合面螺栓。最后松开水平面螺栓，吊出组合后的上汽缸。

2. 汽缸水平组合法

汽缸水平组合法如图 5-19 所示。将下汽缸各段先组合在一起，然后在已组合好的下汽缸上组合各段上汽缸。这种组合方法，一般应在汽缸基础台板上进行。

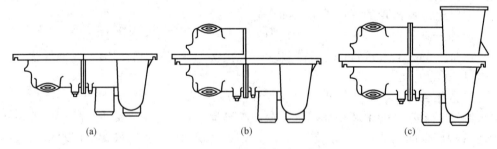

图 5-19 汽缸的水平组合
(a) 组合好下半汽缸；(b) 上汽缸前段合在下汽缸上；(c) 合上上汽缸后段

（1）将下汽缸低压段放在基础台板上，且应在找平、找正并紧固联系螺栓后，吊入高中压段下汽缸与低压段组合，如图 5-19（a）所示。组合时检查水平接合面处错口应小于 0.02mm 后，打入垂直面稳钉销及紧垂直面螺栓总数的 1/3，用塞尺检查，垂直接合面 0.05mm 塞尺应塞不进。用拉钢丝法检查下汽缸前后汽封洼窝和油挡洼窝中心，其左、下、右均应一致。全部尺寸无误后，在垂直面涂汽缸涂料，螺栓全部按规定顺序紧固，并锁定螺帽。最后将下汽缸前段支撑牢固。

(2) 将上汽缸高、中压段吊至下汽缸的对应位置，打入稳钉销，再用同样方式吊入上汽缸低压段，装入上汽缸垂直接合面稳钉销及紧螺栓总数的 1/3，上汽缸各洼窝中心应一致，垂直接合面用 0.05mm 塞尺应塞不进，一切正常后，垂直面涂上涂料，紧固垂直面螺栓。全部组合完毕后，对垂直面螺栓与螺帽点焊固定。

上述两种组合方法，应按设备结构刚性的强弱选用，刚性较弱的汽缸用圆筒形组合为宜。刚性强的可用水平法组合汽缸。无论哪种方法组合汽缸，均应保证接合面无错口且无间隙。各洼窝中心处于同心状态。

目前安装的大容量汽轮机，其低压缸较为庞大，低压上、下汽缸多为六段组合。低压缸为钢板焊接而成，刚性较差。但由于制造厂增加了加固支撑，垂直接合面稳钉销为可调的两个半圆销。且钢板焊接的汽缸组合中发生的缺陷也易于处理等诸多因素，故多采用水平法组合。其程序为：将台板安装于汽轮机基础上，找平找正，吊入低压中段下缸，再吊入励磁端和汽端排汽下缸，进行组合。低压下汽缸组合完成后，在下汽缸上组合上汽缸，组合顺序及工艺要求同前所述。一切正常后，将上汽缸吊出，开始下汽缸找正工作。

三、低压汽缸安装

国产中间再热式大功率汽轮机，其低压汽缸多为钢板焊接制成，结构上基本相同，故安装工艺要求亦大同小异。现以国产凝汽式 300MW 汽轮机汽缸的安装要求为例加以说明。

(1) 台板初步找正。低压汽缸安装前，应根据基础上纵横中心线和安装图纸用钢卷尺测定出台板位置，并将其摆正，如图 5-20 所示。将台板标高按设计要求标高确定后，台板面用水平仪找平。

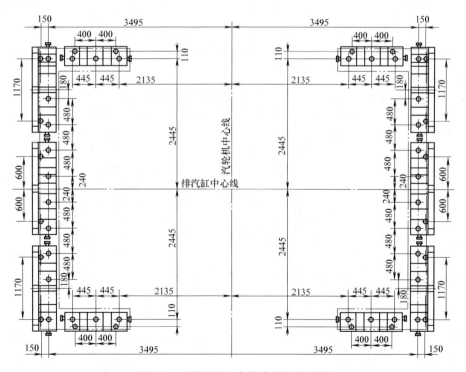

图 5-20　低压汽缸支持台板的布置图

(2) 低压下汽缸就位后，可根据制造厂提供的轴承座与汽缸间以及汽缸彼此间的尺寸，先将轴向位置仔细测量和调整好，因它直接影响着通流部分间隙。然后再把标高大

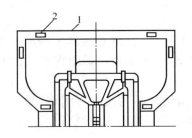

图 5-21 测量低压汽缸中分面水平时水平仪的安放位置

1—低压缸水平结合面；2—安放水平仪位置

致调整好，常以排汽缸的某一角选为基准点，根据已定的标准标高线将其调整到符合设计给定的标高并找平。

(3) 低压汽缸的找平与拉钢丝找中心可同时交叉进行。低压下汽缸水平接合面用合像水平仪进行测量，水平仪放置位置如图 5-21 所示。安放精密水平仪的汽缸接合面处，应仔细拭净并刮去毛刺，做好记号，以后每次测量时均放在该位置上。经调整应使低压汽缸水平接合面处于水平状态。但因低压汽缸一般刚性较弱，调整无法达到理想状态时，亦应以水平接合面中部处于水平，接合面的四角位置水平扬起值应对称向各自相反方向扬起。

(4) 按基础上的纵、横中心线，用拉钢丝法（也可用激光准直仪法或其他找中方法）调整低压汽缸定位后，按纵向钢丝（即汽轮机转子中心）调整汽封洼窝或轴承油挡洼窝，测量洼窝与钢丝左、右、下三方向尺寸，应符合要求。具体测量方法同轴承座找正。找正结束后紧好地脚螺栓，紧螺栓前应架百分表监视汽缸，紧的过程中，不应造成汽缸位移和标高的变化，并检查台板与支座接合面，要求不出现间隙和滑销间隙正常不偏斜。

(5) 吊入低压转子，测量汽缸两端轴封洼窝，调整汽缸轴承垫片或轴承座（落地轴承）的位置，使转子与汽缸洼窝保持同心。

四、高、中压汽缸安装

大型汽轮机高、中压汽缸，多为猫爪搭搁在低压汽缸座和前轴承座上。因此，高、中压下汽缸就位前，必须要使低压汽缸初步找正结束和轴承座按图纸要求标高初步找平、找正就位。还要把猫爪垫片按编号装入并取出猫爪横销，在下汽缸吊至接近安装位置时，再装入猫爪横销后正式就位。

将高、中压转子吊入汽缸，找高、中压转子与低压转子的中心。根据找中心后高、中压转子的扬度，调整前轴承座和汽缸，使汽缸轴封洼窝和轴承油挡洼窝均与转子中心同心。亦可先将前轴承按制造厂要求抬高值确定标高，并用拉钢丝法（也可用其他方法）找正油挡洼窝后，再吊入转子，按转子扬度找正高、中压汽缸和前轴承座。要求纵向扬度应与转子扬度一致。测量用可调合像水平仪，放置在汽缸水平接合面的相应位置测量，如图 5-22 所示。经找正调整后，汽缸的汽封洼窝中心与转子中心误差一般不应大于 0.1mm。最后还应确保猫爪下横销应接触严密，台板与低压外汽缸、轴承座间接触面无间隙。

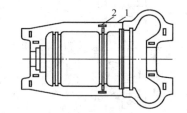

图 5-22 测量高、中压汽缸中分面水平时水平仪的安放位置

1—高中压汽缸水平接合面；2—水平仪安放位置

五、汽缸负荷分配

安装时，将汽缸的重力合理地分配到各个承力面上去，称之为负荷分配。各承力面的负荷应严格按制造厂的要求来进行调整，误差在允许的范围内。如制造厂无此规定，安装中可不做负荷分配。

如果高、中压汽缸为四个猫爪结构，分别支承在前、后轴承座上，为了达到使四个着力点的负荷分配均匀，通常用猫爪垂弧法或测力计法进行测量和调整。

1. 猫爪垂弧法

因猫爪支承的汽缸属于静定结构,其前端左、右猫爪负荷分配合理后,则后端左、右猫爪负荷分配也自然合理。因此,仅需测量调整一端猫爪负荷分配均衡即可。

由于在安装中,上汽缸及其部套对基础作用力都是静定力,因而仅需在下半空汽缸时,分别测量汽缸前端左、右猫爪垂弧即可。测量时,在该猫爪上部架百分表监视,用行车或千斤顶稍稍将下汽缸前端抬起,抽出该猫爪下的横销和安装垫片,然后松下行车吊钩或千斤顶,使汽缸自

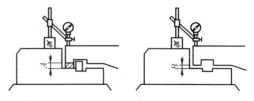

图 5-23 测量汽缸猫爪垂弧

由下垂,如图 5-23 所示,此时测量猫爪承力面的距离 B 和安装垫片厚度 A,则 $A-B$ 即为猫爪垂弧数值。该数值应与抽出猫爪横销与安装垫片前后百分表的读数差相符合。

前端一只猫爪测量好后,可装复垫片。再用同样方法做另一只猫爪垂弧。一般前端左、右两只猫爪允许偏差为 0.1mm 左右。左、右垂弧值之差,应小于左、右平均值的 5%。

当出现一端两只猫爪垂弧值偏差需调整时,应综合考虑汽缸水平及轴封洼窝中心等规定。因调整垂弧值时,仍应同时达到或接近制造厂对其他技术规定的要求。

2. 测力计测量法

将测力计校验后,拧入高、中压汽缸猫爪处的专用螺孔内。当测力计受力时,测力计内

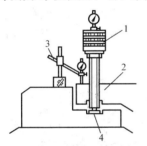

图 5-24 测力计在汽缸猫爪处的安装
1—测力计;2—汽缸猫爪;
3—百分表支架;4—硬质垫片

的盘形弹簧受压变形。测力计上端百分表指示出弹簧压缩值,即可查知该猫爪的承力值。图 5-24 为测力计装入猫爪位置,图 5-25 为测力计结构剖面图。

用测力计进行负荷分配时,应注意汽缸下部不允许在承受外力情况下进行测量,例如汽缸下部不允许与任何管道相连,汽缸与轴承座之间的立销不应卡涩、憋劲等。测量前,先将百分表端头插入测力计,然后用手将百分表向下移动,使百分表有 0.20mm 左右预压缩时,拧紧顶丝。百分表的预压缩量不宜过大,必须保证其剩余的行程能满足测力计曲线的要求。

开始测量时,先将测力计下部的丝杆拧入猫爪或汽缸台板(低压汽缸进行负荷分配时)所规定的螺孔内(图 5-24)。在猫爪上部用百分表监视猫爪抬高的程度。在检查各猫爪处的负荷值时,为防止猫爪横销附加额外力,需先拆除猫爪横销,然后用千斤顶恢复猫爪原高度。在测力计下部放入硬质垫片后,逐个装入测力计,注意垫片表面应与测力计跳杆表面相垂直。当测力计上的百分表开始动作时,说明测力计已开始受力,此时将百分表指针与零刻度对准。继续逐个旋转测力计,使各猫爪均抬起 0.03~0.05mm,抽出安装垫片,并说明测力计已承受该点全部荷重而使测力计内的弹簧变形。然后调整各测力计的负荷值,使之符合要求。调整测力计的负荷分配时,应使其均等地加负荷,避免个别测力计超负荷。

负荷分配一般要求横向对称位置的测力计负荷差在两侧平均负荷的 5% 以内。如制造厂给出负荷值及误差允许值,则应按制造厂要求调整。负荷分配合格后,测量猫爪下部安装垫片处间隙,按间隙配准安装垫片装入。最后复查汽封洼窝中心,均应在规定范围内。

低压汽缸因缸体刚性弱,一般不做负荷分配。原国产 N125 和 N300 型汽轮机的低压汽缸因尺寸大、刚性差,其本身作用于基础上的负荷较易趋向合理,故只要低压汽缸的搁脚与台板和台板与垫铁间不出现间隙,可不做负荷分配。但 N200 型汽轮机汽缸应按制造厂要求做负荷分配。引进美国西屋技术生产的 300MW 汽轮机为高、中压汽缸和低压汽缸组成,且汽缸结构对称性较好,只要求汽缸按转子中心找好汽缸洼窝与转子同心,汽缸水平接合面横向达到水平,纵向与转子扬度相同即可。不做汽缸承力面的负荷分配。

六、内缸找正

汽轮机外缸找正、找平结束后,即可吊入内缸,检查内缸支撑于外下缸的各支承点,均应接触密实。支承处所加的安装垫片平整,且无松动现象。在内缸处于不受外力的自由状态下,采用拉钢丝法、假轴找中心法和激光准直仪法找中心,使内缸与外缸同心。

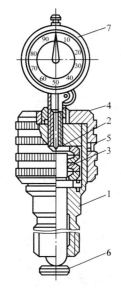

图 5-25 测力计构造
1—壳体;2—跳杆;3—弹簧;
4—上罩;5—调整螺丝;6—垫片;
7—百分表

无论采用哪种找中心法,均应以外下缸前后汽封洼窝中心为准。拉钢丝法和激光准直仪法找正已在上一节轴承找正中做了较详细的叙述,故不在此重述。假轴法找中心虽在安装中较少使用,但当具备有假轴工具时,为使安装中能掌握其找中心的程序和工艺要点,故在下面介绍假轴找中心的方法。

将假轴放置于汽缸两端的轴承洼窝内,通过调整支承假轴的假瓦位置,使假轴与外缸轴封洼窝同心,然后以假轴为中心,在内缸两端洼窝处,用塞尺测量如图 5-26 所示的 A、B、C 值(通过盘动假轴测量点处进行测量),根据所测数值经计算后,调整内缸位置。

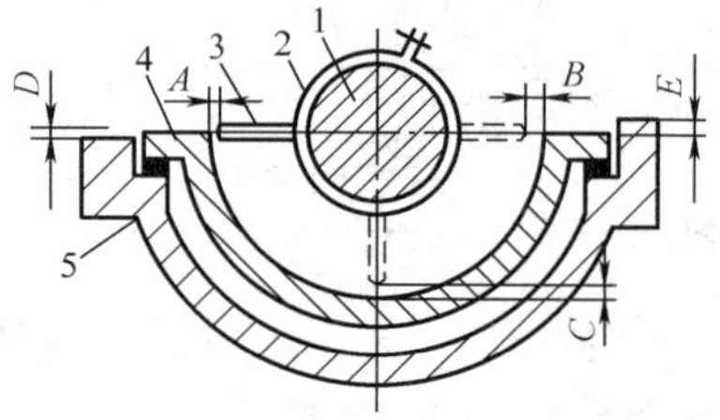

内缸中心高低位置的调整,用改变内缸两侧挂耳下部的安装垫片的厚度来达到。安装垫片的改变值,可根据所测 A、B、C 值和内、外缸水平接合面的高、低差值按式(5-5)计算:

图 5-26 用假轴测量内、外缸的同心度
1—假轴;2—套箍;3—可调螺丝;4—内下缸;5—外下缸

安装垫片的调整量为

$$\Delta = C - \frac{A+B}{2} \pm \left(\frac{D-E}{2}\right) \tag{5-5}$$

上式中括号前的正负号是按内缸平面高出外缸平面一侧取负号;内缸平面低于外缸平面一侧取正号。

例如测量结果得 $C = 0.55$mm,$A = 0.42$mm,$B = 0.38$mm,$D = 0.05$mm,$E = -0.35$mm。

将其代入式(5-5),则左侧安装垫片调整量为

$$\Delta_D = C - \frac{A+B}{2} - \frac{D-E}{2} = 0.55 - \frac{0.42+0.38}{2} - \frac{0.05-(-0.35)}{2} = -0.05(\text{mm})$$

即左侧垫片厚度应锉去 0.05mm。

右侧安装垫片的调整量为

$$\Delta_E = C - \frac{A+B}{2} + \frac{D-E}{2} = 0.55 - \frac{0.42+0.38}{2} + \frac{0.05-(-0.35)}{2} = 0.35(\text{mm})$$

即右侧安装垫片应加厚 0.35mm。

若测量所得数字,经计算内、外缸不同心时,不宜急于调整,应将内缸隔板装入内下缸。若全部隔板中心与外缸中心基本相符,则内缸可不作调整。若隔板中心与内缸中心基本上均偏向同一侧时,可修整内外缸间的纵销和立销来调整内缸左、右的中心位置。若隔板与内缸中心不在同一侧,则应分析,仍应以隔板中心的偏移值为主要调整依据(兼顾内缸中心),通过纵销和立销的修整得到调整。

内、外缸找正后,其不同心度应小于 0.1mm,内、外缸的轴向位置偏差不大于 0.05mm。内缸接合面的水平和扬度应与外缸相近。

用假轴找中心,因假轴较长且自重较大,应在使用前测出或计算出不同尺寸处的静挠值,以便在找中心中考虑该值对洼窝高低的影响。

七、滑销系统安装

当汽缸找平、找正后,即可配制滑销系统的各滑销。现介绍引进技术生产的 300MW 汽轮机的滑销系统各滑销的安装工艺,滑销系统如图 5-27 所示。从图中可知:低压外下缸搁脚底部,位于低压汽缸的纵横中心线上,均设有锚固板式定位销板,即通常说的纵销和横销,故低压汽缸的纵横中心线交点处,为汽轮机运行中热膨胀死点。高、中压汽缸下部以槽形梁结构与低压汽缸前侧轴承座和前轴承箱相连。前轴承座与台板间沿机组轴向中心线下设有一纵销,故汽轮机运行中,低压汽缸前半部和高中压汽缸均沿其纵向中心线向前膨胀。低压汽缸后半部的膨胀为缸体通过纵横中心线上的定位猫板在限位状态下膨胀。发电机亦有与低压汽缸相同的四只猫板的独立热胀系统。

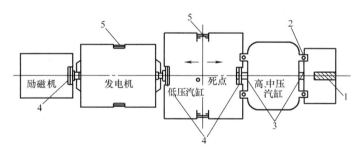

图 5-27 国产引进型 300MW 汽轮机滑销系统
1—纵销;2—猫爪横销;3—定中心梁;4—纵销;5—横销

1. 滑销系统中滑销间隙的选取原则

(1) 台板与轴承座间的纵销,因其在机组运行中温度差较小,且滑销生根于台板上,故在修刮配制中,销与销槽两侧总间隙一般达到 0.04mm 即可,但装入时纵销不应偏斜。

(2) 与汽轮机轴线呈 90°方向布置的横销,如有死点的轴承座与台板间,汽缸猫爪与轴承座间,以及低压缸与台板间各部位的横销,在运行状态下均会使滑销间隙有稍许的增大,不会出现卡涩现象,故滑销间隙亦宜小些,一般滑销两侧总间隙达到 0.04mm 为好。

(3) 位于轴承座两侧的角销,是为防止轴承座在运行中因外力或热胀影响而撬起设置的。一般组合时,角销与轴承座间的间隙达到 0.04~0.06mm 即可。

(4) 位于汽轮机汽缸与轴承座间的立销,如立销生根于较热的汽缸上时,滑销将受热膨胀，故立销间隙按制造厂规定的上限值配制；反之，立销间隙应按规定的较小值配制。

2. 滑销结构及安装

（1）高、中压外下缸与前轴承座和低压汽缸用工形板结构相互连接，安装于汽轮机轴向中心线上。当汽缸及隔板找正定位后，应初步连接紧固，扣缸前应尽快装配工字板上定位销，正式紧固，以防汽缸因装管道而受外力，以至产生位置偏离。

（2）低压外缸下部的纵横中心线上，共有四只锚固板式定位销板，埋置于基础混凝土内。该定位销板埋置时，不允许与纵横中心线有较大的偏斜，并且标高不能过低。亦应在低压汽缸定位后，配准定位销间隙。从图 5-27 可以看出，低压汽缸纵横中心线交点处，为汽轮机运行中的膨胀死点，低压汽缸前半部分向前膨胀，通过工形板高、中压汽缸被推动前移，再加上高、中压汽缸的自身热胀，共同推动前轴承箱按高、中、低压汽缸膨胀总值移动。因其膨胀总量较大，约 30mm，因此，前轴承座与台板接触面的接触应达 75% 以上，其间滑销装配时不得偏斜。

（3）发电机定子下部四周的纵横中心线上，亦设置有四只锚固板式销板。机组运行时，能使发电机定子处于自身的自由状态下膨胀，从而保证了发电机定子中心位置不变。

（4）锚固板式销板在埋置于基础内时，应按销板所处位置的不同，参考制造厂给定的转子扬度值来确定销板埋置标高，以防销板埋置标高过低，使销槽与销板最后装配困难。

第三节 轴 承 的 安 装

一、支持轴承

1. 支持轴承的预检修与安装

（1）轴承清理检查。

1）先将轴承清理干净。检查轴承壳体和轴瓦，达到部件齐全，无碰伤。符合要求后，将轴承放入轴承座洼窝内，检查垫块与轴承座洼窝内的接触状况，用 0.05mm 塞尺塞不进，接触面达到 70% 以上，且分布均匀。如为球形面轴承，要求接触面达 75% 以上，用 0.03mm 塞尺检查，塞入深度不超过球面半径的 10%。达不到标准的进行研刮。

2）检查轴瓦是否脱胎。用浸煤油法将轴瓦浸泡 24h，再擦干净，用手挤压轴瓦合金，若自轴承合金，即钨金与瓦胎的接合处有油被挤出，则说明轴瓦脱胎，应进行轴瓦的重新浇铸。

（2）轴承球面或垫块研刮。

1）轴承球面研刮前先组合上、下轴瓦，清除毛刺，上、下瓦无错口后，在轴承接触面涂红丹油，放入轴承洼窝内，盖上并紧固轴承盖，轴承在座内无晃动（如有晃动须消除）时，用木杠撬动轴瓦，在小范围内撬动多次，揭开上盖吊出轴承，按接触点进行修刮，直至接触面合格为止。

2）轴承下瓦如为垫块支撑，其研刮方法同上所述。研刮前应检查或调整垫片厚度，使轴瓦与轴承座洼窝中心保持同心。研刮合格后，考虑下瓦三块垫铁承重均匀，减小底部垫块的垫片厚度，使下部垫块与轴承座之间脱空 0.03~0.07mm，使之形成间隙，如图 5-28 所示，以使转子放上后，转子本身的重量使轴瓦稍许变

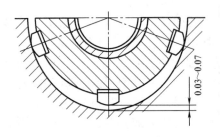

图 5-28 下瓦调整垫块的安装要求

形,从而使轴瓦下部垫块与轴承座洼窝底部压紧,不致造成两侧翘起,因此在各垫块上的负荷分配较均匀。

3) 轴承上瓦与轴承盖的紧力按制造厂图纸要求进行调整。如无要求则按规范规定调整。调整方法是增减垫块内垫片的厚度。圆筒形轴承座紧力为 0.05~0.15mm,球面形轴承为 0.02mm(以轴承与轴承座组合后能撬动为宜)。

2. 轴瓦钨金面(轴承合金)的研刮

(1) 单油楔圆筒形和椭圆形轴瓦与轴颈的接触面,圆筒形轴瓦为 60°,椭圆形为 30°~60°,如图 5-29 所示。在此角度内,沿下瓦全长接触面应接触均匀,接触面在 75% 以上。达不到此要求时,应修刮接触面。

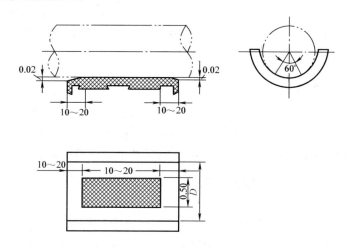

图 5-29 圆柱形和椭圆形轴瓦与轴颈的接触角

(2) 三油楔和可倾式轴瓦的轴承接合面一般不允许在安装现场修刮,如有明显缺陷需作处理时,应取得制造厂同意方可进行。

(3) 轴瓦间隙数值应符合制造厂规定。如无规定时,可按下述方法计算和调整:

1) 轴颈大于 100mm 时,圆筒形轴瓦顶部间隙为轴颈直径的 0.15%~0.2%,两侧间隙各为顶部间隙的一半;椭圆形轴瓦顶部为轴颈直径的 0.1%~0.15%,两侧间隙各为轴颈直径的 0.15%~0.2%;三油楔和可倾式轴瓦按制造厂规定修刮。

2) 轴瓦合金的两端应有斜面,便于油从轴瓦中流出。

3) 轴瓦的进油侧和出油侧均应修刮出合适的油楔,使轴瓦有充足的油量,否则运行中轴承温度过高,影响轴承寿命。油楔形状如图 5-30 所示。

3. 轴瓦预检修中应注意的问题

(1) 按制造厂规定,轴瓦内侧钨金面不需修刮,但应除去毛刺等缺陷。如轴瓦油隙不符合要求,经制造厂同意后,可作少量修刮。

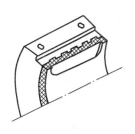

图 5-30 圆筒形或椭圆形轴瓦的油楔

(2) 如图纸要求轴瓦组装需向上旋转一个角度时,必须严格保持其角度,且用其定位销在旋转后固定轴瓦,以防运行中轴瓦变位。

(3) 轴瓦的水平中分面检查,在不紧接合面螺栓情况下 0.05mm 塞尺应塞不进,以防因接合面不严漏油。

(4) 对轴瓦底部的顶轴油楔，应仔细检查，油路应畅通，并应检查油楔四周与轴颈的接触面，接触应良好。如发现接触不严，应作修刮。

(5) 三油楔轴承一般用于大容量机组，轴承直径较大，又多为薄壳结构，刚性相应降低，为防止变形而破坏瓦的油隙，故轴瓦与轴承上盖之间紧力不宜过大，一般取 0.02～0.04mm。

4. 轴瓦油隙的测量调整

(1) 测量轴瓦与轴颈顶部间隙。轴瓦顶部间隙一般在转子对汽封洼窝的中心及靠背轮中心找正后进行检查。通常用压铅丝（即保险丝）法测量，如图 5-31 所示。在轴瓦水平接合面 c、d、e、f 处放置直径为 1mm，长度为 25～50mm 的铅丝，在轴颈顶部 a、b 处放上直径为 1.5mm，长度为 25～50mm 左右的铅丝，扣上上瓦，均匀紧好接合面螺栓。当接合面四角所垫的垫片均吃力后，再拧下螺栓，取出上瓦，测量各位置铅丝厚

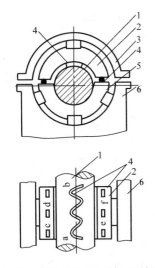

图 5-31 用铅丝法测量轴瓦顶部间隙
1—轴；2—上轴瓦；3—轴承盖；
4—铅丝；5—下轴瓦；6—轴承座

度。对 a、b 处铅丝测量应取顶部中央处厚度，然后按下式计算间隙：

$$a \text{ 处的顶部间隙} = a - \frac{1}{2}(c+e)$$

$$b \text{ 处的顶部间隙} = b - \frac{1}{2}(d+f)$$

若上瓦顶部间隙较小，应修刮上瓦顶部钨金（轴承合金），或在轴瓦水平接合面处垫以适当厚度的紫铜皮垫片，垫片不允许拼接，并应布满整个水平接合面；若间隙过大，可在上瓦补焊钨金，然后修刮，也可适当修刮水平接合面。

(2) 测量下瓦两侧间隙。轴瓦两侧间隙，实际上是下瓦四个角的瓦口间隙，其数值可用塞尺自下瓦四角处测量，塞尺插入深度以 15～20mm 为准，下瓦两侧间隙应呈楔形并均匀一致，可用不同厚度的塞尺片，由厚至薄顺次连续测试，根据插入深度，判断间隙是否符合设计要求。

(3) 下瓦油挡间隙的测量和调整。该工作应在转子放置在下瓦内，并将上瓦与下瓦组装后进行。间隙值应按规定要求调整，但应考虑转子运转时油膜建立使轴颈抬高的数值，故下瓦油挡底部间隙应较小些，上瓦顶部间隙应较大些。

(4) 轴瓦垫块下垫片厚度的调整。见第三章。

二、推力轴承的安装

当汽轮机转子的安装扬度确定并按轴封洼窝找好了中心以后，便可进行推力轴承的安装。对于单置式推力轴承，也可根据工程的进展情况安排在汽缸扣盖后进行。

推力支持联合轴承多为球面轴承，这样转子的位置可以自由调整，并可保证各推力瓦块承力均匀，推力轴承中的支持轴瓦部分的安装与支持轴承相同，承受轴向推力的推力盘和推力瓦块间的相对位置决定着动静部分的间隙，推力盘承力一侧的推力瓦块为工作瓦块，另一侧为非工作瓦块，推力盘在两组瓦块之间的窜动不能过大，以保证通流部分的安全。

推力轴承安装的主要要求是推力瓦块的钨金与推力盘的接触应均匀，推力轴承球面座装配紧密及推力轴承间隙正确。

1. 推力轴承的检查

(1) 将推力轴承试组装，打入中分面销钉，中分面不允许有错口，其接触面应达到 75% 以上，并均匀分布，用 0.03mm 塞尺塞不进。

(2) 如推力轴承有球面座，则其与安装环的接触面亦应达到 75% 以上，否则应对其修刮。

(3) 清理检查推力轴承的进出油孔和瓦块上钨金面。油孔应畅通，瓦块上的钨金应无脱胎和砂眼（用浸油法检查）。

(4) 测量推力瓦块厚度。如图 5-32 所示，在平板上移动瓦块，用百分表测量。每块瓦块的厚度差一般不应超过 0.02mm。如有超过，也应在转子推力盘与整组瓦块接触检查中根据情况修刮。

2. 推力轴承工作瓦块和非工作瓦块的修刮

(1) 对于单置式推力轴承，应首先研磨球面座与其洼窝和安装环与球面座接触面，均应合格后，顺序吊入下球面座、转子、装入瓦块和上瓦球面座组件，紧好接合面螺栓，经检查一切正常后，用桥吊做牵引拉动转子，同时将推力盘压向工作瓦面及非工作瓦面，经数圈盘动后，解体检查每块瓦块接触面的接触情况，进行修刮。当用涂红丹法检查接触达到合格后，还应最后以不涂红丹干磨法再次检查各瓦块接触面至合格为止。瓦块接触面亦应达到 75% 以上。

(2) 对于推力支持联合轴承，在装入下半轴瓦后，在推力盘上涂薄薄一层红丹油，吊入转子，依次装入上瓦、球面座和上盖，紧好接合面螺栓，顺运转方向盘动转子，且压向需研刮侧瓦块，根据接触情况进行修刮，如图 5-33 所示。

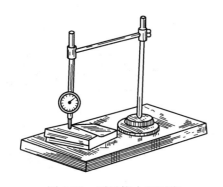

图 5-32 测量推力瓦厚度

图 5-33 推力瓦块的接触面

(3) 当汽缸已扣盖，需检查推力轴承内轴向间隙时，应配制推动转子能轴向位移的专用工具。如图 5-34 所示，人工盘动使转子向所需方向移动。修刮要求与（2）所述相同。

3. 测量推力轴承的推力间隙

推力间隙应在推力轴承全部预检修并组装好的情况下进行测量，其方法为：在轴端或转子某一光滑平面上架设百分表，测量转子的轴向移动值。在盘动转子情况下，用专用工具或小千斤顶推动转子，向前、向后分别将转子推到极限位置，记录百分表的读数，其读数变化量即为推力间隙。对于推力支持联合轴承，还应考虑支持轴承在推动转子时发生移动的影响。为此在测量推力间隙时，同时在支持轴承的端面架上百分表，测取支持轴承在推动转子时的位移量，从转子上架设的百分表测量的移动值中，减去支持轴承的位移值，才是真正的推力间隙。对于单置式推力轴承，因球面座的移动值直接改变推力间隙，因此必须将轴承盖

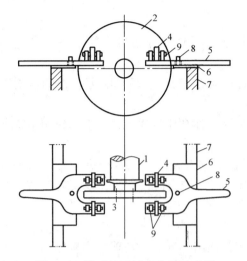

图 5-34 推动转子轴向位移的工具
1—高压转子；2—圆盘；3—固定螺丝；
4—滚珠轴承；5—钳形板；6—铁板；
7—轴承座外壳；8—销轴；9—轴承固定件

装好（在装轴承盖以前必须确认球面座与轴承盖间已由调整环压紧而不可能有相对移动），紧固接合面螺栓，并在轴承两侧装设百分表监视其窜动。此窜动值应很小，并应从测得的转子移动量中减去。

推力间隙需调整时，应结合转子轴向通流间隙的调整要求综合考虑，即将转子压紧工作瓦块，测量通流部分各尺寸符合要求时定位。再将转子压向非工作瓦块，从转子所架百分表测出推力间隙。若不符要求，可调整调整环内垫片厚度，使推力轴承定位点和推力间隙均处于所要求的数据范围内。

4. 推力轴承的最后组装

组装中还应修刮调整各挡油环的间隙，使推力瓦块上的金属测温元件及导线的可靠固定，并再次复查轴向各间隙有无异常。当一切正常时，再装推力轴承上盖，当其紧力或间隙符合制造厂规定时，紧固水平接合面螺栓。再次盘动汽轮机转子，测取推力间隙，确认合格后，该项工作安装完毕。

5. 国产引进型 300MW 汽轮机轴承安装特点

以哈尔滨和上海汽轮机厂引进美国西屋技术生产的 300MW 汽轮机为例，介绍轴承安装的工艺特点。

（1）结构上的特点

1）采用直埋式地脚螺栓和板式台板结构。

2）1号、2号轴承为四瓦块式可倾瓦。3号轴承为下瓦两块可倾瓦，上瓦为圆筒瓦。4号轴承为圆筒瓦。

3）推力轴承为单置式密切尔推力轴承，置于前轴承箱内。

（2）工艺特点

1）直埋式地脚螺栓在预埋中，对各个螺栓间的相对尺寸和垂直度要严格把关，误差为 1~2mm。

2）直埋式地脚螺栓的标高，应注意考虑到制造厂给定的不同轴承或台板所规定的抬高值，以防部分螺栓发生外露栓顶过高或过短的缺陷。

3）对可倾瓦块式轴承，一般不需要修刮，如检查中发现缺陷，应在制造厂指导下处理。安装中测取上瓦顶隙，采取升降上瓦内两块可倾瓦块，测取与瓦块连接的螺栓的升降值。此间隙值应满足制造厂规定。1瓦顶部间隙为 0.5~0.6mm，2瓦顶部间隙为 0.61~0.71mm，3、4瓦顶部间隙为 0.97~1.0mm。

4）推力轴承为单置式轴承，轴承壳体及轴承内部均设有调整轴向位置的结构。可在安装前阶段，将轴承内部的推力间隙全部测完。在安装后期测量汽缸通流轴向间隙，如需调整转子轴向位置时，只需轴向移动推力轴承壳体，最后配准轴承壳体与轴承座的联接销，即可定位。

第四节 转子的安装

汽缸初步找平找正后,将各已经过预检修的轴瓦安装妥当,就可将转子吊入汽缸内。起吊转子应使用专用吊索,吊索在一般情况下应做200%的负荷试验。转子的绑扎位置应按制造厂图纸规定,任何情况下不允许绑扎在轴颈部位起吊。绑扎时应适当地衬垫或将起吊索具用柔软材料包裹。在起吊就位过程中应有专人指挥,两端应有熟练的工人扶住转子,并在两轴颈处测量好水平,保持转子中心线经常处于水平状态。就位时应缓慢平稳地落在汽缸内,当落到距轴瓦约150mm时,在轴瓦上浇以干净的润滑油,然后将转子落放在轴瓦上,松开绳索,盘动转子检查是否有卡涩、碰磨现象。转子安装工作分以下几个环节。

一、转子的清理、检查

(1) 转子开箱后首先按装箱单清点部件并进行外观检查,要求应无碰伤等缺陷。

(2) 将转子表面的油脂、油漆防腐层清理干净后,仔细检查下列部件:

1) 轴颈表面无锈迹和碰痕。

2) 叶片和复环无松动和损伤变形,复环间有足够的膨胀间隙。叶片拉金焊接牢固。

3) 转子两端的平衡加重块及转子中心孔的堵板不得松动。

二、转子的测量工作

转子的测量项目包括:轴颈的不柱度和椭圆度;各部位的晃动度;对轮、推力盘和叶轮的瓢偏度;轴的弯曲度等。轴颈不柱度的测量,需在转子吊入汽缸前进行完毕,其他项目的测量工作,则在转子就位后测量。这些测量工作已在第三章做了介绍,下面只说明各项的允许值。

轴颈晃动度不应大于0.02mm。转子其他部位的晃动度允许值一般要求如下:靠背轮止口和外圆为0.02mm;整锻转子的叶轮外圆为0.04mm;整锻转子的其余圆柱表面为0.03mm;套装转子的叶轮轮毂凸肩为0.10mm;挡油环为0.05mm。

推力盘端面瓢偏度要求不大于0.02mm;叶轮进汽轮缘的瓢偏度要求小于0.05mm;靠背轮端面瓢偏度要求小于0.02mm。

轴弯曲度的允许值:对于六级以上叶轮的转子应为0.06mm。

轴颈的不柱度和椭圆度都不应超过0.02mm。由于制造厂加工技术日益提高,亦可用百分表检查轴颈晃动度,只要轴颈晃动度在允许范围内,轴的椭圆度即为合格。

三、轴封洼窝按转子找中心

对于采用落地式轴承座的多缸机组,须在轴系按靠背轮找好中心并定好转子的安装扬度以后,方可进行轴封洼窝按转子找中心的工作,其目的是使转子中心线与轴封洼窝中心线在安装时保持某一合理的相对位置,从而使静、动部件的中心线在正常运行时尽可能保持重合。

如果轴承座与汽缸连为一体,则在汽缸初步找正找平后,就可以将转子按轴承座前后油挡洼窝和轴封洼窝找中心,然后随同汽缸一起将转子扬度调至符合要求,其测量方法和调整要求如下:

1. 测量方法

轴封洼窝按转子找中心时所采用的测量方法在安装现场采用最多的有用带千分螺丝的内径千分尺测量的方法和用带可调长杆的特制套箍并用塞尺测量,或在可调长杆上加装千分表

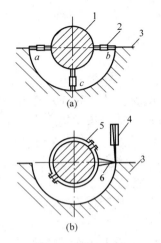

图 5-35 转封洼窝按转子找中心
(a) 用内径千分尺测量；(b) 用塞尺测量
1—转轴；2—千分表；3—轴封洼窝；
4—塞尺；5—套箍；6—可调螺丝

直接读出数值来的方法。

应用第一种方法时，用内径千分尺测取轴与轴封洼窝下方及两侧的距离，如图 5-35（a）所示。每次测量时，a、b、c 三点的位置要固定不变，以免数字不准。两侧的测量点 a 及 b 应在水平面下 5~10mm，避免水平接合面处有凹凸不平的现象。a、b、c 三点的位置应在安装记录中注明。

应用第二种方法时，于转子三个位置上，用塞尺进行测量，如图 5-35（b）所示。测量时塞尺最好不要超过三片，松紧应适当并由一人同时测量三点的间隙，以免造成人为的误差。

2. 调整要求

机组在制造厂一般均经过全面的试组装，在安装现场轴封按转子找中心这一工序，应该是重复安装，故一般调整量不大。对于落地式轴承的机组，作左右调整时可横向移动汽缸，然后配准立销。做上、下调整时，如汽缸为猫爪支承方式，可用改变猫爪垫片的厚度来调整（例如中间再热式汽轮机的高、中压缸）；如汽缸通过台板放在基础上，可调整斜垫铁以改变汽缸的高低位置（例如 N125 和 N300 型汽轮机的低压缸）。如果轴承座与汽缸连为一体，则在调整转子位于轴封洼窝处的中心时，可改变轴瓦垫块下垫片的厚度（例如 N200 型汽轮机的低压缸）。

转子根据轴封洼窝找中心的标准，都是根据制造厂的规定进行的。对于中间再热式汽轮机，前后轴封洼窝中心的要求一般如图 5-36 所示。

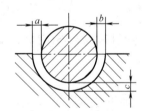

图 5-36 对轴封洼窝中心的调整要求
$a-b=0\sim0.10$mm；$c-\dfrac{a+b}{2}=0.04\sim0.08$mm

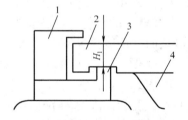

图 5-37 汽缸用下猫爪支承运行中对中心的影响
1—压板；2—汽缸下猫爪；3—猫爪横销；4—下汽缸

3. 运行状态下转子在轴封洼窝内位置的相对变化

转子按轴封洼窝找中心是为了使运行时两中心线尽可能重合。因为找中心时是在冷态下进行的，然而汽轮机在运行状态下转子在轴封洼窝内的位置和冷态静止时是不同的，影响的因素也很多，故在找中心时应掌握其变化趋势，以便预先考虑进去，使运行时两中心线不致偏差太大。主要的影响因素有以下几个方面：

（1）猫爪的支承形式和尺寸对中心的影响。若汽缸采用下猫爪支承方式，即汽缸猫爪的支持平面低于机组的中心线（图 5-37），则运行时猫爪温度将高于轴承座的温度，使轴封洼窝中心抬高，造成轴封下部间隙减小，甚至摩擦。

（2）油膜厚度的影响。转子在静止时，其轴颈是与轴瓦钨金表面相接触的；在工作转速，轴颈在轴瓦中就被一层油膜抬高，并移向一侧，这种油膜所引起的垂直方向和水平方向的位移都会影响到转子的中心位置。位移量的大小与很多因素有关，如轴瓦上单位面积负荷的减小，轴颈圆周速度的增加，润滑油黏性的提高或轴承温度的降低等都会使位移加大；相反的情况下则使位移减小。由于各转子的轴承工作条件不一定相同，因此轴颈在工作状态下的位移就有大有小。

（3）凝汽器的影响。如果汽轮机的凝汽器与低压缸的排汽口为刚性连接，凝汽器底部用弹簧支承，当在运行状态时，凝汽器内水的重量作用在低压排汽口上，使低压缸下沉，造成轴封上部间隙减小。

（4）汽缸及转子热变形的影响。汽轮机运行时，往往上半部汽缸的温度比下半部的高，因此上半部汽缸的横向膨胀就比下半部大，其结果就会产生汽缸向上弯曲，使轴端汽封下部间隙减小，上部间隙增大。如果再考虑转子受热后刚度减小，挠度相应增加，将使上述间隙的变化加剧。由于热变形的影响较为复杂，只能做定性的分析，在实际安装时难以考虑。只有通过在安装过程中严格遵守工艺规程特别是做好汽缸保温工作，并且在运行中严格遵守运行规程，从而保证上下汽缸的温差不超过规定来尽量缩小这一影响。

四、转子按靠背轮找中心

转子按靠背轮找中心的目的，在于使转子在运行状况下，各转子的中心线在一匀滑的轴线上，各轴承所承受的荷重符合设计要求。

对于中小型机组，往往不考虑安装时和运行时轴承温度差别的影响，而一般将靠背轮找成同心，并且端面平行；对于大型汽轮机，其轴系支承在多个轴承座上，由于各轴承座在工作时温差较大，故应该考虑温差对靠背轮中心的影响，否则在运行时各轴承所承受的负荷将发生变化，以致可能使某一轴承过负荷。

考虑到运行的影响，靠背轮两端不一定找成绝对的平行和同心。就单缸汽轮机而言，常使靠背轮具有向上开口，汽轮机转子的中心比发电机转子的中心高。原因是汽轮机运行时由汽缸的辐射热而使汽轮机前轴承受热而膨胀，使汽轮机转子前端稍许抬高。因此安装时宜将靠背轮向上张口一定数值，就能够保证汽轮机在运行时，靠背轮端面接近于平行和同心，使轴承负荷分配均匀。

在实际的调整过程中，也不可能将两靠背轮找成绝对平行和同心，应允许有一定的公差数值。调整时应将公差偏于有利的方面。

对于 N135 型汽轮机的靠背轮找中心，需以低压转子作为基准，先将低压转子的后轴颈扬度调整至零，然后高中压转子与发电机转子对低压转子的前后靠背轮分别找中心。如果仅考虑到三支点转子的负荷分配，根据计算后，高中压转子和低压转子靠背轮之间应当预留 0.08~0.12mm 的下张口值，但由于机组在安装过程中随着基础负荷的增加，其中部下沉量较大，所以根据安装和运行经验实际预留的下张口值以比上述数值减少约 0.05mm 为宜。

对于 N600 型汽轮机的靠背轮找中心，一般先将两低压转子的一对靠背轮找好中心。考虑到基础下沉的影响，预留不小于 0.05mm 的上张口值，然后中压转子、高压转子或发电机转子，按顺序逐一进行靠背轮找中心。

对于 N200 型汽轮机的靠背轮找中心，一般以低压转子作为基准。但需注意两点：一是高压转子和中压转子是三支点轴承，高压转子只有一个轴承，根据这种机组的安装和运行经验，证实其 2 号轴承座运行中向上膨胀量较大，因而高压转子和中压转子的靠背轮下张口值选用 0.20~0.25mm 较为合宜。二是中、低压转子的连接是通过一对接长轴实现的，接长轴本身的重量使连接处有一个向下的垂弧，使中压侧靠背轮和低压侧靠背轮均下垂。因此中、低压转子靠背轮找中心时，不能像通常那样预留约 0.05mm 的上张口值，而必须留一定的下张口值，并考虑对靠背轮下垂值的补偿。

靠背轮找中心结束后，除了使靠背轮端面值和圆周值符合要求外，尚应使轴承垫块接触、轴颈与钨金接触、轴颈的扬度及外油挡洼窝中心等符合要求。

第五节　隔板、汽封及通流部分间隙的检查及调整

一、隔板安装

隔板及隔板套的找正调整，应在汽缸找正后进行。隔板找正目的是使隔板上静叶片的中心能对正转子上动叶片的中心，并使隔板汽封获得均匀的间隙。隔板找正前应取出隔板汽封，找正时，以汽缸轴封洼窝中心为准，采用拉钢丝法或假轴法、激光准直仪法找中心。使隔板洼窝与汽缸轴封洼窝中心通过调整，达到同心。

（一）隔板找中心

1. 拉钢丝法找隔板中心

钢丝的架设以汽缸两端轴封洼窝为准，应使钢丝通过两洼窝中心。然后对每一隔板进行测量，所使用的测量工具多为内径千分尺，分别测取钢丝至隔板洼窝各点的距离，并对隔板进行调整，直至隔板中心与钢丝重合。

由于钢丝本身的自重，使其产生挠度。因此找中心时必须考虑此挠度的影响。钢丝各点的挠度可用式（5-6）近似计算：

$$f_x = \frac{P(L-x)x}{2G} \tag{5-6}$$

式中　f_x——钢丝距端点为 x 处的挠度值，mm；

　　　x——从端点到测点的距离，m；

　　　P——每 1m 长钢丝的重量，g；

　　　L——钢丝的跨距，m；

　　　G——钢丝的拉紧力，kg。

2. 假轴法找隔板中心

用假轴法找隔板中心，测量结果准确且操作方便，因此在实际工作中使用得比较广泛。

用假轴法找隔板中心的程序和测量，与钢丝法相同，亦应考虑假轴静挠曲值对测量数值的影响。假轴一般由厚壁管子车制而成，其加工误差为 0.02~0.03mm。两端装上直径较大的管子，车成与轴颈相同的直径，以便支持在轴瓦上，假轴的形状如图 5-38 所示。假轴也可以不支承在轴瓦上，而支持在特制的假轴承上，如图 5-39 所示，此种假轴的两端无需加粗。

假轴支承在轴承上，可看成是一根受均布载荷的梁，此种梁的静挠度计算也适用于假轴，计算公式为

$$f = \frac{5}{384} \cdot \frac{PL^3}{EJ} \tag{5-7}$$

$$J = \frac{\pi(D^4 - d^4)}{64}$$

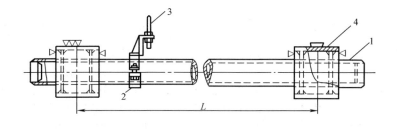

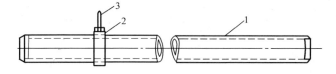

图 5-38 假轴
1—假轴；2—套箍；3—可调螺丝；4—假轴颈

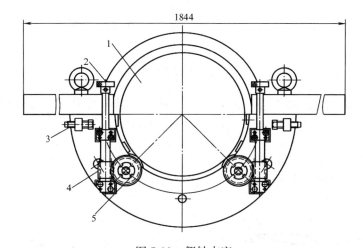

图 5-39 假轴支座
1—假轴；2—手轮；3—支撑螺丝；4—蜗杆；5—滚珠轴承及蜗轮

式中 f——假轴的静挠度，cm；

P——假轴重力，N；

L——假轴两轴颈间的距离，cm；

E——弹性模数，$E=2\times10^6\,\text{N}/\text{cm}^2$；

J——惯性矩，cm^4；

D——假轴外径，cm；

d——假轴内径，cm。

按式（5-7）计算静挠度，较为复杂。一般也可用假轴两端轴颈处的扬度值间接地求出。如图 5-40 所示，当假轴处于水平状态时，两端轴颈扬度应相等，即

$$\delta_1=\delta_2=\delta$$

假轴由轴承支承时，在自身重力作用下所形成的弯曲中心线，可近似地看做一根圆弧，半径为 R。设轴承之间距离为 L，最大静挠度为 f，则有关系式（5-8）：

$$R^2=\left(\frac{L}{2}\right)^2+(R-f)^2 \tag{5-8}$$

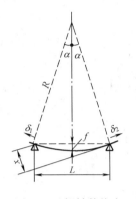

图 5-40 假轴静挠度与轴颈扬度的关系

当 f^2 忽略不计时，可得 $\dfrac{L}{2R}=\dfrac{4f}{L}=\sin\alpha$ 或 $4f=L\sin\alpha$。

$$f=\dfrac{L\sin\alpha}{4} \tag{5-9}$$

又轴颈扬度一般用合像水平仪测量。水平仪每一格代表 1/100000 的扬度，就是在 100000 个单位的水平距离中垂直方向有 1 个单位差异。如图 5-41 中所示的轴颈的扬度可近似地表示为

$$\delta=100000\dfrac{x}{L}=100000\dfrac{L\sin\alpha}{L}$$

则

$$L\sin\alpha=\dfrac{L\delta}{100000} \tag{5-10}$$

将式（5-10）代入式（5-9）得

$$f=\dfrac{L\delta}{400000} \tag{5-11}$$

当水平仪测得假轴两轴颈处扬度不等且方向不一致时，如图 5-41 所示，则假轴的静挠度按经验公式（5-12）计算：

$$f=\dfrac{(\delta_1+\delta_2)L}{740000} \tag{5-12}$$

当测得假轴两轴颈处扬度不等，但方向一致时，如图 5-42 所示，则假轴静挠度为

$$f=\dfrac{(\delta_1-\delta_2)L}{740000} \tag{5-13}$$

式中 L——两轴颈间距离，mm；

δ_1、δ_2——假轴两轴颈上水平仪读数，（1 格 = 0.01mm/m）。

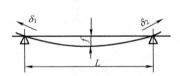

图 5-41 假轴两端扬度方向相反

图 5-42 假轴两端扬度方向相同

求出最大静挠度后，画出挠度曲线，其余各点的挠度值只能近似地从曲线上量出。

转子的静垂弧可根据制造厂提供的数值，在知道转子和假轴各点的静挠度以后，求出其差值，作出静挠度偏差曲线。

装置好的假轴中心必须与转子中心接近，在前、后轴封洼窝处的偏差不应大于 0.02mm。假轴就位后，应按照转子找中心时在前、后轴封洼窝同一位置的测点上记录数值，调整好假轴中心。

为了校验假轴与转子静挠度差是否正确，可将转子在某洼窝处测量的间隙与假轴在同一位置上间隙相比较，两者中心在该洼窝处垂直方向的偏差值，即为假轴与转子的静挠度差。

隔板找中心时，一般以下半隔板的汽封洼窝为准。对于刚性较差的隔板，或者由于隔板制造的不精确汽封洼窝有较大椭圆度的隔板，则应将上下隔板组合好后进行找中心。并根据椭圆情况，将中心尽量校正，即使上下或左右偏移最小。如某隔板汽封洼窝为椭圆形，长轴在垂直方向，短轴在水平方向，若长轴比短轴长 0.20mm，则找中心时，上下的间隙应比两侧的间隙各大 0.10mm。

用假轴找正隔板中心时，可用百分表测量，也可用塞尺测量，如图 5-43 所示。其左、右的 a、b 值之差应小于 $\pm 0.05\text{mm}$；其上、下差值 $\left(c-\dfrac{a+b}{2}\right)$ 应与挠度偏差曲线进行对照。若假轴静挠度小于转子静挠度，则该差值应为正；若假轴静挠度大于转子静挠度，则应为负值。其绝对值应与静挠度差相等，误差应小于 0.06mm。

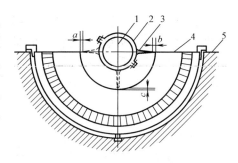

图 5-43　用塞尺测量隔板洼窝的中心位置
1—假轴；2—套箍；3—可调螺丝；
4—隔板；5—汽缸（或隔板套）

隔板找中心时，往往因为汽缸挠度发生变化而产生误差。如果汽缸刚性不足，则在半缸状态下汽缸中部出现挠度较大时，扣上上缸并紧汽缸接合面螺栓，然后测取汽缸挠度的减小值，以便在隔板找中心时，对测量数值加以修正。

如汽缸为猫爪支承方式，还应考虑运行中猫爪结构可能因受热上抬对中心造成的影响。

3. 用激光准直仪找隔板中心

拉钢丝和假轴法找中心时，钢丝和假轴本身都有一定的垂弧，因而给找中心工作带来一定的麻烦，同时也影响精确度。尤其对大型机组，轴承间距离较长，其误差更大。为提高找中心的精度和提高工作效率，用激光准直仪进行找中心工作逐渐得到应用。

激光准直仪找隔板中心同本章第二节激光准直仪找轴承洼窝中心。即调整激光束，使其通过汽缸两端轴承座洼窝的中心，然后将定心器置于每道隔板的洼窝上，调整隔板的横向位置，使显示器表头的读数左右为零。隔板垂直方向的调整则应考虑转子在各道隔板处的挠度值。若转子在某级隔板的挠度为 0.13mm，调整时需将隔板的洼窝中心调整至比激光束低 0.13mm，即显示器表头的读数上下应为 -0.13mm。

（二）隔板位置的调整

隔板位置的调整，是根据所测得的中心数据，并结合隔板中分面与汽缸中分面的高低综合进行的。其目的是使隔板的中心与转子中心在机组运行时更趋于一致。

检查隔板放置的水平情况，可利用深度尺或百分表测量隔板左右两侧的隔板中分面与汽缸中分面的高度差。如图 5-44 所示，如果 $\Delta D = \Delta E$，则隔板中心面与汽缸中心面平行。

对于下隔板在接合面处为挂耳支吊，下部为纵销定位，上隔板用锁饼支吊的隔板，如图 5-45 所示，调整横向位置时，可修锉和补焊下部纵销的两侧面来达到要求。纵销修补后，销子两侧间隙仍应达到原要求的间隙值（0.03～0.05mm），可用内、外径千分尺分别测量纵销和销槽的尺寸求得。顶部间隙大于 1mm，可用压铅块或压肥皂法测量出来。

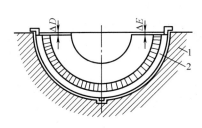

图 5-44　检查隔板中分面和汽缸中分面平行情况
1—汽缸（或隔板套）；2—隔板

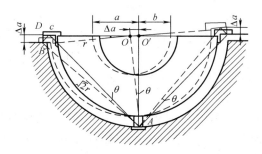

图 5-45　用改变两侧挂耳高度调整隔板
O—调整前的隔板中心；O'—调整后的隔板中心

隔板高低位置的调整,可修锉或补焊下挂耳承力面来达到。当下挂耳与承力块间有调整垫片时,则可用加减垫片厚度来加以调整。

两侧挂耳高、低调整数值由式(5-14)决定:

$$\Delta = c - \frac{a+b}{2} \pm \left(\frac{D-E}{2}\right) \pm \Delta f - A \tag{5-14}$$

式中　c——隔板汽封洼窝底部的间隙值;

a、b——隔板洼窝两侧的间隙值;

$\pm\dfrac{D-E}{2}$——隔板中分面与汽缸中分面平行时,两个挂耳应调整的数值,隔板中分面高于汽缸中分面时取负值,低时取正值;

$\pm\Delta f$——假轴与转子静挠度差。当假轴静挠值大于转子时取正值,小于转子时取负值;

A——考虑下汽缸在汽轮机运行时,因上、下缸的温差,使下汽缸向上弯曲以及转子静挠度增加的影响,一般 A 取 $0.05\sim 0.10\text{mm}$。

调整后,下挂耳承力面的接触面应大于50%,用涂色法进行检查,不合格时应修刮。

上述方法是考虑到隔板中分面与汽缸中分面找成平行的调整方法。在实际工作中不一定要找成两者平行。当横向中心偏差在0.30mm以内时,允许用抬高一侧挂耳,降低另一侧挂耳的方法调整。抬高和降低的数值近似等于横向中心需要调整的数值。

(三) 隔板和隔板套膨胀间隙的调整

为了防止在汽轮机运行时,隔板不能因膨胀间隙过大而抖动或过小而膨胀受阻。因此应按制造厂的要求,留好隔板的膨胀间隙。现以国产 N125 及 N300 型汽轮机为例,来说明隔板和隔板套膨胀间隙的调整方法。如图 5-46 所示,制造厂对各部分膨胀间隙的要求为

$a = 0.1 \sim 0.12\text{mm}$;　　$b = 0.1 \sim 0.12\text{mm}$;

$c \geq 2\text{mm}$;　　$d = 2 \sim 2.5\text{mm}$。

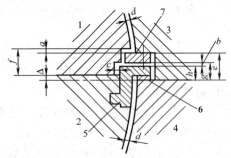

图 5-46　隔板的支承
1—上半隔板;2—下半隔板;3—上汽缸(或隔板套);
4—下汽缸(或隔板套);5—挂耳;6—垫片;7—压板

1. 间隙 a 的测量

用深度尺测量下半汽缸(或隔板套)和上半隔板凹槽的深度 e 和 f,设隔板下半与汽缸(或隔板套)下半中分面高低的差值为 $\pm\Delta$,则间隙

$$a = f - e \pm \Delta \tag{5-15}$$

当隔板中分面高于汽缸(或隔板套)中分面时,Δ 取正值,反之取负值。若 a 值为负,则在合缸后,将使隔板中分面出现间隙而漏汽,使机组效率降低。因此对 a 值应按制造厂要求的间隙进行修锉。一般可修锉压板7与上隔板的接触面,将压板修成如图5-47所示的形状。

2. 间隙 b 的测量

如图 5-46 所示:b 值测量可先量出挂耳高出下汽缸平面(或隔板套)的数值 h 和压块下表面离缸的深度 g,则间隙 b 值为

$$b = g - h \tag{5-16}$$

间隙 b 不符合要求时,可用修锉或补焊压板的下平面的办法使其达到要求。

3. 径向膨胀间隙的测量

下半隔板的径向膨胀间隙 d 可用塞尺在隔板外圆与汽缸之间进行测量，下部也可用压铅块或压肥皂的方法测量。上半隔板的膨胀间隙 d 可在上半汽缸内吊入隔板，测出隔板中分面低于汽缸中分面的数值 δ，其与下半隔板中分面高出汽缸中分面的数值 Δ 之差，即为顶部间隙 $d= \delta - \Delta$。

当隔板径向膨胀间隙 d 过小时，若局部过小可用砂轮打磨，若整圈过小，则应送至修配厂进行车削。

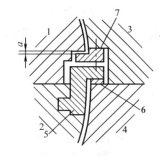

图 5-47 隔板膨胀间隙 a 的调整
1—上半隔板；2—下半隔板；3—上汽缸（或隔板套）；4—下汽缸（或隔板套）；
5—挂耳；6—垫片；7—压板

隔板膨胀间隙经调整后，还需将装有上半隔板的内上缸和隔板套，覆盖在内下缸和下半隔板套上（此时转子应吊出）做下列检查：上半隔板下落情况；各隔板中分面、相互接合面是否有间隙；内上缸与上半隔板套能否自由落在下半汽缸的各个中分面上；是否有卡涩或接合面处产生间隙等现象，直至缺陷全部消除为止。

二、轴封套（汽封套）的安装及调整

轴封套的安装工作，应在轴封洼窝根据转子找中心后进行。在找正隔板洼窝中心的同时，也对轴封套的洼窝找中心。如果需要横向移动轴封套，可修锉和补焊轴封套底部的纵销两侧面或采用抬高一侧挂耳同时降低另一侧挂耳的方法来调整。轴封套高低位置的调整则需修锉或补焊轴封套两侧挂耳与汽缸接触面，使下半轴封套放低或抬高，以达到调整轴封套洼窝中心的目的。

轴封套洼窝中心调整合格后，应使轴封套底部的纵向键两侧间隙和径向膨胀间隙符合制造厂的要求。

轴封套的最后组装，需在轴封径向间隙和轴向间隙调整完毕后进行。上半轴封套与下半轴封套用螺栓连接后，须用保险垫圈翻边将螺帽锁紧。

三、汽封及通流部分间隙的调整

汽轮机汽缸内汽封和通流部分间隙，应严格按制造厂规定进行调整。如间隙过小，就可能在机组运行时，汽缸内的动、静部套发生相互摩擦。间隙过大时，由于漏汽损失增加，又将使机组效率降低。因此，安装调整中，根据制造厂给定的间隙范围，制定施工工艺标准。其原则为：在留出间隙的安全裕度后，间隙应尽可能做小些。但调整修刮间隙时，必须使工艺精益求精。

（一）汽封间隙的调整

汽缸内装有轴端汽封和隔板汽封。汽封上半和下半的径向间隙，可用贴胶布的方法进行测量；左右两侧的间隙（下半汽缸），可用长塞尺测量。

1. 汽封贴胶布测量径向间隙

对于大功率机组的每道汽封，整个圆周多由 6～8 个汽封块组成。在每个汽封块上，在要求间隙的范围内，沿纵向贴上两条胶布（医用橡皮膏），宽约 10mm，厚度分别按规定取最大和最小间隙值，胶布要贴牢，然后在转子相应的部位涂上薄薄一层红丹油，将转子吊入汽缸，装好防窜轴的限位板或装入推力瓦块，盘动转子一圈后将转子吊出，检查胶布上的压痕。如呈微红色均匀分布，其间隙即为该胶布的厚度。如压痕过重或无压痕时，说明该处汽封间隙过小或过大，应进行调整或修刮。

2. 用塞尺测量汽封径向间隙

汽封径向间隙的测量，均应在隔板和轴端汽封套的洼窝中心找好后进行。当汽封全部装入后，吊入转子，用长塞尺在转子左右两侧逐片测量。测量时用力应均匀一致，不得用力过大，以免汽封环变位。塞尺厚度应按规定间隙范围的下限值取厚度，如塞入时过紧，应初步修刮。当塞尺检查基本合格后，仍要应用贴胶布法进行复查。如径向间隙不合格时，应修刮调整。

3. 汽封间隙的修刮调整

(1) 如隔板汽封环块为铜质材料，汽封齿多数间隙过小时，可在假轴上装上刀具进行车旋，车旋时应将上隔板扣上，并将每块弹簧汽封块用楔子垫紧，如图 5-48 所示。当个别间隙过小时，可用如图 5-49 所示的专用工具，手工修刮。

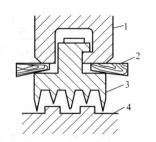

图 5-48　汽封环加楔子示意图
1—隔板；2—木楔；3—汽封块；4—轴

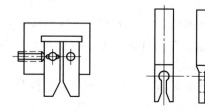

图 5-49　刮汽封片专用工具

(2) 当汽封间隙过大时，对于用黄铜或其他延伸性能较好的材料制成的汽封块，可用捻、挤的方法使汽封齿伸出，但只适用于为数不多的修补，特别对于新机组应尽量避免采用此法。对于带有弹簧的汽封环，可修刮汽封环在洼窝中的承力面，同时还应修刮汽封环各环弧段之间的接触面，使汽封环能整圈向转子中心方向移出。

汽封的径向间隙，一般按制造厂规定数值调整，其要求大致为：小容量机组为 0.25～0.5mm，大容量机组为 0.4～0.9mm。

(3) 汽封环的径向间隙在上、下、左、右各个方向的数值是不应相等的，汽封环其上下部径向间隙是随着汽封环所处隔板位置的不同而不同。造成径向间隙差异的原因，除了转子本身有静挠度影响外，还受机组安装及运行中产生的多种因素影响，如：

1) 汽缸弹性变形，半缸时汽缸中部挠度大，合缸紧螺栓后，挠度将减小。
2) 汽轮机启停和运行中，上、下缸产生温差，使汽缸产生向上翘曲。
3) 轴承油膜建立后，转子中心位置偏移。
4) 凝汽器灌水和抽真空的影响。
5) 在运行时转子随工作温度的升高，挠度增大。
6) 如汽缸采用下猫爪非中分面支承，运行时汽缸猫爪与轴承座膨胀值不同，使转子与汽缸位置发生变化。
7) 如机组基础不均匀下沉，也将导致轴承座标高发生变化。

综合上述诸因素，在轴封洼窝找中心后，汽封上部径向间隙应小于底部间隙。在转子挠度最大处的汽封环，其底部间隙应比其他部位汽封环底部间隙大，而上部间隙应为最小。当转子为顺时针方向旋转时，左侧间隙应较右侧间隙稍大。按上述原则要求，在安装调整中应予满足。

上、下两半汽封环的径向间隙调整好以后，还应按照图纸要求，留出各个汽封环的各个弧段间的膨胀间隙。一般在一个整圈中总的膨胀间隙应达到 0.2～0.3mm。

测量汽封轴向间隙，一般与测量和调整汽轮机通流部分的间隙同时进行。测量时一般用塞尺或楔形塞尺，其测量位置应按制造厂规定进行。轴向汽封间隙的调整，可用轴向移动汽封套或汽封环的方法，即在汽封环块与洼窝连接的凸肩两侧装设调整垫片，通过改变垫片的厚度进行调整，如图 5-50 所示，也可直接对汽封环块端面一侧进行修刮，修刮后在另一侧加垫片并用小螺丝固定。

（二）汽轮机通流部分间隙的测量和调整

1. 通流部分间隙的测量

通流部分间隙的测量应在隔板找好中心后进行，也可在汽封间隙调整后进行。测量前，应将已修刮好的推力轴承装好，并将转子吊入置于工作位置。

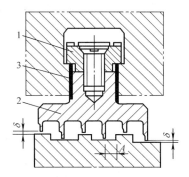

图 5-50 轴向及径向可调汽封
1—调整块；2—梳齿式汽封；3—调整垫片

转子的工作位置，是根据制造厂对通流部分间隙的要求定位的。一般按叶轮进汽侧轴向间隙最小的一级，通常为汽缸内的第一级进行定位。在第一级的进汽侧位于汽缸水平接合面相隔 180°的两侧，各用塞尺放在该间隙处，塞尺厚度应等于该处所要求的间隙值。将转子推向进汽侧，直至不能移动为止，然后进行测量。

对通流部分轴向间隙的测量，是在下汽缸水平接合面左右两侧进行的，但它不一定能代表上、下部分的间隙值。为此，应将内缸或汽缸的上半盖上，用顶动转子的方法检查通流部分的最小轴向间隙或用贴胶布的方法检查第一级的轴向间隙，胶布的厚度等于最小间隙值。盘动转子一圈，如果胶布被刮破或跌落，说明间隙过小，则需将转子的工作位置重新调整，直至符合要求为止。

一般下汽缸通流部分轴向间隙用塞尺或楔形塞尺（低压端个别太大的间隙，可用卡钳或钢板尺）按转子顺转动方向相差 90°处各测量一次，第一次应使转子的危急保安器飞锤向上位置时进行测量，第二次将转子顺转 90°时再测量一次。

对于叶顶汽封片的径向间隙，可用塞尺或贴胶布的方法检查。间隙应符合制造厂的规定值，否则应予以调整。

2. 通流部分间隙的调整

（1）当个别叶轮叶片进汽侧或叶顶汽封片的径向间隙过小时，应用修刮或车旋转子复环、叶片根部汽封或隔板上的相应部位等办法进行调整。如个别间隙过大时可采取捻挤的办法，或更换汽封片后车削至间隙要求。

（2）当个别叶轮进汽侧轴向间隙过大时，可以采用移动隔板的办法进行调整。如欲使隔板顺汽流方向轴向移动时，对铸铁隔板，可将其蒸汽出口侧的外缘车去一定的厚度，而在进汽侧安置销钉。每半块隔板外缘处销钉数一般不少于 5 个，销钉直径不得小于 6mm。也可用堆焊的方法来代替销钉。对处于高温区的钢隔板，可在隔板外缘进汽侧加装半圆形环，用埋头螺钉固定在隔板上。半圆环使用的材料，可按该处的工作温度选用，最好与隔板所用的材料相同，如图 5-51 所示。当隔板需向汽流相反方向移动时，可将隔板进汽侧的边缘车去一必要数值，而在出汽侧装半圆环并固定于外缘上，如图 5-52 所示。隔板外缘出口侧不允许安置销钉，以防销钉受到蒸汽压力而变形，使隔板产生轴向位移并沿隔板外缘漏汽，降低机组效率。

（3）对于多缸机组，各转子联轴器之间设有调整垫片时，则各汽缸内通流部分间隙均可以独立进行测量和调整。间隙调好后，将转子定位。通流间隙全部符合要求后，测取各转子

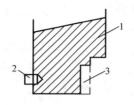
图 5-51 调整隔板的轴向位置（一）
1—隔板；2—销钉；3—车去部分

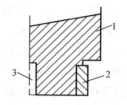
图 5-52 调整隔板的轴向位置（二）
1—隔板；2—半圆环；3—车去部分

联轴器之间的距离，按该尺寸加工联轴器垫片。垫片应由磨床加工至表面粗糙度 Ra 达 1.6，垫片厚度误差不允许超过 0.02mm。否则在联轴器螺栓连接后，联轴器圆周表面的晃动值超标，机组运行中振动值增加。

另外在调整通流部分间隙的同时，应注意检查各轴颈的凸肩与静止部件间的轴向间隙，必须保证大于转子与汽缸的最大胀差值或转子绝对膨胀值。

第六节 汽轮机扣大盖

汽轮机扣大盖是本体安装的重要工序，这一工序完成的好坏，直接影响整个工程的质量和机组安全经济运行。扣大盖前要对以前的工序做最后一次检查，以保证扣大盖后，没有任何部件存在缺陷以及没有任何杂物留在汽缸内。

一、扣盖前应具备的条件

1. 汽缸接合面螺栓的外观检查

（1）螺栓表面加工的粗糙度，应符合制造厂技术要求。且丝扣部分应无碰痕及锈斑，检查合格后，装配时涂擦二硫化钼干粉。

（2）将螺栓用手工装入汽缸接合面螺孔内，使其能自由拧入或旋出，但不得松旷。如达不到上述要求时，可用凡尔砂或细三角油石修整丝扣，直至达到要求。如现场无法修复时，由制造厂更换合格螺栓。

（3）检查装入汽缸接合面螺栓垂直度，其不垂直度应小于 0.5mm/m。且螺帽及其垫圈均需研刮，各相互接触面接触良好，用 0.03mm 塞尺不能塞入；否则在紧接合面螺栓时，上述任一部件的偏斜，均将造成螺栓紧固后，产生较大的螺栓内部弯曲应力。

2. 汽缸接合面螺栓的金属检验

因汽缸接合面螺栓在运行条件下，不仅要承受很大的拉应力和螺栓与汽缸法兰之间因温差所引起的温差应力，同时还要承受着附加的弯曲应力。每当工况变动时，螺栓内的应力还随着变动，这对于应力集中较大的螺纹根部的疲劳强度有较大影响。

当具有一定初应力的螺栓，在高温下工作一段时间后，由于蠕变原因应力将自发地减低，其塑性变形代替了一部分弹性变形，这种应力逐渐减低的现象，称之为应力松弛。目前国内设计的螺栓的抗松弛性能，是按保证汽轮机在 2~3 年内，螺栓不致因应力松弛而在汽缸法兰接合面上发生漏汽。

对于中间再热式汽轮机，较常见的螺栓事故主要表现为螺栓咬扣和螺栓脆断等。其次，螺栓经较长时间运行后，由于多种因素造成螺栓抗松弛性能变差，使汽缸接合面产生漏汽现象。

为了保证汽缸螺栓在高温下有长期的安全性能，除了在制造方面选用合适的材料，合理的结构，良好的冷热加工工艺等要求外，还应在机组安装时，十分注意汽缸螺栓的技术检查和安装工艺的合理采用，以改善螺栓的工作条件。根据现场条件，对于螺栓，常进行下列项目的检查工作：

(1) 光谱复查材质。检查的目的是防止错用钢材。对于高中压缸所用的合金钢螺栓及其他部件，均应全部进行光谱检查。打光谱检查的部位，应在螺栓的两个端面，不要在螺杆面上打光谱，以免打出凹弧疤痕造成应力集中。

(2) 硬度检查。检查的目的是通过测定硬度值的大小，来间接地掌握材料的韧性情况。每个螺栓应逐件检查其硬度，检查部位应在螺栓的两个端面，硬度测点处应磨去硬化表层。

当螺栓硬度超过所要求的范围时，应进行热处理。热处理应严格按处理工艺要求进行，尤其在加热和冷却时应特别小心，以防止螺纹处发生裂纹。

二、汽轮机扣大盖

1. 扣大盖前应具备的条件

汽缸扣大盖前，安装单位应将下列项目全部调整合格，并具备安装记录。
(1) 滑销系统的纵销、横销和立销间隙；
(2) 汽缸水平接合面及汽轮机转子轴颈的水平扬度；
(3) 隔板中心及隔板的有关间隙；
(4) 汽轮机转子在汽封洼窝处和轴承座油挡洼窝处中心；
(5) 汽缸水平接合面间隙；
(6) 汽封及通流部分间隙；
(7) 推力轴承间隙；
(8) 转子本身零件的膨胀间隙，如复环和拉金的膨胀间隙等；
(9) 对汽缸内所有合金钢零件的光谱分析检查无误；
(10) 各转子靠背轮找中心的记录，并复查无误；
(11) 汽缸及其内部部件的缺陷消除；
(12) 缸内各疏水管及隔热罩安装完毕；
(13) 各热工测点安装就绪，仪表插座或堵头等孔洞清洁无杂物，并封闭好；
(14) 汽缸内法兰螺栓加热装置的孔洞畅通，有关零部件装置及接口安装检查完毕。

2. 试扣大盖

正式扣大盖前还应进行试扣。试扣前应将下半缸所有部件装好，吊入转子，再盖上内缸和隔板套，在不紧接合面螺栓和紧三分之一螺栓的情况下，检查汽缸接合面的抬高值并盘动转子用听棒听音，要求缸内应无摩擦声音。如有摩擦声，应揭缸检查，并给予消除。最后扣上外上缸，检查外上缸是否能自由落下。如有卡涩，应检查是否内缸结合面螺栓的螺帽或汽封套压块与外上缸相碰，并消除之。用压铅块方法检查：内上缸猫爪与外缸之间的膨胀间隙；隔板套挂耳与外缸之间的膨胀间隙。外上缸合上后，中分面只允许出现由于汽缸垂弧所产生的间隙，并在紧接合面螺栓后应立即消除。

3. 扣大盖的人员准备和现场要求

参加扣大盖的工作人员，应尽量精简，并且有明确的分工。扣大盖过程中，必须严防任何杂物落入缸内造成严重后果，为此，接近汽缸面的工作人员应仔细检查衣袋中是否有小物件，纽扣是否松动，扣大盖后应检查扣大盖所用工具是否齐全，非缸面工作人员不得走近汽缸。

4. 扣大盖的工作步骤

扣大盖前应将下汽缸和轴承座内的所有部件全部拆除，彻底检查清扫。用干净抹布擦拭汽缸及轴承座的内部表面并用压缩空气吹净，吹扫时应将所有抽汽孔、疏水孔的临时封堵取出，并检查各仪表孔是否畅通。

清理检查完毕，按顺序安装内缸、隔板套、隔板、汽封套、转子等并接好汽缸内部的管子。汽缸内部各部件组装结束，再次盘动转子，用听棒监听各隔板套、汽封套内有无摩擦声，一切情况正常方可正式扣大盖。

正式扣大盖前应对汽缸内部各部件、洼窝和螺栓等均用干的黑铅粉或二硫化钼擦拭。然后对汽缸内部一切进行最后一次检查，并准备好涂料、起吊工具和测试仪器，然后即可扣盖。

用专用工具将大盖吊起，并在上缸水平接合面上置以水平仪，以监视起吊过程中上缸是否保持水平状态，为保证上缸能平行地下移，在四角放置四根导杆。当上缸沿导杆缓慢下降到离下缸还有约 200mm 的距离时，在其四角处垫上干净的木块保险，开始在中分面上涂上涂料，涂料厚度约 0.5mm，厚薄均匀，且对螺栓、定位销孔周围和汽缸接合面内缘，应在 10mm 左右的宽度内不涂涂料，以防紧接合面螺栓后，涂料挤入螺孔、定位销和汽缸内。涂料敷抹完毕，且厚度均匀后，即拿掉保险木块令上缸继续缓缓下落，直到距下缸只有 5～10mm 时，用铅锤将定位销从上盖销钉孔打入下缸销孔中，以保证上下缸位置完全一致。上缸完全落下后，再度盘动转子检查，最后按制造厂规定的顺序对称地旋紧螺栓，每个螺栓上所施的紧力应当大致相等。

装入汽封套上半部时，接合面亦应注意涂上涂料，紧好接合面螺栓。

汽缸接合面的涂料，对于高压高温机组，现多采用精炼的亚麻仁油和细微鳞状黑铅粉，按 1∶1 体积比配制，经 130℃ 左右文火加热熬至能拉出 10～15mm 长的黏丝时使用。对于中、低压机组，接合面涂料可大致按如下重量比：亚麻仁油 20%、石墨粉 10%、红丹粉 70% 的比例配制，亦应熬至拉出黏丝后使用。

三、紧接合面螺栓

汽缸接合面螺栓紧固后，应使接合面间有足够的接触紧力，以防具有高温高压的蒸汽从接合面漏出。但不能将螺栓拧得过紧而使汽缸或螺栓变形，造成运行中热态下螺栓出现断裂现象。因此，应严格按制造厂提供的紧固技术要求进行。

高压汽缸接合面螺栓，应按制造厂要求的紧固顺序，即从汽缸的最大静垂弧处的两侧接合面的两只螺栓同时开始（汽缸中部），然后两侧对称地，分别向前和向后逐个紧好螺栓。一般高压汽缸接合面螺栓，可先用约 2m 长的加套管扳手，由 1～2 人搬动冷紧，按紧固顺序冷紧 2～3 遍，使冷紧初紧力较均匀后，可进行螺栓的热紧工作。

目前，螺栓热紧的加热工具多采用电阻丝棒插入螺栓中心孔内的加热方式，这种方式具有加热均匀和温升稳定的优点。严禁使用氢、氧焰直接对螺栓加热。电阻丝棒如图 5-53 所示。

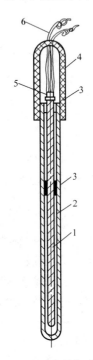

图 5-53　电阻丝棒加热工具
1—电阻丝棒；2—外套管；
3—定位瓷座；4—胶木绝缘柄；
5—绝缘瓷管；6—导线

制造厂一般已给定不同部位螺栓的热紧值。将螺帽向拧紧方向的热旋转弧长预先划出后，对螺栓杆加热，当螺帽与接合面出现的间隙能满足螺帽应旋弧长时，转动螺帽至应旋位置，停止加热。待螺栓冷却后，汽缸接合面有足够的紧力。

鉴于螺栓冷紧的初力矩在实际操作中难以控制，按制造厂提供的热紧值进行热紧后，往往可能出现螺栓过松或过紧现象。过松时，将在运行一段时间后，接合面产生漏汽；过紧时，将会造成螺栓使用寿命的降低，严重时会造成螺栓断裂事故。因此为了使安装中螺栓能达到合适的初紧应力，可采用测量螺栓伸长值的办法来检验。只要螺栓拧紧后，测量螺栓伸长值达到要求，即可认为螺栓紧度达到要求。螺栓受初紧应力后的伸长值可用式（5-17）来计算：

$$\Delta l = \frac{\sigma L}{E} \tag{5-17}$$

式中 σ——热紧后螺栓的初应力值，MPa，应根据汽缸内外压差、螺栓的材料和大修间隔时间来决定，一般情况下采用铬钼钒合金螺栓，200MW 以上机组选用 $\sigma = 294.2$ MPa；

L——螺栓的有效长度（图 5-54）；

E——在工作温度下螺栓所用材料的弹性模数，MPa，一般铬钼钒合金螺栓选用 1.89×10^5 MPa。

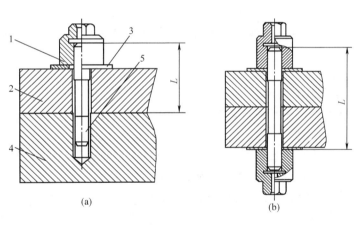

图 5-54 汽缸螺栓有效长度的取法
(a) 栽丝螺栓；(b) 双头螺栓
1—罩螺母；2—上汽缸法兰；3—平垫；4—下汽缸法兰；
5—紧固螺栓；L—螺栓有效长度

在螺栓热紧前，用专用测量工具（如测量杆、套筒、深度千分尺）测量螺栓长度 L，热紧后测量螺栓长度 L_1，伸长量为 $\Delta L = L_1 - L$，做好记录，如图 5-55 所示。

测量时，将测量套筒和测量杆插入被测螺栓的中心孔内，测量杆底部与螺塞充分接触，用深度千分尺测出测量杆到套筒端面的距离。若伸长量不符合标准伸长量应继续紧固。

螺帽的热紧转角 φ 和转弧 K 的换算如下：

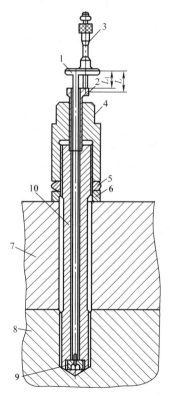

图 5-55 螺栓伸长量的测量示意图
1—测量杆；2—套筒；3—千分尺；
4—螺母；5，6—垫圈；7，8—上、下法兰；9—螺塞；10—螺栓

$$\varphi = 360\frac{\Delta L_1}{S}\alpha \tag{5-18}$$

$$K = \frac{\varphi \pi d}{360}\alpha \tag{5-19}$$

$$\Delta L_1 = \Delta L - \Delta L_2$$

式中 ΔL_1——螺栓达初紧力时的总伸长值与冷紧时伸长值之差，mm；
$\quad\quad S$——螺纹的螺距，mm；
$\quad\quad d$——螺帽外径，mm；
$\quad\quad \alpha$——考虑法兰收缩变形的系数，旧螺栓选用 $\alpha=1.3$，新螺栓选用 $\alpha=1.5$。

如考虑热紧时汽缸结合面涂料层的减薄时，则转角和转弧应适当增加。

第七节 汽轮机辅助设备的安装

一、凝汽器的安装

（一）凝汽器的组合

大型机组的凝汽器由于体积庞大运输困难，以国产 300MW 机组凝汽器为例，上海制造的凝汽器，体积尺寸为 15.509m×6.65m×10.142m，冷却面积为 15527m²，总重约 350t，哈尔滨制造的凝汽器，体积尺寸为 15.88m×7.98m×11.51m，冷却面积为 19000m²，总重 400t。因此凝汽器的外壳、热井、管板和隔板等都以散件形式运抵施工现场，再在施工现场进行组合。

1. 组合前的准备工作

（1）场地准备。选择平整、坚实的施工场地。由于组合后的凝汽器体积庞大，运输困难，因此一般都选在汽轮机基础附近，以便于凝汽器就位安装。如在露天场地组合，则场地应注意排水。

（2）机械准备。凝汽器的组合，主要是大量的焊接工作，因此应配备足够数量的焊接设备。此外，还必须配备适当的起重机具，以便凝汽器组件的吊运。

（3）技术准备。按照制造厂的要求及施工现场的具体条件，编制凝汽器组装的技术措施。特别要注意防止焊接变形，一旦发生焊接变形，校正工作将十分困难和复杂，而且耗费大量人力物力。

2. 凝汽器的组合

（1）焊接坡口清理。凝汽器板料在拼焊前，应将焊接坡口处的油漆、油脂、锈皮等清理干净，并按焊接要求修理坡口。

（2）管孔清理。大型凝汽器管板和隔板上的管孔有数十万个，因此管孔清理是一项巨大的工作，一般都采用机械化方法清理。第一次清理管孔内的防腐油脂和铁锈，第二次要清理出金属光泽。第一次清理在组装前进行，第二次清理在胀管前进行。隔板的管孔只清理一次，管板的管孔应清理两次。

（3）拼焊热水井及底板。热水井一般与外壳底板拼焊在一起。拼焊时，先将各板料点焊在一起，然后找平，同时测量长、宽和对角线，使其误差保持在允许范围以内。焊接时，应对称进行，防止变形。必要时应使用吊车翻身，进行双面焊接。

热水井和底板焊接完毕后，应对焊缝逐条进行检查，先检查外观，然后进行渗煤油试验，发现焊接缺陷应及时修补。

焊接缺陷消除后，应将底板及热水井重新找平，并支垫踏实，以免在继续组装过程中因局部负荷不均而引起变形。

(4) 组装管板。将两块管板分清位置，先吊起第一块管板，找正后点焊在底板上，上部设法临时固定。吊起第二块管板，找平、找正，并测量两块管板间的距离和对角线距离，使其误差在允许范围以内，同时使两块管板在同一横排的管孔中心在一条水平线上，然后与底板点焊，上部临时固定。

(5) 组装边板。将边板组合成两大片。吊起一片边板，找正后与底板和已找正好的管板点焊。

(6) 组装隔板。凝汽器的冷却管，在穿入凝汽器时应使其自然垂弧改为微微上拱。因此，在隔板拼焊时，应将中间隔板略微抬高，如图 5-56 所示。抬高数值各制造厂都有规定。如上海电站辅机厂生产的 N-15300-3 型凝汽器，共有八块隔板，其管孔抬高数值分别为 4、6、8、10、10、8、6、4mm。这样做的目的：①可

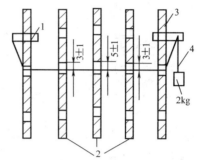

图 5-56　隔板管孔与管板管孔相对位置示意图
1—刚棒；2—隔板；3—管板；4—ϕ0.5mm 钢丝

以使管子与中间隔板接触良好，提高管子的刚性；②可以改善管子的振动特性，避开共振；③在胀管后，管子的弯曲还能减少冷却管和壳体的胀差，减少其热应力；④可以使凝结水沿弯曲的管子向两端流下，减少管子上积聚的水膜，提高传热效果。

在组装隔板时，按隔板最下一排管孔到隔板底边的距离，分别定好上抬数值，依次从未装边板的一侧吊至凝汽器底板上，逐片找正后，临时固定。将所有隔板全部组装找正完毕后，从凝汽器四角和中心部位，选取 4～6 点，分别从管孔内拉好钢丝，进行隔板调整，即不但要调整隔板之间的距离和垂直度，也要调整隔板管孔的上抬数。此项工作费时较多，必须耐心细致，否则将在穿管时引起很多麻烦。

(7) 组装另一侧边板。

(8) 复查管板间距和对角距离及隔板管孔。再次复查管板间距和对角距离及隔板管孔上抬数，如有误差应再次调整，达到标准。在凝汽器四角及中部选取 5～6 点进行试穿管，如有卡涩现象，应查明原因，及时调整。调整好后，将管板、隔板、边板、底板等点焊牢固。

(9) 组装凝汽器壳体中其他附件。如真空区墙板、凝结水收集板、空气导出管、喉部加热器及各种加固件。

(10) 焊接。焊接应按焊接技术措施进行，一般应对称焊接。凡焊缝处因调整而出现的较大空隙，都应填塞适当厚度的钢板，防止因焊接应力过于集中而引起的变形。施焊完毕后，应进行焊缝渗油试验，发现缺陷，及时清除。

凝汽器的两端水室和上部接颈是否和壳体组合在一起，视现场起重运输及安装就位条件而定。

(二) 凝汽器的安装就位

大、中型机组目前广泛应用的是凝汽器安装在基础的弹簧支座 (如图 5-57 所示) 上，与汽轮机排汽缸的连接采用焊接方式。凝汽器的安装步骤如下：

(1) 根据设计图纸在汽轮机基础的显著位置标出凝汽器的纵、横中心线和标高。根据

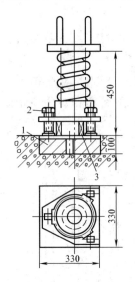

图 5-57 凝汽器的弹簧支座
1—基础框；2—调整螺丝；3—垫块

纵、横中心线和标高，检查凝汽器洞口尺寸及基础支座的位置和标高。

(2) 将基础支座混凝土表面铲平，以便安装时放置垫铁和二次灌浆时使用。

(3) 检查基础支座上的预埋铁件或预留孔洞的位置和深度。

(4) 凝汽器支座弹簧的检查试验如下：

1) 将支座弹簧逐个编号、逐个检查，弹簧应平直无歪斜、无裂纹。逐个测量其自由高度、直径及垂直度。

2) 将弹簧逐个进行压缩试验，并记录其特性。

第一阶段按凝汽器自重/弹簧总数，施加力 F_1，测出此时弹簧的高度 H_1。

第二阶段按（凝汽器自重+凝汽器净容积一半的水重）/弹簧总数，施加力 F_2，测出此时弹簧高度 H_2。

解除全部力，取出弹簧，再测一次弹簧高度 H_3。这样，每个弹簧共测得四个高度数据，即 H_0（弹簧未压缩前的自由高度）、H_1（施加力 F_1 时的弹簧高度）、H_2（施加力 F_2 时的弹簧高度）、H_3（弹簧压缩后的自由高度）。

3) 将自由高度与压缩特性接近的弹簧编为一组，进行组装。

(5) 凝汽器的就位。凝汽器应在穿、胀管之前就位，就位后，要根据纵、横中心线及标高进行调整使其偏差在允许范围以内。标高的调整可改变凝汽器支座下垫铁的厚度或弹簧支座的调整螺丝来达到。

(三) 凝汽器穿、胀管

大型机组的凝汽器穿、胀管工作，是一项十分繁杂的工作，耗费大量人力、时间。如一台 300MW 机组，凝汽器穿管两万多根，胀口四万多个，有大量重复性工作。因此，目前穿、胀管工作在绝大多数施工现场都已实行机械化和半自动化。

凝汽器穿、胀管的主要工序是：管子质量的检查鉴定→管子工艺性能试验（试胀）→管板孔的清理→管头抛光→穿管→胀管→切管→翻边→灌水试验。

目前，国内大多数火力发电厂都使用铜合金管作为凝汽器的冷却管。下面主要介绍铜合金管的施工方法。

1. 管子质量的检查鉴定

(1) 管子外观检查。冷却管表面应无裂纹、砂眼、腐蚀、凹陷、毛刺和油垢，管内应无杂物和堵塞现象。管子不能有折弯，缓弯应校直。每箱冷却管应随机取样抽取 1~2 根进行几何尺寸检查，如管子直径、壁厚、长度等。凡几何尺寸不符合要求者应剔除。

(2) 管子的化学成分及物理性能检验。冷却管应有出厂合格证明，包括化学成分、物理性能及热处理证件。

1) 凝汽器铜管的化学成分。如常用的 HSn70－1 黄铜管，其化学成分（%）如下（GB 5231—2001）：Cu—69.0~71.0；Sn—0.8~1.3；As—0.03~0.06；Zn—余量；杂质总和≤0.3。

2) 水压试验或涡流探伤。按管子批量或存放环境不同，分别抽取总数的 5%，进行水压试验。取样要有代表性，水压试验压力为 0.3~0.5MPa。如发现管子不合格率达安装总数的 1% 时，则每根管子都应进行试验。

如每根管子都需进行水压试验时，则耗费大量人力和时间，很不经济。近年来，各施工单位大都改为涡流探伤。涡流探伤比水压试验省时省事。如能将涡流探伤仪配上声光显示信号，则可大大提高效率，节省人力物力。

3）氨熏法检验铜管残余应力。取铜管总数的 1‰ 左右，每根铜管截取 150mm 的试样。注意试样外表不应有压扁、砸伤等局部缺陷。将试样用有机溶剂除去油污，用稀硝酸（体积配合比为工业硝酸：自来水为 1：1～2）除去试样表面氧化膜。

将试样置于密闭的干燥器瓷盘上，试样彼此要分开。将浓度 25%～28% 的氨水倒入干燥器，迅速盖上盖，氨熏 4h。4h 后取出试样，冲洗干净，用放大镜观察。若发现裂纹，则试样不合格，应加倍取样复检。如仍有不合格，则该批铜管应进行整根退火处理（即消除内应力处理）。

4）铜管的工艺性能试验如下：

压扁试验。切取 20mm 长的试样，压成椭圆，使其短径相当于原铜管直径的一半，试样应无裂纹或其他损坏现象。

扩张试验。切取 50mm 长的试样，用 45°车光锥体打入铜管内径，其内径扩大到比原内径大 30% 时，试样应不出现裂纹。

如上述试验不合格，可在铜管的胀口部位进行 400～450℃ 的退火处理。

2. 管板孔的清理

管板孔在正式胀管前，必须认真清理。管孔内不允许有铁锈、油污，更不允许有纵向沟槽。为保证胀管质量，管孔应清理出金属光泽。一般施工单位都采用机械化方法清理，主要是利用手电钻带动砂布轮或钢丝刷清理。使用砂布轮清理虽然光滑，但砂布轮磨损太快，必须频繁更换。使用钢丝刷清理效果也很理想，只要钢丝粗细和刷子直径适度，同样能达到满意效果，且钢丝刷比砂布轮耐用。

3. 管头抛光

管头抛光同样是为了提高胀管质量，主要是将管头外表面的油污和氧化膜除去，露出管子金属光泽。每根管头抛光长度在 80～100mm 即可。由于量大，应使用机械化方法，以提高效率。

4. 穿管

穿管时，每块隔板旁应布置工作人员，使铜管正确插入相应的管孔内。为防止铜管头损伤，穿管前应将每根管子头部插入导向器，如图 5-58 所示。导向器可用硬质橡胶等制成，加工一批，轮流使用。

穿管时，应从底部开始，底部第一排管子需要工作人员帮助穿过各级隔板。当穿第二排管子时，管子即可沿着第一排管子的轨道通过各级隔板，工作人员只需监护，必要时帮助扶正即可。

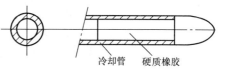

图 5-58 穿管用导向器

穿管可用人工或使用穿管机进行。穿管机利用轧钢机原理，用橡胶制成轧辊，夹住管子穿入凝汽器中。使用穿管机可节约人工，提高工效，约一倍。

为避免杂物进入凝汽器内，穿管前应彻底清扫凝汽器，同时，用帆布和木板将凝汽器喉部封闭。

5. 胀管

胀管就是用胀管器将管子的直径扩大，使管子产生一定的变形，同时管板对管子产生一定的回弹力，这样，在管子与管板孔的连接表面便形成一定的弹性应力，保证管子与管板连接处的强度与严密性。

由于大型机组凝汽器铜管数量巨大，每根铜管的两头都用胀接法固定在管板上，胀接的管头便是铜管总数的两倍，胀管工作非常繁重，所以各施工单位都使用电子控制的自动胀管机来代替手工胀接。使用自动胀管机不仅操作简便，使用灵活，劳动强度减轻，提高工效十倍以上，而且大大保证了胀管质量，不会出现"欠胀"和"过胀"等缺陷。

自动胀管机一般由三部分组成，即电子控制部分、动力部分和胀管器。自动控制部分由正、反转控制开关，电流继电器和时间继电器等组成。动力部分为三相交流 13mm 手电钻。胀管器目前常用的有斜柱式胀管器（如图 5-59 所示）及前进式胀管器（如图 5-60 所示）。

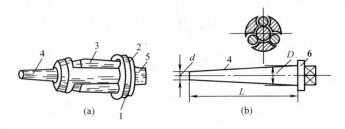

图 5-59　斜柱式胀管器
(a) 斜柱式胀管器；(b) 胀杆
1—外壳；2—壳盖；3—滚柱；4—胀杆；5—螺钉；6—轴肩

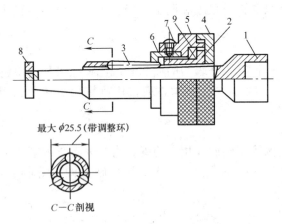

图 5-60　前进式胀管器
1—胀杆；2—胀珠架；3—胀珠；4—倍帽；5—定位套；
6—调整杆；7—调整螺母；8—圆螺母；9—推力轴承

为了保证胀管质量，在凝汽器正式胀管前应进行试胀。

（1）试胀。

试胀的目的主要有两个：①调试自动胀管机，以使其达到最理想的胀接要求；②通过试胀，使操作人员熟练掌握自动胀管机的操作技能。

试胀用的管板应自行加工。试胀管板的厚度、管孔直径、管孔间的距离以及管孔的排列方式，均应与实际凝汽器相符。管板孔钻完后，应用铰刀铰孔，或同样用砂布和钢丝刷磨光。

根据公式

$$D_a = D_1 - 2t(1-\alpha) \tag{5-20}$$

式中　D_a——胀管后管口内径，mm；

　　　D_1——管板孔直径，mm；

　　　t——管子壁厚，mm；

　　　α——扩胀系数 4%～6%。

若试胀后管壁胀薄小于4%,说明欠胀;若超过6%,说明过胀。另外,胀口的胀接深度一般应为管板厚度的75%~90%,不允许扩张部分超过管板,但扩张部分在管板内也不得少于2~3mm。

通过试胀,将电动胀管器的正转、反转、扩胀力矩、胀接深度等都调整好,工作人员也熟练地掌握了操作技能以后,即可正式胀接。

(2) 正式胀接。

正式胀接时,先胀一端管板。胀管前应使管子伸出管板1~3mm,另一端应有专人将管子夹住,以防管子窜动或开始胀接时随胀管器转动。

为保证胀接质量,防止管板变形,应先在凝汽器四角及中央各胀一部分管子。胀接时,应按管孔的排列顺序,分行分列进行。当一端胀接一部分后,再胀接另一端,其顺序如下:出水侧胀管→进水侧切管、胀管→进水侧翻边。

(3) 切管。

一端管子胀完后,在另一端管子应自然伸出管板1~3mm。若伸出不到1mm,则应将该管子剔除。不允许用加热或其他方法伸长管子。若管子伸出管板超过3mm,应用切管刀将多余部分切去。切管刀也用手电钻带动,刀头上应有限位装置,防止切削过多。

(4) 翻边。

胀接完后,进水侧的管头应进行15°翻边。翻边有两个好处:①可以大大提高胀接接头强度;②可以减少水力阻力。如制造厂无规定,出水侧可不进行翻边。

翻边应使用翻边冲子,如图5-61所示。使用手工翻边劳动强度大,且质量不易保证,应使用电动或风动工具,既可以提高工效,又可以保证质量。

凝汽器的穿管、胀管应实行流水作业,有条不紊。特别是管孔清理、管头抛光、穿管、胀管、切管和翻边等工序应连续进行。管孔清理和管头抛光后,应立即进行胀管。不能将清理好的管孔和抛光后的管头放置较长时间。若放置时间较长,管孔出现浮锈或管头出现氧化膜,应再次清理、抛光后才能胀接,否则,将影响胀管质量。一般来说,当天清理好的管孔和管头应在当天穿完胀完。

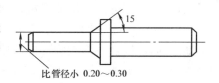

图5-61 翻边冲子

(四) 凝汽器的进水试验

1. 凝汽器灌水试验的目的

凝汽器灌水试验的目的主要是检查冷却管的胀接质量,同时,也检查与凝汽器汽侧连接的各种管道(如抽气管、疏水管、补给水管等)的安装质量。因此,这些管道在凝汽器灌水前也应相应完成(至少完成到第一个控制阀门前)。

2. 凝汽器灌水试验方法

(1) 为了保持凝汽器汽侧的清洁,应向凝汽器内灌注清水,不允许有泥沙等污染物。因此,如有条件最好灌注除盐水或软化水,一般都通过补给水管直接向凝汽器注水,一方面水质合格,同时也冲洗了补给水管。

(2) 灌水速度应缓慢,边灌水边检查胀口质量。若灌水时发现胀口渗水或冒汗,应及时补胀。若发现成股的水流自冷却管淌出,说明冷却管破裂,应用木塞及时封堵,待以后更换。

(3) 若凝汽器采用弹簧支承,则在灌水时弹簧承受的重量包括凝汽器的自重(即凝汽器壳体加冷却管的质量)和水侧水容积的水重,因此在灌水前,应在弹簧处加临时支撑,防止弹簧过负荷，然后继续灌水，直至水位高出顶部冷却管 100mm 后停止。

（4）水位达到高度后，应维持 24h 无渗漏为合格，做出记录，然后将水放掉。

凝汽器灌水试验合格后，即可封闭水室端盖，安装凝汽器其他附件。

二、离心泵的安装

对离心泵安装的基本要求是：

（1）离心泵的机座与基础、水泵与机座均须牢固地固定在一起。

（2）离心泵的轴线与电动机的轴线必须安装在同一中心线上。

（3）水泵轴中心线在基础上的标高，必须与主要设备保持准确的相对位置和符合图纸要求。

（4）水泵的各连接部分，必须具备较好的严密性，各部间隙符合设计要求。

（一）离心泵解体一般步骤

（1）靠背轮的拆卸：对于小型泵靠背轮套装紧力不大，一般用手锤及铜棒沿靠背轮四周均匀敲打即可取下。如此法不行可用专用工具进行拆卸，必要时还可用油压千斤顶来推动。

（2）轴承的拆卸：拆卸前后两端轴承时。先拧下泵壳与轴承间的连接螺丝，然后将轴瓦连同轴承座沿轴向抽出。

（3）轴封的拆卸：拧下盘根压盖与泵体间连接螺母，沿轴向取出压盖，再挖出盘根，拆下轴套螺母（注意旋转方向），取下轴套。

（4）尾盖及平衡盘的拆卸：拧下尾盖连接螺母，拆下尾盖，然后拆除平衡盘。

（5）泵体紧固长螺丝拆卸：一般多级泵有好几根长螺丝，拧下两端螺母即可抽出。

（6）出水段的拆卸：将整个泵体放置稳妥，再用手锤轻轻敲打后段凸缘，使之松脱后即可将出水段拆下。

（7）中间各级和进水端的拆卸：用木槌沿叶轮四周轻轻敲打，取出第一个叶轮，如叶轮锈在轴上时，则可先用煤油浸洗，然后再拆。

取下第一个叶轮后，余下中间各级都是先取下外壳和导叶，再取下叶轮。只要用撬棍沿壳体级间垂直接合面两侧撬动即可取下该壳体，撬动时应注意不得损坏密封面，每取下一级外壳后再顺轴拆下挡套及导叶。中间各级拆去后，再拆卸进水端直至进水端盖。

拆卸过程中，应根据制造厂图纸测量各部间隙，做好记录。拆下的叶轮、键和导叶等零件应编号放置。

（二）离心泵的检查和调整

1. 密封环间隙的检查和调整

若密封环间隙太大，则高压出水侧向低压进水侧的回流量就大，从而影响泵的出力；间隙小，则运转时易引起摩擦振动。

密封间隙有径向间隙和轴向间隙两种，如图 5-62 所示（图中 a 为径向间隙，b 为轴向间隙）。

密封环的径向间隙可用长游标卡尺测量，其间隙为导叶（或导轮）上密封环内径与叶轮密封环外径之差的一半，其值应符合规定，一般为叶轮密封处直径的 $1/1000 \sim 1.5/1000$，但最小不得小于轴瓦顶部间隙，四周间隙应均匀相等。

调整密封环径向间隙的方法可根据泵的型式及密封环的结构而采用不同的方法。间隙太小时，可研刮密封环（当间隙不均匀时）或车削叶轮上的密封环（当间隙均匀时）；间隙太大时，需更换密封环。

密封环的轴向间隙应用深度游标尺测量也可用塞尺测量，其值应略大于泵的轴向窜动

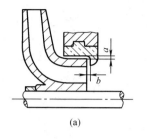 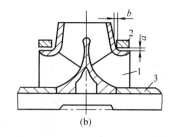

图 5-62 密封环的间隙
1—叶轮；2—密封环；3—轴套

值，并不得小于 0.5～1mm（小值用于小泵）。轴向间隙的调整方法应根据结构采用车削密封环（当轴向间隙小时），或在密封环（轴套）和叶轮之间加垫片来进行调整。

密封环与泵壳间应有 0.05mm 的间隙；但对无定位销的密封环应有 0.05mm 的紧力，以免密封环在泵体内转动。

2. 滑动轴承的检查与修刮

轴承拆卸后，用汽油或煤油将上、下轴瓦清洗干净，检查轴瓦钨金应无裂纹、铸孔或脱胎等情况，轴瓦与轴瓦洼窝接触密实，用 0.05mm 塞尺检查应塞不进。轴颈与下瓦接触角应在 60°～90°，在此角度内沿下瓦全长应均匀接触达 75% 以上，接触应呈斑点状。

轴颈与下瓦接触情况符合要求后，便可刮削下瓦两侧间隙，轴瓦两侧瓦口间隙各为 0.10～0.15mm。两侧间隙用塞尺进行测量，塞尺塞进长度应不小于轴颈直径的 1/4，轴瓦刮削完毕后，即可调整轴承间隙，轴瓦顶部间隙用压铅丝方法测量，一般为轴颈直径的 2/1000，但最小不得小于 0.10mm。若顶部间隙太小，可修刮上瓦钨金；间隙太大可修刮上下瓦间的接合面，或补焊上瓦钨金后重新修刮。

为防止轴瓦在轴承座内松动，轴承盖与上瓦间要有一定的紧力，该紧力一般为 0.03～0.05mm。紧力不符合要求时，可用改变轴承盖接合面间垫片厚度的方法来调整。

3. 滚动轴承的检查及组装

拆卸滚动轴承时最好用加热方法，如图 5-63 所示。

先将轴承两旁的轴颈用石棉布包好，准备好拆卸工具，将温度为 80～100℃ 的热机油浇注在轴承的内圈上，当内圈被加热后，即可借助拆卸工具把轴承从轴上拆下。拆卸后的滚动轴承应仔细清洗并检查轴承有否锈蚀、伤痕和裂缝，附件是否齐全。清洗干净后的滚动轴承应转动灵活，无卡涩现象。

滚动轴承装配时，也宜采用热套的方法，即将滚动轴承放在加热的机油内加热后迅速取出，装到轴上，加热机油的温度不能超过 100℃，安装时如果需敲打轴承时，可用铜棒敲打。敲打的着力点一定要在内套上并对称受力，不要集中于某一处，以免轴承发生倾斜。

滚动轴承组装时还需注意调整好轴承的径向间隙和轴向间隙，具体方法如下：

（1）径向推力滚珠轴承间隙的调整（图 5-64）：这种滚珠轴承轴向间隙的调整是在端盖 3 与轴承座 4 之间加垫片的方法来达到的。先将端盖拆掉，取下原有垫片，然后重新用螺丝把端盖拧紧，直到水泵的轴盘动不灵活时为止。此时用塞尺测量端盖与轴承座间的间隙 A，将此间隙加上此种轴承应具有的轴向间隙 S，则端盖与轴承座间的垫片厚度应为 $A+S$。

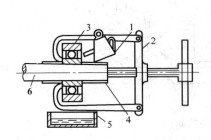 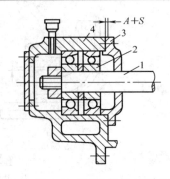

图 5-63　滚动轴承的拆卸　　　　图 5-64　径向推力滚珠轴承间隙的调整
1—热机油壶；2—拆卸工具（拉马）；3—轴承；　　1—轴；2—滚珠轴承；3—端盖；4—轴承座
4—石棉布；5—油盘；6—轴

（2）径向推力滚柱轴承间隙的调整（如图 5-65 所示）。

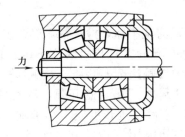 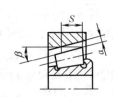

图 5-65　径向推力滚柱轴承间隙的调整

这种两个单列径向推力滚柱轴承轴向间隙的调整也是调整端盖间的金属垫片。调整时，打开轴承盖，把轴推向一侧，使两个轴承间隙集中于一个轴承内。用塞尺测得间隙 a，则轴向间隙 S 为

$$S = \frac{a}{2\sin\beta} \tag{5-21}$$

式中　S——轴向间隙，mm；
　　　a——滚动体与外套之间的间隙，mm；
　　　β——圆锥角，(°)。

4. 平衡装置的检查

多级离心泵都装有平衡装置，用以平衡轴向推力。它包括平衡盘、平衡环及均衡套等部件，如图 5-66 所示。

平衡盘与平衡环间的间隙必须保持均匀，当用涂色检查平衡盘与平衡环间的结合面时，应全部均匀密合，否则应进行研磨。

5. 轴封装置的检查与调整

水泵的轴封装置如图 5-67 所示。检查轴封装置时先把轴封盘根压盖 3 拆下，取出盘根 2 及水封环 1 等部件，进行清洗，并检查水封引水管 5 是否畅通。

密封用的盘根应采用质地柔软并带有润滑性能的材料制成，一般泵类可用浸煤油棉线盘根或油麻盘根，对于工作介质温度较高的泵类应用含黑铅粉的石棉绳，或黑铅粉石棉绳和钢丝混合编成的盘根，装盘根时，盘根接口要严密，一般采用 45°搭接，盘根由压盖压紧，压

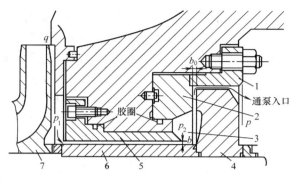

图 5-66 离心泵的平衡装置
1—平衡环压盖；2—平衡环；3—平衡室；4—平衡盘；
5—平衡衬套；6—轴套；7—末级叶轮

盖的紧度应适当，压盖与轴套间的间隙，用塞尺检查应保持均匀，不得歪斜，以防与轴摩擦。装配轴封装置时，还需要测量泵壳盘根挡环 4 与轴套 8 的径向间隙 a，一般应为 0.30~0.50mm。间隙过大时，泵内盘根可能被挤出。水封环的位置应对准引水管的孔口，一般在安装新盘根时，应把水封环装在稍稍偏外的位置上，这样当拧紧盘根时，盘根压缩，水封环便向里移动和引水管口对准。

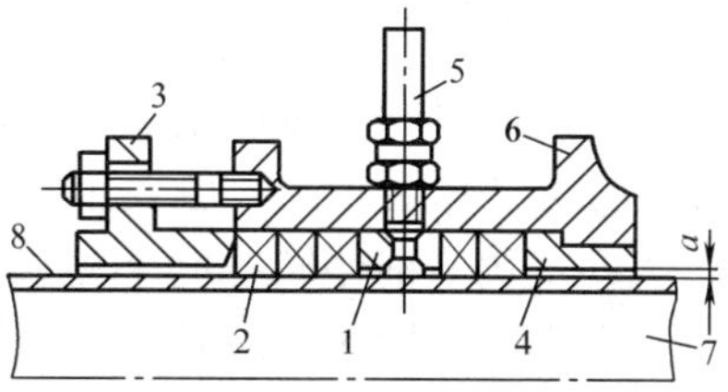

图 5-67 水泵的轴封装置
1—水封环；2—盘根；3—盘根压盖；4—盘根挡环；
5—水封引水管；6—盘根盒座；7—轴；8—轴套

高温高速给水泵的轴封广泛应用机械密封。图 5-68 为 DG400—180 型给水泵的机械密封装置。机械密封又称端面密封，其转动部分由销子 1，弹簧座 2，弹簧 3，推环 4，动密封圈 5，动环 6 以及传动螺钉 11 组成；其静止部分由静环 8、静环密封圈 10 和密封压盖 9 组成。机械密封装置是依靠动环与静环的紧密配合，使动环在液体压力和弹簧力的作用下紧压在静环上，与静环做相对运动来密封的，其密封实质上是依靠动、静环间维持一层极薄的液体膜来实现的。因此由动环和静环所组成的摩擦面是机械密封的关键部位，动环和静环需用不同材料制成，一个硬度较低（如石墨），一个硬度较高（如钢或钢堆焊硬质合金），它们的加工精度必须很高，才能得到良好的密封效果。

解体组装机械密封装置时，应特别注意保持端面清洁，防止损坏加工面，弹簧外形应无变形、裂纹和锈蚀，并要求弹簧两端面光洁平整，端面必须与轴线垂直。

（三）离心泵的组装

多级泵组装前，除应对各部件仔细检查、消除缺陷外，还必须对转子进行预装，并检查转子各部位的晃度，以保证组装后泵内动静部件的适当间隙。

转子预装检查合格后，把导叶和密封环牢固

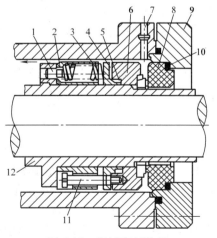

图 5-68 机械密封装置
1—销子；2—弹簧座；3—弹簧；4—推环；
5—动密封圈；6—动环；7—冷却密封端面的进水孔；
8—静环；9—密封压盖；10—静环密封圈；
11—传动螺钉；12—轴套

地装入各级外壳之内，然后便可进行泵的组装。其主要顺序及要求如下：

（1）装配多级离心水泵时，叶轮的出口中心与导叶的中心要对准，装配过程中，每装一级都应测一次叶轮中心与导叶中心的相对位置，若两者的相对位置偏离不大时，可通过挡套之间加垫圈的方法来调整，例如当叶轮与导叶两者中心相差 δ 值时（图5-69），则可将叶轮前面的挡套车去一段 δ 值，在叶轮后面加上一段厚度为 δ 值的垫圈，叶轮中心即可与导叶中心对准；若中心偏差较大时，则应当更换一个相应尺寸的挡套。

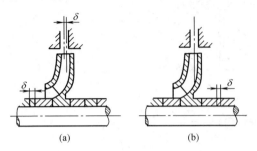

图5-69 叶轮与导叶中心的调整

（2）继续按上述要求套装中间各级，每装一级应测量一次叶轮相对于外壳的轴向窜动值。从正常工作位置（叶轮与导叶的出入口中心一致）向进口侧要留有窜动量，向出口侧也要留有窜动量，其数值一般要求是相等的，但也有前者比后者稍大的，视具体情况决定每台泵的轴向窜动量。平衡盘装配后往复拉动转子测量推力间隙应符合图纸要求，一般要求推力间隙为轴向总窜动间隙的一半，推力间隙数值的调整是通过改变平衡盘前垫圈厚度来完成的。

（3）组装时各级泵壳接合面间应使用制造厂规定的垫料和涂料。

（4）调整泵转子与静止部分的同心度。当泵总装配完后，将转子一侧的轴承拿掉，使泵转子自然坐落在最小间隙的静止部件上，然后于该侧轴上装一百分表，跳杆垂直接触泵轴并调整百分表读数为0，微微抬起泵轴，直至与上部泵体碰上为止，记录百分表读数为 A，然后将该侧下轴瓦放好，放下转子，使轴坐落在下轴瓦上同时观察百分表读数 B，若 $B=\dfrac{A}{2}$，则说明转子处于同心状态；若 B 大于或小于 $\dfrac{A}{2}$，则应调整轴承端座，使其下降或上抬 δ 值，以达到同心，该 δ 值为

$$\delta = \frac{B - A/2}{2} \tag{5-22}$$

用同样方法可将转子的另一侧调整好。

（5）泵体上述各部分组装完毕后，套上靠背轮，盘动转子，检查动静部分不得有摩擦声和松紧不均等情况，然后装入盘根及水封环等，盘根箱装毕再盘动靠背轮，转动不应感到过紧，泵的组装即告完毕。

（四）离心水泵的就位安装

1. 基础尺寸检查和垫铁布置

基础尺寸的检查重点是基础外形尺寸和地脚螺丝孔的配置是否符合设计图纸的要求。基础尺寸检查好后，在基础上划出垫铁布置位置并剔平混凝土表面，使垫铁能与混凝土表面良好接触。垫铁的高度最好在30～60mm，垫铁太低会使二次灌浆凝固困难；垫铁太高，又会使水泵在基础上的稳定性相对减少。垫铁一般布置在地脚螺丝两旁，离地脚螺丝边缘的距离应为1～2倍螺丝直径。

2. 机座台板的安装

台板找正时，可根据设计图纸先在基础上标出纵横中心线，使台板中心线与基础上中心

线重合。

台板的找平可先将垫铁按需要高度摆放在地脚螺丝孔1、2两边及5点的位置上，如图5-70所示，借助平尺、垫尺及水平仪等工具用三点法对1、2、5三点找平。水平找好后将该处垫铁临时固定，然后把台板安放在三处垫铁上，将螺丝穿入台板孔中，通过调整垫铁 b_1、b_2、b_3、b_4 和 b_5 的高度使台板纵横两个方向均呈水平，将地脚

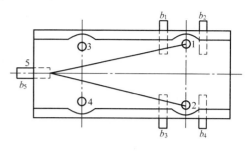

图5-70 台板的安装

螺丝1、2拧紧，然后在地脚螺丝3和4的两旁放垫铁、并同样进行找平，找平后把地脚螺丝3和4拧紧，最后经检查合格，将垫铁点焊牢固，台板便安装完成。

3. 水泵的安装

安装水泵和拖动该水泵的电动机时，先安装水泵，而后安装电动机，因为水泵需要与其他设备用管道相互连接，如果其他设备安装好了，水泵的位置也就固定了，但容量较大的电动机，具有单独的台板及其附属设备，安装时应同时考虑电动机的位置，水泵的安装包括三个工序，即找正、找平及找标高。找正、找标高都是为了与其他设备连接时不会造成困难。而找平则是为了水泵能与电动机很好的连接以及避免在运转时使轴承磨损。

水泵的纵向中心线是以水泵轴的中心线为准，横向中心线是以出水管的中心线为准。但在找正时，均需根据其他设备的纵横中心线为标准进行测量。水泵的纵横中心线按图纸尺寸允许偏差在±5mm范围内。水泵的纵横中心线位置找好后，便可调整水泵的水平。测量时以水泵两轴颈为测点，把水平仪放在轴颈上，测取读数，然后掉转180°在同一位置重测一次，根据两次读数的代数和平均值，得出调整量，通过调整泵的底脚与台板间的垫片厚度，使水泵处于水平状态。对于给水泵尚需要求出口法兰的平面应呈水平。

水泵的标高是以轴的中心线为准，为了便于水泵与出入口管的连接，安装时也要测取水泵的标高。标高调好后应重新测量轴颈水平，符合要求后再紧固水泵的地脚螺丝。

4. 电动机的安装

电动机就位在台板上后，以泵体为基准，进行靠背轮找中心。靠背轮找中心时，应使两靠背轮端面间保持一定距离，其数值要大于泵与电动机轴向窜动值的总和，以防止泵与电动机各自产生轴向窜动时的相互干扰。靠背轮找中心时，其圆周和端面的允许偏差值也应符合要求。如表5-1所示。

表5-1 离心泵靠背轮中心允许偏差值

转速（r/min）	允许偏差值（mm）	
	固定式	非固定式
≥3000	≤0.02	≤0.04
<3000	≤0.04	≤0.06
<1500	≤0.06	≤0.08
<750	≤0.08	≤0.10

安装给水泵等高温水泵时，根据设备支座结构和介质温度，可使泵轴的中心线比电动机轴中心线低一些，这样当泵在运行状态时，由于热膨胀泵的轴线要抬高从而达到同心。

水泵电动机靠背轮找正中心后，即可拧紧电动机地脚螺丝、垫铁点焊，并重新检查靠背轮的同心度和平行度，符合要求后，进行水泵和电动机的二次浇灌。

第六章 汽轮机本体及主要辅助设备的检修

第一节 汽缸检修

一、汽缸解体前的准备工作

(一) 汽缸解体应具备的基本技术条件

汽轮机停止运行后,要监视汽缸温度的变化,按照调节级外缸壁金属温度来安排汽缸解体前的各项准备工作。汽轮机调节级外缸壁金属温度降到150℃以下停止盘车装置运行;金属温度降到120℃以下时拆除汽缸及导汽管保温材料;金属温度降到80℃以下时可以拆除导汽管、汽封供回汽管及其他附件,拆卸汽缸结合面螺栓,进行汽缸检修。

(二) 准备专用工具

(1) 起重专用工具。①顶缸专用千斤顶;②每一台机组安装时都配有相应的汽缸专用起吊工具,机组大修前要检查专用起吊工具情况,确保完整好用;③检查汽轮机罩壳、导汽管、端部汽封套等专用起吊工具是否有缺损,并予以补足;④准备齐全吊环、吊绳、吊卡、吊钩、手拉葫芦等工具;⑤准备齐全汽缸专用导杠;⑥检查、试验桥式吊车完好。桥式吊车是汽轮机大修必不可少的、使用频率最高的起重专用设备,因此大修前一个月就要进行全面、认真、细致地检查。

(2) 检修专用工具。①拆松汽缸结合面螺栓的专用液压力矩扳手一套。专用液压力矩扳手应带有力矩指示表,液压扳头应能够顺、逆时针调整旋向;②用于拆卸紧固力矩较小的各种规格法兰螺栓的电动扳手和风动扳手,以减轻劳动强度,提高工作效率;③拆装特殊部位螺栓的特制扳手。如用于拆卸低压外缸加强筋部位螺栓的超薄壁专用扳手,拆装低压内缸法兰螺栓的特制内六角扳手等;④用于拆装及悬挂特殊部件的专用工具;⑤螺栓加热电源箱及各种规格加热棒;⑥准备框式水平仪和楔形尺、内卡尺,用以测量汽缸起吊时的水平情况和测量汽缸四角顶起的高度;⑦测量汽缸螺栓长度的专用工具;⑧上缸支撑结构的汽缸要准备好检修垫块;⑨准备其他各类常用工器具,如各类扳手、扳杠、楔形塞尺、内径千分尺、垫块、千斤顶、大锤、手锤、螺丝刀、锉刀、铜棒、螺栓松动剂、撬棍等。

(三) 拆卸汽轮机化妆板

拆卸汽轮机化妆板工作是机组检修的最早一道工序。机组大修一般都滑参数到360℃左右才停止运行,投入盘车后就可以拆卸汽轮机化妆板。拆卸顺序是:从上到下、由外向内、由前向后,每拆除一块化妆板部件都要详细做好标记。拆卸过程中要注意人员和设备安全。由于化妆板外形庞大,起吊过程中要注意不能倾斜,作业人员要站在部件两侧,不准站在起吊部件下方,起吊作业要由一名专业起重工人统一指挥,起吊部件四周各有一名检修人员看护。罩壳部件要放在平坦、宽敞的定置场地上,下面垫上木板或胶皮。

(四) 拆除汽缸保温材料

高压缸调节级外缸壁金属温度达到120℃以下时,可以拆除导汽管法兰保温,做好解体导汽管法兰螺栓的准备工作;高压缸调节级外缸壁金属温度达到150℃时,可以停止盘车运行,并准备拆除汽缸保温材料;当高压缸调节级外缸壁金属温度降至120℃及以下时,可以拆除汽缸保温材料。拆除保温材料时,要上下、左右对称拆除;拆掉的保温材料应用专用口袋装好，放到指定位置；拆除工作结束后，要仔细清理、保持现场整洁。

（五）拆卸导汽管

（1）当高压缸调节级外缸壁金属温度达到 80℃ 以下时，才可以拆卸导汽管，否则冷空气沿导汽管法兰进入汽缸，易造成汽缸局部快速冷却，引起汽缸局部应力，严重时会导致汽缸裂纹。

（2）拆除保温材料后，将导汽管法兰螺栓清扫干净，在螺栓丝扣上喷洒螺栓松动剂。

（3）用外径千分尺或专用工具测量导汽管法兰螺栓的长度，并与上次大修后安装数据进行比较，将测量结果提供给金属监督部门。

（4）用铜锤或铜棒敲击螺母，并适量喷洒螺栓松动剂，直到敲击螺栓的声音为两体声音（闷声）时，再开始用扳手拆卸螺栓。强制拆卸容易损伤螺栓丝扣。

（5）拆卸螺栓的顺序是：先拆卸所在位置较狭窄、难操作的螺栓，后拆卸位置好、易操作的螺栓，尽可能做到对称拆卸，最后几个螺栓应轮流拆卸。待所有螺栓都拆卸后，将其放到指定位置。

（6）带有插管的高中压导汽管法兰螺栓的拆卸顺序是：先拆卸弯管内弧侧法兰螺栓，后拆卸外弧侧法兰螺栓。在拆卸法兰螺栓之前，要用专用工具或手拉葫芦将插管定位。

（7）待导汽管法兰螺栓全部拆卸后，将导汽管起吊到指定位置摆放牢固。起吊过程中注意调整导汽管重心保持平衡、不要倾斜，特别注意人员安全。

（8）导汽管吊走后，要及时用特制的铁盖将两侧法兰盖好，防止异物掉入汽缸内。对取出的法兰垫片进行测量，以便与备件垫片比较，组装时可作为垫片压缩量的参考数据。

（9）在螺栓拆下来之前，要对螺栓编号进行——核对，缺少编号或编号不清的螺栓要重新编号，并记录。

（六）拆除端部汽封及其他相关附件

1. 拆除汽缸端部汽封及供、排汽管

（1）汽缸保温材料拆除以后，调节级处金属温度在 90℃ 以下可以拆卸高、中压缸端部汽封。低压汽缸端部汽封在盘车停止运行以后就可以进行拆卸。

（2）拆卸端部汽封供、排汽管法兰螺栓之前，要做好检查工作，特别是对有临炉（或机）蒸汽母管供汽封用汽的机组更要仔细检查。确认管内没有压力蒸汽后，才能拆卸法兰螺栓，并对各部件做好标记，以便回装。

（3）拆除供、排汽管后，要将管道两侧法兰用特制的堵板封好，防止异物进入。

（4）解体高、中压端部汽封时，不要先松动结合面及立面螺栓，要按照如图 6-1 所示，用加套筒和厚垫旋紧丝扣的方法，先拔出结合面及立面的圆柱销（或锥形销）。对于有定位方销的汽封套，一般情况下，由于方销配合间隙比较小，又处于运行温度较高的区域，不易拔出。可先将足够的螺栓松动剂喷洒入配合间隙中浸泡，再用铜锤敲击方销侧面，使其松动，再将其拔出。

（5）在所有定位销拆除后，顺序拆卸结合面螺栓和立面螺栓，然后用水平和垂直顶丝配合，将端部汽封上半顶离凹槽，再用专用工具将其吊出。注意不能碰伤汽封齿。有的机组解体端部汽封前，需要将附近轴承室上盖先解体吊走。

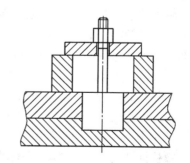

图 6-1 拔结合面圆柱销（或锥形销）

（6）端部汽封上半吊走以后，要在结合面处加装保护立面法兰软铁垫的专用工具。端部汽封下部供、排汽口要及时封堵，防止掉入异物。

2. 拆除热工元件

拆掉汽缸上的温度、压力、胀差、转速等热工元件。有些元件需先拆除引线，等设备解体后再拆除一次组件。

3. 装入检修垫块

对于上缸支撑的汽轮机，在拆卸汽缸结合面螺栓之前，需要分别将整个汽缸前后部顶起，取出工作垫块，换上同样厚度的检修垫块。换下的工作垫块要做好标记，放入专用工具箱中保管好，待组装时使用。检修垫块装入并确保拆卸结合面螺栓后，下汽缸的位置应不发生任何变化。

二、汽缸结合面螺栓检修

（一）汽缸结合面螺栓的拆装工艺

低压汽缸结合面螺栓，特别是低压外汽缸结合面螺栓尺寸规格一般较小，拆卸和紧固没有特殊的工艺，但需按要求松紧的顺序操作。拆装螺栓基本按照先中间、后两侧、由内向外、左右对称的顺序进行。高中压汽缸及低压内汽缸结合面螺栓所处位置的温度和压力较高，其尺寸规格较大，因此拆卸和紧固一般按照要求顺序采用热拆装工艺。

1. 电阻式螺栓加热器及加热棒

电阻加热器具有结构简单，加热均匀，使用方便，容量、长度、粗细均可按螺栓的要求任意选购，多个螺栓可同时加热等优点。目前，国内外普遍采用这种加热器加热螺栓。电阻式螺栓加热器及加热棒有两类，一类是直流加热器和直流加热棒；另一类是交流加热器和交流加热棒。交流加热棒存在使用寿命短、安全性差的缺点。现多用由改进型内热式电阻丝直流加热器（棒）和调压式直流控制箱组成的新型汽缸螺栓加热装置，这种装置克服了交流加热装置的一系列缺点，应用较多。

在拆装汽缸法兰螺栓以前，需要检查加热器与加热棒是否好用。一般情况下，通电 2～3min 内加热棒便发红，直至呈暗红色即为好用。

2. 汽缸结合面螺栓热拆装顺序

在拆卸汽缸结合面螺栓前，应检查汽缸变形情况，汽缸变形最大部位的螺栓应首先拆卸。所谓汽缸变形最大部位是指空扣上汽缸，测量汽缸结合面间隙最大的部位。先拆卸汽缸变形最大部位螺栓的原因是：该处螺栓在紧固时，为消除结合面间隙所施加的紧固力较大，若先拆卸其他部位螺栓，那么这些螺栓承受的紧力除原来的预紧力外，还附加法兰变形引起的作用力，这样就会使热拆卸螺栓的伸长量增大，加热时间成倍延长，造成拆卸困难，严重时会使螺栓过载损坏。其次是拆卸位置比较狭窄、作业困难部位的螺栓。接下来是拆卸长度较短、直径较小的螺栓，短螺栓加热伸长总量越小、细螺栓加热时螺母热得越快，螺栓拆卸的难度越大。最后拆卸位置宽敞、长度大、直径较大的螺栓。

如果汽缸上既装有带加热孔的螺栓，又装有无加热孔的螺栓，那么拆卸螺栓时就应先拆卸无加热孔的螺栓，之后再依照上面所述的拆卸顺序进行。

某型汽轮机高压缸最合理的松紧螺栓顺序，如图 6-2 所示。

3. 螺栓编号及螺纹保护

螺栓拆卸之前要对螺栓及螺母进行编号，因为汽缸螺栓处在高温下长期承力运行的结果就是螺纹会产生微小的变形，螺母与螺栓的螺纹变形是匹配的，如果组装时螺栓与螺母不匹配，则会因变形不一致而导致螺纹配合不好，严重时会出现螺纹乱扣或咬死现象。消除螺纹微小变形影响的最好方法就是将螺母与螺栓编号、匹配组装。编号可用钢字码打在螺栓和螺母的端头平面上。如果没有钢字码，也可用油漆写上。检修过程中，汽缸结合面螺栓要求全部拆下，清扫、修整、探伤后再重新组装。拆下的螺栓要装上专用螺纹保护套。

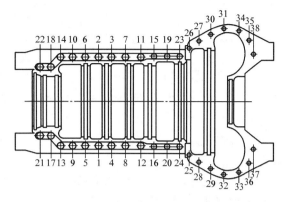

图 6-2　汽轮机高压缸最合理的松紧螺栓顺序

（二）螺栓紧固件的检修工艺

1. 螺栓、螺母清扫

螺栓、螺母拆下要进行清扫工作。用螺栓松动剂或清洗剂、煤油浸泡螺纹约 20min，然后用钢丝刷与毛刷配合清扫螺杆和螺纹部分。清扫要全面、彻底，不能留有死角。清扫干净以后，用热风吹扫烘干，摆放整齐，为进一步检验做准备。

2. 螺栓检查

螺栓检查分两种形式，一是用放大镜进行宏观检查，主要检查螺纹有无碰伤、变形及螺栓有无明显裂纹、弯曲等；二是金属技术监督检查，主要进行着色或磁粉探伤、超声波探伤、硬度检查及金相组织检查。根据发现的缺陷情况，分析出产生缺陷的原因，找出处理的方法。如发现螺栓存在裂纹，则需要更换新螺栓。

3. 螺纹修复

螺纹最容易出现的缺陷是变形或损坏。变形量不大的螺纹可以在检修现场进行人工修复，螺纹涂研磨膏用配套螺栓、螺母对研，用细锉磨削硬点直到轻松旋到底为止；对于变形量很大且是多扣变形的螺纹，需要到车床上进行修复，车刀每次进刀量不许超过 0.03mm，用配套螺栓、螺母检验。

螺纹损坏分多种。螺纹齿尖部碰伤、齿面异物研碾损坏等轻微损坏的修复工作可以在现场用锉刀、板牙或丝锥完成，修复之后可以继续使用。螺纹断齿是破坏性损伤，如果是高压缸结合面螺栓、螺母，出现断齿后必须更换新品，如果是低压缸结合面螺栓，螺纹断齿在 2 扣以内，没有其他缺陷的情况下，修复后可以继续使用。

4. 球面垫检修

大容量机组汽缸结合面大螺栓采用球面垫。球面垫的优点是可以调整螺母与汽缸法兰面的相对位置，保证螺栓紧固后不产生弯曲应力。球面垫经常出现的缺陷是裂纹或工作表面划伤。由于要求球面垫工作表面硬度高，大多采取表面氮化处理，处理工艺稍有偏差就很容易造成球面垫内部应力集中，再受运行温度变化的作用，极易产生裂纹。球面垫裂纹检查一般采用着色或磁粉探伤，如有裂纹就必须进行更换。由于球面垫用于调整螺母与汽缸法兰面的相对位置，在机组运行工况发生变化时，汽缸与螺栓膨胀变化不统一，会造成球面垫有相对滑动。高温下金属硬度相对降低，球面垫工作面极易研碾划伤。工作表面划伤很容易检查，修复的方法是研磨划伤部位。对工作面划伤严重的球面垫，应予以更换。

三、汽缸大盖的起吊工艺及注意事项

（一）汽缸大盖起吊工艺

（1）根据汽缸质量，选择专用起吊工具，并确认各吊具完整无损。

(2) 在汽缸四角的上缸吊耳下或上缸专用凹窝内各放置一只液压千斤顶顶牢,并用临时标尺测量汽缸四角高度,在转子两轴颈处各装一块百分表,并派专人监视。

(3) 顶缸时,由一人指挥,四人同时操作千斤顶,汽缸四角同时慢慢顶起,当均匀顶高 5~10mm 时,确认缸内有无卡涩和掉落。当无异常时,继续用千斤顶将汽缸顶至铰孔螺栓的销子部位,并随时用标尺测量汽缸四角高度,使其偏差不大于 2mm,防止螺栓卡涩。

(4) 用行车大钩微速起吊,待钢丝绳完全吃力后,进行校平、找正,然后缓慢起吊,起吊时不允许在大盖不平的情况下强行起吊,应仔细倾听汽缸内有无金属的碰撞、摩擦声,并检查转子上百分表的变化,确认转子不随大盖同时吊起时,方可继续起吊大盖。

(5) 当汽缸吊起 100~150mm 时,暂停起吊,仔细检查缸内情况,应无卡死、无物件掉落和其他异常时,再缓慢起吊汽缸。

(6) 上缸吊出后,平稳地放在指定位置,结合面下垫好约 500mm 高的枕木,以便检查。

(7) 仔细检查汽缸水平结合面有无蒸汽泄漏痕迹,若有蒸汽泄漏痕迹应详细记录,特别是穿透性痕迹,应检查涂料中有无硬质杂物,并做好记录。

(8) 检查后用帆布等物品将内、外缸夹层和各进、出汽口挡好,做好安全保护措施。

(9) 对于低压内外缸和高压内缸起吊,可不用千斤顶,一般用顶丝将汽缸顶起 2~4mm,并保持四角上升高度均匀一致。若顶丝无法使用,需用吊车直接吊缸时,应由经验丰富的司机操作,起吊时微量启动,随时检查行车和钢丝绳状况,如有异常过载,应查明原因,不可强行起吊。

(二) 汽缸大盖起吊的注意事项

(1) 汽缸大盖起吊前都必须正确安装好专用导杠。导杠要清扫干净,不能有毛刺;导杠的粗细要适中;导杠表面要涂上润滑剂,防止导杠与汽缸孔干摩擦而划伤。

(2) 确认吊车吊钩制动器好用,要求吊钩制动迟缓距离不能超过 0.05mm;另外确认吊缸用钢丝绳无异常。

(3) 检查确认汽缸上、下缸之间无任何连接件。

(4) 起重作业只能由一名经验丰富的专业起重人员指挥;用千斤顶顶缸时,也要由一人指挥。

(5) 在顶汽缸时,四角顶起高度的误差不能大于 2mm,以免汽缸偏斜造成卡涩。

(6) 起吊过程中要随时用框式水平仪检查汽缸的水平情况,防止汽缸偏斜,造成螺栓螺纹损坏。

(7) 汽缸四角应有专人扶稳,特别注意汽缸脱离导杆时突然摆动,碰伤叶片。

(8) 如果汽缸起吊过程中出现卡涩现象要及时停止起吊工作,查明原因、处理后再起吊。

(三) 清缸工作

各汽缸检修前测量工作结束后,即可清缸,吊出高、中、低压缸内的隔板、隔板套、静叶环及内缸,并及时将孔洞、喷嘴室用专用盖板、胶布等物品封好,防止杂物落入。

四、汽缸检修工艺方法

(一) 汽缸的清理和检查

(1) 用未淬硬的刮刀、细砂布和电动圆盘钢丝刷清扫汽缸结合面、隔板套(静叶环)及汽封套的定位凸台和凹槽。高、中压内缸及外缸的高温部分可用砂轮或用胶布黏牢砂皮后装在风动砂轮上将氧化皮磨去。对毛刺等微小缺陷可用细锉刀或油石消除。使用刮刀清扫汽缸结合面时,应沿结合面周边方向纵向进行,不准由缸外侧向缸内侧或由缸内侧向缸外侧横向刮削,更不允许刮削起结合面金属或刮出纹路,以免损坏结合面的严密性。

(2) 对于上汽缸清扫可将其翻转180°,使结合面朝上并垫实。对于300MW以上汽缸,在清扫上缸结合面时,用吊车先吊起外缸,再用专用撑架在四角将其撑住,同时吊车仍吊着汽缸,使钢丝绳保持适当受力,工作完毕后,应及时将外缸放到枕木上。不允许在无人工作时,仍由吊车吊着汽缸。更不允许在吊车吊着汽缸时,进行电焊工作。必要时,用吊车吊着焊接时,必须先将汽缸放下,在吊钩上包上绝缘垫,然后吊起汽缸进行焊接工作。

(3) 用钢丝刷清除汽缸内表面的锈垢和氧化皮,并用压缩空气吹净。注意不得损伤精加工面,不能将脏物吹入各抽汽孔和疏水孔。外表面指定部位清扫,应按要求见到金属光泽,以便金属技术监督检查。

(4) 汽缸清扫后,要做全面细致的检查工作,主要检查项目:①汽缸水平结合面及其螺孔附件;②下汽缸各抽汽、疏水、热工测点孔洞的内外侧附近;③上、下缸的内、外侧圆角过渡区、制造厂原补焊区;④上、下缸的喷嘴弧段附近、导向环和汽封隔板槽等部位;⑤其他温度变化剧烈,断面尺寸突变,峰谷等部位有无裂纹、脱焊、吹损等缺陷,若有可疑时应用放大镜进一步检查,发现问题时可用着色法、酸浸法、超声波探伤法检查确定。对裂纹的检查方法通常用的有浸煤油试验法、腐蚀试验法等。

浸煤油试验法。首先对裂纹周围的金属表面进行严格的清洗直至表面出现金属光泽,然后在其上涂以煤油。由于煤油具有较强的渗透能力,能渗到裂纹缝隙内。大约经过十分钟,便可将表面附油擦净,再敷上一层用酒精搅拌好的白垩。稍等片刻,酒精挥发了以后,裂纹中存留的煤油就会渗出来,将涂于表面的白垩浸湿而清楚地显示出裂纹的形状。如果在煤油中预先稍加些黑铅粉,则裂纹将显现得更清晰。

腐蚀试验法。将含20%~30%硝酸的酒精溶液或含水50%的稀醋酸涂于金属表面,经过酸的浸蚀,再用放大镜仔细观察,即可发现裂纹形状及其起终点。

(5) 低压汽缸防爆门法兰结合面应无毛刺及贯通槽沟,接触应良好,垫片应完整无损,其厚度保证排汽缸压力大于大气压力时能动作为宜。各制造厂使用垫片的材质不同,有高压纸箔、铝皮、薄铅板等。

(二) 汽缸测量和调整

1. 汽缸结合面水平的测量工艺

(1) 将待测部位用细砂布清扫干净,确保无毛刺、划痕。

(2) 用合像水平仪安放在规定测量位置上,测量各内、外汽缸的纵、横向水平。将合像水平仪放稳,并用手按对角,检查水平仪有无未放平的现象。合像水平仪的使用要正确。

(3) 将测得的数值与上次大修记录和安装记录相比较,看其有无变化,若有较大的变化,应认真检查,分析产生的原因,并采取适当措施,防止其发展。

2. 汽缸严密性检查

(1) 高、中压内、外缸在大修中均须在空缸情况下,检查结合面间隙。

(2) 合空缸时,应在汽缸结合面清理好后进行,避免因毛刺、污垢影响测量的准确性。

(3) 汽缸合上时应打入定位销,并重点检查以下部位:上、下缸的各凸肩、槽道在轴向有无错位现象;外缸对内缸的限位凸肩是否顶牢;内缸有无上抬现象。

(4) 确认无误后,用塞尺检查空缸自由状态下和冷紧1/3结合面螺栓时汽缸结合面间隙，汽缸内、外两部分的间隙数值应标明范围，用粉笔写在下缸上，对高温区域应重点检查。一般情况下，自由状态时 0.25mm 塞尺应塞不进；冷紧 1/3 螺栓后不得有任何间隙。

(5) 低压内、外缸空缸检查严密性的方法和要求与高、中压内、外缸测量方法一致。

(6) 当汽缸结合面间隙超过标准时，应根据全面分析结合面接触不良和变形的原因，确定修刮方案。修刮合格后，用精细专用油石将结合面打磨光滑。

缸体洼窝中心的测量和汽缸猫爪负荷分配的测量与调整同前一章。汽缸变形及静垂弧的测量也同前。

五、汽缸检修特殊问题处理方法

(一) 汽缸裂纹的处理方法

汽缸裂纹多产生于下列部位：①各种变截面处，如调节汽门座、抽汽口与汽缸连接处，汽缸壁厚突变处等。②汽缸法兰结合面，多集中在调节级前的喷嘴室区段及螺孔周围。③汽缸上的制造厂原补焊区。

产生裂纹的原因有以下几个方面：①铸造工艺不当。汽缸各处壁厚不同，凝固速度不同，产生的应力也不同，这个铸造应力可把汽缸拉裂（形成表面裂纹或隐形裂纹）；同时铸造缺陷，如夹渣、气孔等亦可造成裂纹。②补焊工艺不当。补焊工艺不当或焊条使用不当及补焊中的缺陷，如未焊透、夹渣、气孔等也易造成裂纹。③汽缸时效处理不当。不能消除材料内部的应力。④运行操作不当。运行中起动、停机、负荷变化过速，参数波动过大等，会使汽缸各部分产生过大温差应力，此温差应力容易引起裂纹；运行时机组振动过大亦可导致汽缸裂纹。

出现裂纹以后要根据裂纹情况制订出具体的处理措施。在现场的工作条件下，一般采取的措施有打磨法、打磨补焊法和钻孔止裂法。

1. 打磨、铲除法

这种方法应用于裂纹短也比较浅而且汽缸壁比较厚的情况下。当裂纹不是很严重（深度小于 5mm）或裂纹所在位置又比较蹩手时，一般现场处理方法是用角向磨光机、直磨机打磨裂纹或用扁铲、锉刀铲除裂纹，将裂纹打磨掉，并在磨口附近打磨成光滑过渡，然后进行着色检验，直到裂纹全部清除。检验剩余厚度、进行强度校核，如果剩余厚度仍然可以承受蒸汽压力及参数变化，即强度仍然够用的情况下，就不补焊，打磨后处理工作就可结束。

2. 打磨补焊法

在现场应用最为广泛，处理问题也比较彻底的方法是裂纹打磨以后进行补焊的方法。当裂纹深度很深，已经超过了汽缸强度允许范围，打磨后就要进行补焊。汽缸补焊一般可分为热焊接和冷焊接，采取哪一种方法要根据汽缸的材质确定。首先，双层缸结构的高、中压缸内缸和单层缸结构的高、中压缸一般均采用较高性能的耐热合金钢，最为常见的有 ZG15Cr1Mo1V 和 ZGI5CrV 等，焊接需要热焊接，焊后需要热处理。具体处理工艺如下：

(1) 将汽缸裂纹打磨掉，采用着色检验的方法检验裂纹打磨的彻底与否。如果裂纹已经打磨彻底，将打磨口磨成 U 形焊口，要求 U 形焊口的上边缘要打磨成带有外 R 角的形状。

(2) 由焊口向外 150、300、500mm 处各加 2 个温度测点，温度测点一次性组件要包上保温。根据现场条件，制订焊接工艺措施和安全措施。

(3) 用感应涡流加热绕组缠绕在补焊处汽缸上或准备充足的烤把。

(4) 根据汽缸材质选定焊条，并将焊条放在焊条干燥箱内加热干燥。

(5) 给感应线圈通电，使得汽缸开始加热，根据焊接工艺措施要求控制温升速度，直到加热到焊接要求的温度,并用感应线圈或烤把维持一定的温度。

(6) 先将整个焊口薄薄地敷焊一层,焊接顺序见图 6-3 (a),焊好一层后清理干净焊渣,并进行回火处理,回火后立即用长嘴刨锤敲击焊口以消除焊接应力。

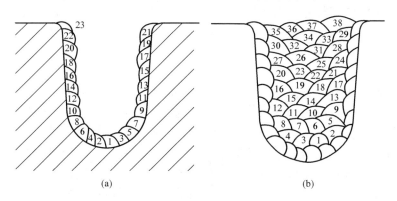

图 6-3 汽缸补焊顺序
(a) 敷焊焊接顺序;(b) 依次焊接顺序

(7) 清扫干净焊口表面(用毛刷、组锉、刨锤以及酒精等),开始按照图 6-3 (b) 所示的顺序进行依次焊接,焊接一层后回火、敲击消除焊接应力。直到焊满焊口位置。

(8) 全部焊接结束后,对焊口进行回火处理。冷却后对焊口进行超声波探伤及着色检查,若发现裂纹应分析原因,重新制订措施,重新打磨焊接直到再没有裂纹为止。

补焊结束后检查汽缸变形情况。还有一种情况是汽缸处于低压、低温工作区,采用的汽缸材质要求的标准就相对低一些,比如 ZG20CrMo、ZG20CrMoA、ZG20CrMoV,此类材质适用于温度在 520℃ 以下的汽缸或隔板套,比如高、中压外缸和低压内缸。其补焊工艺要求可以用冷焊接方式,所谓冷焊接就是焊接母体焊前预热、开始补焊后不再预热,而是清扫干净后直接施焊。

3. 钻孔止裂法

钻孔止裂法是在裂纹的两端各钻一孔,将裂纹截断隔离并防止裂纹继续延伸的方法。这种方法适应于裂纹较浅,且出现裂纹的部位非常蹩手,既难打磨也无法铲除的情况,是一种临时性措施。

具体方法是:在裂纹的终结点部位用 $\phi 4 \sim \phi 6$mm 钻头垂直向下钻孔。终结点位置宽敞时钻孔工具可以采用手枪电钻、风钻等工具;在终结点位置非常狭窄的情况下,可以采用 90° 手扳钻,因为手扳钻可以改变钻头长度,也可以调整旋转轴的长度,以适应各类情况的需要。钻孔深度应该和裂纹深度相同,也就是说裂纹钻没以后就可停止,以尽可能减少汽缸强度降低。在钻孔接近裂纹时,钻头应采用 150° 圆钻角钻头,这样可以缓冲裂纹向两端发展。但未钻孔处的裂纹深度方向无法控制,所以这种方法在不得已的情况下采用。

(二)螺母丝扣咬死处理方法

在加热松动大螺栓的过程中,会遇到螺栓加热以后,螺栓虽然已经伸长、螺母也能拧动,但只拧动几扣以后就再也拧不动的情况。当螺母已经松动一段长度,向紧固的方向上还可以拧回去,但向松动方向拧不动时,说明螺栓的丝扣上可能出现毛刺或氧化层脱落。这时,首先要用压力喷壶从螺栓的上、下侧向螺纹上浇螺栓松动剂,然后来回拧动螺栓,边拧动边喷浇,使得螺栓松动剂渗入螺栓丝扣中。这种方法处理氧化层脱落引起的螺母拧不动时十分有效。如果无论采取什么方法也不能将螺母顺利拆卸下来时,只能选择破坏螺母的方法。破坏螺母的方法有两种:一种是用液压劈开器将螺母对称劈开;另一种是在没有劈开器的条件下,用割炬将螺母割开。用割炬切割螺母时,一定要注意不能将螺栓的丝扣碰伤。用破坏螺母的方法解体的螺栓,在检修过程中必须进行金属探伤检查,必要时要进行热处理,同时要用车床或专用扳手将螺栓丝扣修复。

(三)汽缸泄漏的处理

汽缸泄漏多数发生在上下缸水平接合面高压轴封两侧,因为该处离汽缸接合面螺栓较远,温度变化较大,温度应力也较大,往往使汽缸产生塑性变形,而造成较大的接合面间隙,使这些部位发生泄漏。一般情况下,汽缸泄漏的原因除了制造厂设计不当之外,有以下三种原因。①汽缸法兰螺栓预紧力不够。②汽缸法兰涂料不佳。如涂料内有杂质,涂刷不均匀或漏涂,涂料内有水分,涂料用错等。③汽缸法兰变形严重,接合面间隙较大。由于汽缸形状复杂及体积庞大,铸造后虽经过消除应力热处理,但仍存在残余内应力。当汽缸经过一段时间运行后,残留的内应力和运行中产生的温差应力相互作用,使汽缸变形,局部区域法兰结合面间隙过大。

根据汽缸泄漏的情况,大致有下列几种处理方法:

1. 用适当的填料密封

当汽缸泄漏面积较小,接合面间隙在 0.10mm 左右时,可用亚麻仁油加铁粉做涂料,涂于泄漏处或接合面间隙大处,以消除泄漏。该涂料配置方法:将亚麻仁油用电炉煎熬约 6h,待亚麻仁油内水分蒸发完为止,使亚麻仁油有一定的黏性即可。加入 25% 的红粉、25% 的铁粉和 50% 的黑粉,搅拌均匀成糯糊状就可使用。

2. 接合面处加密封带

当汽缸泄漏处于高温区域且漏汽不很严重时,可在汽缸接合面泄漏区域的上缸,离内壁 20～30mm 处开一条宽 10mm、深 8mm 的槽。然后在槽内镶嵌 1Cr18Ni9Ti 不锈钢条,借 1Cr18Ni9Ti 材料的膨胀系数大于汽缸材料的膨胀系数,使汽缸在运行工况时增加密封紧力,从而消除漏汽。

3. 汽缸接合面加装齿形垫

当汽缸接合面局部间隙较大,漏汽严重时,可在上下汽缸接合面上开宽 50mm、深 5mm 的槽,中间镶嵌 1Cr18Ni9Ti 的齿形垫,如图 6-4 所示。齿形垫厚度一般比槽的深度大 0.05mm 左右,并可用不锈钢垫片进行调整。

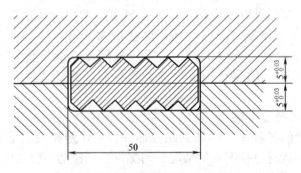

图 6-4 汽缸接合面加齿形垫

4. 汽缸接合面堆焊

当汽缸漏汽发生在低压汽缸的低压轴封处时，由于该处工作温度较低，一般采用局部堆焊来消除漏汽。堆焊前将汽缸平面清理干净，用氧-乙炔焰焊嘴加热堆焊，堆焊后用小平板进行研刮，使其与法兰平面平齐。对于工作温度高的汽缸，因其材料焊接性能差，为防止汽缸裂纹，一般不采用堆焊方法来处理漏汽缺陷。

5. 汽缸接合面涂镀

当低压汽缸接合面大面积漏汽时，为了减小研刮汽缸接合面的工作量，可采用涂镀新工艺，即利用汽缸做阳极，涂具做阴极，在汽缸接合面上反复涂刷电解溶液。溶液的种类可按汽缸材料和研刮工艺而定。涂镀层的厚度可按汽缸接合面间隙大小而定，一般涂镀层厚度为 0.03～0.50mm。涂镀层可用平尺或上汽缸合上进行研刮。用涂镀方法消除汽缸漏汽，不需对汽缸加热，所以不会引起汽缸变形，操作简单方便，在许多方面优于喷涂法，因而逐步得到推广。

6. 汽缸接合面研刮

当汽缸变形较大，大部分接合面存在间隙而突出部分的面积不是很大时，可采用接合面研刮的方法。研刮工作一般分下列几个步骤：

（1）将上、下汽缸接合面清理干净，并扣上大盖，冷紧 1/3 汽缸螺栓，用塞尺检查汽缸内外壁接合面间隙，做好记录和记号。

（2）根据所测接合面间隙，确定研刮基准面。一般情况下，以上汽缸为基准，研刮下汽缸平面。但是当汽缸变形严重时，上汽缸平面不平，此时应先将上汽缸翻转，用道木垫平垫稳（注意汽缸静垂弧影响）。然后，用平直尺或大平板检查和研刮平面，一般研刮到用平直尺检查间隙小于 0.05mm，方可将上缸再翻转，作为研刮下汽缸平面的基准。

（3）当汽缸变形量大于 0.20mm 时，应用平面砂轮机进行研磨。为防止研磨过量，可在下汽缸平面上按变形量用手工研刮出基准点，一般为 10mm×10mm 的小方块，其深度为该处必需的研刮量。每隔 200mm 左右研刮一个基准点。

（4）汽缸法兰平面研刮应注意下列事项：①汽缸接合面间隙最大处不能研刮。②研刮前必须将汽缸法兰平面上的氧化层用旧砂轮片打磨掉。③刮刀或锉刀等研刮工具只能沿汽缸法兰纵向移动，不能横向移动，以免汽缸法兰平面上产生内外贯穿的沟槽，影响研刮质量。④用砂轮机研磨到汽缸接合面间隙等于或小于 0.10mm 时，应改用刮刀精刮。此时检查汽缸接合面接触情况，应在下汽缸法兰平面上涂擦一薄层油墨，用链条葫芦或千斤顶施力，使上汽缸在下汽缸沿轴线方向移动约 20mm，往复 2～3 次，然后吊去上缸，按印痕进行研刮。⑤用油墨或红粉检查平面时，必须将汽缸法兰平面上的铁屑揩净，以防汽缸在往复移动时拉毛平面。⑥研刮标准为每平方厘米范围内有 1～2 个印痕，并用塞尺检查接合面间隙小于 0.05mm。达到标准后用"00"砂纸打磨，最后用细油石加汽轮机油进行研磨，使汽缸法兰表面粗糙度 Ra 为 0.1～0.2。⑦研刮结束后，应合缸测量各轴封、隔板等处的汽缸内孔的轴向、辐向尺寸，以确定是否需要镗汽缸各孔。⑧研刮前必须将前后轴承室和汽缸各疏水、抽汽等孔封闭好，以防铁屑、砂粒落入。

（四）汽缸膨胀不畅的检修

汽缸膨胀不畅是高中压分缸机组常见的故障，不但延长机组启动时间，严重时可能造成汽缸跑偏、机组胀差值超标，甚至会使动、静部件发生碰摩、主轴弯曲等严重后果。

1. 汽缸膨胀不畅原因分析

一般情况下，汽缸膨胀不畅可能有以下两个原因：

(1) 轴承箱底部与台板之间的摩擦阻力偏大。

1) 高、中压缸的轴承箱处于高温工作区域内,随着机组运行时间的增加,轴承箱底部的润滑油脂就会老化、变质,致使摩擦阻力增大。

2) 汽缸轴封向外漏汽,使轴承箱底部与台板之间生锈、腐蚀,加大摩擦阻力。

3) 轴承箱下部的滑销系统卡涩。

(2) 推拉结构不合理。

1) 存在汽缸膨胀不畅的机组在启、停过程中,高、中压缸的膨胀和收缩,多数是由猫爪来传递推力和拉力的。由于猫爪推拉装置的配合间隙很小,加之汽缸左右侧膨胀不可能很均匀,所以左右两侧猫爪传递的推力和拉力也不相同,严重时只有一侧猫爪传递,从而会使轴承箱受到偏心的推(拉)力作用,造成轴承箱底部纵向键受力,发生摩擦卡涩,造成汽缸纵向膨胀不畅。

2) 由于猫爪一侧受力,还会造成汽缸横向膨胀时一侧受阻,使汽缸的立销受力,严重时会使立销变形,造成汽缸的跑偏。

3) 猫爪推拉装置的承力点与轴承箱滑动面存在一定的高度差,因此猫爪推拉轴承箱时会对轴承箱产生一个旋转力矩的作用,不利于轴承箱的顺畅膨胀。

2. 汽缸膨胀不畅的治理措施

(1) 减小轴承箱底部与台板之间的摩擦阻力。

1) 将原来轴承箱底部弯多线长的大回路油槽堵死,重新开设容易注排油的小回路油槽,并在轴承箱侧面开设注油孔和排油孔,便于运行中加注润滑油。

2) 新油槽开设45°斜坡口,使润滑油容易进到轴承箱底部与台板间的接触面内部,使其能够起到良好的润滑作用。

3) 将台板、轴承箱底面及与轴承箱配合的纵销上的锈蚀、斑点及毛刺打磨干净,将轴承箱与台板对研,经着色检查接触面积应达到75%以上,且轴承箱在台板上滑动自由。

4) 在端部轴封外侧加挡汽板,防止漏出的蒸汽进入轴承箱与台板之间。

(2) 改进推拉装置。

1) 猫爪横销的推力侧加工为2.5mm间隙,使汽缸的横向膨胀更加顺畅,猫爪只起拉力作用,而不起推力作用。

2) 轴承箱与汽缸之间加装H形中心推拉梁。汽缸膨胀时,将推力作用点转移到H形中心推拉梁上,可大大降低原猫爪作为承力点时对轴承箱产生的翻转力矩,使膨胀顺畅;汽缸收缩时,轴承箱与汽缸间力的传递是由猫爪和H形中心推拉梁共同传递的,这比原结构中单靠猫爪传递的情况要大大改善。

第二节 隔板(或静叶环、持环)与汽封的检修

一、隔板套、隔板(静叶环)检修

1. 解体及注意事项

(1) 上缸或上内缸吊开后,应及时向各隔板套连接螺栓内注入松动剂或煤油浸泡。同时测量检修前的隔板套、隔板(或静叶环)水平中分面间隙,隔板或隔板套挂耳间隙,并将有关数据记录在检修卡片上。

(2) 将各隔板套、隔板(静叶环)按顺序做好编号,以防组装过程中错装造成返工。各

螺母做好编号，以便回装时原螺栓配原螺母。

（3）拆卸各隔板套、隔板（静叶环）连接螺栓，拆时应小心谨慎，防止螺母、垫圈、扳子或锤头掉入抽汽孔内，若有异物掉入抽汽孔应及时设法取出。

（4）对于300MW以上机组，静叶环部分螺母需热松，故采用电加热方法进行。

（5）确认吊装顺序，做好记录后，并分别吊出上半隔板套、隔板（静叶环）至指定位置，检查中分面有无漏汽痕迹，并做好记录。

（6）检查下半隔板（静叶环）中分面有无抬起，压板底部有无脱空现象。

（7）下半部件待转子吊出后逐个做好编号，再用吊车逐个吊出，放置检修现场指定位置，并整齐有序，物件下应垫木板或橡胶板。

（8）当隔板套、隔板（静叶环）全部吊出后，应立即将各抽汽口封堵好，以防检修过程中异物落入。

（9）对具有隔板套的隔板应用专用工具将各级隔板抽出，并做好标记，见图6-5。绝对禁止用钢丝绳直接穿入叶片中进行起吊。在起吊隔板过程中，吊车要找正，当隔板有卡涩时，应用铜锤轻轻敲击，待隔板活动后再继续起吊，注意不能摩擦、碰撞，不能强行起吊。

2. 隔板套、隔板（静叶环）的清理检查和修整

（1）隔板（静叶环）解体后，可采用人工直接清扫、喷砂和化学去垢方法清扫静叶片的正反面。

（2）严禁用砂轮机或角向磨光机进行清扫，防止增加叶片表面的粗糙度，改变叶片型线和挂耳的调整压板螺钉，上隔板的压块螺钉必须拆下清理，螺孔均用丝锥重新过丝、装复。

（3）隔板（静叶环）与隔板套或与汽缸的轴向配合面均用砂布清理干净，其余部位可用钢丝刷将浮垢清除。

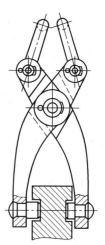

图6-5 吊下隔板专用工具

（4）对隔板（静叶环）逐级宏观检查，重点检查进、出汽侧有无与叶轮、叶片摩擦的痕迹；铸铁隔板的静叶片铸入处有无裂纹和剥落现象；静叶片有无伤痕、卷边、松动、腐蚀、裂纹或组合不良现象；隔板（静叶环）、隔板套的挂耳有无松动、损伤现象；焊接隔板中分面处的两端静叶应重点检查有无脱焊、开裂、漏焊或腐蚀吹薄等现象；隔板套有无裂纹并进行隔板（静叶环）严密性检查。

（5）用小锤逐片轻敲静叶片做音响检查，是否发音清脆，衰减适当，对有疑问的静叶片应用放大镜或着色法做进一步检查。

（6）对静叶片裂纹、缺口等缺陷进行整修，小缺口或小裂纹用圆挫修成圆角，裂纹较长时应在裂纹顶端打止延孔，出口边卷曲严重应做必要的热校正，较大缺口应补焊。

（7）宏观检查喷嘴片和喷嘴室，用小铜棒轻击喷嘴片做音响检查，并检查喷嘴固定端的销钉和靠近汽缸平面处的密封键。

3. 检修后的质量标准

（1）隔板（静叶环）叶片清理修整后，应清洁光亮，无划痕、裂纹、松动、卷边、缺损等现象。

（2）隔板套、隔板（静叶环）水平结合面应光滑完整，无漏汽痕迹。

（3）隔板（静叶环）各焊缝无漏焊、裂纹、脱落及其他严重缺陷。

（4）隔板套螺栓、隔板压板螺栓清理整修，螺纹牙形完整，压板与螺栓应按原编号装

配，必要时做光谱分析以鉴定螺栓材质。

（5）高压喷嘴片、喷嘴室外观应无裂纹、缺口、卷边及脱焊。喷嘴组固定端的销钉无脱焊，密封键间隙为 0.02～0.04mm。

（6）静叶片做加热校正时，温度应大于 700℃，2Cr13 材料的静叶片加热后应保温缓冷。静叶缺口补焊时，应选用同种钢材，制订专门的焊接工艺，并事先做小样试验。

（7）若隔板存在严重缺陷无法修复时，应更换新隔板，新隔板静叶的组装焊接质量做外表宏观检查，并在出厂时应有出厂合格证及挠度试验报告。

4. 各部配合间隙的检查和测量

此项内容同第五章。

5. 隔板、隔板套（静叶环）的组装

（1）用压缩空气将检修合格的隔板、隔板套（静叶环）及汽缸吹干净，各汽道、抽汽孔逐孔检查应无杂物。

（2）按解体编号和组装先后顺序，将各级隔板、下半隔板套（静叶环）外凸缘配合部位涂高温防锈剂，安全地回装在下半隔板套或汽缸内，并落实。

（3）上隔板的压销螺栓涂高温防锈剂回装紧固，压销螺栓头部应低于压销平面，压销应低于隔板套结合面，然后将上半隔板套翻过来，以免落入杂物。

（4）低压隔板、隔板套（静叶环）回装时，要注意方向，防止装反。

（5）待动静通流间隙调整合格，转子轴向定位完毕后，可以进行上半隔板、隔板套（静叶环）的回装工作，但注意回装顺序，以免造成返工费时现象。

（6）上半部件回装后，将连接螺栓的螺纹部分涂高温防锈剂，带上螺母，确保原螺栓垫圈、螺母匹配。需要热紧的螺栓在紧固前先测量自由状态长度，做好记录，然后按厂家给定的热紧弧长或角度将其紧固。

（7）测量组装后结合面和挂耳的间隙，做好记录。

（8）测量热紧后螺栓的伸长量，做好记录。伸长量不符合标准时，应再热紧使其达到标准值。

6. 检修过程中，特殊问题的处理方法

（1）上隔板压销螺栓拆不出的处理方法。对于难以拆卸的螺栓，不可硬拆，应先浇注煤油或松动剂，浸泡一段时间，然后用螺丝刀、手锤轻敲螺栓，可正反方向施力使其松动或用小铜棒轻敲压块，待煤油或松动剂渗入明显、有气泡外冒时再松螺栓，对位置不方便且难以拆卸的，可用一个螺孔小于螺栓头部直径的螺母与螺栓施焊后，用扳手将螺栓拆下，见图 6-6。对于实在拆不下的螺栓，可用钻头钻孔，取出螺栓，再攻丝。

（2）隔板卡涩的处理方法。

1）用行车吊住隔板，用紫铜棒对其敲振，在不是很紧的情况下一般可以慢慢取出。若隔板套内隔板吊不出时，可将隔板套带起少许，隔板套平面垫以紫铜棒，用大锤向下敲击水平面，使隔板与隔板套脱开，如图 6-7 所示。

2）隔板套内隔板拆卸时可对隔板套适当加热，也可将隔板套对应位置打孔攻丝，用螺栓将其顶出，然后将隔板套的螺孔堵住，如图 6-8 所示。

3）实在难以拆卸的隔板，可用专用工具固定在汽缸或隔板套平面上，用螺栓将隔板拉出，或用千斤顶顶出，如图 6-9 所示。

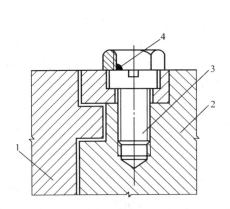

图 6-6 焊六方螺母拆压销螺栓
1—隔板;2—上隔板套(或上汽缸);
3—压销螺栓;4—六方螺母

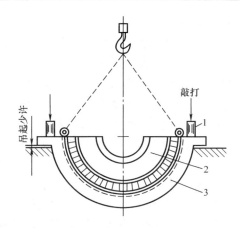

图 6-7 敲击法取隔板
1—铜棒;2—隔板;3—隔板套

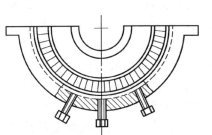

图 6-8 顶丝法取隔板

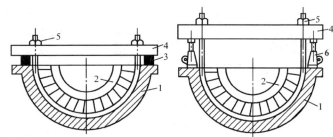

图 6-9 螺栓抽取法取隔板
1—隔板套(或汽缸);2—隔板;3—垫块;4—横梁;5—螺栓;6—千斤顶

4) 隔板吊出后,应对隔板和内缸或隔板套的配合尺寸仔细测量,要查清是由于轴向间隙小还是隔板拉毛或隔板在运行中塑性变形所致。对于轴向间隙小或变形隔板可上车床找正,将配合面光平,并保证足够的配合间隙。严禁采用锤击的方法强行将落不到位的隔板或隔板套打入槽道。

(3) 上、下隔板或隔板套中分面有间隙的处理方法。检查下隔板或下隔板套的挂耳是否和上部相碰,在修整中,此处间隙应做测量。检查隔板中分面横向定位键有无装错或变形,必要时修锉处理,并检查其螺钉有无高出横键的现象。检查隔板压销和螺栓是否高出隔板套水平面,如存在应修锉。

(4) 隔板静叶出现裂纹、脱焊的处理方法。静叶边缘的小裂纹,可将有裂纹处的部分修去,低压缸的较大静叶也可根据其位置打 $\phi 4mm$ 止裂孔,对较大的裂纹应顺纹路磨出坡口,用奥 507 焊条冷焊。焊接隔板的脱焊可用角向磨光机,风动砂轮将裂纹清除,用奥 507 焊条冷焊。

(5) 铸铁隔板缺陷的处理。铸铁隔板使用时间较长后,静叶浇铸处有时出现裂纹,裂纹较多或严重时,应考虑更换新隔板。在更换隔板前,为了在运行中防止裂纹继续发展和静叶片脱落,通常用钻孔后攻螺纹,拧入沉头螺钉的方法来加固。如取直径为 5~6mm 的螺钉,间距 10~15mm,拧入后必须铆死锉平,并做好防松措施。若裂纹已发展到覆盖在静叶上的铸铁脱开,甚至剥落的程度,则可将脱开或剥落部分车去一环形凹槽后,镶入一相应的碳钢环带，并用螺钉固定点焊。

（6）隔板磨损处理。如磨损轻微，可不做处理，但必须查明原因，采取相应的措施，防止再次发生磨损。如发生严重的磨损，会使隔板产生永久弯曲或裂纹，应仔细清除磨损部位的金属积层，检查隔板本身有无裂纹，并测量隔板的挠度，裂纹可进行补焊处理。已产生永久弯曲的隔板，在隔板强度允许时，可将凸出部分车去，以保证必需的隔板与叶轮的轴向间隙。必要时还应做隔板的强度核算及打压试验。严重损坏及强度不足的隔板应予以更换。

（7）隔板静叶局部缺损的处理方法。隔板静叶在运行中由于某种原因（如机组安装或检修后，吹管没有吹净，而主汽门前网子的孔又大了一些或网子后面有作业，留下焊渣，致使其进入汽缸等）可能受到损伤，而产生局部缺损。

1）将缺损部位清理干净，确定缺损程度，如果缺损的面积超过 300mm²，就需要进行补焊，补焊的方法比较复杂，首先需要将缺损部位打磨平滑，并用酒精清洗干净；然后根据制定的焊接措施进行加热，选取合适的焊条进行补焊，补焊以后要进行热处理；在补焊前后要测量隔板变形情况，应采取防止隔板变形的措施，如加工必要的工具将隔板固定后进行加热、补焊。

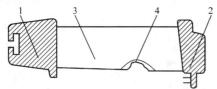

图 6-10　隔板静叶局部缺损的处理
1—隔板体；2—隔板外缘；3—隔板静叶片；4—缺损部位

2）如果缺损的面积在 300mm² 范围内，则无需补焊。一般情况下，检修现场采取的方法是，将伤口用直磨机磨成平滑过渡的形式，如图 6-10 虚线所显示的伤口情况。打磨过程为：首先将缺损部位清理干净，用粉笔画出要磨出的形状，之后用直磨机或风动直磨机进行修型，修型过程中要时刻注意不要加力过大，防止扩大磨掉部位范围。磨成形以后要进行清理，将磨出的毛刺清理干净，再用合适的磨头将进、出汽侧平滑过渡。

二、汽封的检修

1. 汽封检修应具备的条件

（1）检修工具准备齐全。

（2）解体后，汽封各部间隙测量完毕。

（3）汽轮机解体工作结束，将汽封套吊出汽缸。

2. 汽封的拆装

机组每次大修时，均应将轴封和隔板汽封的汽封块拆下进行清理检查，具体拆装工艺步骤如下：

（1）拆前应仔细检查汽封齿的磨损情况，做好记录，供分析有关问题时参考。

（2）拆下固定汽封的压板。沿各汽封套的各凹槽中取出汽封块，并做好标记，最好采用分环绑孔的方式挂以标牌，或装在专用的汽封盒内并做好标记。

（3）拆下的弹簧片按材质和尺寸的不同分别保管，注意不能丢失或混淆。

（4）对于因汽封块锈蚀而取不出的汽封块，应先用松动剂或煤油浸泡，用细铜棒插在汽封齿之间，用手锤在垂直方向敲打铜棒来振松汽封块。如果汽封块上下能活动，可用专用起子或铜棒倾斜敲打汽封块，使汽封块从槽道中滑出来。严禁用起子或锐性工具击打汽封块的端面，防止打伤汽封块。

（5）对于汽封块锈蚀严重的，应用松动剂或煤油充分浸泡，然后用 $\phi 10mm$ 的铜棒弯成相应汽封的弧形,或将报废的汽封块顶着汽封块的端面,用手锤将汽封打出来。手锤打击的力量不能过大,更不能用圆钢代替铜棒。

(6) 当汽封块卡死取不出时,可用车床将汽封块车去,并做好记录,准备备件。

(7) 汽封块组装应具备的条件有:①汽封块清理、修理结束,并符合要求;②隔板(隔板套)、汽封套修理及洼窝找中心工作结束;③汽封块的径向间隙调整结束;④汽封块与隔板、汽封套轴向间隙配准,动、静部分轴向间隙配准,汽封块整圈膨胀间隙配准。

(8) 将清扫合格的汽封块背弧和汽封套槽道内涂二硫化钼或高温防锈剂,按解体时所做标记依次回装。汽封块、弹簧片应齐全。汽封块与槽道配合应适当,如果装配过紧,应用细锉刀修锉,严禁将装配过紧的汽封块强行打入槽道内。

(9) 组装好的汽封块、压块、弹簧片,不得高于汽封套(或隔板)结合面。汽封齿径向和轴向无明显错开现象,汽封块接头端面应研合,无间隙。

(10) 组装合格后的整圈汽封,总膨胀间隙为 0.30~0.60mm。

3. 汽封的检查、整修

(1) 检查汽封套、隔板汽封凹槽、汽封块、弹簧片时,确保无污垢、锈蚀、断裂、弯曲变形和毛刺等缺陷。汽封套在汽封洼窝内不得晃动,其各部间隙应符合制造厂的规定,以确保其自由膨胀。

(2) 弹簧片要用砂布擦干净,检查其弹性。良好的弹簧片应能保证汽封块在对应凹槽内具有良好的退让性能,不合格的应更换备件。注意核对弹簧片材质和规格,避免将低温处的弹簧片用到高温处。检查弹性的方法是:用手将汽封块压入,松手后又能很快复位,并听到清脆的"嗒"声为好。

(3) 汽封块梳齿轻微磨损、发生卷曲时,应用钢丝钳扳正扶直,并用汽封专用刮刀将梳齿尖刮薄、削尖,尽量避免将齿尖刮出圆角。如果汽封块磨损严重,应更换备品。

(4) 对于可调式汽封块,检查时应拆除汽封块背弧的压板及螺栓,将其清理干净,螺孔应用丝锥重新过丝,螺栓涂高温防锈剂后装复。

(5) 对于通流部分汽封,检查径向汽封齿(阻汽片)是否松脱、倒伏、缺损、断裂,齿尖是否磨损。对轻度摩擦、碰撞造成的磨损、倒伏,应将其扳直去除毛刺;对损坏严重的,应重新镶齿。

(6) J型汽封,最容易损坏,应根据损坏程度,予以更换。J型汽封损坏的原因有两个:一是因为蒸汽中带有的铁屑和杂质进入汽封片中所致;二是因为检修中多次反复平直,造成根部断裂。

4. 汽封检修注意事项及质量标准

(1) 汽封块没有敲击活动之前,不能在汽封端部用铜棒硬性敲击汽封块,防止把汽封块砸变形。另外,不能用起子或扁铲打入两块汽封块的对缝处将汽封块撑开,防止损坏汽封块端面和汽封齿。

(2) 汽封间隙测量时,要仔细检查转子是否在工作位置,汽封齿有无掉齿现象。

(3) 汽封块安装时,相邻的汽封环接口不能在一条线上,要错开接口,即第一环长的一块放在中间,则第二环就要将长的一块汽封放在端部。这样,相邻两环接口就相互错开。

(4) 无论是用压铅丝方法测量汽封间隙还是用粘胶布的方法测量汽封间隙,都要注意粘牢,不能有任何松动,否则测出间隙不准确。

(5) 组装汽封块时,汽封块不能装反。更不能将低温处的弹簧片用在高温处,防止运行中弹力消失,使汽封间隙变大。

(6) 汽封块装复用手向下压并松开,汽封块应能弹动自如,不卡涩,各段汽封齿的接头处应圆滑过渡,不应有高低。

(7) 汽封块的压板及其螺钉应低于中分面 0.50~0.80mm。

(8) 汽封块与隔板体或汽封套的轴向配合间隙为 0.05~0.10mm。

5. 汽封间隙的测量及调整(同第五章)

6. 汽封检修过程中特殊问题的处理方法

(1) 汽封块锈死的处理方法。汽封块锈死、拆卸不动的现象在检修过程中经常遇到,无论如何敲击汽封块、喷洒各种松动剂都无济于事,汽封块和汽封槽道之间已经锈死。在这种情况下,汽封块的拆卸只能采取破坏性措施,其拆卸方法如图 6-11 所示。用装有定位极限和切割片的角向磨光机,在如图 6-11 所示的劈开线位置将汽封块劈开成两半或三半,然后敲击或用铜棒砸出。

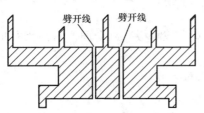

图 6-11 汽封拆卸劈开位置示意图

(2) 上半部汽封定位销锈死的处理方法。

1) 轴向固定式汽封,如图 6-12 所示。由于其定位螺栓是一根穿透各圈汽封的长螺栓,敲击旋出比较困难,一般情况下锈死的几率比较大,而且锈死后只有钻出来是唯一的选择。钻出又细又长的螺栓比较困难,可以采取焊接加长杆钻头,螺栓孔本身是一段一段的,铁削会随着钻出孔部分的漏孔处排出。

2) 压销固定式汽封,如图 6-13 所示。如果压销螺栓锈死,采取钻取的方法比较方便,若条件允许,应将汽封套运到装有固定摇臂钻的地方去钻取压销螺栓,如果检修现场有磁座钻也可以在现场钻取。将上半部汽封套翻过来,使得结合面处于水平位置,汽封套下部要垫平稳,在汽封套结合面上吸附磁座钻,将压销螺栓中心找到,用中心钻钻出中心孔,换上合适的钻头,一般钻头直径较螺栓齿根径小 1~1.5mm,磁座钻通电以后,旋转寻找中心,确定没有钻偏的情况下再向下钻,钻孔深度要与螺栓长度基本相同。内孔钻够深度后,将螺纹向孔中心砸,使得螺栓外径明显变小,再将螺栓旋出。清理螺孔,并用丝锥过一遍后再清扫。

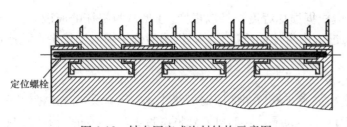

图 6-12 轴向固定式汽封结构示意图

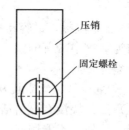

6-13 压销固定式汽封示意图

第三节 转 子 的 检 修

一、转子起吊工艺及注意事项

1. 起吊前准备工作

(1) 检查起吊转子专用工具,吊索、钢丝绳应完好无损。

(2) 安装转子起吊时限位导轨,检查滑动面是否良好,并涂润滑油。

(3) 将放转子用的专用支架放在汽轮机平台的指定位置,支架洼窝上应垫好毛毡等软性材料。

(4) 确认联轴器螺栓已取出,对轮止口已脱开且不少于 3mm。

(5) 对于可倾瓦轴承,用压板将前、后轴承下瓦块压好,防止起吊时将瓦块带出损伤。

(6) 对于带推力轴承的转子应取出推力瓦块。

(7) 确认各种检修前测量已结束,且记录完整无缺。

2. 转子起吊工艺

(1) 在整个起吊过程中,由专人指挥,由熟练的司机操作,并在有关领导监护下进行。

(2) 用专用起吊工具将转子挂好,微速起吊,刚起吊后,用合像水平仪调整转子水平,应与下缸水平一致,其误差不得大于 0.10mm/m,扬起方向应与下汽缸扬起方向相符,否则不得起吊。

(3) 转子起吊过程中,在转子前、后、左、右均应派专人扶稳并监视动静部分之间不应有任何卡涩、碰撞现象,发现问题应立即叫停并汇报起吊指挥人。

(4) 转子吊出后,应立即平稳地放置在专用转子支架上,支架洼窝上应垫好毡垫,并做好保卫工作。

3. 转子起吊过程中的注意事项

(1) 使用专用起吊工具时,吊点必须选择合适,不能碰伤轴颈。

(2) 转子起吊必须调平,否则动静间容易产生摩擦。

(3) 起重工必须用哨声指挥起吊,防止因光线不充足引起误操作。

(4) 起吊转子过程中,汽缸各级处都要有人检查动静间是否发生摩擦。

(5) 转子起吊时,联轴器的止口必须脱开。

二、转子的清理与检查

汽轮机转子的清理,实际上是对叶片的清理。尽管对大容量机组配套的锅炉给水品质要求很高,但是汽轮机经过长期连续运行,在转子和隔板的叶片上均有各种成分组成的结垢。结垢对汽轮机的效率有很大影响,同时对汽轮机的安全运行也构成严重的影响。

由于结垢在蒸汽中的溶解度与蒸汽压力和温度有关,一般在中压和低压部分结垢较严重。但是对于汽轮机大修来说,为了提高机组内效率和发电的经济性,对整个汽轮机转子叶片的清理是不可忽视的。如果叶片清理质量好,相对内效率可提高 0.5% 左右。

(一) 叶片的清理和检查

1. 叶片的清理

叶片清理方法主要有手工清理、苛性钠溶液加热清洗及喷砂清理等。

(1) 手工清理。就是用刮刀、砂布、钢丝刷等工具配合直接由人工进行叶片清理,这种方法比较笨拙,在清理量比较小、锈蚀不是很严重的机组中使用,清理得很不干净。

(2) 苛性钠溶液加热清洗。苛性钠溶液加热清洗是根据叶片上锈垢大多数是 SiO_2 (80%以上),其不能溶于水,在检修过程中,用 30%~40% 浓度的苛性钠 (NaOH) 溶液加热到 120~140℃ 浸泡叶片,使得 SiO_2 与苛性钠发生化学反应生成硅酸钠 (Na_2SiO_3),可以用水冲洗掉。

(3) 喷砂清理。现场清理叶片的最直接、干净、彻底、方便的方法是喷砂清理叶片法。

喷砂是借助风力或水力进行的，此法有较多缺点，如尘土飞扬，环境污染严重、缩短叶片的使用寿命等。

为了使喷砂取得较好的效果，必须对砂种、砂粒度、压力、喷嘴型式等进行合理的选择。

2. 叶片检查

叶片是汽轮机的重要部件，也是最薄弱的环节。由于叶片受力情况比较复杂，工作条件恶劣，因而汽轮机事故多发生在动叶片上。为此，在检修中应特别重视对叶片的检查。在检查时要对叶片进行逐级逐片的检查，用肉眼检查两次，第一次是在转子吊出汽缸后，第二次是在将叶片清理干净之后。

（1）叶片检查的内容。

1）重点检查有无裂纹的部位：①铆钉头根部及拉金孔周围；②叶片工作段向叶根过渡处；③叶片进出口边缘受到腐蚀或损伤的地方，表面硬化区及焊有硬质合金片的对缝处；④叶根的断面过渡处及铆孔处。

2）围带的铆接牢固程度，铆钉头有无剥落及裂纹。

3）拉金脱焊、断裂、冲蚀的情况。

4）叶片的冲蚀损伤情况。

5）末级叶片司太立合金片有无裂纹、脱落情况。

6）检查叶片积垢情况。

7）叶片振动频率检查。

8）叶根探伤检查。

（2）检查裂纹的方法。

1）听音法。对带有围带的叶片可用100g重的小铜锤敲打叶片，听其声音，无断裂且连接牢固的叶片，声音清脆，反之声音嘶哑。对声音嘶哑的叶片，可进一步用百分表检查。检查时把表的测量杆顶在铆钉头上，用撬棍轻轻撬围带，若表针摆动，则说明铆钉头已断裂；如果表针不动，而围带与铆钉头之间有移动现象，则说明铆钉头松动。检查拉金是否断裂及脱焊，可用铜棒直接撬动拉金。

2）镜检法。叶片清理后，用10倍放大镜检查。若发现有裂纹可疑处，可用细砂布擦亮，再用20%～30%的硝酸酒精溶液浸蚀，有裂纹处在浸蚀后即呈现黑色纹络。

3）着色法。先将叶片清洗干净，然后把叶片浸入渗透剂中约10min或用喷射罐喷刷，经10min后用清洗剂洗净，随即在其表面上喷一层显像剂，5～6min后，有裂纹处在白色表面上显现出红色纹络。

4）光粉探伤法。叶片清洗干净后，涂上荧光粉，然后擦去。将转子或叶片置于暗室中检查。若有裂纹，留在裂纹中的荧光粉会发出光亮。

除上述方法外，在现场还使用各种检查仪进行无损探伤，如磁粉探伤、超声波探伤、X光探伤等。

（二）叶轮清理与检查

1. 叶轮清理

叶轮清理随叶片喷砂清理同步进行，具体方法同叶片喷砂清理。

2. 叶轮晃动度及瓢偏检查

汽缸解体以后，测量转子弯曲时，同步进行转子叶轮晃动度及叶轮瓢偏检查。

3. 叶轮及键槽探伤检查

转子清理后，对叶轮面、叶轮键槽要进行探伤检查裂纹情况，发现裂纹应及时进行处理。

(1) 键槽探伤检查。

1) 键槽裂纹产生原因有：①键槽根部应力集中；②加工装配质量差；③材料性能差；④蒸汽品质不良，在应力集中区产生应力腐蚀，从而加剧应力集中，促使裂纹形成；⑤运行工况变化剧烈，反复出现温差，造成键槽产生疲劳裂纹。

2) 叶轮键槽探伤。用超声波进行叶轮键槽探伤，键槽裂纹一般都产生在键槽根部靠近槽底部分。

3) 键槽裂纹的处理方法。键槽裂纹的处理可采用镶套、挖修裂纹法或挖修裂纹补焊法。

(2) 叶轮轮缘探伤检查。

1) 轮缘裂纹产生原因有：①轮缘受叶片离心力的作用而承受很大的应力；②叶根槽加工倒角不足；③表面粗糙或叶片装配不当都会加剧应力集中。

2) 叶轮轮缘探伤。用超声波或着色法进行，轮缘裂纹多发生在叶根槽处和沿圆周方向。

3) 轮缘裂纹的处理方法。轮缘发生裂纹后，可根据具体情况采取补焊、更换等方法。

4. 叶轮变形检查及校正

(1) 叶轮变形检查。

1) 测量叶轮各部分晃动度。

2) 测量叶轮各个部分的瓢偏度。

3) 测量机组轴向通流间隙与上一次大修组装记录比较。

(2) 造成叶轮变形的主要原因。

1) 机组超出力运行或通流部分严重结垢，致使隔板前后压差过大引起变形，并与叶轮摩擦，引起弯曲。

2) 运行中汽缸与转子热膨胀，控制不好或推力瓦烧坏，导致隔板与叶轮摩擦，引起变形。

(3) 变形叶轮的校正。对于变形的叶轮，最好将其取下再进行加热校直，也可以在转子上直接进行冷校，后者仅限于整锻叶轮。

1) 校正碟状变形。首先进行消除应力退火，叶轮下部用 16 个螺旋千斤顶支持外沿，按规定的升温速度升到预定温度后保持恒温一段时间，然后继续升到预定温度，在恒温下加力并保持一段时间，卸力后测量校正结果。如未达到校正要求，可继续进行第二次加力校正，并适当加大压力直至达到校正要求，然后进行稳定退火。当变形较大时，在轮毂处将变形完全校正过来很困难，可将轮毂分成两个区，分段进行校正。

2) 校正瓢偏。根据各部位瓢偏值的不同，叶轮下部的支撑千斤顶采用不同的布置和施加不同的力。然后升到预定温度保持恒温，先用主千斤顶适当加力，然后把瓢偏最大处的支撑千斤顶向上顶。

3) 用机械加工消除残余变形。由于叶轮变形不规则，用上述方法校正的结果通常仍会有少量残余变形，残余变形量可用机械加工进行消除。为此将叶轮放在立车车床上，按其轮缘找正，加工轮毂端面。如轴孔残余变形量超出圆锥度的允许值，而且孔的直径小于原始值时，可同时加工轮孔。

5. 叶轮松动检查

汽轮机超温、超速运行时，材料蠕胀以及在高温下叶轮发生应力松弛等原因，都可能导致叶轮松动。

叶轮在轴上松动，可通过测量叶轮的瓢偏或从叶轮轮毂膨胀间隙的变化进行检查。对于松动的叶轮可采用在轴孔内镶套的方法，但镶套要减弱轮毂强度，最好是采用金属涂镀来加大轴颈直径的方法。

（三）转子检查

转子清理工作结束后，应立即进行全面仔细的检查。

转子表面检查一般有宏观检查、无损（超声波、磁粉、着色）探伤，显微组织检查、测量检查等几种，下面做简要介绍。

1. 宏观检查

宏观检查就是不借助任何仪器设备，用肉眼对转子做一次全面仔细的检查，即对整个转子的轴颈、叶轮、轴封齿、推力盘、平衡盘、联轴器、转子中心孔、平衡重量等逐项逐条用肉眼进行检查。

2. 无损探伤

转子应先用"00"号砂纸打磨光滑，然后用着色探伤，若有裂纹，应采取措施将裂纹除尽。对于发现异常的转子或焊接转子，除了宏观检查外，还应对焊缝做超声波探伤。对于叶片叶根的可疑裂纹，还可用 X 光或 γ 线拍摄照片检查。但是射线对微裂纹不敏感，往往不能查明有微裂纹的叶根，最好将叶片拆下逐片探伤。

3. 微观检查

对转子的可疑部位，应进行显微组织检查。

4. 测量检查

（1）轴颈扬度测量。轴承解体后，在各联轴器螺栓拆卸之前，将合像水平仪沿轴向放置在轴颈中央，校正水平仪横向水平，调整合像水平仪旋钮，使气泡处于中间，此时观察窗内的两半抛物线合成一条连续光滑的抛物线，做好读数记录。在测量位置做好记号，将水平仪调转 180°放置原记号位置再测 1 次，以消除误差，并做好记录。记录标明两次测量中的气泡方向，箭头指向气泡的一侧，取两次测量结果的代数平均值，即为该轴颈的扬度。

各轴颈的扬度应符合各转子组成一条光滑连续曲线的要求，即相邻轴颈的扬度基本一致。所测扬度与安装或上次大修相比应无大的变化。解体时测量轴颈扬度应考虑温度的影响，一般在室温状态下进行，若轴颈温度高应记下当时的温度。在各转子联轴器螺栓解体脱开后，再复测一次自由状态下的轴颈扬度，并做好记录。

（2）轴颈的椭圆度和不柱度测量。

1）测量轴颈椭圆度和不柱度的工作属于正常标准项目。如果汽轮机在运行中有振动，轴承合金剥落及轴颈研磨前后，应更加仔细地测量轴颈椭圆度及不柱度。椭圆度和不柱度应不大于 0.02mm。

2）转子弯曲的测量。

此项内容在转子测量一章中已介绍，在此不再赘述。

三、转子缺陷的处理

（一）转子表面损伤的处理

一般来说，转子表面是不允许碰伤的，但是转子在运行中，由于蒸汽内杂质等将转子表面打出凹坑，动、静部分碰磨会使表面磨损和拉毛等。在检修中不小心时，也会碰出毛刺、凹坑等损伤。对于这些轻微的损伤，可用细齿锉刀修理或倒圆角，并用细油石或金相砂纸打磨光滑,注意打磨时沿圆周方向来回打磨,不能轴向打磨。最后要复查被修整的部位,应无裂纹的存在。

(二) 轴颈的研磨

当转子轴颈磨损或拉毛严重或椭圆度、不柱度大于标准时,应用专用工具车削和研磨轴颈。一般情况该工作可送制造厂进行。

(三) 叶片损伤原因分析和处理措施

1. 机械损伤

叶片的机械损伤取决于汽轮机加工制造、安装和检修的工艺质量。由于加工粗糙、安装和检修工艺不严,从锅炉到汽轮机的蒸汽系统中残留有焊渣、焊条头、铁屑等杂物,随高速汽流流过滤网或冲破滤网进入汽轮机,将叶片打毛、打凹、打裂。另外,由于加工粗糙,设计不合理,汽轮机内部残留的型砂、汽封梳齿的碰磨、磨损掉下的铁屑等将叶片打坏、打伤。由于安装、检修工艺不严,螺帽、销子未加保险,运行中因振动而脱落,杂物遗留在汽轮机内部等,将叶片打伤、打毛、打裂。

对于叶片的机械损伤,应首先找出原因,然后视情况进行处理。一般来说,对于叶片被打毛的缺陷,仅用细锉刀将毛刺修光即可。对于打凹的叶片,若不影响机组安全运行,原则上不做处理。一般不允许用加热的方法将打凹处敲平。因为加热会使叶片金相组织改变,并且受热不均,会使打凹处受疲劳而产生裂纹。对于机械损伤在出口边产生的微裂纹,通常用细锉刀将裂纹锉去,并倒成大的圆角,形似月亮弯。对于机械损伤造成进、出口边有较大裂纹的叶片,一般采取截去或更换措施。当截去某一叶片时,要做动平衡。

2. 水击损伤

汽轮机水击多半是在启动和停机时,由于操作不当,或设计安装对疏水点选择不合理或检修工艺马虎,杂物将疏水孔阻塞而引起的。水骤然射击在叶片上使其应力突增,同时叶片突然受水变冷。故水击往往使前几级叶片折断,末几级叶片损伤。水击后的叶片常使进汽侧扭向背弧,并在进出汽边产生微裂纹,成为疲劳断裂的发源点。另外水击引起叶片振动,首先将拉金折断,破坏叶片的分组结构,改变叶片的频率特性,进而使叶片产生共振而将叶片折断。

水击损伤的叶片,损伤严重时应予换新。对于损伤轻微的叶片一般不做处理。

3. 水蚀损伤

对于水蚀损伤的叶片一般不做处理,更不可用砂纸、锉刀等把水蚀区产生的尖峰修光。因为这些水蚀区的尖峰像密集的尖针竖立在叶片水蚀区的表面,当水滴撞来时,能刺破水滴,有缓冲水蚀的作用。所以,水蚀速度往往在新机组投产第 1~2 年最快,以后逐年减慢,10 年后水蚀就没有明显的发展。

4. 更换叶片

当叶片损伤严重或断裂时,需要更换叶片。

(1) 根据所坏叶片的组号,先定对应组号新叶片,将其用汽油或煤油擦洗,去掉保护层,按照图纸的配合公差进行仔细查核,且完全符合所要求的尺寸。

(2) 拆叶片,必须根据装配图纸及记录,结合叶片结构选用必要专用工具,拟订拆装方案。

(3) 不同形式叶根在轮缘上装配情况也不同,但不管其结构如何,在组合时叶根间隙都必须相互严密贴合;同时应保证叶片和隔金对转子叶槽的良好贴合,贴合的严密程度可用

$0.04\sim0.05$ mm 的塞尺来检查。

(4) 叶片在径向和轴向的位置要正确。装长叶片时,其进汽边与半径方向通常有稍许偏差。因此在装新叶片之前,弄清此项偏差的规定数值(可查阅制造厂的有关图纸)。

叶片在径向上装置情况,可用特制的样板,加以检查。

叶片边缘(顶端)径向允许偏差与叶片有效长度及汽轮机转速有关,一般为 $0.3\sim0.8$ mm。在检查叶片的轴向位置情况时应注意,叶片的中心线必须与叶轮平面平行,允许偏差与叶片长度有关,在 $\pm0.3\sim0.7$ mm 之间。

(5) 全面鉴定叶片安装质量的最可靠标准是检查叶片切向振动静频率。以各叶片组的频率分散度来表示,一般分散度不超过 8%。

频率分散度可用式(6-1)确定,以百分数表示

$$\Delta = \frac{f_{\max} - f_{\min}}{f_{\max}} \times 100\% \tag{6-1}$$

式中:$f_{\max}$ 和 $f_{\min}$ 分别为全级叶片组中最大和最小振动频率。

频率分散度数值过大,通常表示叶片安装不够严密。叶根贴合不紧密或拉金、复环焊接和铆接不良,则需仔细地检查频率分散度超过数值的叶片组,消除产生频率不合格的原因,直到合格。

四、联轴器的检修

联轴器检修主要包括联轴器晃动度、瓢偏测量及调整、联轴器销子螺栓检修、联轴器销孔检修以及端面清理、联轴器拆卸等工作。由于篇幅所限,此处略去。

五、轴向窜动及通流部分间隙的测量和调整

此项内容同第五章。

第四节 轴 承 检 修

轴承的检修工作是一项技术性强、工艺要求高、质量标准要求严格的工作。从解体检查、检修到组装,每个环节均应严格执行检修工艺规程,任何疏忽大意,都有可能造成轴瓦磨损、发热,甚至烧毁等事故。

一、径向支持轴承的检修

1. 支持轴承常见故障及原因

支持轴承常见的故障有:轴瓦钨金的磨损剥落,局部熔化(俗称烧瓦)、钨金与瓦壳分离(俗称脱胎)等。故障的征象是轴承瓦温及出口润滑油温升高,振动加剧。故障的原因如下:

(1) 润滑油系统不畅通或堵塞,润滑油变质。

(2) 钨金的浇铸不良或成分不对。

(3) 轴颈与轴瓦间落入杂物。

(4) 轴承的安装不良,间隙不当及振动过大等。

2. 轴承解体和检查

一般情况下,当汽缸温度低于 150℃ 左右(各厂规定稍有不同)时,停止盘车和润滑油泵后,才能解体轴承。解体前应准备好轴承图纸及检修、安装记录。

(1) 轴承解体。

1) 拆除温度测点接线及保护元件。

2) 拆除轴承盖结合面螺栓，吊开轴承盖。

3) 拆除上、下轴承结合面螺栓。对上、下半结合面不在水平方向的三油楔轴承，应先拆顶轴油管，然后抬轴将结合面旋转到水平位置再拆除结合面螺栓、温度测点等，吊去上半轴承。

4) 无承重转子时，可将下半轴承直接吊走；有承重转子时，应将轴颈抬起 0.3～0.5mm 后，翻出下半轴承后将其吊走。

（2）轴承解体后检查

1) 轴承的宏观检查。它主要包括：①轴承合金表面轴颈摩擦痕迹所占位置是否正确，该处的研刮刀花是否被磨亮；②轴承合金面有无划伤、损坏和腐蚀现象；③轴承合金面有无裂纹、脱胎、局部剥落现象；④垫铁承力面或轴承座洼窝球面上有无磨损和腐蚀，垫铁螺钉是否松动；⑤检查轴承两侧及顶部间隙是否合格；⑥检查轴瓦垫铁与轴承座洼窝有无间隙；⑦检查轴承水平中分面是否存在间隙；⑧对有顶轴油囊的轴承，应仔细检查油路是否畅通，油囊的四周与轴颈的接触面是否良好，油囊深度是否合格。

2) 轴承合金探伤检查脱胎情况。机组无论是大修，还是小修，轴承合金都需做着色探伤和超声波探伤检查，看其有无裂纹、砂眼、气孔及其脱胎情况。

用着色法检查轴承合金面时，若发现合金表面或瓦口在显像后有红色印痕现象，则表明合金面存在裂纹或瓦口有脱胎现象。印痕较轻，说明轻微脱胎。用超声波探伤合金表面，可以检查出是局部脱胎还是大面积脱胎。

若合金表面裂纹较浅或局部脱胎时，可以对轴瓦进行局部补焊或研刮。若合金大面积脱胎，应对轴瓦重新浇铸或更换新轴瓦。

3. 轴颈下沉量测量

轴颈下沉值是监视下轴瓦轴承合金的磨损及垫铁和垫片厚度变化的参数，它是利用安装时每个轴承专门配置的桥规进行监测的，如图 6-14 所示。将轴承座结合面清扫干净，将桥规底脚放在轴承座结合面打记号的指定位置，用塞尺测出 A 的尺寸，并做好记录。记录中一定要写明 A 数值、轴承号、桥规放置位置和方向等，以便在以后每次测量时相互比较，从而监视轴颈的位置和合金的磨损情况，在调整联轴器中心时应尽量给予恢复。转子按靠背轮找好中心后，应再次进行

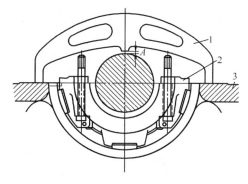

图 6-14 用桥规测量轴颈下沉量
1—桥规；2—轴承；3—轴承座；A—间隙值

测量，作为修后记录。三油楔轴承的轴颈位置测量可测轴承阻油边处轴颈的位置。

4. 轴瓦间隙的测量

轴瓦钨金与轴颈之间的间隙在轴承解体和组装时均应认真检查，并做好记录。

（1）圆筒形轴瓦和椭圆形轴瓦两侧间隙的测量。在室温状态下，揭开上半轴瓦，用塞尺测量下半轴瓦与轴颈两侧间隙，每侧可选取有一定代表性的两个测点（一般在轴瓦的两端），塞尺插入的深度约为轴颈的 1/12～1/10，塞尺厚度从 0.03mm，直到塞不进为止，此时塞尺的厚度即为两侧间隙值，并做好记录。

（2）圆筒形轴瓦和椭圆形轴瓦顶部油间隙的测量。常用压铅丝的方法进行测量。见第五章。

(3) 三油楔轴瓦间隙的测量。三油楔轴瓦的间隙不能用上面方法测量。三油楔轴瓦一般只检查轴瓦的油楔形状是否符合制造厂加工图纸的要求以及轴瓦合金的磨损情况如何。在轴承组合状态下,用内径千分尺检查轴承阻油边的直径,测量值减去轴颈直径,两者之差即为三油楔轴瓦的间隙。应注意测出有磨损痕迹处阻油边的直径,确定磨损量,然后将刀口尺架在前后阻油边上,用塞尺或深度尺检查各油楔深度情况。

(4) 四瓦块式可倾瓦间隙的测量。可用深度千分尺测量,如图 6-15 所示。在上半轴瓦的两侧,各有三个小孔,其中两侧小孔是检修时固定瓦块用的,运行时用专用螺塞封堵,在上瓦每个可倾瓦块背部都有两个螺孔与这两个小孔相通;中间小孔直通向可倾瓦块的背部调整垫块,利用此孔可进行间隙测量。将轴瓦所有部件组装好,紧固轴瓦结合面螺栓,将专用的带紧螺母的全扣螺栓通过两侧小孔与瓦块固定在一起,松开紧固螺母,用铜棒轻轻敲击轴瓦,使轴瓦上部的可倾瓦块完全落到轴上,在中间小孔处用深度千分尺测量小孔边缘到调整垫块的深度值,并记录。然后同时均匀紧固两固定螺栓上的紧固螺母,将瓦块上移,直至瓦块不再移动为止。再次测量小孔边缘到调整垫块的深度值,并记录。两次测量值的差值即为轴承的间隙。为了减小测量误差,可多测量几次,然后计算几次测量结果的平均值,将其作为间隙的最终值。

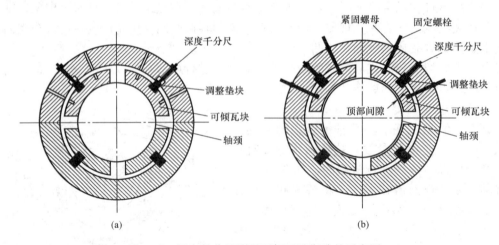

图 6-15 深度千分尺测量可倾瓦油间隙的示意图
(a) 紧固螺栓紧固前测量;(b) 紧固螺栓紧固后测量

也可用抬轴法测量间隙。在轴瓦组合状态下进行测量,测量时在转子轴颈处和轴瓦支持环外圆上各架一只百分表,然后用抬轴架将轴略微提升。同时监视两只百分表。当支持环上百分表指针开始移动时,读出轴颈上的百分表读数,最后将读数减去原始读数,两者之差除以 $\sqrt{2}$(对四瓦块可倾瓦)即为轴瓦间隙。

5. 轴瓦间隙的调整

(1) 圆筒形轴瓦和椭圆形轴瓦间隙的调整。圆筒形轴瓦和椭圆形轴瓦的间隙可分为左右侧间隙和顶部间隙。

经测量发现,轴瓦的间隙不符合标准要求时,应对照上次检修记录查明原因,再做处理。

若轴瓦两侧间隙变小或顶部间隙变大,通常是由于下半轴瓦合金磨损所致。若两侧间隙较小,可以修刮两侧合金;若顶部间隙大,则需做局部补焊处理,也可将上瓦中分面处通过机械加工方法去掉与超标数值相同厚度的部分。

若两侧间隙较大、顶部间隙偏小或沿轴向塞尺所塞深度偏差较大，则往往是安装或上次检修的遗留问题，需重新安装测量。如运行中无异常现象，可不必处理，或者对轴瓦顶部合金进行适当修刮。间隙过大时一般采取现场补焊合金的方法，然后用机床进行标准加工。

若两侧间隙过小，可用刮刀进行刮削，一边刮削一边将瓦翻回轴承座内测量间隙情况直到合格为止。

若两侧及顶部轴向位置的间隙不同，则往往是安装轴承时位置不正确所致。此时不能盲目修刮轴瓦合金，应先用塞尺检查轴瓦前后两端与轴颈有无脱空现象，如一端有间隙，则需检查轴瓦是否存在垫铁接触不良或销饼憋劲及球面轴瓦就位不正确等现象，如有应加以消除。如果不存在轴瓦的安装质量问题，则可进行下一步的轴瓦合金补焊处理或研刮工作。

当顶部间隙过小时，可在轴瓦结合面加垫调整顶部间隙，偏差多少便加多厚的调整垫片。但所加垫片不宜过厚，而且一定要保证质量。顶部间隙过大时，应采取补焊轴瓦合金的方法，但是补焊上轴瓦还是补焊下轴瓦应根据具体情况确定，若下瓦有磨损就补焊下瓦，若下瓦没有磨损就补焊上瓦。

（2）可倾瓦间隙的调整。对于轴直径值在 400mm 及以下的可倾瓦，其标准间隙为轴直径的 1.3‰；对于轴直径在 400mm 以上的可倾瓦，其标准间隙为轴直径的 1.5‰，最大允许间隙为轴直径的 2‰。可倾瓦的瓦块与轴颈的间隙值可通过调整瓦块背部的调整块内的垫片来调整，当瓦块与轴颈的间隙超出调整范围时，应更换轴承的瓦块。

6. 轴瓦合金面的研刮

（1）圆筒形轴瓦合金面的研刮。单油楔圆筒形轴瓦接触角为 60°，接触面积上的接触点应均匀分布，若接触不良，应加以修刮。在轴瓦两端，应有 10～20mm 宽的合金与轴颈不接触，须留有 0.02mm 的泄油间隙。轴承的进油侧和出油侧，均应修刮出合适的油楔，使轴承有充足的油量，否则会造成运行中轴瓦温度过高，影响轴瓦寿命。

修刮轴瓦合金表面，应光滑平整，不许有明显的沟痕。具有高速盘车的汽轮机轴承，还有顶轴油孔和顶轴油囊，如图 6-16 所示。修刮轴瓦合金时，务必将顶轴油孔堵住，并且在修刮后和组装前用压缩空气吹干净。顶轴油囊的尺寸必须按图纸要求修刮，其深度一般为 0.05～0.15mm，边缘应光滑过渡。油囊太浅，轴不易被顶起，轴瓦合金与轴稍有研磨时油囊将被破坏。一般宜采用上限数值，油囊太深会影响润滑油膜的形成。油囊面积不能太大也不能太小，因油囊本身就影响压力油膜的连续性。如果面积太大，将使油膜浮力不够，破坏油膜，如果面积太小，又顶不起轴颈。油囊面积是根据轴颈载荷和顶轴油压力计算得到的。油囊位置应处于轴瓦中心对称布置。

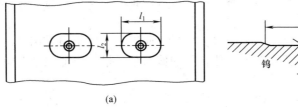

图 6-16 顶轴油囊
(a) 轴瓦底部俯视图；(b) 轴瓦底部剖视图

(2) 椭圆形轴瓦合金面的研刮。椭圆形轴瓦合金面的研刮要求与圆筒形轴承基本相同，只是椭圆形轴瓦的接触角比圆筒形轴瓦略小，一般为 45°～50°。

(3) 三油楔轴瓦合金面的研刮。三油楔轴瓦合金面原则上在制造厂加工成形后不再修刮。但在实践中为了节省检修时间，补焊的轴瓦只要严格按照制造图纸尺寸修刮是完全可行的。补焊及修刮只允许在有限面积上进行，对于补焊的三油楔轴瓦，首先将磨损部位补焊，参照未补焊的阻油边和图纸尺寸，先修刮阻油边，再修刮油楔。总之，油楔是依据正确尺寸的阻油边为基准进行修刮的。

(4) 可倾瓦合金面的研刮。可倾瓦的修刮，一般不允许在安装现场修刮，如有明显缺陷需做处理时，应取得制造厂同意方可进行。小面积修刮时，可直接进行。大面积修刮应按假轴进行研刮，假轴的直径等于实轴轴颈直径加上轴承标准间隙值，决不能按转子的轴颈直接进行研刮。

7. 调整垫块接触面的检查和研刮

为了调整汽轮发电机组轴系的中心，汽轮机轴承均设有供调整用的球面或圆柱面垫块。轴瓦垫铁承受着转子重量及各种动载荷的作用，垫铁还确定转子的位置，其接触情况是否良好直接影响到机组的振动情况及安全运行。因此，每块垫铁应承重均匀，垫铁与轴承座洼窝的接触痕迹应占垫铁总面积的 75% 以上，且接触点应均匀分布。对带有来油孔的垫铁，油孔周围接触点一定要严密，以防止润滑油外泄。

轴瓦在承重状态下，垫铁与轴承座洼窝间隙用 0.03mm 塞尺应塞不进。抬起转子后，最下部垫铁应有 0.03～0.07mm 间隙，两侧垫铁用 0.03mm 塞尺应塞不进。如不符合要求，应翻出下瓦，检查垫铁接触点情况，对垫铁接触面进行研刮。

轴承调整垫块的研刮与其他零件研刮不同。前者必须在重载情况下检查接触情况，后者一般以自重检查接触情况。当接触面存在 0.10mm 以上间隙时，可用锉刀或角向砂轮机进行粗刮。直到间隙小于 0.10mm 时，应复测油挡洼窝中心，并根据洼窝中心改用刮刀精刮。精刮工作首先在轴承座洼窝内涂薄薄一层红丹粉，将轴瓦放进轴承座，放下转子，用起重吊钩将轴瓦在洼窝内往复移动 2～3 次，每次移动量为 10～20mm。然后将转子抬高，取出轴瓦，检查下瓦垫块上红丹粉的印痕，并以此为依据进行研刮，先刮较亮的高点，后刮较小的接触点。如此反复进行，直到最后阶段。下瓦几块垫块应同时进行研刮，并防止刮过量及刮偏斜，使轴瓦位置歪斜和引起四角油楔不相等。当同时研刮下瓦几块调整垫块时，应正确确定底部和两侧垫块的研刮量，同时结合联轴器中心、汽缸洼窝中心情况，综合分析和考虑。一般情况，研刮工作与靠背轮找中心同时进行。

8. 轴瓦紧力的测量和调整

轴瓦的紧力就是轴承盖对轴瓦的压力，也就是上轴瓦垫铁处与轴承盖间的配合过盈量。轴承紧力在轴承装配图上有明确的要求。紧力过大可能使轴承盖变形，特别是球面轴瓦将影响自由调位，紧力过小将引起振动。

需要说明的是，以往球形配合面均采用过盈配合，而现在有些机组采用过渡配合，理由是运行中轴瓦温度高于轴承座温度，考虑了热膨胀的偏差量，最终仍能保证机组运行时轴承与轴承座之间存在一定的过盈量。

轴瓦紧力的测量可利用压铅丝方法，同第五章。

(1) 测量轴瓦紧力时出现误差原因。①轴瓦组装不正确，如下半轴瓦放置的位置不正确，定位销饼蹩劲，轴瓦结合面、垫铁及轴承座洼窝清扫不干净或有毛刺等；②轴承盖螺栓紧力不足或紧力不均匀，铅丝直径太粗，轴承盖紧力过大使轴承盖或轴承变形，这样测出的压铅丝厚度并不是真实间隙；③铅丝和垫片放置位置不当，垫片表面有毛刺，垫片厚度不均匀；④测量时选点无代表性，如铅丝过长，只测铅丝两端处厚度等。

(2) 轴瓦紧力调整方法。若紧力不符合图纸规定值时，对于垫铁紧力而言，可调整顶部垫铁下面的垫片厚度，要求每块垫铁下垫片数量不超过三片。对于球面紧力而言，若球形轴瓦紧力过小，可在轴瓦结合面上加与结合面形状相同的铜垫片，但加垫后轴瓦与轴颈间隙应在规定范围内，决不允许将垫片加在球面上，以免影响球面的自由调整作用。若球面紧力过大，可在瓦枕结合面上加铜质或钢质垫片进行调整。

9. 轴承合金表面局部缺陷的处理

(1) 接触腐蚀的处理。轴承垫块与轴承座之间的接触，经过研刮，接触面之间虽然大部分面积已无间隙，但尚有小部分面积接触不会很密合，或轴承垫块与轴承座的装配过盈不够。当机组运行中发生振动时，垫块与轴承座出现在接触时脱开现象。此时轴电流就会对两接触表面产生电蚀，并出现金属熔化而形成表面光亮的凹坑，且表面硬度较高，这种现象通常称之为接触腐蚀。对于接触腐蚀的处理，一般用涂镀或喷涂方法解决。

(2) 下瓦与轴颈的研刮花纹被磨亮，除三油楔轴承外应用三角刮刀或柳叶刮刀做交叉的轻微修刮，重新刮制花纹，使其表面能存少许润滑油，以减小低速盘车时轴承合金的磨损。

(3) 工作痕迹不符合要求，必须进行修刮。若接触区域过大，只需用刮刀将接触过大的部分稍微修刮并使轴瓦两侧圆滑过渡即可。如工作印痕偏前或偏后，则说明轴瓦负荷分配不均，应将下轴瓦就位，盘动转子进行研磨着色，根据着色痕迹进行修刮。

(4) 轴承合金如果出现裂纹、碎裂、严重脱胎、密集气孔、夹渣或间隙超过标准时，可根据实际情况，采用局部补焊或整体堆焊的方法进行修复。修补时必须将裂纹、碎裂、脱胎、气孔、夹渣等缺陷，用小凿子或小尖铲轻轻剔干净，并用着色法探伤，查明确实不存在裂纹、脱胎、气孔、夹渣等缺陷的残留部分后，然后用酒精或四氯化碳（注意四氯化碳有毒，应尽量少用或采取防护措施）将修补区域擦洗干净。用电烙铁对轴瓦本体进行挂锡，挂锡厚度应小于 0.5mm，并与本体合金咬牢。补焊时，为了防止轴瓦温度过高，而影响其他部分轴承合金的质量，必须将轴瓦浸在凉水里，使补焊处露出水面，由熟练的气焊工用小火焰气焊枪进行施焊。施焊应严格控制温度，并经常用手触摸，当没有很烫的感觉时，即施焊处温度不超过 100℃；否则应暂停片刻，用间断法进行施焊。

轴承合金补焊结束，待冷却后应用紫铜棒轻轻敲击，细听声音是否有脱胎现象，然后用刮刀进行研刮，并放在轴承座内盘动转子检查接触情况，直至符合标准为止。

当轴瓦间隙过大，采用整体堆焊时，应将轴承合金表面油类清洗干净，然后用局部补焊的工艺进行堆焊，但堆焊必须间断进行。堆焊结束，应按图进行切削加工，最后放在轴承座内，吊进转子，检查接触情况，根据接触情况进行修刮，直至符合要求。

10. 轴瓦组装

(1) 圆筒形、椭圆形轴瓦组装时，先在轴颈上浇少量干净的透平油后再扣上半轴瓦，上半轴瓦扣上以后，提起结合面定位销螺栓，并组合螺栓与螺母。用铜棒或铜锤前、后敲击轴承几次，使轴瓦接触均匀，再紧固螺栓。

(2) 三油楔轴瓦由于运行位置与水平结合面呈 35°角，因此在与圆筒瓦同样组装以后要旋转 38°角，组装定位销饼后，再旋回 3°角，使销饼落入轴承座销饼槽内，然后落下大轴。

（3）可倾瓦组装前，要拆下所有瓦块，用压缩空气吹扫干净后，再组装回轴承壳中，回装完瓦块后组装挡油环，最后将轴瓦组装在工作位置，复查上部各瓦块间隙情况。

二、推力轴承检修

推力轴承常见缺陷一般是瓦块的轴承合金产生磨损、裂纹及电腐蚀。常见故障一般是瓦块轴承合金熔化。下面分两点介绍推力轴承的检修，即推力轴瓦的检查和缺陷的处理。

1. 推力轴瓦的检查

（1）推力瓦块的检查。

瓦块检查的重点是轴承合金表面，应注意检查以下几点：

1）各瓦块上的工作印痕大小是否大致相等，工作印痕不均，则说明在工作中瓦块的负载不均匀。

2）轴承合金表面有无磨损及电腐蚀痕迹。

3）轴承合金表面有无夹渣、气孔、裂纹、剥落及脱胎现象。

4）检查瓦胎内外弧及销钉孔有无磨亮的痕迹。这种痕迹说明有妨碍瓦块自由摆动的现象。

5）用外径千分尺检查各瓦块的厚度（如第五章），并做记录，各瓦块的厚度差不应超过 0.02mm，但由于瓦壳结构上原因如上下瓦壳错位，会使瓦块的厚度不得不产生差额。此时将测出的瓦块厚度值与上次大修记录比较，不应有超过 0.02mm 的误差，而且各瓦块轴承合金的工作痕迹必须保持均匀。

（2）轴承外壳的检查。

1）检查瓦壳结合面定位销子是否由于长期的反复拆卸而发生松动。销子松动应重新配置，以免引起上下两半瓦错位。

2）检查瓦壳前后定位垫环的松紧度，以用手锤轻敲能够打动为好。

（3）测量推力间隙。

推力间隙的测量见第五章。

2. 推力轴瓦缺陷的处理

推力轴瓦缺陷的处理主要是修复有局部缺陷的瓦块或更换不能继续使用或短时间内不能修复的瓦块。

（1）瓦块的局部补焊。

瓦块轴承合金表面局部有夹渣、气孔、磨损等缺陷，可作局部补焊。然后在平板上按完好的部分刮平，补焊方法同支持轴承。

（2）更换新瓦块。

备品瓦块的厚度都有一定的富裕量。经清理检查确信质量合格后，应先在平板上进行研刮，使其厚度等于上次检修记录值加上 0.05～0.10mm 的组合研刮裕量；并且轴承合金表面与平板达到全部接触。按图 5-32 所示方法检查瓦块轴承合金表面与背部的承力面的不平行度，不应超过 0.02mm。

瓦块在组合状态下进行研刮，是为了消除由于推力盘微小不平而引起瓦块与推力盘接触不良的现象，研刮时先将推力轴瓦组合好；边盘转子，边用专用工具将转子推向需研磨的瓦块一侧。转子转动数圈后，拆卸轴承，根据接触痕迹进行修刮。反复进行该工作，直至各瓦块厚度与上次大修记录基本符合，所有瓦块与推力盘全部接触，印痕分布均匀为止。

第五节 汽轮机调节、保安油系统检修

一、EH 高压抗燃油系统的维护和检修

(一) 抗燃油系统常见故障

(1) 错油门滑阀凸肩有缘冲蚀。当错油门稍开启时,高压油将从错油门滑阀凸肩处开启很小的开口中流过,速度极高,会将错油门滑阀的凸肩尖锐边缘冲蚀。并且经滑阀后压力降低甚多时,会使原溶在油中的气体逸出及再溶入,产生冲击波。若油中含氧量高,会引起错油门的腐蚀;若油的电阻率低,亦会引起错油门的电化腐蚀,使错油门滑阀凸肩边缘被"磨"成圆角,油口关闭不严,产生漏油,影响到元件性能。

(2) 部套(元件)漏油。因为抗燃油压力高,使油动机、错油门等尺寸缩小,为防止过大的漏油等缺陷,元件的配合都比较严密,间隙较小,容易造成卡涩或者因磨损使间隙变大,漏油增加。所以,一般高压抗燃油系统都有比较细的滤油器,并应经常注意滤油器的压差,及时清洗保证油的清洁。

(3) 油系统中有一些材料被溶解。因抗燃油有溶剂作用,会将油系统中的污垢、一般油漆等溶解洗下,使油质变坏。油系统的连接管要用不锈钢软管连接。

(4) 油泵磨损。高压抗燃油的系统中如采用螺杆泵,泵内采用了铝衬套。当油压升高到 3.2~3.5MPa 时,螺杆泵运行中被卡死,油色变黑。油中沉淀物中有 67%~80% 为游离态铝(超细铝粉),是机械磨下的产物而不是腐蚀产物。油中沉淀物中有一些磷铝化合物,是磨下的铝粉和油中少量的酸(是管子用磷酸清洗后的残余物或被氧化产生的)的反应生成物,因此主要是油泵质量问题,铝衬套被磨损严重。

(5) 抗燃油与透平油相混。在电液调节系统中,有透平油(润滑油)和抗燃油(调节控制油)两个系统。对于抗燃油的调节系统,因一些部套安装在轴承座中,当有油泄漏时,会与透平油相混。

(6) 系统压力下降个别调节汽门无法正常开启。EH 油系统压力下降的主要原因有:

1) 油中杂质将油泵出口滤网的滤芯堵塞。

2) 油箱控制块上溢流阀整定值偏低。

3) 油泵故障导致出力不足,备用油泵出口止回阀不严。

4) 系统中存在非正常的泄漏,主要有:①TV(主汽门)、GV(调节汽门)、RSV(再热汽门)快速卸荷阀未关严;②电液转换器严重内漏;③油动机活塞由于磨损、腐蚀,造成密封不严,漏流增大;④IV(中压汽门)快速卸荷阀底座压不严,造成泄漏增加;⑤蓄能器回油阀、OPC(超速保护控制)试验放油阀等未关严;⑥OPC、AST(危急遮断电磁阀)进油管路堵塞。

(7) 油动机卡涩,调节汽门动作迟缓,有时泄油后不回座。

(8) 在开关调节汽门过程中,调节汽门发生不规则摆动并同时伴有 EH 油系统压力波动。

以上的故障大多发生在电液转换器、快速卸荷阀组件上,检修时应特别加以注意。

(9) 油动机不受控制。油动机不受控制的主要原因有:

1) 油质下降。油中大颗粒杂质进入,检修环境不清洁,密封件老化脱落,EH 油对油箱、管道内壁上有机物的溶解和剥离,金属间摩擦所产生的金属碎屑进入 EH 油中。

2) 油的高温氧化和裂解。EH 油局部过热有可能发生氧化或热裂解，导致酸值增加或产生沉淀，增加颗粒污染，温度升高还使油的电阻率降低，对电液转换器阀口的电化学腐蚀加剧，密封件加速老化。

3) 油的水解和酸性腐蚀。EH 油是一种磷酸酯，和其他脂类一样都能水解，磷酸酯水解后生成磷酸根和醇类，所产生的酸性产物又进一步催化水解，促进敏感部件的腐蚀。而且三芳基酸酯对周围环境中的潮气吸附能力很强，在南方的梅雨季节，可能使 EH 油中含水量增大，使水中的酸性指标增加，导电率增大，这会引起电液转换器的腐蚀。从损坏的电液转换器看，大部分的电液转换器受到不同程度的腐蚀，滑阀凸肩、喷嘴及节流孔处腐蚀尤为严重。

4) 电液转换器滑阀两侧压力偏大。主要原因有：①油中杂质堵塞电液转换器喷嘴；②摩擦、酸性腐蚀造成滑阀的凸肩、滑块与滑座之间磨损，使滑阀相对于滑座之间的间隙加大，漏流增加；③酸性油液对喷嘴室、通道及节流孔等的腐蚀，改变了滑阀两侧的压力。

5) LVDT 线性位移变送器故障，电液转换器机械零位不准等。主要原因有：①LVDT 反馈断线或反馈信号受到干扰将会影响 DEH 指令信号与 LVDT 产生的反馈信号的差值，导致电液转换器输入的指令信号改变；②电液转换器机械零位不准也可能影响 DEH 系统对电液转换器的控制。

6) EH 油系统漏油。EH 油外漏，主要原因有：①工作压力高，而且还受到机组高温及高频振动影响，所以对 EH 油管道材质以及焊接工艺要求高，一些微裂纹可能扩大 EH 油管道开裂。②EH 油管路有些分布在高温区域，容易造成 O 形密封圈受热老化断裂。这一现象在汽轮机调节门的 O 形密封圈上经常发生。③EH 油管路和汽轮机调节汽门连接时，长期受到振动，会由于接头的预紧力不足，造成接头松脱。

7) EH 油管道开裂、接头松脱、密封件坏损。

这些故障主要与材料选择、检修、焊接工艺直接有关，检修时应特别加以注意。

(二) 抗燃油使用要点

(1) 抗燃油系统在正式使用时，一定要清洗干净，要求比一般透平油系统清洗要严格。

(2) 要选择适当垫料，不能与抗燃油发生相互作用使油质变坏，或者垫料损坏而发生漏油。一般推荐采用氟橡胶和聚四氟乙烯，而不能采用聚氯乙烯材料，涂料可用环氧型。

(3) 采用较好的超细过滤器，以滤去油中可能有的杂质，过滤器一直要保持良好状态，当压差增大时，则应进行清洗或更换。

(4) 防止水分混入。因为抗燃油的密度较大，使水不能用沉淀法分出。在抗燃油中含有水分后，会引起磷酸酯的水解和变质，并且水解的产物还会进一步促进水解反应，使油质迅速恶化。抗燃油在长期使用中，在温度升高的条件下，在少量水和金属的催化作用下，脂分子被破坏，会逐渐水解成酸性磷酸酯，生成有机酸的老化产物和凝聚物，且使酸值升高，必须定期处理。

(5) 油在长期反复使用中，总有一些油被氧化，生成酸及酸的氧化物，使油的颜色变深，黏度增大，抗乳化性能降低。酸类氧化物还会使金属零件进一步加速腐蚀。

(6) 抗燃油价格昂贵，并且氧化总是存在的，不可完全避免。如空气中的湿度使油中有水等，都会使油质变坏，影响到调节系统的性能，应注意对油质监视。抗燃油在系统中应定期再生，亦可连续再生。一般分出 1/10 的流量进入再生系统再生后再返回油箱使酸值一直小于 0.5mgKOH/L。再生中吸附剂一般能连续使用半年左右，不允许长期停用。

(三) EH 油系统日常维护

为保证 EH 油系统的安全稳定运行,应加强对系统的日常维护。EH 油的日常维护工作包括:系统的清洁、检查、更换、EH 油的更新等。

1. EH 油系统清洁

EH 油系统应该定期进行清洁工作,扫除外表的灰尘油污。特别在执行检修工作时,要注意保持工作环境的清洁,对测量 EH 油的压力表/开关校验后,一般情况下需经过静置 3h 以上并用无水酒精清洗,防止矿物油混入 EH 油中,禁止使用四氯化碳等含氯清洗剂。对检修中新安装的 EH 油管道要进行吹扫,防止存在于管道中的杂质进入 EH 油系统。要定期进行油质化验,加强化学监督,不合格的油绝对不能进入 EH 油箱,不同厂家的 EH 油也不要混用,并及时进行 EH 油滤油工作,保证 EH 油的油质。

2. EH 油系统检查和试验

为了保证系统的连续运行和避免机组故障停机,必须遵循定期检查及试验规程。检查内容包括:运行部件的磨损、超温、不对中、振动、液位等。检查与试验还应制订以下检查项目:

(1) 定期检查 EH 油泵电流。EH 油泵为恒压变流量泵,而 EH 油泵电流可反映 EH 油系统流量的大小。EH 油系统流量的变化可反映 EH 油系统的内部泄漏量的大小,从而反映电液转换器工作是否正常,是否存在非正常的泄漏。

(2) 定期检查 LVDT,防止 LVDT 问题造成控制系统异常。

(3) 定期对电液转换器进行检测,尽快发现存在的故障和隐患,并及时处理。

(4) 定期检查 EH 油管路接头,焊口及密封件,防止密封件损坏和接头松脱。

(5) 定期对硅藻土及纤维素精滤器运行状况进行监视。当水分和酸性指标超标时立即更换硅藻土,降低 EH 油中杂质的颗粒及酸性指标。

(四) EH 油系统故障防范措施

为了确保 EH 油系统的正常运行,除了加强日常维护,还要针对系统的故障制订好防范措施。

1. 改善油动机组件工作环境

工作环境温度过高不仅会造成 EH 油的高温氧化和裂解,还可能造成 EH 油密封件 O 形圈老化断裂。因此应尽量降低 EH 油工作的环境温度。

采用具有较好抗燃及隔热效果的硅酸铝作为保温介质,对油管及油动机进行隔热。将 EH 油管及油动机门座等由原来保温材料内包改为外露于空气中。合理安排 EH 油管路,防止 EH 系统中由于对流或热辐射而存在局部过热点。

一般情况下,EH 油系统应在机组停运 3 天以后才能停运,防止刚停运时汽轮机的高温造成部分残存在油动机件中的 EH 油的高温氧化和裂解。

2. 解决 EH 油系统含水量高问题

EH 油中含水量高将导致 EH 油的加速退化,还将影响到油的酸性等其余指标。

某电厂在 EH 油箱呼吸器上加装干燥器,有效防止外部水分通过呼吸器侵入 EH 油箱。经常采用滤水机过滤,同时对再生装置进行改进,增加了一套独立的再生装置。采取处理措施前,一年 7 次采样的油中含水量平均值为 0.265%,采取措施后,一年 7 次采样的平均值降为 0.088%。

3. 解决 EH 油中 O 形圈经常损坏问题

O 形圈是 EH 油系统中重要的密封件,它的损坏容易造成 EH 油泄漏,而且它损坏后的杂质还污染 EH 油。一般用于矿物油的橡胶、涂料等都不适用于 EH 油。如选用不合适的材料，将发生溶胀、腐蚀现象。

对于 EH 油中的 O 形圈，必须采用氟化橡胶，不得采用其他橡胶材料代替。在安装前应对 O 形圈认真检查，防止有缺陷的 O 形圈被安装在系统中。

（五）EH 油系统检修工序

1. 油箱的检修

（1）解体油箱，放净油箱内存油。
（2）用面团粘去所有角落的污物。
（3）更换油箱内油泵吸入口滤芯。
（4）更换取样阀门上的密封件。
（5）更换油箱控制模块上的全部密封件。

2. 油泵的检修

（1）解体油泵，更换全部密封件。
（2）仔细检查，如有磨损情况，必要时进行更换。
（3）装复前应给轴承加注润滑脂。
（4）解体联轴器，更换连接块。
（5）打开电动机盖，给轴承加注润滑油脂。
（6）将所有的压力表、温度计送有关专业部门做校验。

二、汽轮机油系统的检修

（一）主油箱的检修

1. 解体及检修

油箱的检修工作主要是清扫，在每次大修或因油质劣化更换新油时，都应把油箱里的油全部放出，进行彻底清扫。

（1）打开油箱底部放油门，将油箱中的油放净。打开油箱盖、人孔盖，取出滤网，放置 24h 让油箱内部充分换气，必要时可以用风扇增加通风，防止有害气体损害人体。

（2）打开油箱底部放油门，用 100℃ 左右的热水把沉淀的油垢杂质冲洗干净。

（3）进入油箱前，工作人员穿上耐油胶鞋和专用工作服，必要时戴口罩和眼镜，工作服不应有金属纽扣和拉链，兜内不能带如钥匙等金属物品，带入的工器具要做好记录，出来时要认真核对。

（4）工作人员从人孔进入油箱，用配制好的 3%～5% 的磷酸三钠溶液或清洗剂进行擦洗，直到清除全部污垢后，再用干净无绒毛的白布擦净，最后用面粉团将内壁仔细黏一遍，尤其是旮旯死角处更要认真仔细，直到把油箱内部残存的细小杂物清除干净。

（5）油箱滤网取出后用热水冲洗，再用压缩空气吹净，如果局部破裂，可用焊锡进行补焊，破裂严重时，应进行更换。

（6）检查油箱内防腐漆是否完好，如有脱落，应重新涂上防腐漆，以防油加速氧化。

（7）检查油位指示器的浮筒。

（8）更换油箱盖、人孔盖等处的密封毛毡。

（9）擦拭油箱体外表面，必要时重新油漆。

2. 注意事项

（1）进入主油箱作业前确保油箱内的烟气、异味等已经放净。

(2) 作业人员经常轮换，检修过程中始终保持通风良好。

(3) 带入油箱的工器具做好记录，出来时认真核对。

(二) 冷油器的检修

冷油器的检修工作大多数情况下就是清扫，分水侧清扫和油侧清扫。

(1) 水侧清扫方法。由于冷油器铜管数量较少而且铜管长度较短，水侧清扫比较简单，大都采用捅杆和刷子带水捅刷进行，通常只需要打开上端盖和下水室盖就可以进行这项工作。

1) 搭架子。联系起重专业围绕冷油器四周搭好架子，要求架设牢固，有护栏并且有足够的操作空间，符合起重架子搭设要求的规定。

2) 放水。先打开上水室顶盖的放空气门，再打开下水室盖，将里面的水放净。

3) 拆上水室顶盖。先用记号笔在法兰侧面做好记号，然后拆上盖螺帽，拆下的螺帽用专用盒子装好，放在指定位置，防止丢失。用手拉葫芦吊起，放到地面指定位置上。注意不要放在架子上，以免掉下损坏或伤人。

4) 铜管的清扫方法。用足够长的橡胶水管连接合适的水源，出水口装一阀门，用来随时控制来水的开关，把比铜管稍粗的柱状毛刷或尼龙刷固定在具有一定刚性的细钢筋或钢管一端上（一定要固定牢固），钢筋或钢管要有足够长（一般大于冷油器高度即可），而且最好在另一端围成圆形，便于操作，如图 6-17 所示，这样就可以将毛刷插入铜管上下往复疏通刷洗，将每根铜管内壁逐根通刷，同时用水冲洗干净。

注意：①在清洗过程中，不要将重物（如手锤、扳手等）放到上水室内，以免磕伤铜管头部，造成胀口泄漏；②在刷洗铜管内壁过程中，力度要均匀平稳，用力过猛会损伤铜管内壁，严重时甚至会造成铜管泄漏。

图 6-17 冷油器清扫工具示意图

5) 清理上水室盖子与结合面，用石棉板制作垫子，对好记号回装上盖，上紧螺栓。将下水室清扫干净回装盖子，然后进行打压验漏试验。

(2) 油侧清洗方法。油侧清洗工作量比较大，工艺也较复杂，一般情况下只进行水侧清洗即可，不用进行油侧清洗，只有当油质不好而在铜管外壁聚集着一层黏性的油泥，影响冷却效果时才对冷油器油侧进行化学清洗。

(三) 油管及附件检修工艺

油管检修主要工作就是油管的清洗和消除泄漏，油管道的清洗工作应该在油管道检修作业之后进行。下面着重介绍油管的清洗方法。

1. 油管清洗准备工作

(1) 在检修前必须认真检查在运行中油管道法兰、阀门、接头等容易泄漏的地方，并做好记录，有的地方位置窄小不易观察，也必须想办法仔细检查，不放过一处可能漏油的地方。

(2) 将油系统内的油放净，排放到专用油箱内，将各法兰、接头、阀门等用红油漆编写记号或做好连接记号。

(3) 拆下所有可拆卸的油管，按顺序放置到清洗场地。

(4) 清洗油管外表面。用布或塑料网将油管外表面用碱水或清洗剂清洗干净。尤其是油管上的焊口、法兰、接头等处更要仔细清洗。

(5) 检查各个油管道上的焊口、法兰、接头等薄弱处，各部位应无裂纹、毛刺、凹坑等现象。

(6) 清理法兰端面，特别重点检查在拆卸前漏油的法兰、接头。检查法兰端面是否平整有无变形、径向沟痕等缺陷。

(7) 用平板检查法兰面接触情况。方法是在法兰端面涂上红丹粉,用平板检查印痕,接触面积应大于75%以上,凡是不合格者都要进行研刮,直到合格为止。

2. 油管清洗工艺方法

油管道可以用中温中压的蒸汽冲洗,常用压力为3～4MPa、温度为300～400℃的蒸汽进行冲洗。冲洗时蒸汽管与被冲的油管用夹子固定牢,打开蒸汽阀门冲洗油管内壁1～2min,在蒸汽的入口处注入适量的凝结水,以增加蒸汽的湿度和容积流量,使管道内壁冲洗干净,1～2min后,切断注入水源,再用蒸汽冲洗,按上述方法重复进行数次,用干净无绒毛的白布擦拭油管内壁,无脏污物即可。当油管内特别脏或拐角处存有油泥时,在冲洗时可注入磷酸三钠溶液,溶液浓度可根据油管内壁脏污的程度制订,一般可以采用10%～20%的磷酸三钠溶液,再按上述方法反复冲洗。最后改用凝结水冲洗2～3次,由化学专业人员检验呈中性,方算合格。当检修现场无条件用蒸汽清洗时,可运往有大型酸槽的单位进行酸洗,其要求与蒸汽冲洗的要求一样。冲洗或酸洗好的油管应将管内喷上干净的汽轮机油,防止管内壁生锈,然后用干净的塑料布或布将每个管口包扎好,防止灰尘、杂质等进入油管内。不要用纸团或棉纱团塞起来。

3. 油管组装

将清洗好的油管运回检修现场,按顺序排列好。拆去油管两端封堵,让油管两端呈高低倾斜,用手锤敲击震动油管表面,再用压缩空气在管内吹过,并用行灯或手电筒在管口处检查,确认管内清洁无杂物后,方可进行装复。应严格遵守检查一根油管组装一根的工艺,不要成批检查后再进行组装,以防止漏检。最好将所有的密封垫更换新垫,必要时可以涂抹密封胶,防止连接处有漏油现象出现。对检修前发现漏油的地方,要查明原因并消除,复装时要特别注意安装工艺。

组装油管时应该设法消除所有蹩劲现象。对于蹩劲较小的油管,可以采取在组装之后将有蹩劲现象的油管弯头用火焊烧红,让它消除应力,再把这个油管拆出来清洗一遍。对于蹩劲大的油管应该重新配制,尽量消除油管蹩劲现象,因为油管蹩劲是引起油管路振动和连接处泄漏的原因之一。

4. 清理检查油阀门

各油阀门、止回阀、疏油阀、溢油阀等必须解体,用煤油或清洗剂清洗干净。死角用面粉团粘去垃圾,最后用白绸布检查是否干净。检查阀壳(尤其是法兰头颈处)、阀柄、阀杆、弹簧等应无裂纹、损伤和渗漏现象。阀线无凹坑,接触良好,阀杆等螺纹无严重磨损,旋转灵活不卡,填料换新。组装后进出口要封闭包扎好。

(四) 油循环

油系统检修工作结束后,为了保证油系统清洁无杂质,保证调节系统和轴承工作正常,必须进行油循环,过滤系统中的杂质。

第六节 汽轮机辅助设备检修

一、凝汽器检修

(一) 凝汽器解体

(1) 打开凝汽器两侧端盖人孔门,用专用工具清扫冷却管管头堵塞的杂物(清扫时注意不要损伤管头)。

(2) 清扫冷却水管的方法有打胶球法和高压水冲洗法。打胶球法为：从凝汽器冷却水管一端塞入胶塞（胶球），用 0.39～0.59MPa 的压缩空气吹扫。吹扫时应将对侧人孔门关闭，免得胶塞飞出伤人，如果遇有胶塞在管内卡住应设法由对侧吹出去，不要由一侧硬吹，以免返回伤人。打完胶塞应及时用清水冲洗冷却水管内壁。

(3) 打开入口循环水管下部人孔门，清扫入口管内积存的泥沙等杂物。

(4) 清扫管板及水室锈垢，水室内壁做防腐处理。

(5) 检查人孔门密封圈，若有破损、老化现象应更换。

(6) 解体检查水位计，对水位计考克进行研修，玻璃管、密封圈若有断裂、破损、老化现象应更换。

(7) 扣人孔门前，应由专人进入容器内检查各部检修是否全部结束，内部有无遗留杂物和工器具。

(8) 扣人孔门前应再次检查是否有人在其内工作，确认无人后再扣。

(二) 凝汽器检修

1. 停机时凝汽器冷却水管找漏方法

(1) 高位上水法。凝汽器清扫冷却水管后，要用压缩空气吹干停放几天，待管板管头没有水滴滴下后方可进行汽侧灌水找漏工作。

灌水前应在凝汽器下部弹簧座上用千斤顶事先顶住，并把汽侧放水、放空气门关闭。

水位加到末级叶片下 100～150mm 保持 24h，认真检查凝汽器汽缸连接排汽管焊口以及低压加热器真空系统管道阀门、法兰是否漏泄，冷却水管是否漏泄。凝汽器冷却水管用高位上水找漏应对其进行详细记录，遇有冷却水管发生泄漏时，应在其两端管头处用特制堵头堵死。冷却水管堵塞量不得超过冷却水管总数的 10%，否则应更换新管。

(2) 荧光法。目前大容量机组多数采用荧光法找漏，用荧光法找漏也要支撑凝汽器的四角弹簧。

荧光剂能在高度稀释的水溶液中发出绿色的荧光，当它采用一个激发光源照射时，其绿色的荧光显得格外明亮。并且它还有很好的渗透能力，因此可将含有荧光黄钠的水溶液注入凝汽器汽侧，在黑暗的循环水室中，用紫外线探照灯照射，就可看到泄漏部位有黄绿色的光亮出现，由此便判断出泄漏的铜管。

目前常用的荧光剂为荧光黄钠，它是无毒的液体，对铜管不会引起腐蚀。激发光源可用 GTX 发射型黑光高压水银蒸汽灯。

检查时，放尽循环水，再打开凝汽器两端水室及人孔门，管板用水冲洗干净。在向凝汽器内灌水时，同时加入荧光剂。加入荧光剂的速度应以汽侧灌满水、荧光剂溶液也加完为准。灌水高度应将所有铜管浸没。正常情况应用抽汽器将凝汽器内汽侧空气抽出，然后用激光源进行照射，此时在凝汽器循环水水室内，用高压黑光绿灯从顶部开始，由上往下水平移动照射管板。如有荧光液漏出，就会发出黄绿色的光亮。如果发现管板接近管口处有绿光，说明此管泄漏，此时应用橡皮塞或木塞将漏管堵死，以免影响检查管口，渗到管板上的荧光剂应用水冲刷掉。在检查过程中，要注意黑光绿灯玻璃壳不能与任何冷体相碰，并且要适当通风。在每次熄灯后，须待灯泡冷却 5～10min 后才能重新使用。

2. 运行时凝汽器冷却水管找漏方法

(1) 烛光法。降低负荷，停一个或停一半凝汽器。把铜管的一端用橡皮塞堵严，另一端不封。然后用蜡烛火焰逐个靠近铜管的管口。由于凝汽器的汽侧保持真空状态，所以如果管内有泄漏，蜡光火焰将被吸向管口，从而查出泄漏的铜管。

(2) 薄膜法。和烛光法原理相同，停下凝汽器后，在两侧管板上贴上沾水的尼龙薄膜或纸片。由于凝汽器的汽侧保持真空，因此，泄漏铜管将把薄膜吸成凹状，据此可查出泄漏的铜管。

3. 凝汽器更换局部铜管工艺方法

凝汽器铜管损坏10%以上时要更换铜管，但新铜管需要经检查化验合格后，方可使用。

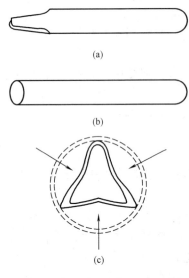

图6-18 抽管方法示意图

(1) 抽管方法。先用不淬火的鸭嘴扁錾[图6-18(a)]在铜管两端胀口处沿管径圆周三个方向施力[如图6-18(c)所示]把铜管挤在一起，然后用大样冲[如图6-18(b)所示]向一头冲击，冲出一段后，就可用手直接拉出来。如果用手拉不出来，可把挤扁的管头锯掉，塞进一节钢棍，用夹子夹好后再用力把管子拉出来。

(2) 换管方法。先用细砂布把管板孔和已经试验退火合格的铜管两端各100mm长管头打磨光滑干净，不要有油污和纵向0.10mm以上的沟槽。将铜管装入管板孔内，准备胀管。

(3) 胀管方法。先将铜管穿上摆好，管子应露出管板1～3mm，胀管端管内涂少量黄油，另一端有人将管子夹住，防止窜动。放入胀管器，用胀管器胀管。方法同第五章凝汽器安装。

4. 对采用钛管或钛管板凝汽器的换管要求

更换钛管或钛管板除应符合对铜管的规定要求外，还应遵守下列规定：

(1) 工作场所必须采取专门遮蔽措施，严防灰尘，在水室内工作需用风机通风。

(2) 安装人员需穿干净的专用工作服及工作鞋，并戴脱脂手套，每班更换一次，当被油脂污染时应立即更换。

(3) 钛管板及钛管的端部在穿管前应使用白布用脱脂溶剂（酒精、三氯乙烯等不易燃溶剂）擦拭，除去油污，并用塑料布盖好。管子的防油包扎在穿管前不得打开。

(4) 管孔不得用手抚摸，穿管开始前必须再用酒精清洗。

(5) 穿管用的导向器以及施工用的工具，每次使用前都必须用酒精清洗，且不得使用铅锤。

(6) 胀管及切管机具必须彻底清洗，每胀管2～3根即用酒精清洗一次，胀管时不得使用胀管机油，需用酒精做清洗剂。

(7) 胀管用的胀杆和胀子应经常检查，必要时更换。

(8) 胀管率一般跟铜管相同，最大不得超过10%。

(9) 管端切齐尺寸一般为0.3～0.5mm，切下的钛屑必须及时清理，严防引燃。

(10) 管子胀好后，在管板外伸部分应用酒精清洗，并用氩弧焊焊接，焊后对焊口应进行外观及渗透液检查。

5. 凝汽器铜管防腐及保护方法

(1) 铜管剧烈振动，产生交变应力，会造成铜管的疲劳损伤。在运行中发现凝汽器铜管振动时，应在管束之间嵌塞竹片或木板条，以减少和消除振动。

(2) 清扫是防腐的措施之一。凝汽器清扫有两种，一是胶球清洗，二是反冲洗，即在运行时切换截门，改变水流流动方向，排除杂物。

(3) 硫酸亚铁造膜保护，主要用于以海水做循环水的凝汽器。这种方法对淡水做循环水的凝汽器也是有效的。

(4) 加装尼龙保护套管。采用尼龙 1010 制成的套管，其外径跟铜管内径相同，形状同管头相似，长度为 120mm，厚度为 0.7～1mm，装在凝汽器铜管入口端。因加尼龙套对胶球清洗有一定妨碍，所以，也有在铜管入口端涂敷环氧树脂，作为保护层的。

6. 凝汽器胶球清洗

如图 6-19 所示，胶球清洗系统主要由收球网装置、胶球收球器、胶球再循环泵、胶球注球管计数器、控制单元、差压系统和相应的管道阀门等组成。

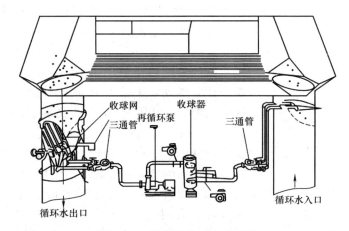

图 6-19 凝汽器胶球清洗系统

(1) 收球网装置。收球网是胶球清洗系统中的关键部套之一，如收球率低大部分是由于收球网结构不合理，传动机构失灵或者关闭不严等造成胶球大量流失造成的。图 6-20 (a) 和图 6-20 (b) 是国内常用的两种收球网结构形式。图 6-20 (a) 是平面收球网（活动收球网），图 6-20 (b) 是锥形收球网（固定收球网）。前者驱动和严密性比较复杂，后者滤网清洗比较麻烦。

(2) 胶球收球器。凝汽器每侧都设有一个胶球收球器（又称为投球器），它有一个电动进口阀，一个电动出口阀和一个手动出口阀。在手动出口阀上装有滤网，在收球时使用。收球器分为投球口和收球口两大部分。

(3) 胶球再循环泵。胶球再循环泵是一个离心泵，将收球网装置分离出来的胶球经过收球管道、胶球收球器，又重新实现了胶球对凝汽器的再循环。

(4) 胶球。胶球质量不但影响到凝汽器清洗的效果，而且直接关系到胶球的回收率。

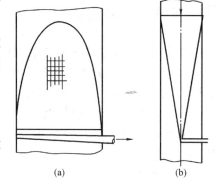

图 6-20 收球网示意图
(a) 平面收球网；(b) 锥形收球网

胶球通常有两种：一种是半硬质球，另一种是微孔胶球（海绵球）。前者的直径比凝汽器冷却水管内径小 1～2mm，它是靠半硬质球与管壁碰撞及循环水沿球体周围流过所到表面的湍流扰动而达到清洗的目的；后者的直径比凝汽器冷却水管的内径大 1～2mm，胶球随着循环水被压入管内后同管壁接触通过摩擦作用对管壁进行清洗。因此，胶球的直径相当重要，过大与过小都直接影响到胶球的清洗效果和胶球的回收率。

另外胶球的密度也很重要，如果胶球的密度小于水的密度，胶球会停留在凝汽器水室的死角或回流的区域，以及管道的顶部影响到胶球的循环。所以在投球之前，应将胶球泡湿，用人工办法排除胶球中的气体，使它沉入投球的容器中，这样胶球的回收率会有明显的提高。

（5）胶球注球器。在凝汽器进水管内部设有胶球注球管，注球方向与循环水流动方向相反。这样会增加胶球的均匀分散度，提高胶球的清洗效果。

二、离心水泵的检修

1. 泵壳

（1）止口间隙检查。多级泵的两个泵壳之间都是止口配合的，止口之间的间隙不得过大，间隙过大会影响泵的转子和定子的同心度。检查两泵壳止口间隙的方法是把泵壳叠在一起应放在平板上，在上面一个泵壳上安置一个磁力表架，其上夹一只百分表，跳杆与下面一个泵壳的外圆相接触，如图 6-21 所示。随后将上面一只泵壳往复推动，于是百分表上的读数差就是止口之间存在的间隙。在相隔 90°的位置再测一次。一般止口间隙在 0.04～0.08mm 之间，如果间隙大于 0.10～0.12mm 就需要进行修理。简单的修理方法是在间隙较大的泵壳的止口进行均匀的堆焊，然后按需要尺寸进行车削。

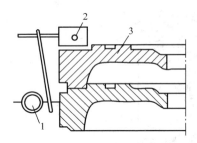

图 6-21 测量止口间隙
1—百分表；2—百分表架；3—泵壳

（2）裂纹检查。甩手锤轻敲壳体，如发出沙哑声说明壳体已有裂纹。为进一步检查裂纹可用煤油将壳体擦拭干净，仔细寻找裂纹位置，找到后可在裂纹处涂以煤油，煤油就可以渗入裂纹中。再将面上的油擦掉后涂上一层白粉，随后用手锤再次轻敲泵壳，于是裂纹内的煤油就会渗出来并浸湿白粉，呈现一道黑线。由此可以判断裂纹的端点。如裂纹部位在不承受压力或不起密封作用的地方，为了防止裂纹继续扩大，可在裂纹的始末两端各钻一个直径 3mm 的圆孔，以防止裂纹继续扩展。如果裂纹出现在承压部位，必须进行补焊。

2. 导叶

水泵的导叶如果是用不锈钢制成的，使用寿命可以很长，如果是用锡青铜制成的，则使用 3～5 年后就被冲刷得很厉害，必要时就应更换新导叶。凡是新铸的导叶应用砂轮将流道打光，这样可提高效率 2%～3%。

还应当检查导叶衬套的磨损情况，根据磨损的程度来确定是整修还是更换。

导叶与泵壳的径向间隙一般为 0.04～0.06mm，间隙过大会影响定子和转子之间的同心度，应予更换。

3. 平衡装置

平衡盘起着自动平衡转子轴向推力的作用。如图 6-22 所示，动平衡盘随轴而旋转，它与泵体上的静平衡盘（平衡环）之间保持着 0.10～0.25mm 的间隙。运行时这个间隙一直在忽大忽小地变动着,自动地平衡着转子上的轴向推力,转子在轴向的窜动量为0.10~0.15mm。窜动次数为10~20次/min。在运行中动静平衡盘之间还常常直接发生摩擦,如果水中含有泥沙等杂质,则很容易将平衡盘磨损。检查时若发现动静平衡盘接触面有磨损沟痕时,可以在其接合面之间涂上细研磨砂进行对研。如果沟痕很深时,可在车床或磨床上进行修理。要求动静平衡盘之间的接触率在75%以上。动静平衡盘的盘面应严格平行。如果动静盘盘面偏斜而出现张口,则运行中就会使水流通过其间而大量漏掉,平衡盘也就起不到平衡转子上的轴向推力的作用了,同时,轴向推力还会使动静盘面接触的部分发生局部摩擦而产生高热,乃至严重磨损。

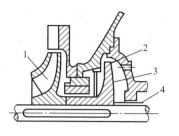

图 6-22 平衡盘
1—叶轮;2—静平衡盘;
3—动平衡盘;4—盘根

通常用压铅丝法来检查动静盘面的平行度。将轴置于工作位置,把平衡盘套在轴上,其键槽对准轴上的键槽,并在轴上涂以润滑油,使动盘能在轴上自由滑动。用黄甘油把铅丝粘在静盘端面的上下左右四个位置上,然后快速把动盘推向静盘,两盘互相撞击而使铅丝产生变形。取下铅丝并记好方位,用千分尺测量铅丝厚度,将平衡盘转180°再做一次。四个位置的测量数值应当满足上加下等于左加右,如不等说明动静盘变形。上减下和左减右的差值应小于0.05mm,超过此值也说明动静盘有瓢偏现象,应查明原因,予以消除。

4. 密封环与导叶衬套

密封环与导叶衬套是易损零件,正确选用这些零件的材料,使之能长期运转而不易严重损坏。目前多采用不锈钢来制造,寿命比较长,但对加工和装配的质量要求较高,且易于在运行中发生"咬死"现象。若用锡青铜制造,则容易加工、成本低、不易咬死,但使用寿命短。

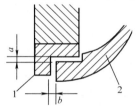

图 6-23 密封环间隙
1—密封环;2—叶轮

新装配的密封环和导叶衬套安装就位后,与叶轮的不同心度应小于0.04mm。密封环同叶轮的径向间隙(图6-23)随密封环的内径大小而有所差别,见表6-1。密封环同泵壳的间隙为0.03~0.05mm,导叶衬套同叶轮轮壳的间隙一般为0.40~0.45mm。

5. 转子部分的检修

转子上的主要部件有轴、叶轮和推力盘。轴是水泵的主要零件,转子上所有零件都套装在它上面,它还承担着传递扭矩的作用。检修时首先进行外观检查,检查有无被水冲刷的沟痕;两轴颈的表面是否有擦、碰痕迹。如果发现下述情况之一者可考虑换新轴:轴表面发现裂纹、有较深的沟痕(特别在键槽处)或较大的弯曲。因为轴是在交变载荷作用下连续工作的,长期运行可能加剧裂纹的发展或增大弯曲度而使其破坏。

表 6-1 密封环与叶轮径向间隙 (mm)

密封环内径	装配间隙 a	磨损后的间隙 a
80~120	0.09~0.22	0.78
120~150	0.105~0.255	0.60
150~180	0.12~0.28	
180~220	0.135~0.315	0.70
220~260	0.16~0.34	
260~290	0.16~0.35	
290~320	0.175~0.375	0.80
320~360	0.20~0.40	

叶轮是装置于轴上的主要部件,它对离心泵的安全经济运行,起着较大的作用。叶轮检修包括以下内容:

(1) 叶轮密封环(口环)磨损。解体大修时常常发现叶轮口环处有不同程度的磨损,如果磨损的程度在允许范围内，则可以在车床上用专用胎具胀住叶轮的内孔，再对磨损的部位进行车削，并配制相应的密封环与导叶衬套，以保持原有的间隙。

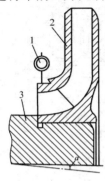

图6-24 检查叶轮口环同心度的方法
1—百分表；2—叶轮；3—专用胎具

叶轮口环经车床修整后，为了防止在加工过程中胎具位移而造成不同心，应该用专用胎具检查叶轮口环修正后的同心度。如图6-24所示，用一具有轴肩的光轴插入叶轮的内孔，光轴固定在虎钳上，并仰起一角度α。使叶轮吸入侧的轮毂端面始终与胎具轴肩相接触，缓缓转动叶轮，叶轮口环处百分表指示的跳动值应小于0.04mm，否则应重新修整。

(2) 叶轮汽蚀损坏。首级叶轮的叶片容易被汽蚀所损坏，如果叶片上有轻微的汽蚀小孔洞，可进行补焊修复。采用环氧树脂黏结剂来修补被汽蚀的叶轮，效果也很好。环氧黏结剂的配方为：6101环氧树脂100g、邻苯二甲酸二丁酯15g、B羟基乙二胺12g、铁粉20g、三氧化二铬8g和玻璃布一层。

修补工艺简介如下：①将叶轮烂洞及其周围表面进行除锈处理，并用细砂布打磨干净。②配制环氧黏结剂的顺序是：将环氧树脂加热到30～40℃，使之易于调拌，再放入增塑剂邻苯二甲酸二丁酯、填料铁粉和三氧化二铬，并将它们搅拌均匀，待修补时放入固化剂B羟基乙二胺。③将配制好的环氧黏结剂迅速、均匀地涂在烂孔周围表面上，立即把玻璃布均匀、平整地贴在所涂的环氧黏结剂上，蒙住孔洞，然后在室温下固化24h即可使用。

(3) 叶轮与轴之间的配合松动。由于长期使用，多次装拆，叶轮内孔和轴颈之间因磨损而造成间隙过大。这样会影响叶轮的同心度，使叶轮的晃度增大，装配后会引起转子振动。

如发现间隙大了，可在叶轮内孔局部点焊后再用车床修整，也可以进行镀铬后再磨削。如叶轮在采取上述检修方法处理后，仍然达不到质量要求时，则需更换叶轮。对于新叶轮，首先应检查其几何尺寸是否与原设计相符，然后对叶轮的流道进行清扫，要求其表面光洁。并且对每个新叶轮都需经静平衡试验，合格后方可使用。

第七章 锅炉本体及主要辅助设备安装

第一节 锅炉设备安装概述

一、锅炉安装在火力发电厂建设中的地位及重要意义

电厂锅炉的参数很高,容积、体积和重量都很大。一台 1000t/h 亚临界压力直流锅炉(配 300MW 汽轮发电机组)高达 51m,金属重量约 4300t。它们都是由数以万计的零件、部件组成的,这样庞大笨重而又复杂的设备,显然是不能在制造厂内装配成一个整体一次搬运到安装现场的。所以,制造厂只能以零件、部件、组件的形式运到安装现场。安装现场需经过卸车、开箱检验、零部件校正和组合、起吊和就位,并用焊接、铆接和螺栓连接等方法,把它们组装起来逐渐构成一个整体;当整体安装完毕时,还要经过水压试验、漏风试验、烘炉、冲管、蒸汽严密性试验及安全门调整试验等工序,并经过试运行合格;最后这台锅炉方能投入生产。可见锅炉安装工作实质上是锅炉制造工作的继续,是制造工作最后的,也是十分重要的一个阶段,它关系到锅炉投产后运行的安全性和经济性。

二、锅炉安装的主要内容

将锅炉设备由零部件组装成整体的过程称为组合(也称装配或组装);再将整体置于生产系统中称为安装。锅炉安装包括以下主要内容。

1. 施工前的准备

施工前的准备工作包括现场临时建筑的搭设与布置,安装场地的平整、道路的开通,照明、水源、动力和施工机械的装设,设备存放、组合、吊装场地的准备,以及施工计划的编制等。

2. 设备的检查、修理、组合起吊及安装

设备开箱清点主要是检查设备的数量、规格尺寸、质量及用材等是否符合规定要求。在组合前对设备检查、修理,检查其制造质量,消除其在制造、运输和存放过程中产生的缺陷。设备的组合是在组合场地分别将钢架、锅炉各受热面、汽包等组合成组合件。将高空作业转移到平地上来。这样做可缩短安装期限,保证安装质量,合理利用劳动力,做到安全施工和降低成本。

将组合好的组合件按安装顺序起吊、就位、找正,在安装位置连接成一个整体,即先在锅炉的基础上安装钢架,然后在钢架上安装受热面、汽包等组件并进行找正和连接管道等。

3. 辅助设备的安装

辅助设备包括输煤制粉设备、回转式空气预热器、除灰除尘设备、通风设备和连接管道等。这些设备要经过清理、检查、修理,才能安装在基础上,经过找正再进行基础的二次灌浆和管道的连接。

4. 砌筑炉墙与保温

锅炉在水压试验后,要将炉墙全部砌筑好,此项工作相对要复杂些,并且将各管道及设备的外露部分用保温材料进行保温。现代大型锅炉的燃烧室、炉顶、水平烟道和尾部烟道都采用敷管式炉墙,故不需砌筑。但在锅炉各受热面吊装找正就位后,要进行燃烧室和烟道等

处的接缝、填缝工作。

5. 锅炉安装后的工作

锅炉安装后要进行整体水压试验、漏风试验、连锁试验、转动机械分部试运转、烘炉、化学清洗、冲管、蒸汽严密性试验及安全门调整等项工作。经试运行合格才能正式投入生产。

三、锅炉安装的方法和基本要求

（一）锅炉安装的方法

锅炉安装的方法有两种：一种叫组合安装法；另一种叫分散安装法。把设备零部件在组合场拼装成便于起吊就位的组合件，再运到安装地点将组件置于生产系统的方法叫组合安装。将锅炉上大量的零件和部件逐件地吊放到装配的部位进行装接，这种方法称为分散安装法，也叫单装或分件安装。

1. 组合安装

（1）优点。

1) 设备组合在组合场平地上进行，省力方便，可及早发现问题，预先进行零件的配制和设备缺陷处理，并可提高施工质量和工效。

2) 扩大了施工面，设备组合和安装可交叉作业，缩短了总的安装时间。

3) 起吊平均重量增加，次数减少，因而减少了高空作业量，减少了用来依次安装设备零件的脚手架和辅助支架，从而降低了施工费用，提高了起重机械效率，便于合理地调度使用起重机械。

（2）缺点。

1) 设备进场时间要早，主要部件都要齐全，要配备较大的组合运输和吊装机具。

2) 需耗用较多辅助性钢材（如搭设组合支架、加固组件的桁架等），组合场内需配置动力能源设施，并且要占用较大面积的组合场地。

目前，锅炉安装都倾向于采用组合安装的方法，在国内已成为一种主要的安装方法。在大型锅炉安装中，只要现场的条件允许，应当尽可能地扩大组合件，提高设备的组合率，组合件的重量尽量接近于所有组合件的平均重量，以便较合理地使用起重机械。

（3）组件划分。

1) 组件的划分应根据设备的构造特征、外形尺寸、部件重量、安装方法、起重机具的能力、组合场的大小、组件运输条件、工期的缓急和设备供应情况等因素进行。在无上述条件限制的情况下，应尽可能地提高组合率，增加组件重量，减少组件数量，即尽可能地扩大地面上的工作量，减少高空作业量，充分发挥组合安装的优势。

2) 在划分组件时还应考虑以下因素：

① 组件总重量（包括加固及保温重量）尽量接近吊车起吊能力，在组合安装工艺上要保持完整性，尽量不拆、不割原设备。

② 组件超重时，应将不便单件安装而较为费工的零散件先组合上去，而将容易安装且费工较少部件暂不组合，个别组件超重很多时可采用特殊的起吊措施。

③ 尽量减少安装焊口及高空不易焊接的焊口，增加组合焊口数量。

④ 组件本身应有必要的刚性。在安装、运输时能允许水平或垂直移动，在起吊时加固要简单。每个组件，必须对于锅炉结构和安装都是合适的，使之易于装配衔接。组件应尽量一次起吊就位。

2. 分散安装

（1）优点。

1）不用专门配置大型组合架和加强构件。

2）钢架吊装后就可将厂房封闭起来，安装工作不受自然气候条件的影响，可避免组合中对地一侧的仰焊。

（2）缺点。

1）安装方法复杂，工期长，消耗劳动力多。高空作业多，运用脚手架多，作业安全性差，要配置较多的小型机具。

2）安排施工流程时，必须十分仔细、妥善，因各部位施工程序环环紧密相扣，一环脱节，将影响下道工序及诸多安装环节的进行。

在考虑安装方法时，要因地制宜地结合现场情况和施工条件，通过科学分析、效益比较后才能确定。大型锅炉受热面管径小、刚性差，使组合安装和组合率的提高受到一定限制。组合安装还受到组合场地大小、主要设备到货情况、起吊机具的大小等方面的限制。目前国内大型锅炉主要采用组合安装，另辅以必要的单装。

（二）锅炉安装的基本要求

由于锅炉设备向高参数、大容量的趋势发展，锅炉安装过程中的质量保证尤其重要。锅炉启停较为复杂且启停一次费用很高，因此，对设备的可靠性及安装质量的要求越来越高。

大型锅炉各部件、组件之间都有十分严密的相对关系和较高的装配要求。锅炉本体与其附属机械设备之间通过管道系统连接，这些设备长期在高温高压条件下运行，经受冲洗、振动、热应力、氧化、冲刷、磨损，以及温度和压力的交变应力作用，极易产生影响安全运行的问题，因而设备安装中对工艺要求特别严格，主要有以下几个方面：

1. 准确性

准确性是指设备在校正、组合、运输、起吊、就位及找正过程中，其尺寸、形状和安装位置的准确程度。只有安装位置正确，才能保证设备部件相互之间的正确连接，否则将会导致设备的歪扭变形，产生内应力，投入运行后易发生事故。为保证锅炉设备安装的准确性，对各个部件的相对位置（垂直、水平、标高和中心距等）必须认真进行检查和调整。

2. 严密性

严密性是衡量锅炉安装工艺的主要指标之一。锅炉运行时，其所属各系统中都充满着流动的介质，即高压给水、饱和蒸汽、过热蒸汽、高温烟气、热风、煤粉、灰等。上述任一系统及设备的泄漏都会给锅炉设备安全经济运行带来严重威胁，除会造成能量损失外，还会使工作及运行环境恶化，甚至造成严重事故，迫使锅炉停止运行。为此，施工中对设备材料应进行严格检验，并十分重视焊接和法兰连接的质量。除对阀门、受热面单独进行水压试验外，还应对锅炉汽水系统进行整体的水压试验、蒸汽严密性试验。对烟风系统、制粉系统做漏风试验。

3. 膨胀性

热胀冷缩是绝大多数金属材料的基本性能。锅炉的结构和系统复杂，安装是在常温下进行的。在系统中各部分的受热程度不同，尺寸大小不一及厚薄不等，材料有别，胀值不等，胀向交错，热应力很大。如果相对位移受到阻碍，可导致挤压管口、顶坏炉墙等事故。为保证锅炉有良好的膨胀性，必须正确地处理设备系统内各部分的膨胀，划出自由端，留出足够的膨胀间隙。所以在实际安装中，有的设备要装设一些膨胀指示器，以便于经常监视、分析比较。在风烟道上装设波纹伸缩节,在直管段上装设自身补偿弯头,在胀值、胀向不一致的管子与铁件之间,装设专门的活络连接结构,用以消除热膨胀值并保证相对位移。

此外,在工艺上要求安装横平竖直,整齐美观,连接牢固,运行检修方便;在质量上要求设备性能好,强度高,误差小,转动机械振动、噪声小。

四、大型锅炉安装的特点

目前我国大型高参数机组安装工程日益增多,并且在设计上出现了不少新技术和新工艺,故对安装技术提出了新课题,现将大型锅炉安装特点叙述如下。

1. 安装的质量要求高

一般机械及设备出厂前可通过预组装及试运行等来检验其性能和质量,但锅炉在制造厂是无法做到的。另外,大型锅炉外形庞大、系统复杂、参数高、工艺新,制造、安装都要求高质量、高水平,一旦发生事故,对国民经济的影响严重,损失很大。所以在安装工作中应严格控制安装质量,施工人员的任务不是仅完成设备的安装就位,而是要保证机组在规定的参数、指标下,安全、经济并长期可靠地运行。

2. 大型吊装机具多、施工场地大

大型锅炉具有炉体高、部件大、组件重、数量多的特点,运输吊装设备的部件、组件就需很多的大型吊装机具。在安装前用来堆放设备、进行各种准备的预检修工作,对设备的零部件进行组合等都需要很大的施工场地。施工场地的大小与现场条件、安装方法及设备供应情况等有关。一般 400t/h 锅炉需 5000m^2 左右的施工场地,1000t/h 锅炉需 15000m^2 左右的施工场地。如图 7-1 所示为 1000t/h 锅炉组合场地。

3. 组件运输吊装需要加固、悬吊式结构吊装困难多

锅炉的风烟道和受热面管在运输及吊装时都需要加固,增加刚性,防止变形。为此要消耗不少人力、物力和时间。特别是水冷壁管屏,管径为 $\phi22\times5.5$mm 至 $\phi60\times5.5$mm,管屏宽为 4~5m、长达 30m。前、后水冷壁都有炉底,后水冷壁上部还有折焰角。这样细长而单薄的管片刚性很差,在运输、吊装过程中保证其有足够的刚性、防止变形是一个很重要的问题。为此,一般在管屏外侧的刚性梁上,用桁架或型钢等来加固。图 7-2 所示为 1000t/h 锅炉后水冷壁组合体的起吊桁架及加固情况。大型锅炉的锅炉本体都是悬吊在炉顶上的。因此在部件、组件吊装前,必须先将炉顶的承吊钢梁装好。但装好钢梁后,从开口吊入的组件,由于受到开口周围大梁、次梁的阻碍,无法作水平方向的移动,直接将其送至安装位置。所以组件进档后就得在中途经过几次临时悬挂或几次空中接钩,才能将其吊移至安装位置。这样就大大地增加了吊装过程的难度及复杂性,并且高空作业量也增加不少。

图 7-3 是 1000t/h 锅炉组件向安装部位就位过程中的移动路线及中途接钩的示意图。

在大型锅炉的后部烟道中,一般都串吊着低温过热器、低温再热器和省煤器,这些受热面的重量占受热面总重量的 20% 以上,并且体积都较大,上述原因都给锅炉吊装带来很多困难。

4. 阀门安装工作量大、质量要求高、钢种繁多、焊接工艺复杂

大型锅炉容量大,汽水系统复杂,所采用的阀门口径大、数量多、结构复杂,如 400t/h 锅炉系统范围内的高压阀门有 120 只,1000t/h 锅炉系统范围内的高压阀门有 250 只。

第七章 锅炉本体及主要辅助设备安装

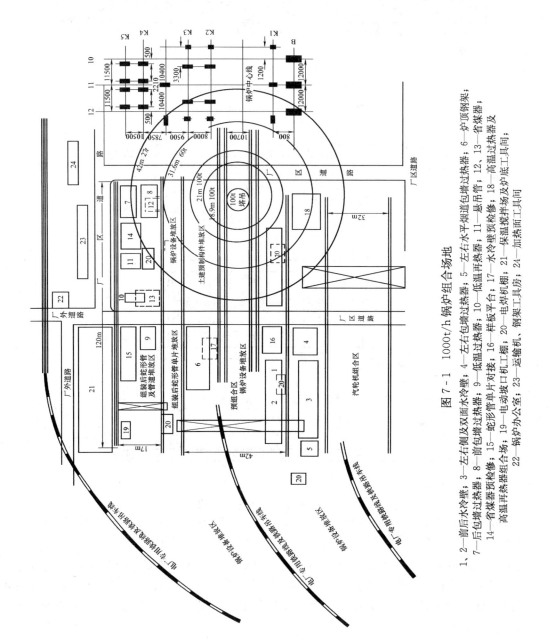

图 7-1 1000t/h 锅炉组合场地

1、2—前后水冷壁；3—左右侧及双面水冷壁；4—左右包墙过热器；5—左右水平烟道包墙过热器；6—炉顶钢架；7—后包墙过热器；8—前包墙过热器；9—低温过热器；10—低温再热器；11—悬吊管；12、13—省煤器；14—省煤器预检修；15—蛇形管单片对接；16—样板平台；17—水冷壁预检修；18—高温过热器及高温再热器组合场；19—电动坡口机工棚；20—电焊机棚；21—保温搅拌场及炉底工具间；22—锅炉办公室；23—运输机、钢架工具房；24—加热面工具间

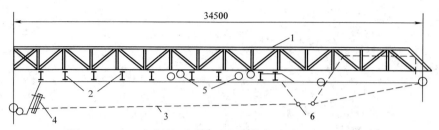

图 7-2　1000t/h 锅炉后水冷壁起吊桁架及临时加固示意图

1—起吊桁架；2—刚性梁；3—加固钢绳；4—炉底加固；5—中间联箱；6—折焰角

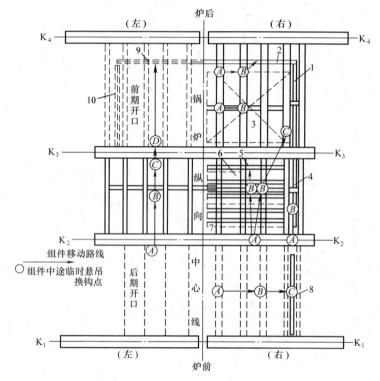

图 7-3　组件中途换钩接钩及移动路线示意图

1—右包墙过热器；2—后包墙过热器（右）；3—尾部吊笼（右）；4—水平包墙过热器（右）5—前包墙过热器（右）；
6—高温再热器（右）；7—高温过热器（右）；8—右侧水冷壁；9—后包墙过热器（左）；10—左包墙过热器

大型锅炉机组采用的钢种有10种左右。为了保证锅炉运行的安全可靠性，同时要尽量节约合金钢材，故在某一设备部件上根据工况不同采用了不同的钢材。在某些设备上有时钢材还有代用及改变等情况，在采用钢种多而复杂的锅炉设备上，其焊接工艺、热处理工艺复杂，焊接质量要求高。

5. 管、箱内要求高洁净度

在安装受热面时，对管、箱内壁的污垢、油泥、铁锈等必须进行彻底有效的清除，使其保持高洁净度，否则，即使给水品质符合要求，炉水品质也会很快变差。这样就可能引起管内结垢，导致管壁超温，造成爆管事故，盐分带入汽轮机还会影响其安全经济运行。

6. 施工方案错综复杂

锅炉安装没有典型并通用的施工方案直接采用，其他方案是因地制宜地根据现场具体情况和实际条件制订出来的。对完全相同的机组，现场具体情况不同，采用的安装方案也不同,即使经过深入的调查、全面的考虑订出了施工方案,但因锅炉设备在施工中所需工种多,各工种间要进行复杂的交叉作业和密切的协作配合,各组件的组合、吊装方案、开口方式、施工顺序与进程等也可能因某些具体情况和条件的变化而受到影响,如不及时妥善处理,就会产生相互干扰、冲突、脱节和窝工等现象。

锅炉吊装时,在扩建端侧面或顶部留出"一处地方",此处地方的部件设备暂先不装,组件或部件通过此处用吊车从水平途径吊进去,或将组件提升到一定高度后再从此处的顶部放进去,并送至安装位置。此处称为锅炉安装中的"开口"。开口方式选择的原则,主要从三个方面考虑,即稳定性、程序性及经济性。结构稳定性一般可从制造厂或同类机组获得,必要时也可通过估算获得。在满足结构稳定条件下,应充分考虑开口程序合理性,以防给吊装带来不便。满足上述两个条件后,还应充分考虑经济性,它表现在开口能满足工作面的要求,力求多创造工作面,尽量减少交叉作业,使各工序、工种均衡施工。不同安装方案的"开口"位置不同,吊装的顺序也不同,"开口"的位置应与吊车所在位置(或所能移动的位置)相配合,吊车位置又应与运送组合场组件运输机械及其交通线相衔接。

第二节 锅炉钢架的安装

现代大型电站锅炉一般都采用悬吊式结构,锅炉钢架是炉体的支撑骨架,支撑着所有受热面、炉墙及其他部件的重量,并决定炉体的外形,且在锅炉整体安装时又是其他部件安装和找正的基础。因此,对锅炉钢架的安装应予以很大的重视。

一、锅炉钢架的种类与作用

锅炉钢架是由立柱和炉顶钢架(大梁、次梁、横梁和过渡梁等)组成的。锅炉钢架是炉体的支撑骨架,起支撑锅炉受热面及其他附件重量的作用,悬吊式锅炉钢架还需支吊炉墙重量。钢架决定炉体的外形,是安装锅炉受热面和其他部件时找正的依据和基础,所以对钢架的安装和质量检验应十分仔细。

炉顶钢架上的大梁、次梁均用16Mn(16锰)钢制成。具有良好的低温韧性,适合在露天使用。在框架的顶面及侧面布置了许多拉条,使框架形成刚性结构,如图 7-4 所示。

让大梁的重力通过立柱中心传递到基础上去,多数大型锅炉的大梁和立柱顶面间都放置

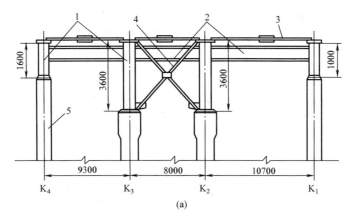

图 7-4 炉顶钢架(一)
(a) 侧视图;
1—大梁;2—次梁;3—水平拉条;4—垂直拉条;5—立柱

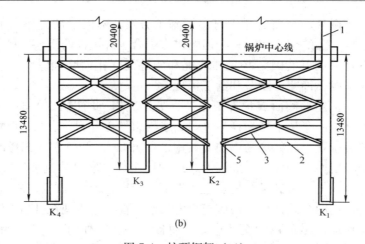

图 7-4 炉顶钢架（二）
(b) 顶视图
1—大梁；2—次梁；3—水平拉条；4—垂直拉条；5—立柱

了弧面垫块，如图 7-5 所示。为保证上、下部件在运行中产生不一致的热位移时，吊杆可以相应地自由倾斜，吊杆次梁和过渡梁的连接都采用球面垫圈。锅炉本体的部件都是通过吊杆悬吊在炉顶梁上，为悬吊方便，在炉顶钢架下用二次吊杆悬挂了一层沿联箱方向布置的过渡梁，它们相互间不牵连，如图 7-6 所示。

二、钢架设备的检查与校正

检查钢架就是按照图纸或清单检查是否缺少零件，按图纸要求检查各部分尺寸是否正确，外表面有无裂纹、重皮、砂眼、凹陷、锈蚀等缺陷。由于钢架设备在运输和放置过程中的碰撞、挤压和垫置的部位不当而引起弯曲、扭曲和其他缺陷，要进行校正和处理，以保证安装质量。

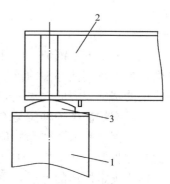

图 7-5 大梁下的弧面支撑
1—立柱；2—大梁；3—弧面垫块

1. 立柱、横梁的外形检查

（1）立柱、横梁的端面尺寸检查。

先在各个构件的组合端面上画出中心线，画线应根据构件端面型钢中心线和边线进行，不应根据护板进行，如图 7-7 所示。然后校对端面尺寸是否正确。主要立柱、横梁端面的尺寸检查全过程一般是在平台或组合架上进行的。

（2）立柱、横梁的弯曲检查。

立柱、横梁受到横向力时，它的轴线由原来的直线变成曲线，称为立柱、横梁的弯曲。检查方法是在立柱、横梁有弯曲变形的外侧拉上钢丝，使钢丝在立柱、横梁两端点到柱、梁面的距离相等后，每隔 1m 测量一次钢丝与柱、梁的距离。用测出的值定出其弯曲度，如图 7-8 所示。

（3）立柱、横梁的扭曲检查。

立柱、横梁绕其轴线发生的扭转变形，称为立柱、横梁的扭曲。扭曲的检查方法如图 7-9 所示。在被检查构件的四角位置各焊一长度为 a 的圆钢，然后交叉拉钢丝，测两钢丝中间的距离 L，L 值的一半即为扭曲值。

第七章 锅炉本体及主要辅助设备安装

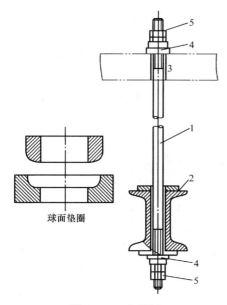

图 7-6 二次吊杆
1—二次吊杆；2—过渡梁；
3—次梁；4—球面垫圈；5—螺帽

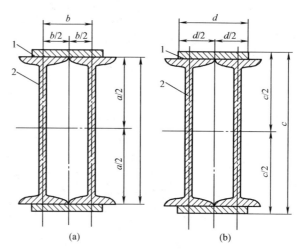

图 7-7 立柱、横梁端面中心线的确定
（a）正确；（b）不正确
1—护板；2—型钢

2. 立柱、横梁变形后的校正

校正立柱、横梁的方法很多，校正前必须经过仔细的测量和周密的考虑，以确定适当的校正方法，否则不但起不到变形的校正作用，而且容易产生新的其他变形，造成意外的损坏。校正立柱、横梁可以采用"冷校"

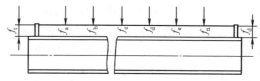

图 7-8 拉钢丝检查立柱、横梁的弯曲度

或"热校"两种方法。冷校法适用于较小件或较小变形，热校法适用于较大件或较大变形。

（1）冷校法。

冷校法就是在常温下加外力对弯曲件的校正。如图 7-10 所示，在弯曲件凹侧设两支点，在凸侧施加外力 P。现场常用的加力工具是千斤顶。为防止在冷校中构件挤压变形，在千斤顶与构件承力面之间垫上铁板或木垫。可用龙门式校正架进行校正，如图 7-11 所示。若计算校正点所需施加的力 P，当校正点在两个支点的中间时，

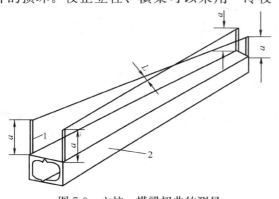

图 7-9 立柱、横梁扭曲的测量
1—圆钢；2—立柱或横梁

则

$$P = \frac{48EJf}{L^3} \tag{7-1}$$

式中　P——校正力，N；

　　　E——材料的弹性模数，钢材在 20 ℃时为 $196 \times 10^7 \text{N/cm}^2$；

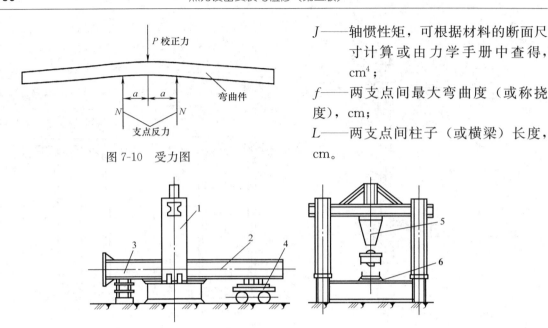

图 7-10 受力图

J——轴惯性矩，可根据材料的断面尺寸计算或由力学手册中查得，cm^4；

f——两支点间最大弯曲度（或称挠度），cm；

L——两支点间柱子（或横梁）长度，cm。

图 7-11 龙门式校正架校正立柱
1—龙门式校正架；2—立柱；3—滚筒；4—平车；5—千斤顶；6—垫铁板

(2) 热校法。

热校法有两种：第一种是加外力热校法，即将被校构件的弯曲段均匀地加热到一定的温度，然后再加外力进行校正；第二种是局部加热校正法，即是将被校构件的弯曲段选择一定的部位加热到一定的温度再自行冷却的校正。局部热校法既简便，且校正效果好，因此，应用较广泛。下面就此法作一简单介绍。校正时，弯曲件凸侧向上放置，底部垫实。如图 7-12 所示，在凸侧弯曲最大处用粉笔画出加热部位。加热长度（即三角形的多少）与被校构件的大小和变形程度有关，一般是根据校正同类型构件所积累的经验数据来确定的。选用火焊烤把 2~4 只，加热温度控制在 600~700℃。加热一般

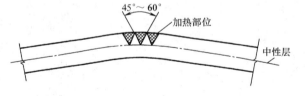

图 7-12 局部加热校正法

先从弯曲值最大的部位开始逐步向两边的各部位对称地进行加热，其速度应平稳均匀。加热到变形值为原弯曲值的 1.5~2 倍时，即可停止加热，让其在静止的空气中自然冷却至常温。若需进行再次校正，在相同的校正工况下，第二次加热长度 L_2 可按式（7-2）计算：

$$L_2 = \frac{f - f_1}{f_1} L_1 \qquad (7-2)$$

式中 L_1——第一次加热长度，m；

f——校正前的最大弯曲度，m；

f_1——第一次加热校正的相应有效值，m。

按上述方法校正，直到合格为止。此外，还应根据季节和天气情况控制好降温速度，不要冷却过急。校正完后应在加热过的部位涂防锈漆。

立柱、横梁的扭曲变形很难校正，一般安装工地不作校正，只作记录，但主要的承载横梁或立柱的扭曲值超过规定，必须校正时，可将一端固定，在另一端用千斤顶或绞车施力进

行校正。大型锅炉的立柱、大梁扭曲变形，一般要退厂处理。

三、钢架组合

1. 钢架组合的装配工艺

在组合架上划出主要构件的位置线（如大梁的中心线位置等），打上冲印后即可在支架上放置大梁，考虑到大梁与次梁间的焊接收缩，故在大梁间的尺寸应比设计值大 2～4mm。在按图纸规定进行找正时，用玻璃管水平仪或水准仪对大梁的水平度进行测量，要求表面平整，标高正确，必要时可将梁顶起或吊空，用垫铁来调整；用吊线锤方法检查大梁垂直度；用拉钢卷尺法检查大梁间的中心线距离；用拉对角线方法检查大梁间的菱形度。大梁找平找正后，即可在大梁两侧与支架间加焊斜撑及限位角铁，加以固定，以防装设次梁时碰动走样。

大次梁间组合焊接时，要严格按照图纸施工，不得随意多焊或漏焊。

在大梁上组合过渡梁及吊杆螺栓时，在吊装前，先将它们暂时向上提升至与次梁紧靠，并进行固定，以免影响组件吊装和其他组件就位，待下部组件吊装时再将吊杆放下。

为了保证炉顶钢架尺寸的准确性，在条件许可时应尽量先整体组合后再分件吊装。

炉顶钢架组合完毕后，整个组合件各部尺寸误差应符合规定的质量要求。

钢架连接方式有焊接、高强度螺栓连接。

2. 立柱的焊接对接

支承式锅炉和悬吊式锅炉采用型钢制作的立柱都很长，大型锅炉有 60～100m。这样长的立柱为便于运输，都是从制造厂分段运到安装工地再进行对接的，其对接质量直接影响着锅炉的安装质量，因此必须予以足够的重视。首先按照图纸对立柱进行核对，检查横梁托架（一般在制造厂时已焊上）的数量、位置及立柱的长短是否符合图纸要求，各段立柱的弯曲、扭曲、变形等缺陷是否已校正处理。经复查无误后才能进行对接。立柱对接方法如下：

（1）用吊车把同一根立柱上中下各分段吊到组合架上，按顺序和方位连接放好，并确定各分段立柱的对接长度。确定对接长度时一方面要考虑焊接的收缩影响，一般每个对接焊缝都预留出 2～4mm 的收缩量；另一方面应尽量使多数横梁架的上平面标高符合图纸要求。

（2）用火焰切割器把多余的长度割掉，并割出坡口的雏形，按图纸规定用手提砂轮机进行坡口的精加工。

（3）用千斤顶纵向移动立柱，调整对口间隙。用水平仪测量分段立柱和整体立柱的纵向水平，用垫铁来调整水平。测量整体立柱的总弯曲，调整各分段立柱横向位置，使各段立柱中心线重合。

（4）将对接缝点焊固定，再进行一次总长和托架标高的复查后，可正式焊接立柱的接缝。为防止受热变形，可采用两人对焊，或在焊口附近加适当的支撑。

（5）焊接完毕，用手提砂轮机把焊缝处修平，再装加固板，加固板应按图 7-13 所示的顺序进行焊接，对接结束后，再复查整个立柱的弯曲、扭曲度，必要时应予以处理，而后把测得的数据做好记录。

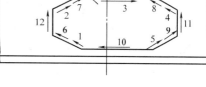

图 7-13 加固板的焊接顺序及方向
1—立柱；2—加固板

上述对接工艺对于横梁、斜撑也是适用的。

3. 钢架的高强度螺栓连接

高强度螺栓连接是近几十年来迅速发展和应用的螺栓连接新形式。高强度螺栓连接是继铆接、焊接之后发展起来的一种新型钢架连接形式。它的优点是施工方便、可拆可换，传力均匀、接头刚性好，承载能力大，疲劳强度高，螺母不易松动，结构安全可靠。螺柱杆内很大的拧紧预拉力把被连接的板件夹得很紧，足以产生很大的摩擦力，因而连接的整体性和刚度较好。缺点是在板件上开孔和拼装对孔，增加制造工作量，螺栓孔使截面削减，同时还使钢材消耗加大。

高强度螺栓是由高强度钢材制成的，有配套的螺母垫圈，并需保证材质的强度要求。我国高强度螺栓一般用 45 号或 35 号优质碳素钢（8.8 级）或 40 硼合金钢（10.9 级）制成并经过热处理。螺母及垫圈均用 45 号钢制作，并经热处理。近年来又研究成功 MnTiB 钢、35VB 优质合金钢的高强度螺栓。螺栓级别分 8.8 级及 10.9 级。其类型有两种：一为高强度大六角头螺栓［见图 7-14（a）］；另一为扭剪型高强度螺栓［见图 7-14（b）］。

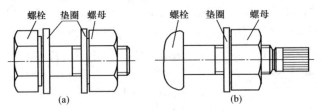

图 7-14 高强度摩擦螺栓
(a) 大六角头螺栓；(b) 扭剪型高强度螺栓

大六角头高强度螺栓的紧固是用施工扳手来控制螺栓、螺母的紧固扭矩。它的连接副是由一个螺栓杆、两个垫圈和一个螺母组成的。

扭剪型高强度螺栓是在普通大六角头高强度螺栓的基础上发展起来的。扭剪型的螺头与铆钉头相仿，但在它的丝扣端头设置了一个控制紧固扭矩的梅花卡头和一个能够控制紧固扭矩的环形切口。当紧固螺栓时，专用的紧固工具有两个大小不同的套筒，大套筒卡住螺母，小套筒卡住梅花头（图 7-15），接通电源后，两个套筒按反向扭转，螺母逐步拧紧，梅花头的环形切口受到越来越大的剪力，当达到所需要的紧固力时，环形切口断裂，梅花头掉下，这时螺栓达到预计的轴力，紧固完毕。

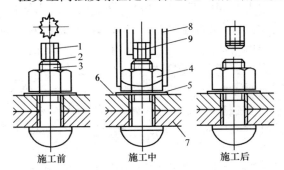

图 7-15 扭剪型高强度螺栓施工示意图
1—十二角卡夹；2—破断沟槽；3—螺栓；4—螺母；5—垫圈；
6—钢板 1；7—钢板 2；8—扳子外套筒；9—扳子内套筒

采用扭剪型高强度螺栓对提高产品质量、加强施工过程的质量控制提供了保证。扭剪型高强度螺栓的优点如下：

（1）扭剪型高强度螺栓施工质量好。由于扭剪型高强度螺栓的紧固扭矩、紧固轴力是螺栓制造厂预先设计、制作好的，因此其紧固质量不受施工工具和人为因素的影响。只要遵循施工程序，紧固轴力都一样，不会产生超拧和紧固不足等现象，因此施工质量容易得到保证。

（2）扭剪型高强度螺栓检查直观、不会漏拧。由于紧固完毕后，梅花卡头自动脱落，因此紧固与否有明显的区别，避免了一般螺栓常常出现的漏拧现象，同时减少了质量检查员对螺栓紧固轴力的抽查。

（3）扭剪型高强度螺栓受力好、安全度高。普通大六角头螺栓紧固时，螺栓中产生轴向力的同时，还由于螺纹间的摩擦力在螺栓中产生扭转剪应力，螺栓是在复合应力下工作的。而扭剪型螺栓紧固时，由于梅花头承受相反方向力矩，螺栓中很少产生扭转剪应力，只承受轴向力。因此比普通高强度螺栓受力好，也比较安全可靠。

高强度螺栓施工应严格遵循工艺流程图进行（见图 7-16）。在通过轴力试验和摩擦系数试验的基础上，加强连接面检查，确定高强扳手扭矩系数控制值，最后用轴力计检测终拧扭矩。

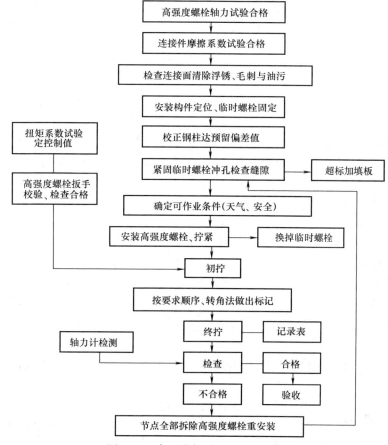

图 7-16 高强度螺栓施工工艺流程

高强度螺栓施工方法：

（1）安装时的检查。钢架吊装前要对摩擦面进行清理，用钢丝刷清除浮锈，用砂轮机消除影响板层间密贴的孔边、板边毛刺、卷边、切割瘤等。遇有油漆、油污沾染的摩擦面要严格清除后方可吊装。组装时应用钢钎、冲子等校正孔位，首先用约占 1/3 螺栓孔数量的安装螺栓进行拼装，待结构调整就位以后穿入高强度螺栓，并用带把扳手适当拧紧，再用高强度螺栓逐个取代安装螺栓。安装时，高强度螺栓应能自由穿入孔内。遇到不能自由穿入时应用绞刀修孔，应注意以下几点：

1）不得用高强度螺栓代替安装螺栓。
2）不得用冲子边校正孔位、边穿入高强度螺栓。
3）不得用氧-乙炔焰切割修孔、扩孔。
4）高强度螺栓在栓孔内不得受剪。

不遵守以上任意一项规定，均会影响高强度螺栓的紧固轴力。

（2）高强度螺栓的安装方向。高强度螺栓的安装应在钢架中心位置调整后进行，其穿入方向应以施工方便为准，但应力求一致。高强度螺栓连接副组装时，螺母带圆台面的一侧应朝向垫圈有倒角的一侧。大六角头高强度螺栓连接副组装时，螺栓头下垫圈有倒角的一侧应朝向螺栓头。

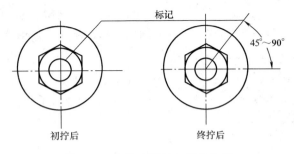

图 7-17 高强度螺栓初拧和终拧

(3) 高强度螺栓紧固方法。钢架在制作过程中难免发生翘曲、板层之间不够密贴，当接头面上螺栓较多时，先紧固的螺栓就有一部分轴力消耗在克服钢板的变形上，当它周围螺栓紧固以后，其轴力被分摊而减低，所以为了克服以上缺点，尽量使所有的螺栓轴力能均匀相等，就必须采取缩小其相互影响的紧固方法。高强度螺栓紧固的方法分为初拧和终拧（图7-17）：

1) 高强度螺栓按规定第一次拧紧为初拧。初拧扭矩为标准轴力的 60%～80%，具体还要根据钢板厚度、螺栓间距等情况适当掌握。若钢板厚度较大、螺栓布置间距较大时，初拧轴力应大一些为好。

2) 高强度螺栓的第二次紧固为终拧。终拧后高强度螺栓应达到标准轴力的 100%。高强度螺栓的初拧、终拧分开进行的目的，是尽量使每条螺栓受力均匀。

(4) 高强度螺栓的紧固顺序。关于高强度螺栓的紧固顺序，有关规范规定应从接头刚度大的地方向不受拘束的自由端顺序进行；或者从螺栓群中心向四周扩散方向进行。这是因为连接钢板翘曲不平时，如从两端向中间紧固有可能使拼接板中间鼓起而不能密贴，从而失去了部分摩擦传力作用。螺栓群的紧固顺序是质量检查员在现场检查的重要内容之一。

初拧、终拧应在同一天完成，这是防止高强度螺栓受外部环境影响其扭矩系数发生变化的措施。

(5) 大六角头高强度螺栓施工扭矩的校正。大六角头高强度螺栓的紧固工具与扭剪型高强度螺栓紧固工具不同。它所用的扭矩扳手，班前必须校正，其扭矩误差不得大于±5%，校正合格后方准使用。校正用的扭矩扳手，其扭矩误差不得大于±3%。

大六角头高强度螺栓拧紧时，只准在螺母上施加扭矩，不准在螺杆上施加扭矩。

4. 立柱 1m 标高及中心线画定

为了便于钢架组合、安装和锅炉其他部件的安装，在立柱对接后要在立柱上标出安装基准标高线，即 1m 标高线，同时要画出立柱底板的中心线和托架上各横梁上平面的实际安装标高线。

为给安装留有调整余地，立柱的制造长度比设计长度短 10mm 左右。1m 标高线是以立柱最上面的一个托架面为准向下测量标定出的，如图 7-18 所示。在标定前还要检查托架之间的距离是否符合图纸规定。由于它是锅炉其他部件安装时测量标高的基准，故必须标定得十分精确，并打上冲痕，用油漆做出明显标记。以它为依据，可定出各横梁的安装标高线、平台支架标高线、燃烧器标高线等。

应特别注意的是，不要误认为 1m 标高线是由立柱下端底板往上测量 1m 的地方。

把立柱四个面的纵向中心线用划规引到柱脚板上，画出其纵横中心线，后检查纵横中心线的垂直情况，不对时重画。画好后打上冲眼，做油漆标记，作为找正的依据。注意不能依柱脚板的几何特性画出纵横中心线，因为立柱与柱脚板焊接时可能发生扭转。

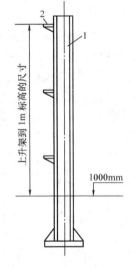

图 7-18 立柱 1m 标高线的画定
1—立柱；2—托架

5. 炉顶钢架的组合

以 SG—1000/170—1 型锅炉炉顶钢架的组合为例介绍组合方法及质量要求。

(1) 先在组合架的承托面上画好大梁中心线位置，将大梁吊起放置好进行找正，注意留出主梁与次梁的焊接收缩量，一般为 2~4mm。焊接时设限位铁加以固定。

K_2、K_3 是单根梁，又有加固工字钢，找正好后次梁不易放进去。故先将 K_2、K_3 大梁间的开档拉开一些，将次梁放进两根大梁间后临时垫空，拉拢 K_2、K_3 大梁，找正好后，焊上限位铁，再组合次梁。

(2) K_1 左右和 K_4 左右共四个组件单边有大梁，与 K_2 或 K_3 相接的一侧，在组合中各次梁没有连接，刚性差，重心不居中，组合时，如图 7-19 和图 7-20 所示，在各次梁的自由端临时以工字钢做斜撑加固，并且 K_1 左与 K_1 右、K_4 左与 K_4 右在组合时先合并在一起组合。在吊装时将工字钢从中割开，分成左、右两个组件。

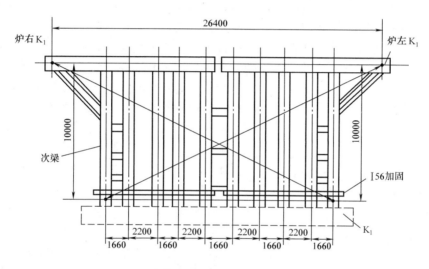

图 7-19 炉顶 K_1 组件

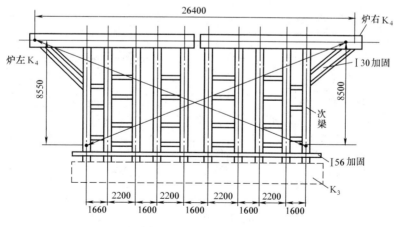

图 7-20 炉顶 K_4 组件

(3) 为了尽量减少穿装吊杆和拧装螺帽，这种大量繁重且欠安全的高空作业，需提高组合率及安装效率。在组合 K_1 左右及 K_4 左右四个组件时（其重量都不大），都应把过渡梁与吊杆螺栓等一并组合上去，并将它们暂时向上提升至紧靠次梁后固定好，以防影响本身和其他组件的就位，以后在配合下部悬挂组件吊装就位时，再逐一将吊杆松放下来。

(4) K_1 左组件在组合时，最左边一根次梁先不组合，留作左侧水冷壁插入炉膛的通道，因 K_1 左组件是炉顶钢架最后就位的组件，此组件就位后，炉前左顶开口即被封闭，最后吊入炉膛左侧水冷壁，组件就无进档通道。

(5) 为了确保吊装、施工安全，在炉顶钢架组合中需焊好栏杆、临时脚手架、临时扶梯等。

四、基础的检查与画线

1. 基础的检查

在锅炉钢架安装前，除对土建施工的基础进行浇灌质量的检查外，还应仔细检查其位置及外形尺寸。锅炉基础的位置及外形尺寸应符合规定。

2. 基础画线

基础画线就是按照图纸尺寸在基础上标定主纵横中心线和其他中心线，从而确定锅炉设备的正确安装位置。根据土建施工提供的基准点，在基础上方约 0.5m 高度拉两根相互垂直的钢丝线，将其挂在突出的支持物上，并在两端系上重物将其拉紧。钢丝线直径为 1~1.5mm，一根为锅炉的横向中心线，另一根是纵向中心线。将两根钢丝投影到基础上用几何学的等腰三角形原理来验证两条基准线是否垂直，如图 7-21 所示。取 $BD=CD$，若 BA 和 CA 的交点 A 在纵向中心线的基准线上，则表示纵横两条基准线垂直。以此两条基准线为基础，并根据锅炉房 0m 层基础平面布置图，用拉钢丝并吊线锤的方法，测量出各排立柱的中心线。后用测量对角线的方法验证所测得的基础中心线是否正确，如图 7-22 所示。

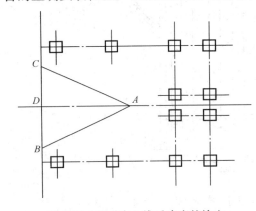

图 7-21 基础中心线垂直度的检查

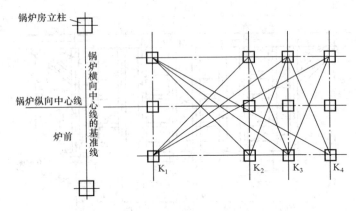

图 7-22 对角线检查所画基础中心线是否正确

画好基础中心线后，用墨斗将中心线清楚地弹出，并将中心线引到基础的四个侧面上，以便于锅炉钢架在安装时的找正。

五、锅炉钢架的吊装、找正和固定

锅炉钢架组件吊放到安装位置,并进行位置的调整找正和固定。

1. 吊装前的准备和检查

钢架在吊装前,基础必须清理干净,并且是经过验收画线的,对刚性不足组件一般要采用工字钢铺于挠度最大处进行加固。将找平、固定用的工具量具准备好,备好足够数量各种规格的垫铁。还要进行一次全面检查,不应有漏焊的部位,随钢架组合件一同吊装的零部件都应固定牢靠。

2. 锅炉钢架的吊装、找正与固定

(1) 钢架的起吊、就位。

钢架在起吊前应进行试吊,即将钢架平行起吊到离地面 200~300mm 高度,检查各千斤绳受力是否均匀,持续 5min,再看有无下沉现象,如果情况良好,则可正式起吊。

钢架起吊的速度应均匀缓慢,并将钢架上的拉绳固定在各个角度,使起吊中不致摆动。当由水平状态逐渐倾斜到垂直状态时,应注意绑绳处所垫的麻袋、木块等是否滑落。当钢架立柱底板逐渐着落在基础上时应特别小心,防止损坏垫铁的承力面,并使底板尽量靠着限位角钢。此时可以察看底板的中心线与基础的中心线是否吻合,并在钢架悬吊状态下,很方便地进行调整。

钢架起吊、就位后,即可拉绳或用硬支撑进行临时固定。当采用拉绳进行临时固定时,它的一端拴在柱顶上,另一端拴在厂房结构上。然后须将拉绳换为圆钢拉金,一端接上花兰螺栓,以便找正。拉金的位置要保证立柱或钢架在数根拉金相互平衡下不致走动,也不妨碍其他组件的起吊安装。拉金与立柱的连接一般采用抱箍,尽量避免采用焊接,以免影响钢架的美观。拉金一般用 $\phi 20$mm 的圆钢。当采用硬支撑进行临时固定时,硬支撑一端与厂房结构焊牢,另一端与钢架适当部位焊牢,用调节螺栓的方法调节钢架垂直度。硬支撑的结构如图 7-23 所示。采用硬支撑临时固定钢架比采用拉金优越,它既保证钢架不走动,又便于其他部件或组合件的安装。

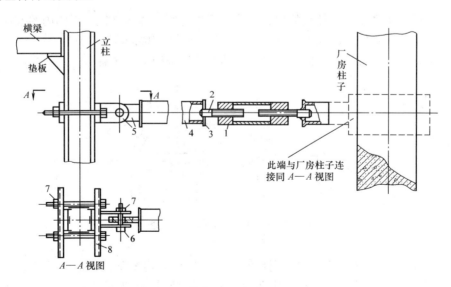

图 7-23 硬支撑的使用
1—反正扣螺母;2—螺杆;3—堵板;4—管子;5—吊耳;6—螺栓;7—螺母;8—槽钢

(2) 钢架的找正与固定。

钢架找正以基础中心线及立柱的 1m 标高线为准，先调整标高，后调整位置。用玻璃管水平仪测量立柱上的 1m 标高线是否一致。若有误差，则进行调整。调整标高时可以利用千斤顶提高立柱，也可以把斜垫铁放在立柱下面，用榔头敲打，使立柱随斜垫铁进入而抬高，然后调整垫铁的厚度。钢架立得是否垂直，可以用吊线锤的方法对立柱两个立面进行上中下三处的测量检查。线锤挂在互为 90°的两个圆钢上，锤线距立柱面 200～300mm，并将线锤浸入水桶内，以免线锤晃动。锤线距立柱面的距离若三处测量都相等，则说明钢架垂直。否则就要调整，即调整硬支撑或拉金的可调部分，如图 7-24 所示。

四角立柱都就位找正后，还要测量各立柱间的对角线，相应的对角线应相等，如图 7-25 所示。测量对角线，不仅要测量立柱上下两处，而且要测量中间各主要标高处。如超过允许误差，应进行调整。

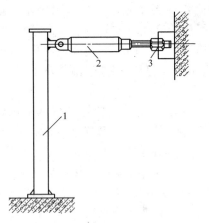

图 7-24　钢架垂直度的调整
1—立柱；2—硬支撑；3—螺帽

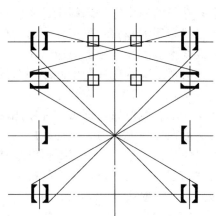

图 7-25　钢架立柱就位后
对角线的测量

找正结束后，将硬支撑或拉金的可调部分用螺帽拧紧，并将立柱底板四周的预埋钢筋用火焊烤把烤红，弯贴在立柱上，如图 7-26 所示。然后将全部钢筋焊接在立柱上，以消除立柱走动的可能。再将两片钢架之间的横梁、斜撑及其他部件按施工工序装上去，并找正和焊牢。

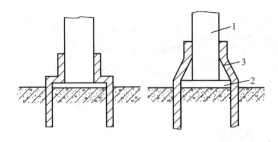

图 7-26　基础钢筋的固定方法
1—立柱；2—底板；3—钢筋

钢架安装结束，并已确信结构达到足够的稳定性后，再做基础四周的模板，进行二次浇灌。二次浇灌应饱满，其高度应按图纸要求。灌浆后经过 2～3 昼夜，混凝土才能达到应有的强度。在混凝土凝固期间，每昼夜浇水 3～4 次，在冬季要注意防冻和避免钢架在混凝土凝固期间受动载荷，以保证二次浇灌质量。

第三节 锅炉受热面的安装

锅炉受热面的安装包括水冷壁、过热器、再热器、省煤器等设备的安装。锅炉受热面均由无缝钢管制成，管端与汽包或联箱相连（空气预热器除外），其安装可分为组合、吊装、找正三个主要过程，由于锅炉受热面都在较高的温度和压力下工作，且在运行过程中都会发生不同程度的结垢、腐蚀和磨损，因此在安装中采用合理的工艺及严格控制质量显得十分重要。

一、锅炉受热面的组合

（一）组合前的准备

为了保证受热面的安装工作顺利进行，在锅炉受热面组合前除对设备进行清点编号外，还应着重对设备进行缺陷检查与处理，准备工作一般有如下内容。

1. 设备检查

（1）根据装箱清单和图纸对供货设备进行全面清点、编号，注意检查联箱、管子表面有无裂纹、撞伤、龟裂、压扁、砂眼和分层等缺陷。一般缺陷应用锉刀、风铲、砂轮机等工具予以处理。如外表缺陷深度超过壁厚的10%时，应联系制造厂研究进行补焊或更换处理。如系合金钢件，补焊前的预热和补焊后的热处理均应符合规定。

（2）合金部件用光谱分析检查其材质，应符合设备技术文件的规定，并在明显部位做出标记。

（3）用通球试验方法对管子畅通情况及内壁缺陷进行检查。试验用球应采用钢球，钢球必须编号和严格管理，不得将钢球遗漏在管内。通球直径与管子的弯曲半径有关，所有的水冷壁和联箱在组合前要检查其畅通状况而进行通球检验。通球前先用压缩空气吹扫到排出纯气为止。采用压力为0.4～0.6MPa的压缩空气进行通球。通球不合格的管子应查明原因，处理后方可组合。

对弯曲半径大于3.5倍管子外径的弯管及直管，通球球径为该管内径的75%，弯曲半径不大于3.5倍管子外径的弯管及直管，通球球径不应小于该管内径的70%。对后水冷壁的上联箱与折焰角的弯形管通球时，球从联箱内放入，将相应的节流孔堵塞或用微压气流插入使球不能进入，然后用压缩空气吹。对有节流圈的直通管无法通球时，根据直管长度，配备一根外径比直通管内径小20mm左右的直管子，在其顶端焊一段圆锥形短管（短管外径为水冷壁内径的85%，长200mm左右），在管中来回穿插，以检查直通管的畅通情况，对节流圈可用比节流孔径小的圆钢来回穿插，检查节流圈是否畅通。

通球工作应有数人参加，用图7-27（a）所示的工具进行单根管的通球，接球用图7-27（b）所示的管段，管段上应有很多孔眼做接球器。通球工作量很大，大型锅炉有数万次，对各种球应严格登记造册，做好收发记录。用球者应办理借用手续，做到在通球中不丢失一球。已通过球的管子两端应做好记号并加好封盖，对成排的管口或管孔通球后用适当的型钢成条地封盖。

对联箱内壁的杂物（锈垢、焊瘤、药渣、"眼镜片"等）无法用压缩空气吹除者，可用机械（洗管器、钢丝刷、铲子等工具）根据具体情况来清除。

（4）应对管子外径与壁厚进行测量检查，高压锅炉管壁厚偏差为$^{+15}_{-10}$%（指在同一截面上管壁厚度的不均匀）。

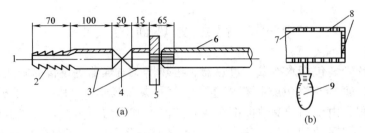

图 7-27 通球工具示意图

1—压缩气皮管；2—ϕ18 宝塔管；3—1 英寸管；4—1 英寸丝扣阀门；
5—橡皮垫；6—管子；7—管罩（接球器）；8—孔眼；9—手柄

(5) 对联箱应做如下检查：

1) 测量联箱的长度，其误差不大于 10mm；

2) 拉钢丝测量联箱的弯曲度，应不大于联箱长度的 0.15%，全长不大于 10mm；

3) 测量管座（孔）中心距，其误差应不大于规定；

4) 清理联箱内部的杂物，并去掉制造加工过程中残留在联箱管孔周围的毛边。

2. 组合支架的搭设

组合支架是组装工作中必不可少的部分，对组装工作的好坏、快慢、安全、操作方便和节约钢材等方面都有很大的影响。所以必须十分重视组合支架的制作和搭设质量。

(1) 对组合支架的要求。

1) 组合支架的尺寸（高、低、长、宽、形状等）应按组件的形状和尺寸来设计、搭设，以保证组件的正确形状不致走样。

2) 组合支架应稳固牢靠，有足够的刚性。同时，要有足够的富裕荷重能力。尤其是场地较小的施工现场，在水冷壁、包墙管等组件组合完毕后至起吊之前，往往在组件上面要进行其他工作或堆放一些物件。组合支架在承载后不应产生超过允许范围的变形，更不能损坏、倒塌。

3) 组合支架不应阻碍组合工作的进行，特别是不能影响施焊，要便于用玻璃管水平仪、线锤、钢卷尺等工具进行测量找正，利于管子对口、铁件组装等工作的进行。人孔、看火孔、喷嘴孔等处必须留出空位。组合支架的高度，一般为 0.8~0.9m，以便于施工人员在组件下部工作。在地质条件好、地下水位低的地方，组合支架可制得低些，焊工施焊部位可以挖坑道来解决。

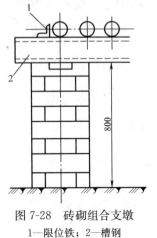

图 7-28 砖砌组合支墩

1—限位铁；2—槽钢

4) 在保证上述要求下，应尽量减少组合支架的钢材消耗量。同时要尽量提高组合场及组合支架的循环使用率。

5) 组合支架搭设的方向应和组件起吊的方向一致。组合架摆设应符合组件起吊次序，以免妨碍组合场内其他组件的水平运输。

(2) 组合支架的种类及布置。

组合支架由组合支墩及承托面两部分组成。各种不同的组合支架主要差别在组合支墩上。

1) 常用的组合支墩有以下三种：

①砖砌支墩：如图 7-28 所示，这种支墩成本低，不消耗钢材，但利用率不高，稳定性差，不能做得很高。它适用在钢材缺乏、支墩的承载不大、高度较小（一般在 1m 以下）的情况下。由于砖砌支墩不宜受水平方向的冲击和推力，所以应用这

种支墩的组合场,应布设在较为安全偏僻的地位。每一支墩的断面积可按承载大小和砖块尺寸来确定。

②钢筋混凝土支墩:如图 7-29 所示,这种支墩的稳定性及承载能力都比砖砌支墩高,金属消耗量比钢结构支墩要少得多,可以预制,铺设方便,又能重复利用,有利于缩短组合支架的搭设周期。目前大型锅炉的许多组件(如左、右侧水冷壁,包墙过热器,炉顶钢架,屏式过热器等)的组合支架大都采用这种支墩。但这种支墩也不宜做得很高,一般不超过 1m。

③钢结构支墩:这种支墩是多种多样的,具体可按支墩的承重大小、组件形状及高强度钢材的来源等情况,选用角钢、槽钢或工字钢等来制作。钢结构支墩一般来说,其承载力、定性、制作灵活性等都比较好,更宜于制成各种形状及较为复杂的组合支架。但主要缺点是增加了辅助钢材的消耗量,但由于工作的需要,大型锅炉中,不少组件(如前后水冷壁、过热器、再热器、省煤器、屏式过热器等)在组装时,往往还需采用钢结构支墩。图 7-30 为钢结构支墩的一个例子。

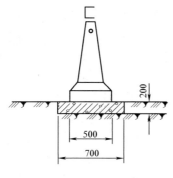

图 7-29 钢筋混凝土支墩

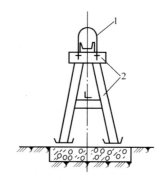

图 7-30 钢结构支墩
1—圆钢抱箍;2—槽钢

在具体工作中,采用哪一种支墩,应从实际需要和可能条件出发,因地制宜,就地取材,做到既满足施工的需要,又能降低成本,节约钢材和原材料。

2) 布置组合支墩时的注意事项:

①应先了解该组件的总重量(包括起吊时的加固件、泥瓦保温以及其他附件的重量),如要采用叠置组合,叠置重也要计算在内,然后再根据组合场地质的承压力,来计算所需支墩承力面积。

②在决定支墩分布位置时,应考虑到组件不一定是均布负荷,同时组件各部分刚性、重量也可能不完全一样,还应保证组件的变形和挠度不超过规定的允许,例如图 7-31 中支墩的搁放位置是不正确的,易造成组件变形,应将支墩设置在刚性好的部位——刚性梁正下方。

③为了保证支墩的稳定可靠性,支墩不应直接放置在土质松软的地面上,以防承重后,支墩沉陷走动。

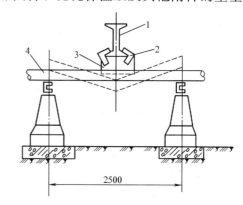

图 7-31 组合支墩布置不当造成的设备变形
1—刚性梁;2—钩板;3—钢板;4—受热面管

④为了防止支墩跨距太大或位置不当引起组件变形或部分支墩过载产生局部下沉，所以支墩间距常常不是均等的。

3) 组合支墩的承托面：为了节约原材料，简化支墩的结构和制作，支墩往往是单独设置的。独立的支墩稳定性很差，同时支墩与组件的接触面积也太小，在支墩之间组件没有依托，组合工作也无法进行。所以，还必须在各支墩上面再铺设支架，这样既可使各支墩间相互连接，组成稳固的整体，同时在支墩上部可形成一个平整的支承框架和组合工作面，便于组件的拼接与找正。支架承托面可用工字钢、槽钢等铺搭而成。除特殊情况外，一般都要求承托面表面平整，水平度及相对标高尺寸等符合组件形状的需要，结构牢固，有足够的刚性。在承托面上要按图纸标定组件的正确放置部位（长、宽及对角线等），并做好"限位铁"。支架的部位同样要避开组件的焊口、人孔、看火孔及燃烧器等，以免妨碍组合工作的进行。

(3) 组合支架的搭设。

首先根据组件的尺寸、形状、重量分布情况，刚性梁的部位等，对组合架基础划线，定出支墩的位置（图7-32）。联箱下部支墩数多少可按联箱的长短来定，长联箱下可放3～4只，短联箱下放2只即行，支墩间应用角铁连牢。管屏下方支墩的布置，原则上是在刚性梁正下方需放支墩，在宽度方向（横向）支墩数多少，应根据组件宽度及刚性来定，一般不少于联箱下方的支墩数。根据地质软硬及承压能力大小可在支墩下铺水泥块、道木或块石等。一般可在支墩基础处挖坑，深200mm左右，面积700mm×700mm左右，夯实填进碎石，以增加支墩基础的承压力。同时，水泥支墩底部做成面积500mm×

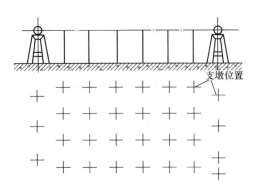

图7-32 组合支墩布置示意图

500mm的底座，金属支墩下也应垫面积500mm×500mm左右的垫板，以减小支墩对基础的压力，增加支墩稳定性。

支墩数量的多少及相互间开档的大小主要根据以下两点要求来确定：

1) 不使组件产生超过规定的变形和挠度，如1000t/h锅炉水冷壁组合支架是以管屏自然挠度不大于1/500为依据。

2) 每只支墩的承载以不使支墩产生下沉为准，如某地区选用的组合场地一般土质承压力在$8t/m^2$左右。支墩底座面积为500mm×500mm=$0.25m^2$时，每只支墩允许承重应小于2t。1000t/h锅炉侧水冷壁组件重67.39t，故支墩一般要用到35只以上，实际用44只，留有富裕量，以防有额外的各种附加荷载。

支墩的位置、数量及开档，在施工图上都有规定，应按图施工，不可任意变动。

支墩布置好以后，在支墩上横向铺设型钢（如工字钢、槽钢、角钢等），并检查型钢间的水平、标高、距离及对角线等有关尺寸，使符合图示要求，最后在纵向上用角铁等将各档型钢焊牢，使形成稳固的框架整体。

(4) 组合支架的比较与选用。

组合支架的用材及结构形式，应按各地现场的具体条件，因地制宜地来选用，下面介绍几种常用的方案。

1) 立式再热器、过热器及屏式过热器的组合支架。这些组件的高度一般有 6～10m，管片布置较密，焊口较多，施焊及工作地位紧窄。常见的有以下几种：

①立置组合架：即依照安装状态来设置的组合支架。联箱放在支架上部，蛇形管在联箱下组装。这种立置式组合支架，组件吊装时较为方便，但支架的钢材消耗量大，高空作业量较多，并需搭设脚手架，所以只有在所用辅助材料及组合吊装机具等不成问题的现场才能使用，如图 7-33 所示。

②卧置组合架：为了减少钢材消耗及高空作业，或在机具起吊高度受到限制时，可以采用卧置组合架。卧置组合架的缺点是占地面积较大，起吊时要先将组件竖立起来，多一道吊装工序。

③倒置组合架：有时为了焊接方便，也可采取倒置组合架。倒置组合架与立置组合架相比，在钢材消耗方面相差不大，高空作业较少，有利于焊接工作，但吊装时需将组件及其支架翻身。

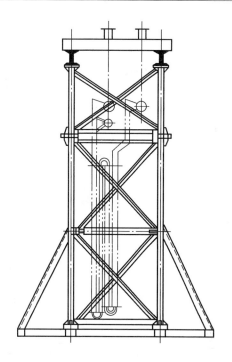

图 7-33　立置组合架

2) 包墙过热器及两侧水冷壁的组合支架。由于包墙过热器及两侧水冷壁组件外形比较平整，而且厚度较小，外侧又有刚性梁，所以这些部件几乎都采用俯卧式组合的钢筋混凝土或砖砌墩子的低位组合支架，如图 7-34 所示。

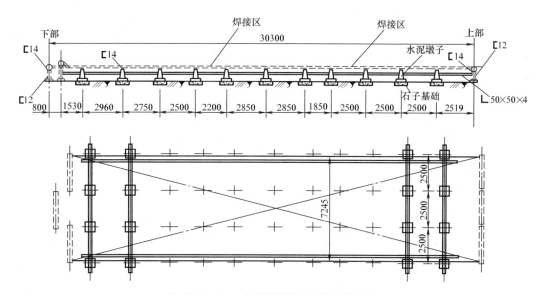

图 7-34　400t/h 锅炉侧水冷壁组合支架

由于组合支架的高度小，所以在场地紧挤的情况下，往往可在组合好的侧水冷壁组件上部再组合另一侧组件，即采用叠置组合，这样既可节约组合支架，又可少占场地，如图 7-35 所示。

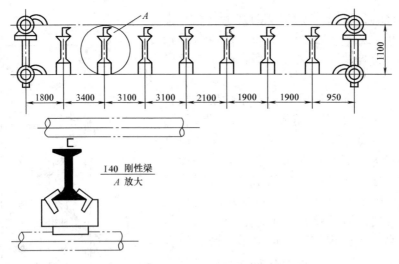

图 7-35　叠置式组合支架搭设

3）前、后水冷壁的组合支架。由于前、后水冷壁都有炉底，后水冷壁还有折焰角，故其厚度远较两侧水冷壁为大，其组合支架一般都高达 4～5m，如图 7-36 所示。

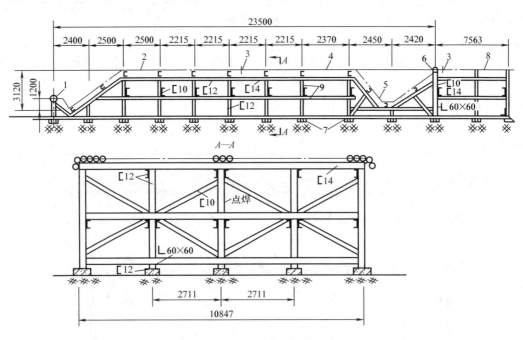

图 7-36　400t/h 锅炉后水冷壁组合支架

1—下联箱；2—下段管屏；3—现场组合焊口；4—中段管屏；5—折焰角；
6—上联箱；7—500mm×500mm×100mm 水泥垫块；
8—ϕ130×10mm 荷重管；9—金属组合支架

有些工地，为了减少高空作业，节约辅助钢材，在前、后水冷壁组合时，采用低位组合支架。在炉底及折焰角部位，挖坑使之处于地平面以下。这种做法比较适用于雨水较少、地下水线较低（深）的东北、华北等地区的工地。在南方如有必要采用时，要相应地采取一些排水防塌措施。

4）尾部受热面的组合支架。省煤器、低温过热器、低温再热器等部件，由于外形大都呈方形立体，蛇形管大部是水平放置，管排布置较密，组件重量较大（一般每个组件单重都在40～50t以上），本身稳定性差，故这些部件的组合支架都得随同组件一起运输到吊装地点，所以组合支架多数采用型钢结构，如图7-37所示。

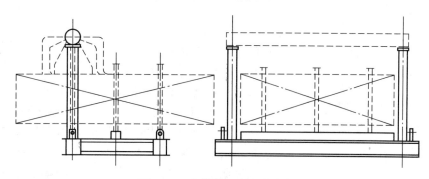

图7-37　省煤器上段组合支架

（二）受热面的组合程序

锅炉受热面的组合是在组合架上进行的。水冷壁、过热器、省煤器等的组合方式基本上是相同的。

1. 联箱的画线

联箱经过检查和清理后就开始画线，其方法如下：

（1）沿联箱一排管座的两边作出两条公切线，又是平行线，作平行线的平分线，即是管座的中心线，如图7-38所示。

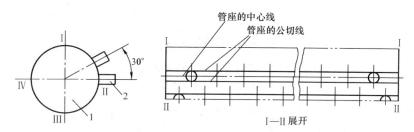

图7-38　联箱管座中心线的画定
1—联箱；2—管座

（2）在联箱截面上，按图纸核对两排管座中心线间的实际弧长，从而检查两排管座间的实际夹角是否正确。当计算弧长与实际弧长相等时，就证明两排管座间的实际夹角是正确的。

（3）按图纸上的联箱纵向中心线到边排管座中心线的弧长或角度来画出联箱纵向中心线。

（4）根据联箱的实际长度，找出其纵向中心线的中点。以此中点为基准，分别向两端量出相等距离，定出对应的两个基准点，并打上冲眼，然后再用画规作垂线的方法，分别作出通过这两个基准点的圆周线。

（5）用钢卷尺分别围在联箱两圆周线上，从基准点开始，定出圆周的四个等分点，从而定出联箱纵向十字中心线，再在此十字中心线靠近联箱两端处对应地打上冲眼做出明显标记。在定圆周上四个等分点时，各等分弧长的误差不应超过1mm。

（6）将联箱垫平，用玻璃管水平仪检查两端对应的等分点是否在同一水平面上，从而检查联箱两端是否扭曲。如有扭曲，则应向扭曲方向的反方向转移两端的等分点，再重新定出联箱两端的四个等分点。

联箱纵向中心线和两端等分点如在联箱出厂时已定好，到现场后只需复核一下即可。

2. 联箱的找正

联箱找正是保证受热面组合件几何尺寸和外形的正确，其方法如下：

（1）将联箱置于组合架上，先对上联箱或下联箱进行找正。

（2）用水平尺检查联箱是否水平，进行初步找正。用吊线锤法检查联箱是否放正，联箱两端面上的等分点 A 和 A' 在同一垂线上，如图 7-39 所示。如不在同一垂线上，可转动联箱来调整。

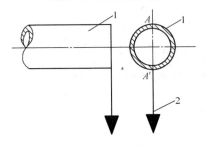

图 7-39　吊线锤检查联箱的放正
1—联箱；2—线锤

（3）用玻璃管水平仪测量联箱两端是否水平。方法是将玻璃管靠近联箱两端，使其水平面靠在水平中心线冲眼上，如图 7-40 所示。如两端的水平中心线标记与玻璃管水平面高低都一致，即说明联箱已置于水平。如一端玻璃管水平面与联箱水平中心线标记高低一致，而另一端不一致，则说明联箱一端高，一端低，需作调整。

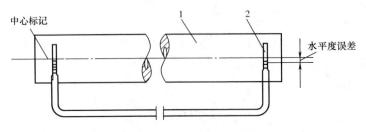

图 7-40　玻璃管水平仪测量联箱水平
1—联箱；2—玻璃管水平仪

（4）用玻璃管水平仪测量联箱的中心标高与组合架承托面的标高，联箱的中心标高比组合架承托面标高高，数值应等于管子的半径。

（5）将角钢放入联箱端部的两端，并用电焊将角钢与联箱支座焊牢，防止联箱滚动。

（6）一联箱找正后，以此联箱为基准，再用同样的方法进行另一联箱的找正，使两联箱间的距离标高水平度均符合要求。两联箱中心线间距离误差为±3mm，两联箱对角线误差不大于 10mm，水平度误差不大于 2mm，必要时可通过增减联箱下的垫铁和移动联箱来调整。

（7）两联箱找正后，将联箱两端与组合支架临时固定，以防碰撞后走动。其固定方法可采用 U 形螺丝拧住，如图 7-41 所示，也可采用电焊临时固定，还可两者同时采用。对合金钢的联箱固定不宜用电焊，可用 U 形螺丝固定。最后检查联箱内部确无杂物后，即将所有管座孔口临时封闭。

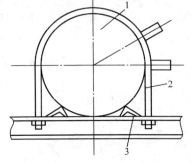

图 7-41　联箱的固定
1—联箱；2—U 形螺丝；3—角钢

必须指出在联箱找正时应正确使用测量工具，以防产生较大误差。在钢卷尺测量两中心线间距离时，钢卷尺面应与线保持垂直。当测两点间距离时，测点应靠钢卷尺上有刻度一侧。如测量的距离较大时，还应将钢卷尺拉紧拉直放平，尺面向上。当要测量不在同一水平面上的两点或两线间的垂直距离时，可借助线锤将高位点或线下移，然后再测低位点或线与线锤垂线间的垂直距离。这时钢卷尺同样应拉紧放平。此外对每一组合件在组合测量中，钢卷尺应尽量使用一把，因钢卷尺在制造上也有误差。如不用同一把钢卷尺，可能测量误差较大。在使用玻璃管水平仪时，除应将橡皮管中的空气排净外，还应以玻璃管中水面的最低点为准对准被测点、线、面，两端的测法要一致，以免造成过大的误差。

3. 管子就位对口焊接

(1) 按照联箱两端最外边管座的位置，在组合支架上画出两根管子的位置线，并焊上限位角铁，以控制组合件的宽度尺寸。两根管子间距离应与图纸相符，对角线应相等。

(2) 装联箱两端最外边的两根管子（俗称基准管），目的是先形成固定的组合件外形，以减少管子焊接时的走动或变形，并为其他管子的安装提供方便。

(3) 将已编号的管子吊上组合架，按图纸上的位置排列好，同时在联箱管座上也编好与管子相应的编号。然后从组合件中间向两边逐一进行管子的就位、对口、焊接。在组合时，应先组合位于人孔门看火孔处的管子，并在联箱上做出标记。

(4) 打磨联箱上管座和管子的焊接坡口。对打磨好的管口如暂时不对口焊接，可在管子口涂上一层虫胶液（俗称泡力水），待要对口焊接时，再用火焊烘掉，用砂布打磨一下即可。

(5) 在管子焊接前，应进行第二次通球。为了减少通球后的临时封闭，可以采用通几根焊几根的方法。

(6) 为了便于管子和联箱上管座的对口，可根据管子外径大小采用特制的对口夹钳。现代大型高压锅炉受热面管子对口焊接广泛采用氩弧焊，或氩弧焊打底、电焊覆盖的工艺。故在管子对口时可以不留间隙或只留有很小的间隙（小于 0.5mm）。

(7) 对口焊接管子与联箱上的管座，全部焊完后再对接管子中间的管口。因包墙过热器管子较长，一般是分两段出厂。

(8) 管子全部焊接完后，还应进行第三次单根管子通球试验。目的是检验管子焊缝根部是否有焊瘤及其他杂物遗留在管内。

(9) 再一次复查组合件的外形尺寸及管屏平整度。如管屏有局部凹凸不平时，可用弯管校正器校正（图 7-42），在管子弯曲变形最大的部位，调整校正器的承力支点，进行施压校正。

4. 受热面组合时注意事项

(1) 在管子和联箱上管座对口焊接前，要核对管子和管座的编号，按编号对口焊接。尤其是人孔门、防爆门及看火孔处的管子，更应核对孔位的标高位置尺寸是否符合图纸要求，以防装错和装反。

(2) 当一根管子上有几个焊口时，只能焊好一个再焊另一个，不能几个焊口同时焊接，防止管子由于冷缩而造成变形和产生应力。

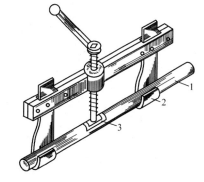

图 7-42 弯管校正器
1—被校正的管子；2—承力支点；3—管托

(3) 对有孔、门的组合件，基准管焊好后，应焊孔位上的管子。孔位上的管子一般有两层，应先焊下面的一层管子，后焊上面的一层。

（4）在焊接过程中，如发现有的对口间隙太大或管口偏斜时，不允许强行对口和热胀对口，应对管子进行修正，使对口符合要求后再焊接。

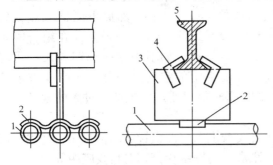

图 7-43 400t/h 锅炉侧包墙过热器的刚性梁结构
1—包墙管；2—波形板；
3—长方形钢板；4—搭钩；5—刚性梁

5. 铁件、刚性梁及其他附件的组合

以锅炉侧包墙过热器为例介绍铁件、刚性梁及其他附件的组合，如图 7-43 所示，长方形钢板焊接在波形板上，波形板与管子焊接。刚性梁用 45～55 号工字钢共 5 道，每道刚性梁下有 14 块长方形钢板，12 块波形板，28 块搭钩。

（1）以下联箱中心线为准（因两侧包墙过热器和后包墙过热器的下联箱均找正后要连成 Ⅱ 形联箱，故在找正时应使各包墙过热器的下联箱在同一标高上），按图纸上的要求测量定出各道刚性梁的位置。

（2）将波形板按照图纸上的尺寸焊在管子上。

（3）将组合件两边的两块长方形钢板焊在波形板上。以此为基准，在这两块钢板的上方和侧面各拉一线，作为焊接其他钢板的定位线。长方形钢板在焊接时，要求正直，各块钢板间上下平齐。

（4）将工字钢吊放在长方形钢板上，再将搭钩与长方形钢板焊接。为保证刚性梁与管子间的热胀位移，在搭钩与工字钢接触处应垫放厚度为 1mm 左右的厚纸或油毛毡。为防止在吊装过程中刚性梁可能滑出，故在组合时刚性梁应与长方形钢板临时电焊，待吊装就位后再割开。

（5）将其他铁件如人孔门、防爆门、看火孔等的支架和保温用的铁钩焊好，同时各根管子间的嵌缝圆钢亦应焊好。

6. 组合件单片的水压试验

组合件单片的水压试验目的是检查组合件上的管子焊口及铁件焊缝的强度和严密性，以便及时消除缺陷。

水压试验前应将上下联箱上的管座孔口进行临时封闭，有的手孔可将手孔盖与其焊接好。临时封闭可采用图 7-44 所示的几种临时堵头。

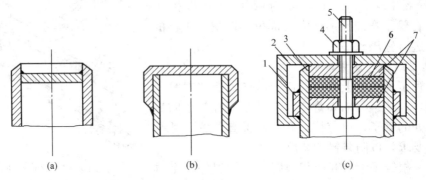

图 7-44 联箱管座孔口上的临时堵头
(a) 内堵头；(b) 外堵头；(c) 活络堵头
1—支铁；2—顶盖；3—管座；4—螺帽；5—螺栓；6—橡皮垫圈；7—压板

内堵头为一车制的圆铁板，制作简单，用材料也少，目前使用较多。焊接时堵头放入管座内 50mm 左右处，以保护管座坡口不致损坏。外堵头制作较困难，钢材消耗也多，使用较少，它焊在管座的外侧。这两种堵头的厚度要求不小于管座的壁厚。外堵头的高度应为管座长度的一半左右。也有用活络堵头的，它只需在管座外侧焊两块支铁，即可使堵头固定，使用比较方便。

联箱上管座孔口封闭后即可准备水压试验。

（1）接水压试验管路，就是在组合件上联箱上装空气门，在下联箱上装放水门放水，临时管路系统如图 7-45 所示。

（2）打开空气门，开启进水门，向组合件内进水，直至空气门向外冒水后再继续进水几分钟，使组合件内空气全部放完。

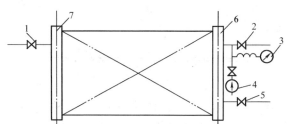

图 7-45　水压试验的临时管路系统
1—空气门；2—进水门；3—压力表；
4—升压泵；5—放水门；6—下联箱；7—上联箱

（3）关闭空气门、进水门，开启升压泵升压，升压速度保持在 0.2～0.3MPa/min。

（4）当压力升至工作压力时，停止升压进行一次检查。如无异常情况，继续升压。当压力升至工作压力的 1.25 倍时停泵，监视压力表上压力变化情况，可作为组合件有无渗漏的启示。经 3～5min 后，放水降压至工作压力，进行全面检查，观察组合件上各焊口有无渗漏及异常情况，如有焊口渗漏，应在水压试验结束后进行补焊或割管重焊。

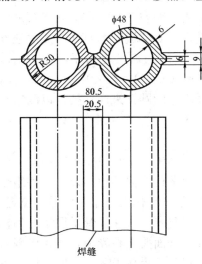

图 7-46　水冷壁鳍片管结构

（5）试验完毕后，开启放水门放水，缓慢降压。当压力降至接近表压为零时，开启空气门，将水继续放掉。因为此时组合件是平放的，所以里面还有一部分存水放不完。

（6）拆除临时管路，做临时堵头的割除和打磨工作。

二、水冷壁的安装

（一）水冷壁的组合特点

水冷壁是锅炉最主要的蒸发受热面，以光管水冷壁和膜式水冷壁用得最普遍。光管水冷壁由光管弯制而成。膜式水冷壁由轧制的鳍片管构成，相邻管的鳍片用电焊连接成整体。现代大型锅炉广泛采用由鳍片管和上、下联箱组成的膜式水冷壁。图 7-46 和图 7-47 为两种鳍片管的形状与尺寸。为运输安装方便，膜式壁在出厂时都拼焊成若干个较大的管屏（片段）。

大容量锅炉水冷壁的刚性很差，为此膜式水冷壁外侧设置了多道横向刚性梁。

膜式水冷壁在制造厂已组合成管排，在安装现场只需将分段的管排对接起来，再与上下联箱对接，焊接铁件，就成为一个完整的组合件。光管水冷壁以单根管段的形式运到现场，

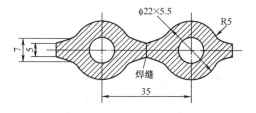

图 7-47　1000t/h 锅炉的膜式水冷壁鳍片管

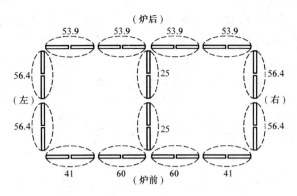

图 7-48　SG-1000t/h 锅炉水冷壁组件划分示意图
（虚线圈内组合为一体，数据单位为 t）

全部组合工作要在安装现场完成。因此，膜式水冷壁的组合工作量要比光管水冷壁少得多，其组合特点如下：

（1）膜式水冷壁是在制造厂内拼焊成管屏出厂的，其组件划分根据吊装方案、组合附件的多少及现场起重条件等来确定。可以一片为一件，也可两片、三片组合为一件。图 7-48 所示为 1000t/h 锅炉每两片屏组成一个组件，共 14 个组件。

（2）当分段的管排吊放到组合架上之后，要对管排的宽度、长度、平整度及对角线进行检查和调整。

（3）管排的对接不同于单根管子的对接。单根管子的焊口在焊接后大约收缩 1~2mm，这对其他管子没有影响。但管排对口焊接时，若由一侧往另一侧顺序进行，则焊到后来管子引起的变形是很大的。在管排焊接时为了减少管子的变形，应采取对称和交叉焊的方法。

（4）前后水冷壁下部有炉底，后水冷壁上部有折焰角，所以组合件尺寸较大，形状也较为特殊，组合比较困难。

（5）后水冷壁管的单根通球与其他受热面管子有所不同。后水冷壁在上联箱处有折焰角，所以对折焰角的弯管通球时，球应从联箱内放入，然后用压缩空气吹。在通吹弯管的同时，应将相应的节流孔堵塞或用微压气流插入，使球不能进入。对节流圈的直通管无法通球时，可根据直通管的长度，配备一根外径比直通管内径小 20mm 左右的直管子，在其顶端焊一段圆锥形短管（短管外径是水冷壁内径的 85%，长 200mm 左右），在管中可来回穿插，以证实直通管是否通畅。对于节流圈，可采用比节流孔直径略小的圆钢来回穿插，以测定畅通情况。

（二）水冷壁组合的要求

锅炉在运行中，水冷壁常见的事故是爆管事故。产生的原因主要是水冷壁吸热不均（热力不均）和流量分配不均（水力不均）造成的，其中除设计及运行方面的原因外，也和组合与安装不当有关。所以在水冷壁的组合安装工作中，水冷壁组件各有关尺寸、标高、位置、横平竖直、热胀自由、严密不漏这些基本工艺要求应保证。同时要切实保证管子质量达到标准要求。做好吹扫通球工作，确保管箱内壁畅通净洁。管屏向火面要平整光洁，防止出现对口不正、强行对口、热胀对口、焊瘤内凸、根部未焊满等不正确的焊接工艺。一般采用跳焊与间隔施焊法。做好金属的光谱分析工作，防止用错管材与焊材。各片间的拼缝间隙应在允许范围之内。

（三）水冷壁组合的注意事项

根据大型膜式水冷壁组件的特点，在整个组合过程中应特别注意和重视下述几个问题：①在组合过程中采用正确的焊接工艺。采用热胀对口，把管屏间整道对口一次修齐后对焊，从一侧依次焊到另一侧，全部对口点焊、再全面焊接都是不正确的。应查清各个管口对口间隙的大小，采用合理的分批对接、交错施焊等正确工艺。②管屏在组合前一定要查清标记，严防前后左右拿错，对每片管屏来说要防装倒、装反。③在水冷壁组合的拼缝工作中，拼缝间隙一般在 30mm 之内，最大不得超过 50mm。拼缝扁钢材料与焊条应按规定选取，经光谱分析合格后才可使用。④对水冷壁组件上的大量铁件、钢性梁，应清楚哪些铁件间要焊，哪些铁件间不能焊，哪些地方有热位移。⑤水冷壁上、下联箱间距离、对角线误差不应太大，焊完一道焊口后应复查一次，否则各片组件间的拼缝工作难以进行。

（四）水冷壁组合件的吊装

1. 水冷壁吊装前的准备

水冷壁组合件在起吊前要做好各项准备并达到要求。

（1）组合件加固工作完成后，能保证组合件有足够的刚度，不致在搬运和起吊扳直时发生永久变形和损坏组合件。目前大容量锅炉水冷壁组合件一般长达 30 余米，宽 10 余米，重达 50 余吨，刚性也很差，因此起吊前必须加固。而且利用型钢一般的加固也不能满足吊装的要求，需设计制作专用的起吊桁架，以保证水冷壁在起吊时不致变形或炉墙损坏。对有炉底的前后水冷壁组合件，将弯的管子部分用拉金等拉牢。图 7-49 所示为前水冷壁的起吊加固。起吊桁架用型钢制成，与水冷壁组合件的连接方式通常是桁架的两端与水冷壁的上下联箱采用固定连接，与各层刚性梁采用挂钩连接。

（2）准备就位时用的临时固定零件材料及找正用的工具等。

（3）支撑水冷壁的钢架已找正和验收完毕，并已固定牢靠。

（4）对起吊设备及各处的滑轮钢丝绳要作全面地检查，确定没有问题。

（5）复合组件尺寸，检查通道和开档的尺寸是否有影响组件运吊的地方和阻碍物等，选择好组件起吊的吊点和起吊节点。

2. 就位方案

水冷壁组件的就位方案是根据开口位置、起吊能力、锅炉结构等方面的因素来确定的，一般在炉顶钢架吊装和校正结束后进行水冷壁吊装，但组件这样吊装，进档途中的挂钩次数增加。为此也可将组件先吊进炉膛临时搁置在 0m 层上，在下联箱垫上道木，上部几处与柱梁间用钢丝绳捆牢，并应采取如图 7-50 所示的加固措施。对后水冷壁组件可吊入后临时悬

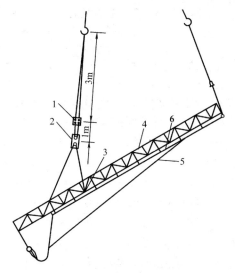

图 7-49 前水冷壁的起吊加固
1—支撑横吊梁；2—30t 双梁平衡滑车；3—吊耳；
4—桁架；5—拉金；6—前水冷壁组合件

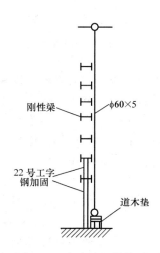

图 7-50 水冷壁组件临时
就位时的加固示意图

挂在设置于大梁的临时牛腿上，如图 7-51 所示。

3. 水冷壁组合件起吊就位和找正

（1）组合件扳直。用吊装机具主钩吊住组合件上部桁架吊点，副钩或其他辅助吊车吊住桁架下部吊点。同时提升到适当高度后，主钩继续提升，副钩逐渐放低，使组合件慢慢竖立，直至扳直。当组合件重量全部吊在主钩上时，即可松去副钩，如图 7-52 所示为 60t 门式起重机主、副钩抬吊 400t/h 锅炉前水冷壁组合件示意图。

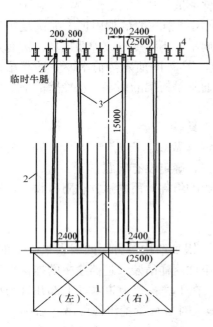

图 7-51　后水冷壁临时就位固定法
1—后水冷壁管；2—荷重管；
3—钢丝绳；4—K_2 大板梁

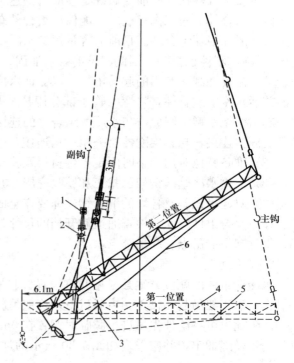

图 7-52　60t 门式起重机主、副钩抬吊 400t/h 锅炉前水冷壁组合件示意图
1—支撑横吊梁；2—30t 双轮平衡滑车；3—吊耳；
4—桁架；5—前水冷壁组合件；6—前水冷壁冷灰斗拉条

（2）桁架与组合件分离。将扳直后的组合件吊放到预先选定的可直立依靠的厂房或其他混凝土结构边上，下部垫以枕木，用钢丝绳将桁架上部与建筑物梁柱绑牢，然后用主钩吊住组合件上部吊点。割除桁架与组合件间的各焊接点，使组合件与桁架分离，如图 7-53 所示。待组合件就位后，再用吊车将桁架放下。

（3）组合件吊装就位。组合件与加固桁架分离之后，由主钩提升至炉膛开口处，进入炉膛就位。一般情况下，组合件是不会毫无阻碍地直接达到安装位置的，尤其是悬吊式锅炉，组合件要受到炉顶主梁、次梁的阻碍，要求中间接钩或抛锚（有的需先临时就位，待其他组合件就位后再正式就位），如图 7-54 所示。图 7-55 所示为 1000t/h 锅炉前、右水冷壁就位路线及接钩点示意图。待吊杆螺母全部与水冷壁联箱连接好后，再松放主钩并拆除吊装的起重工具。

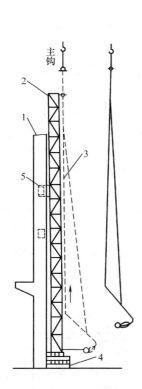

图 7-53 桁架与前水冷壁组合件分离示意图
1—B 排柱；2—桁架；3—前水冷壁；
4—桁架下面垫放的枕木架；
5—桁架与 B 排柱固定的钢丝绳

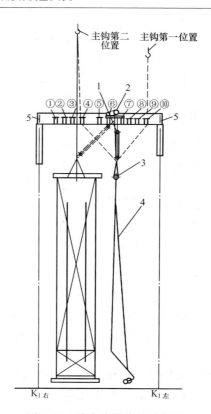

图 7-54 前水冷壁接钩示意图
1—接钩滑车组；2—接钩卷扬机；
3—前水冷壁组合件；4—前水冷壁冷灰斗拉条；
5—炉顶主梁；①～⑩—次梁编号

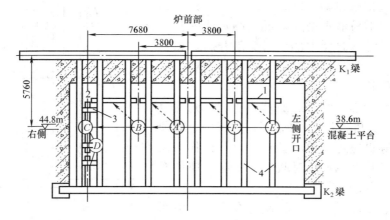

图 7-55 1000t/h 锅炉前、右水冷壁就位路线及接钩点示意图
1—前水冷壁；2—右水冷壁；3—小梁；4—次梁
注：→右水冷壁就位移动路线；- - -→前（右、中）水冷壁就位移动路线；
-·→前（中、左）水冷壁就位移动路线；○组件接钩划临时悬挂点

应该说明的是高空接钩是比较费时、麻烦而危险的工序，应尽量减少和避免。现场有采用如图 7-56 所示的三角形回转换钩板来简化高空换钩手续的，有一定的效果。

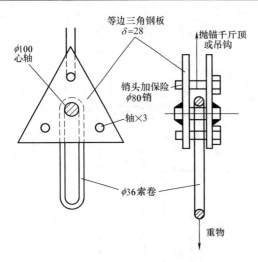

图 7-56 三角形回转换钩板

(4) 水冷壁组合件的找正。找正就是把水冷壁同钢架或汽包的相对位置、标高和水平调整好，可借助于吊车或千斤顶等。对大型锅炉，由于采用了悬吊式结构，水冷壁就位后，一般只作初步找正，即用玻璃管水平仪检查上联箱的标高和水平，用松紧吊杆螺栓的螺帽来调整。待所有受热面组合件全部吊装完毕后，再进行整体找正，即二次找正。

三、过热器的安装

大型锅炉的过热器一般由辐射式炉顶过热器、半辐射式屏式过热器和高低温对流过热器组成。过热器是锅炉所有受热面中工作温度最高、工作条件最为恶劣和壁温最高的受热面，故在组合安装过程中应对质量予以足够重视。

(一) 过热器组合

1. 对流过热器的组合

(1) 组合要点

各种类型锅炉的对流过热器，在规格、材质与布置方式上虽有所不同，但工作原理与结构基本是一样的，故组合方法与质量要求大致相同。对流过热器分为立置组合和卧置组合两种，如图 7-57 和图 7-58 所示，现以某种锅炉的对流过热器为例分述如下：

① 做好组合前的各项检查与准备工作。组合前必须将联箱（包括减温器）内部清理干净。减温器因内部有套管，不易清理彻底，可用倒置法吹扫干净，有条件时可将减温器中部或封头割开后进行清理，这样效果好，但对合金钢设备割开后的坡口加工和焊接比较费事。

对管排进行清点、编号、通球、清理、光谱复查（并应有光谱分析报告）。对管箱铁件等的金属质量，主要尺寸等也应进行检查核对。对管排作一次通球，检查管子是否畅通。对联箱上所有管座的管孔用铁皮或角钢临时封闭。

组合支架搭设好后应经过检验符合要求后方可使用，在支架上部搁置横梁前，先把对流过热器蛇形管排按顺序吊入组合架内，从两侧往中间堆靠，切不可堆靠在一侧。

② 联箱就位找正固定。将联箱及其上部组合架吊梁一起上架，也可将联箱先放进组合架临时悬挂，待组合架吊梁装好后再将联箱就位、找正、找平后予以固定。

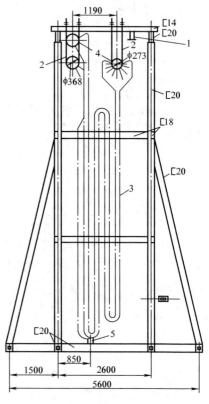

图 7-57 对流过热器立置组合架及组件示意图

1—起吊梁；2—抱箍；3—蛇形管排；4—联箱；5—搁梁（16号槽钢）

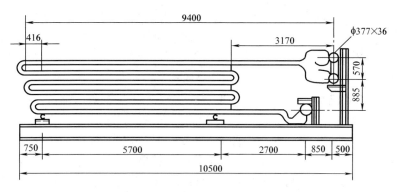

图 7-58　对流过热器卧置组合架及组件示意图

③ 组合管排。在组合架上装设一纵向滑轨（工字钢），利用滑轨上小滑轮下的链条葫芦起吊管排。

管排对接前同样应做好管端清理工作，并按图纸规定做好坡口。在蛇形管与联箱对接前用不低于 0.3～0.4MPa 的气压再做一次通球检验，最好通一片焊一片（因与联箱对接后无法进行通球。而且此时管口向上，易落入杂物，并且气压，低通球效果不好，甚至管内稍有硬杂物球就通不过）。

管排与联箱对接应从一侧到另一侧，或从中间开始向两侧进行，对接第一片管排时应从前、后、左、右四面进行测量，当各几何尺寸、垂直度、高低等都符合设计要求时才能固定焊接，其余管排以此片管排为基准管从中间向边上按顺序依次组合上去，如组件超重，可将最边上的管片少装一部分，等吊装就位后再单装。

为防止焊口红热部分的管壁因自重而拉薄变形，管排动荡或联箱走动，在蛇形管排与上部联箱对口焊接及热处理时，一定要将管排下部弯头垫实（托住）或将管排上部弯头临时吊住，以支承管身重量减少焊口处拉力，这对焊接合金钢架更为重要。

在组装蛇形管排的同时，将吊挂铁板、梭形卡板及其他固定零件装上去，并按图纸要求调至平齐，保持管间节距正确。整个管排焊接结束后，按质量要求进行一次校管。

(2) 组合质量标准

联箱的标高误差不超过±5mm，水平误差不大于 3mm，中心线距离误差不超过±5mm，对角线误差不大于 10mm，管排间的间隙应均匀，误差不超过±5mm，管排中个别管子凸出不平齐度不大于 20mm。蛇形管自由端不齐误差不超过±10mm，蛇形管上部弯头有吊杆者，吊杆受力均匀，不应有脱空或过分拉紧。边缘管与外墙间的间隙应符合图纸规定。

(3) 组合注意事项

① 对流过热器管材基本上都采用合金钢，应切实做好光谱复查工作，要严防用错钢材。当管排必须加热校正时，应注意加热程度及热处理使之符合该钢种的特性。联箱找正不可在联箱上点焊拉撑等铁件做临时固定，必要时可在吊耳上点焊临时固定铁件，但要先预热，最好用包扎箍固定。

② 管件中用 H11 及 F11 钢材施焊后防止管排动荡或受外力冲击，因其焊接后脆性较大，易产生裂纹。

③ 蛇形管排下部弯头的排列应整齐，尤其是高温对流过热器吊装就位后、蛇形管下部就是后水冷壁折焰角的上斜面，两者间隙不大，如蛇形管下部弯头处长短不齐或斜度不一，可能影响蛇形管的热胀。另外，管排对口焊接时同样严禁强力对口。

④ 对流过热器组合焊接的位置紧窄，施焊比较困难，所以在设计组合支架时应充分考虑，为施焊方便创造条件。

2. 屏式过热器的组合

（1）组合要点。

前屏过热器出厂时已焊成单片管屏，没有现场组合焊口，所以前屏过热器一般都是采用单片或几片一组进行吊装的。后屏过热器组件常包括一、二级减温器，有较多的现场组合焊口，所以采用组合比单装有利，即在地面上进行焊接与装配其零件的工作，这样做比高空进行更快更方便且安全可靠。图 7-59 所示为后屏过热器卧置组合布置示意图，屏式过热器采用立置组合时，组合支架耗用钢材较多，稳定性差，故后屏过热器采用卧置组合较多。组合前同样应对联箱、管片、铁件等设备进行清点、检查、编号、通球、光谱复查。还应进行金属质量、主要尺寸及焊缝质量的检验，符合要求后进行单片预组合。每两片管屏间用一根凸出的弓形管进行搭接，如图 7-60 所示，以此来保持管屏间的横向节距，增加固定性。为保证每对管片连接顺利，距离准确，就位后管屏能处于悬垂、平行状态，在组合时应对管屏中部"弓形"管的位置、凸出的尺寸（高度）等进行检查，做好搭配记录。

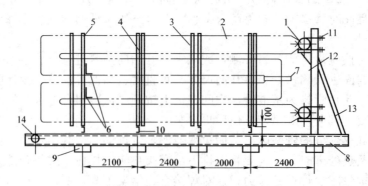

图 7-59　后屏过热器卧置组合布置

1—联箱；2—管排；3—永久定位板；4—管排夹条；5—角铁拉条；6—搁架；7—永久吊板；
8—工字钢；9—砖墩；10—槽钢；11—U 形抱攀螺栓；12—起吊架；13—斜撑；14—组合架下部吊点

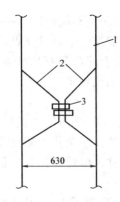

图 7-60　屏式过热器管屏间的连接法示意图

1—单管屏；2—弓形管；3—交叉定位板

① 联箱上架的找正固定。在检验合格的组合支架上按图画定联箱各管片的位置线，测好距离，做出标记后将联箱就位，检查和调整其标高、水平、两联箱间的中心线距离与对角线，找正后临时固定联箱，并对内部进行全面清理检查，临时封闭好全部管口。

② 组合两侧的管屏作为基准。将两片管屏吊入组合架，按组合架上画好的位置线与图纸规定，认真仔细地检查调整后焊接好，为防止管屏倾倒或走样，应在此两片管屏的外档，临时焊接斜撑固定。

③ 组合其余管屏。以两边装好的管屏为基准在其自由端拉线，依次将其余管屏一片一片地就位、找正、临时固定。

④ 在管屏组合与对口焊接时，同时将管屏上的其他铁件组合上去。

为增加组件的稳定性，防止 U 形或 W 形管变形，各片管屏两面用临时夹板夹牢，管屏就位找正好后，随即将临时夹板的底部与组合架下部的横向槽钢焊牢，各夹板顶部也用角铁相互拉牢。

(2) 组合的质量要求及注意事项。

组合件的质量要求与对流过热器相同。管屏全部组合好后,应全面复查一次组件的外形尺寸、各片管屏间的节距,平齐程度,管屏的正直与平整度等,不符合要求的应予以纠正。

组合中的注意事项如下:

① 按照规范的规定选好通球直径,在管排上架之前用选好的球进行一次通球吹扫,对口焊接前还应进行第二次通球吹扫。

② 管排与联箱对口焊前,做好管口的坡口。坡口角度为 35°,对口间隙为 1~2mm,钝边为 0.5~1mm。清理干净距管口 10~15mm 范围的内外壁,使其显出金属光泽。

③ 屏式过热器的管箱材质都是合金钢,故管子应尽量少用热校正,焊接时应有防雨、防风设施。联箱找正后,应采用包箍等方法来临时固定,不可在联箱上点焊。

④ 屏式过热器的组合支架和搬运起吊架是合用的,故应坚固可靠,管屏组合好后对组合架的所有焊缝、接口应进行认真仔细地检查,如必要时可补焊加以固定。同时应焊好临时扶梯,便于在组件竖立后进行组合架的割离工作等。

(二) 过热器的吊装

1. 对流过热器的吊装

(1) 吊装前的准备与检查。

1) 根据吊装要求在组件吊装前,进行必要的加固。

2) 做好划线,测量标高,清点吊杆数量、编号,复查过渡梁上螺孔尺寸与方位是否正确等就位时的准备工作。

3) 将后水冷壁组件用钢丝绳临时悬挂在炉顶大梁下并比安装位置低一定的距离。可加大折焰角上部高温对流过热器的就位开档,便于高温对流过热器就位,待其就位后再将后水冷壁提升到安装位置。

(2) 吊装时采取的措施。

1) 就近组合直接起吊。对流过热器组件外形狭长高大,重心偏高而不稳定,其重量也是锅炉各组合件中最大的组合件之一,拖运困难,又不便抬吊,故其组合应尽量放在吊车起吊力矩范围以内进行,便于就地起吊。

2) 组件超重。对流过热器组件超过吊车起吊能力时,根据其结构将一个大组件分成几个小组件,虽然增加了几道大焊口,但此种方法还是可取的。

3) 组件不能一次就位。高温对流过热器布置在后水冷壁折焰角的上方,吊装时不能一次就位,必须中途经过几次临时悬挂或接钩,才能吊到安装位置。

(3) 吊装方法。

例如某种锅炉的高温对流过热器布置在主梁 K_1—K_2 间的后水冷壁折焰角的上方,其组件的吊装是由吊装机具主钩起吊,将高温对流过热器吊运在如图 7-61 (a) 所示的炉顶左侧 K_1—K_2 主梁之间的①号次梁下面。用⑥号次梁上一对悬挂千斤绳 6 与高温对流过热器前部的两根接钩千斤绳 5 对接。高温对流过热器后部的两根接钩千斤绳 5 与副钩上的接替千斤绳对接,提升副钩使主钩不受力。松放主钩,把主钩连同挂钩千斤绳 1 提升,超过炉顶高度后吊装机具向前行走,使接替千斤绳 3 靠近①号次梁。将主钩连同挂钩千斤绳 1 从炉顶③与④号梁间放下,连接系结千斤绳 4,提升主钩,使⑥号次梁上的悬挂千斤绳 6 与副钩上的接替千斤绳 3 不受力为止。拆除⑥号次梁上的悬挂千斤绳 6 移至⑧号次梁上悬挂,再与高温对流过热器前面的接钩千斤绳 5 对接,拆除副钩上的接替千斤绳,移至②与③号次梁之间放下,与高温对流过热器后部的接钩千斤绳 5 对接。松放主钩使之不受力,照此经过多次接钩,直至组件就位。

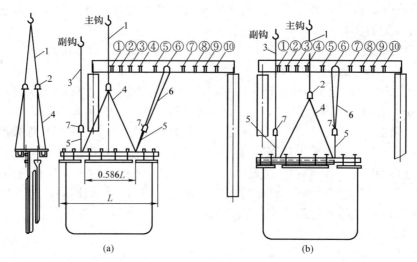

图 7-61 某种锅炉高温对流过热器接钩示意图
(a) 接钩第一位置;(b) 接钩第二位置
1—挂钩千斤绳;2—75mm 卸卡;3—接替千斤绳;4—系结千斤绳;
5—接钩千斤绳;6—悬挂千斤绳;7—50mm 卸卡;①~⑩—次梁编号

(4) 吊装就位的找正与质量要求。

对流过热器组件吊装就位连接好上部吊杆后,可进行初步找正,使标高先偏高 15mm(便于调整),后按 K_2 大梁(或定位基准线)纵、横向中心线及立柱上统一的标高基准点进行第二次找正。联箱找正后进行临时固定(防止走动),但不可在联箱上点焊。

找正后质量应符合下列要求:①联箱标高误差不超过±5mm;②联箱水平误差不大于 3mm;③组件中心线与基准中心线的距离误差不超过±5mm;④管排垂直,两侧及下部间隙符合图纸规定;⑤各吊杆正直,受力匀称。

2. 屏式过热器的吊装

屏式过热器根据制造厂出厂情况、结构、现场情况采用如下吊装方法:

(1) 单片吊装。在多数情况下屏式过热器采用单片吊装。方法是在炉顶设置适当吨位的两台卷扬机,单头并联,配合吊装,一台提升,一台就位。为确保安全,可在屏式过热器前部加设一些临时就位的限位装置。

(2) 小组件吊装。为减少高空作业,加快吊装进度,保证质量,也可将几片管排同永久吊架及过渡梁等组合成一个小组件,即进行分组组合后吊装。

(3) 大组件吊装。在条件许可的情况下,将屏式过热器组合成大组件进行吊装。

屏式过热器就位后连接好上部吊杆、进行找正。其质量要求与对流过热器相同,找正后应临时固定,但联箱不可以点焊,吊耳经预热后可以点焊。

四、再热器的安装

再热器实际上是一种中压过热器,但其工作条件比中压炉的过热器更为恶劣。这是由于再热蒸汽压力低,比体积大,密度小,传热系数比过热蒸汽的传热系数小得多,仅为过热蒸汽的 1/5,对管壁的冷却较差,即在烟温相同的条件下,其管壁温度要比过热器管壁温度高得多。所以，对再热器管的材质要求高于过热器，再热器一般分为单级或双级布置，布置在水平烟道或尾部烟道上部，在水平烟道，再热器立式布置在高温对流过热器后，在尾部烟道，再热器为卧式布置。

（一）再热器的组合

1. 组合的要求

根据再热器的工作条件，再热器需采用几种钢材，这将使组合和焊接异种钢材的工作量增大和复杂化，可能会因焊接和热处理工艺不当或错用钢材等引起问题。锅炉运行中再热器管壁温度已接近管子钢材的允许温度，加之再热器的工作特性，运行中稍有流量不均或热力不均，负荷突变或燃烧不稳等就可能引起管壁超温而损坏。对运行中的煤粉炉来说，布置在尾部烟道上部，正是烟气转弯处，是受热面磨损严重的区域。针对上述情况，除再热器组合与安装中的基本要求和过热器一样外，还应特别注意以下几点：

（1）必须彻底做好管箱内部的清理、吹扫和通球工作，保证管箱内洁净畅通。

（2）为减小其热偏差，应保证管间间隙均匀、正确，铁件的组装应牢固准确。

（3）根据不同钢种的焊接特性，正确运用焊接及热处理工艺，必须认真做好管箱及铁件的材质检验和光谱分析工作，防止错用钢材。

（4）防磨铁件的装置应准确无误。

2. 组合方法

（1）组件划分与组合方式。

根据再热器结构和起吊能力，若起吊能力远远不够，可采取单装，当起吊能力足够时，可以采取组合。采取组合时可将其划分为（以1000t/h直流锅炉为例，根据其结构布置，如图7-62所示）三个组件：

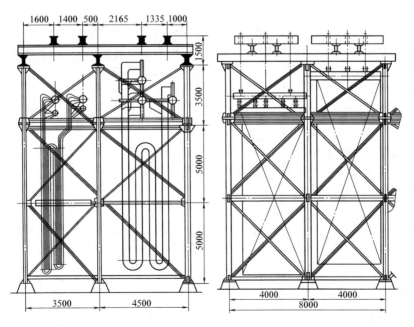

图7-62 高温对流过热器与高温再热器联合立置组合架

① 低温再热器进口段组件。包括低温再热器、低温过热器出口联箱及悬吊管下段，组件总重约101t，据此不应再作水平拖运，组合场应在起吊范围内。

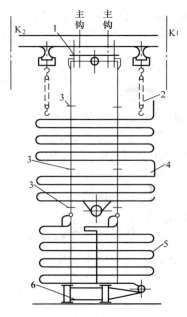

图 7-63 400t/h 锅炉尾部再热器、
省煤器组合件整体吊装
1—临时吊架中心线；2—链条葫芦；3—安装焊口；
4—再热器；5—省煤器；6—组合支架

② 低温再热器出口段组件。此组件一般都采用卧置或倒置组合。就是因为低温再热器两只出口联箱布置在炉顶，出口段管长 10m 多，垂直向下，比较窄薄，采取立式组合，稳定性差，高空作业多。

③ 高温再热器组件。如图 7-63 所示与高温过热器合用一个组合架，采取立置组合。

（2）组合方法。

高、低温再热器的组合方法分别与高、低温对流过热器的组合方法相似。

3. 组合的注意事项及质量要求

组合中的注意事项如下：

（1）低温再热器蛇管是由上、下两组管段焊接成一整片的，其形状相近但钢材不同，组合中上、下互换弄错，运行中将产生爆管事故。

（2）低温再热器出口段组合时，在组合架上按制造厂铰眼中心进行联箱找平、找正，复核管排及大三通的水平情况，原则上以管排为准，兼顾大三通管口，找正后随即将联箱固定。然后在每只联箱两端和中间各预装一管排作为基准管，找正、找平后，在组合架上焊接临时定位槽钢及管子定位卡板，确保管排位置准确，并防止运吊时松散晃动。联箱在组合架上的高度以 600～700mm 为宜，这样便于焊接。

（3）低温再热器蛇形管在组合时不应从中部开始向两边组装，应从一侧开始。否则装到最边上一排管子时，要拆除两边顶端的斜撑才能工作，破坏了组合架的稳定性，起吊架最后拆除也有困难。

（4）组合支架搭设完成、顶部联箱未临时就位前先将高温再热器蛇管排吊入组合架内。若顶部联箱上架后，管排难以进架，在组合焊接高温再热器过程中，有些部位根本不能对焊口进行返修工作，故应采取相应措施防止返工。

（5）组合前要对再热器组件中的大量多种铁件（吊箍、管夹、挂钩、垫块、菱形板等）逐件进行光谱复查工作，因其材质都是耐热合金钢，应防止用错材料，同时应按图纸规定，准确可靠地装配，不得忽视。

组合质量标准如下：

①联箱纵向与横向水平误差不大于 2mm；②组件宽度误差不超过±5mm；③组件相应对角线误差不大于 10mm；④各管排间间隙应均匀，一般误差不超过±5mm；⑤个别管子的不平整度不大于 20mm；⑥蛇形管自由端不平度不超过±10mm。

（二）再热器的吊装

再热器可以单装，也可以组合后吊装。悬吊式锅炉的再热器和省煤器是分层悬挂在尾部烟道内的，也可采取如图 7-64 所示的分件组合整体吊装法，但应根据其结构特点、布置位置与吊装就位的难易程度等情况确定。一般高温再热器以组合后吊装为多，吊装与对流过热器的吊装相同。低温再热器以单片吊装为多，下面只介绍低温再热器吊装的要点。

低温再热器管排是由尾部悬吊管悬挂的，其出口直管段与出口联箱组合成一个组件，所以低温再热器管排进行单装，必须在进出口联箱就位找正后，才能对悬吊管的安装交错进行。

（1）吊装前的检查准备。蛇形管排吊装前按规定要进行全面的检查准备。检查制造质量、外形尺寸；管内要经过通球吹扫；合金钢管件、零件必须进行光谱复查。进行单片对接的同时一定要检查管排卡箍位置的正确性，避免影响悬吊管下段的安装，进行管排垫块和防磨罩等零件的焊接。

在平整而稳固的样架上进行上、下段管排的对接工作。为避免起吊时变形及损坏，在运吊对接成的管排时必须制作专用加固夹（或吊运加固架）。图7-65所示为一种单、双排管片吊运托架示意图。

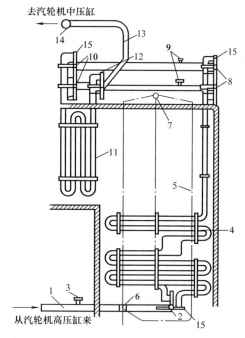

图7-64　1000t/h直流锅炉再热器布置示意图
1,13—连接管；2—低温再热器进口联箱；3—事故喷水装置；4—低温再热器管；5—悬吊管；6—低温过热器出口联箱；7—低温过热器悬吊管出口联箱；8—低温再热器出口联箱；9—微量喷水减温器；10—高温再热器进口联箱；11—高温再热器；12—高温再热器出口联箱；14—集汽联箱；15—小联箱

用槽钢拼成的托架，其长方孔必须开设在主要槽钢上，托架及长方孔的尺寸取决于蛇形管片的具体尺寸及节距等。在槽钢上加有覆板加强其强度。吊钩按所受载荷配制。装入长方孔内的吊钩用 $\phi 20mm$ 的销轴插入，销轴固定在槽钢槽内。吊钩活络可动，当蛇形管片合在运吊架上时，拨动吊钩使之钩牢管片，如图7-66所示。蛇形管排放得平稳且无单面倾斜现象时，即可起吊。

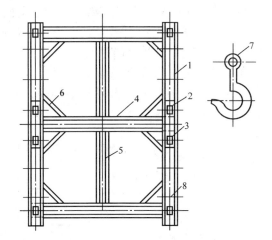

图7-65　再热器单排及双排管片吊运工具
1—槽钢；2—覆板；3—长方孔；4—横撑；5—直撑；6—斜撑；7—吊钩；8—起吊吊点位置

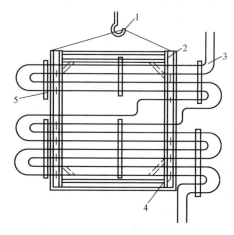

图7-66　低温再热器蛇形管单片吊运架
1—起吊钩；2—起吊架；3—蛇形管受热面；4—固定挂钩；5—活络挂钩

(2) 吊装方法。再热器蛇形管单装的施工地位窄小，工作条件差，高空作业较多，管排运吊工作复杂。蛇形管排进档、就位的工序是影响单装进度的关键。可在管排安装位置上方的横梁或组件下面，装设单轨梁滑车两只。单轨梁在管排进档一侧（左开口）应伸出炉体以外 2～3m，扩大运吊范围。并在再热器蛇形管排上部管口附近及悬吊管前、后的外侧搭设临时脚手架。

再热器蛇形管排单片吊装的工序：先吊右侧第一片单排再热器管，并临时悬挂之，待右侧第一列悬吊管上、下段管口对接后再将其吊搁在此悬吊管右边的挂钩上调准位置，进行这片再热器蛇形管上、下管口的对接（如出口段已与蛇形管焊成整片，则进行出口段管口与出口联箱的对接）。接着吊装右侧第二片单排管，搁在右侧第一列悬吊管的左边挂钩上，调整后进行对口焊接。依次类推，这样自左向右交错进行悬吊管与蛇形管的吊装和对口焊接。再热器单排管片全部吊装完毕后，即将单片起吊装置拆除。也可在地面将每列（2～3根）悬吊管与其左右侧的两片再热器蛇形管排装配起来，用绳索（或卡箍）临时绑扎固定后一次起吊就位。先焊接悬吊管接口，后焊接再热器上、下接口。

五、省煤器的安装

高参数大容量的锅炉省煤器基本上都是逆流、卧式、错列布置的沸腾式或非沸腾式钢管省煤器，由联箱、蛇形管及一些管夹铁件等构成。下面以 1000t/h 锅炉省煤器为例，介绍省煤器的安装。

1. 省煤器的吊装

1000t/h 锅炉省煤器组合件分上中下三段，每段组合件总重量为 60t（包括吊架在内）。省煤器每段吊装利用前后包墙过热器的下联箱，对准省煤器吊架的四个系结点，系挂 4 副 20t 滑车组，如图 7-67 和图 7-68 所示。

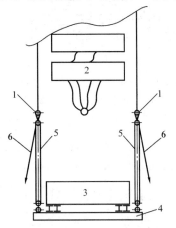

图 7-67 1000t/h 锅炉省煤器吊装示意图
1—包墙过热器下联箱；2—低温过热器；
3—省煤器；4—吊架；5—20t 滑车组；
6—出端头引向 5t 卷扬机

将上段省煤器组合件由起重机吊运至炉左 0m 层，再用滚移法拖运到炉右的尾部低温过热器组合件下面。用上述方法由 4 台 5t 卷扬机牵引提升到就位位置，待与低温过热器下段连接后，拆除吊架与省煤器组合件的连接螺栓，滑车组将吊架松至 0m。然后用类似的方法吊装中段和下段省煤器组合件。当中段省煤器就位找正后，进行中段和上段省煤器管口的对接，并将管夹和悬吊梁焊接。下段省煤器就位找正后，进行下段和中段省煤器管口的对接，管夹和悬吊梁的焊接。待省煤器组合件全部就位后，拆除所有的起吊工具。

1000t/h 锅炉尾部组合件分左右对称两组，右侧（固定端）的省煤器组合件安装完毕后，按右侧的安装方法与工具布置，再吊装左侧省煤器组合件。

2. 省煤器的找正

省煤器的找正就是测量并调整联箱的水平、标高，联箱与锅炉立柱的距离。一般情况下省煤器的标高是以锅炉后部立柱上标准点引上来找正的，用玻璃管水平仪测量联箱的水平及标高。用挂线锤的方法测量联箱纵横中心线到立柱中心线的距离。省煤器找正完毕后，应保证各

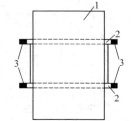

图 7-68 省煤器起吊滑车组系结点
1—省煤器；2—吊架；
3—滑车组动滑车系结点

处有足够的热胀间隙。如管子与炉墙间、管子与管子间等，膨胀间隙不足的地方应进行调整。

第四节 燃烧器的安装

燃烧器的结构形式很多，按煤粉气流和二次风的流动特性可大致分为旋流式和直流式两类。国产大型锅炉的燃烧器有直流式和旋流式两种。直流式布置在炉墙四角，旋流式燃烧器布置在前墙，或前、后墙。

一、旋流式燃烧器的安装

燃烧器为前墙布置或前、后墙布置的煤粉锅炉，大多采用轴向叶轮式旋流燃烧器，如图 7-69 所示。

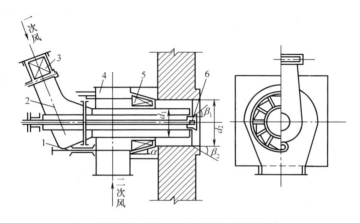

图 7-69 轴向叶轮式旋流燃烧器
1—拉杆；2——次风筒；3——次风舌形挡板；4—二次风筒；5—二次风叶轮；6—喷油嘴

1．安装前的检查
(1) 检查燃烧器外壳是否有碰坏、漏焊之处。
(2) 检查二次风筒、一次风筒有无弯曲，可用水平尺或拉钢丝的方法。
(3) 将燃烧器放置水平，检查风筒与其出口平面的不垂直度。
(4) 检查一、二次风筒的不同心度，其误差不大于 3～5mm。
(5) 检查风筒出口，应平整且各圆口应平齐。
(6) 检查各风门及叶轮的调节机构，应灵活，调节拉杆不卡煞。

2．安装的要点
(1) 燃烧器与大风箱的组合。
1) 将单件风箱吊在支架平台上，划出中心线，组成大风箱，见图 7-70。找正后焊接成一体。
2) 清理检查燃烧器法兰、螺孔，并与风箱上法兰相对照，保证二者吻合。划出十字中心线，以备安装找正用。在法兰结合面上涂上密封漆，在螺栓内侧铺放石棉绳。石棉绳不要深入孔内侧和螺栓外侧，见图 7-71。
3) 在风箱法兰上装上检修好的燃烧器，燃烧器的旋转方向应按图纸要求排列，一般为一左一右，见图 7-72。燃烧器头向下，安放在风箱燃烧器孔位中，对正中心线和螺孔，对称均匀地拧紧法兰螺栓。拧紧螺栓前注意密封石棉绳不要移动，所有燃烧器都安上风箱，然后进行一次检查，校对燃烧器的旋转方向是否与图纸一致。

(2) 大风箱与燃烧器平台组合。

1) 用吊车将大风箱翻身，吊放至平台上组成一体。由于组件重量较大，风箱和平台刚性不足以承担全部重量，且组件重心偏向一侧，需要进行刚性加固。图 7-73 为 1000t/h 锅炉的大风箱与平台组合就位临时固定及加固架示意。

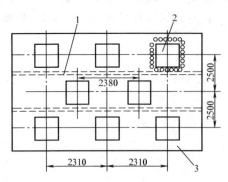

图 7-70 大风箱组合示意图

1—组合焊口；2—燃烧器孔位；3—大风箱

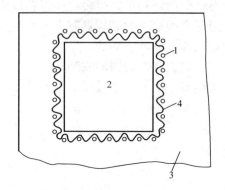

图 7-71 法兰孔内侧放置密封绳垫

1—法兰孔；2—燃烧器孔位；3—大风箱；4—石棉绳

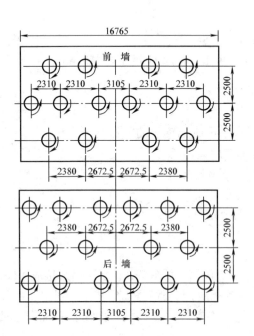

图 7-72 旋流式燃烧器的位置与方向

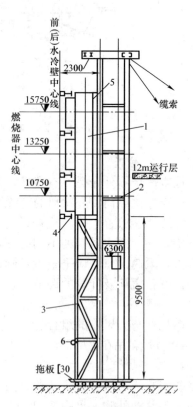

图 7-73 大风箱燃烧器平台与水冷壁的安装位置

1—大风箱与燃烧器组件；2—燃烧器平台；
3—临时加固架；4—水冷壁刚性梁；
5—主钩吊点；6—副钩吊点

2) 由于组件重量大、重心偏,因此必须选择合适的吊点,使吊点处的强度和刚度足以承载全部荷重。图 7-73 上的吊点为大风箱与平台的连接横梁,距离小,强度和刚度足够,可作为组件主吊点。

(3) 组件吊装就位。

1) 在加固架和平台架的底部焊一个槽钢拖排,使底部成为一个整体,同时作为以后就位的滚动拖板。为使组件离地时不损坏平台架,可在加固架上拴挂辅助吊点,组件离地一定高度后,再缓慢降落辅助吊点,使平台架接近垂直落地。

2) 检查修整基础。基础面要平整,便于拖板下滚杠移动。标高应低于设计高度,划出安装中心线,放置滚杠,其直径不宜过大,使组件移动时保证重心稳固。

3) 组件吊装就位。起吊指挥在确认一切准备和检查工作就绪后,经试吊正常后下令起吊,组件离地后主钩继续起升,辅钩保持组件底部不着地,至一定高度后,辅钩放落使组件底部离地 0.2~0.5m,组件吊至安装位置外移约 0.6m(前墙组件往前移、后墙组件往后移),落于滚杠上,用钢绳临时固定,防止组件翻倒。因为偏重,外侧缆绳要多 1~2 根,同时底部亦应固定,预防受外力撞击而发生事故。

4) 待水冷壁管安装拼缝后,将组件往前移入刚性梁空档内,用起重设备略微提升组件,拆除下部拖板及滚杠,平台支架落于基础,找正后固定,刚性架下部垫实。

5) 安装平衡重框架、滑轮及配重。滑轮生根要牢固,钢绳两端接头要卡紧,平衡重起平衡作用后,拆除风箱下的刚性加固架。

6) 复测燃烧器喷口中心标高、燃烧器间的距离与水冷壁的间隙应保证不妨碍膨胀,并做好安装记录。

3. 注意事项

(1) 燃烧器与大风箱组合时,要仔细对正法兰螺孔,平行落于风箱法兰上,避免密封垫走动而影响严密性。必要时在风箱法兰螺孔内插入两根导向杆定位导向,见图 7-74。

(2) 组合和翻身时避免碰伤法兰和喷口。

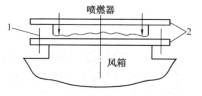

图 7-74 对口导向示意图
1—导向杆;2—法兰

(3) 大风箱下的刚性加固架要与风箱底部贴紧,与平台架点焊固定,使其确实能承载组件的主要重量,防止组件变形。

二、直流式燃烧器的安装

直流式燃烧器布置在炉膛的四角,其中心线与炉膛中心的一个假想圆相切。当四股煤粉气流从燃烧器直接喷出来后,在炉膛中形成一个旋转的火焰中心,这样布置称为四角布置或称切向燃烧布置。图 7-75 所示的直流式燃烧器,上下倾角可以进行调节,调节范围为±20°。

1. 安装前的检查

(1) 检查燃烧器外壳有无损坏、漏焊之处。

(2) 检查燃烧器摆动装置是否灵活,摆动角度指示器与实际位置是否相符。

(3) 检查二次风的调节挡板应转动灵活、可靠。若为可变截面的直流式燃烧器,则还需检查一、二次风喷口截面的挡板,也应转动灵活、可靠。

(4) 用吊线锤方法检查一、二次风喷口的中心线是否在同一垂直线上。

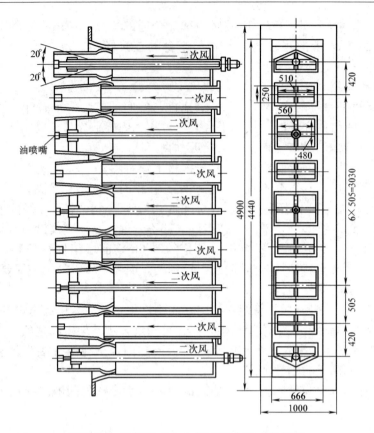

图 7-75 超高压 400t/h 锅炉的直流式燃烧器

2．安装的要点

(1) 将燃烧器进行临时就位。

(2) 待水冷壁找正固定后，首先在炉膛的最下面一层燃烧器喷口位置稍低处搭脚手架，然后根据炉膛尺寸定出炉膛中心线，在炉膛中心放置找正工具（图 7-76）来找正燃烧器的安装位置。找正时，将找正工具的底板放水平，用钢丝将燃烧器中心线引出并延伸至炉膛中心，同一标高的四组燃烧器的四根中心线应和假想圆相切，以此来找正燃烧器的位置，如图 7-77 所示。

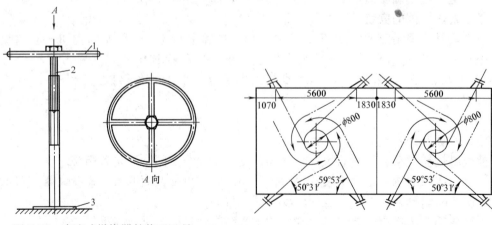

图 7-76 直流式燃烧器的找正工具
1—圆环；2—螺杆；3—底板

图 7-77 直流式燃烧器的找正

找正工具是用圆钢按图纸上规定的炉膛中心假想圆直径制成的一个圆环，并固定在一长螺杆上。在底板上垂直固定一管子，管子上端有内螺纹，螺杆可在管子中升降，从而圆环也随之升降。

（3）用玻璃管水平仪检查四角燃烧器各相应的标高是否一致，测量燃烧器中心线与水冷壁管中心线的距离，应符合图纸要求。

（4）燃烧器找正后，用连接体法兰固定在水冷壁上。连接体的一端是平面与燃烧器箱壳相连；另一端是斜面与水冷壁焊接在一起，燃烧器的重力是通过滑轮组平衡装置悬吊在钢架上的，以减少水冷壁的荷载。

第五节 汽包及下降管的安装

汽包横置在锅炉炉膛外前顶部与锅炉前宽相配合处。为保证其自由膨胀，一般用吊箍将汽包悬吊在炉顶汽包梁上。汽包是钢质圆筒形容器，由筒身和封头两部分组成。圆柱部分称为筒身。由钢板卷制焊接而成的，两端突出部分称为封头，是由钢板模压成形的，封头上一般留有椭圆形人孔，供进入汽包安装、检修用。封头经加工后与筒身部分焊成一体。

一、汽包的组合

1. 组合中的特殊要求

根据汽包的材质、结构与作用等特点，在施工中应特别重视以下几点：

（1）组合中不允许在厚壁合金钢汽包引弧施焊，否则可能产生裂纹。

（2）汽包本身的位置及平整度不准确，将影响其他受热面的安装精度，造成严重后果。因汽包的纵横向中心线是其他受热面定位的依据，故在组合前其两端及中部的十字中心线统眼必须十分准确。

（3）汽包内部装置的种类多、数量多、组合条件差、工作量大，故组合一定要按规定严格施工，装配得牢固、严密、准确，防止在运行中出现泄漏、松动及脱落。

（4）大型锅炉的汽包粗大而长直，运行中本身热胀值达 40～70mm，因此，吊环的热位移也大。吊环的位置要放准，保证汽包与吊环的热胀自由，位移不受阻碍，应力最小。

2. 组合前的检查准备

（1）检查汽包内外表面有无裂纹、撞伤、龟裂和分层等缺陷，检查汽包上的管孔、管接头（管座）、人孔门等的数量、质量和尺寸位置是否符合要求。管座中心距离误差不得大于规定。

（2）清除汽包内壁和零件上的铁锈、焊渣及杂物，并按图核对汽包内部装置和零件的数量、质量。

（3）用拉线法检查汽包的弯曲度，顺着汽包的长度方向每隔1m测量一次。汽包的允许弯曲度为汽包长度的2‰，全长偏差不大于15mm。

（4）汽包的画线。为汽包找正和定位的需要，准确地画出汽包中心线是很重要的，划定汽包的中心线，有两种方法：一是利用制造厂在汽包上所打的中心线标记（统眼）来划线（对制造厂做的统眼标记，现场要进行复核），二是根据汽包筒体上多数管接头的位置和图纸尺寸来划线。先定出纵向管孔中心线，再分出汽包两端的四等分线（即横断面十字中心线），划出吊环位置，用锐头冲印，标好色记。

（5）汽包吊环的零散件运至工地后，要按规定要求检验其质量、尺寸、数量，并做光谱分析。汽包的吊环由吊杆与链板或多层钢板（15MnV）和销轴组成，结构如图7-78所示。

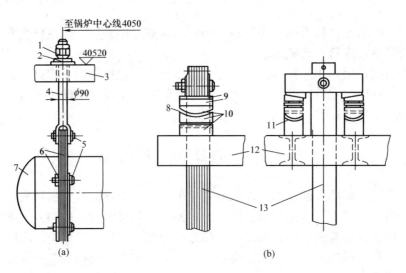

图7-78 汽包吊环结构示意图
(a) 吊杆结构；(b) 链板结构
1—球面垫圈；2—凹球座；3—大梁；4—吊杆；5—销轴；6—链板；7—汽包；
8—上弧面接触；9—楔形调整垫铁；10—球面垫块；11—下弧面接触；12—汽包横梁；13—链板吊环

3. 汽包与吊环的组合

现代大容量锅炉的汽包都采用悬吊式，汽包两端用扁钢叠成的U形吊环，通过吊杆悬吊在汽包梁上，吊杆与汽包梁的连接采用球面垫圈，如图7-79所示。汽包的悬吊装置也有采用扁钢叠成的U形吊环，通过钢板叠成的扁担，把汽包悬吊在汽包梁上。在横担与汽包梁之间左右两端放有弧面垫块和弧面垫圈一副和垫铁一副。采用弧面垫块的连接方式，可以保证汽包能沿纵向作用膨胀，而楔形垫铁便于汽包在安装时的定位。

（1）凡与汽包表面吻合的链板（也叫环片或吊环板），组合前应在平台上用1：1的样板检查与汽包接触的每个环片的凹面半径R，必要时予以修整。

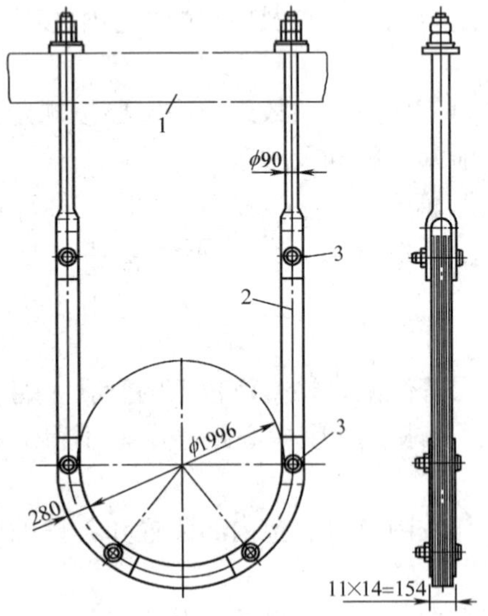

装配好的吊环应将销轴插入孔内，后用角钢在吊环侧面和每块环片上进行点焊，将同一节的各片吊环板连成一体。将汽包水平放置，并使其下半部朝上，

图7-79 汽包的悬吊装置
1—钢梁（汽包梁）；2—U形吊环；3—接头

这样可将吊环直接放置在汽包安装位置上进行吻合检查，如图7-80所示。在吊环内圈涂上红丹粉直接与汽包外壁接触，并将吊环沿汽包圆周方向往复移动几次，再将吊环吊开，检查其接触面的吻合情况。如接触不良，用电动砂轮机等工具对吊环进行修整，直至符合要求。接着将下半部吊环与两边链片预装，检查销轴孔间的偏差及中心线是否一致。若需加工修改

销轴孔或销轴时，应征得有关方面的同意后方可进行。链片预装合格后，应在销轴和销轴孔内涂上防锈油或黑铅粉，同时在吊环上标明左右、前后位置。

(2) 各节吊环经预装合格后，再把与汽包接触的下半部吊环放到汽包的安装位置上，与汽包进行正式组合。为了保证汽包在热状态下自由膨胀时吊环仍保持垂直状态，吊环在汽包上组合时，要将吊环按图示实际位置再向汽包中心方向偏移 1/2 热胀值。例如两只吊环间的汽包长度在热态时伸胀 40mm，则每个吊环向炉侧方向偏移 20mm，故在组合时，吊环沿图示安装位置向汽包中部预先偏移 10mm。放好吊环后，调整吊环两端水平，为防止吊环走动，可将吊环通过型钢与汽包上的管座临时焊牢或在吊环间用链条葫芦拉牢，使吊环与汽包紧抱，防止吊环走动和汽包在翻身时脱落。

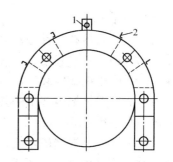

图 7-80 汽包与吊环的吻合检查
1—吊环起吊节点；
2—加固角铁（$L60\times60\times6$）

(3) 下半部吊环组合在汽包上后，在吊环和汽包上都要做出定位标记（一般可标明在两边及正下方），然后将汽包翻 180°变为水平正置状态，复查汽包与吊环间的定位标记是否走动、必要时按标记进行调整。

4. 组合的质量要求和注意事项

(1) 汽包与吊环组合好后要求每片吊环板松紧相同、受力均匀，吊环板与汽包外壁要有良好的接触，用 0.5mm 的塞尺应塞不进，局部间隙不得大于 2mm，若不符合要求应研磨修正。销轴在销轴孔中应松紧适当，并能灵活转动，不得过松或过紧。

(2) 由于汽包钢材的焊接性能特殊，严禁在汽包上打火、引弧、施焊，否则汽包会产生裂纹。在汽包上装吊环的整个过程中，应经常复测汽包两端和纵身两侧的水平，保证吊环在汽包上处于真正的平正垂直状态。

(3) 每一节吊环板上的销轴孔应同心，销轴螺母待下降管装好后再拧紧。还应保证汽包吊环上部球面垫圈与球座间的净洁、润滑（应加涂石墨粉等粉状润滑剂）。汽包内部装置应待水压试验或酸洗后再进行安装，避免反复拆装。

在汽包内施工时，按规定做好各项安全措施：铺盖绝缘垫、用 12V 低压行灯，进出人员及工具等要登记，施工完毕后，做好清理、封闭工作。

二、汽包的吊装

汽包与水冷壁等其他组件相比对吊装有利的是：汽包体积大刚性大，一般没有组装焊口，不需起吊加固。但要使汽包平稳、安全、正确地起吊就位，尤其是大型锅炉的汽包，还是不大容易的。

1. 汽包起吊前的检查准备工作

(1) 按锅炉纵向及横向中心线，在吊装找正好的汽包梁上划出汽包的纵向、横向中心线位置，再按汽包横向中心线划出汽包吊环中心线，复合对角线长度。要求相对中心线距离偏差不超过±3mm，对角线偏差不大于 10mm。

(2) 将汽包上部的吊环就位，复核吊环螺栓的标高、水平、中心距离及对角线，复查好后临时固定。

(3) 将汽包运放至安装位置的正下方 0m 层，检查并调整汽包的方向、位置及水平情况。

2. 汽包的提升、就位及找正

汽包的起吊有三种方法：①水平起吊，适用于钢架外起吊，起吊中较安全，故采用较多；②转动的水平起吊，汽包按炉膛对角线方向先水平上升，上升至规定高度后再转正。这种方法适用于钢架内起吊，汽包重量不大或锅炉高度不高，并且以吊环悬吊的汽包；③倾斜起吊，适用于钢架内起吊的并以吊环悬吊的汽包。此时汽包在两处用系重绳系住，绑扎点离汽包中心不小于2～3m。

汽包提升是根据吊车能力及现场具体条件确定的。可用吊装机械直接提升；也可用汽包梁上设置的卷扬机及滑车组来提升；还可一端用炉顶滑车组，另一端用吊装机械来联合提升。汽包有单独吊装就位的，也有汽包与汽包梁组合成整体起吊就位的。

当汽包单独起吊到一定高度时，在其两端两边同时对接悬吊杆和吊环，悬吊杆预先已组合在汽包梁上，容易摆动，但不能上下伸缩。下吊环紧抱在汽包上，没有伸缩、摆动的余地，所以吊环板之间相互对插，必须是自然、灵活、不卡的情况。为防止上部吊环板偏斜摆动，可将上部两根吊环板用角钢临时点焊起来成为一体。

在条件许可时，可将汽包与汽包梁组合在一起吊装。这种吊装方法，可加快吊装速度，减少高空作业。将汽包梁和吊环上部组成一个组件，汽包与吊环下段也组成一个组件，将两个组件组合在一起吊装就位、找正。图7-81所示为汽包与汽包梁组合与吊装示意图。

3. 汽包吊装注意事项

（1）当汽包采用抬吊时，必须注意两端的负重分配和同步问题，防止动作不协调或负荷分配不当而发生意外。

（2）进行吊环连接及汽包找正时，在汽包周围搭设牢固可靠的脚手架，并焊设栏杆。

（3）调整好吊环固定端弧形垫座处的楔形垫铁（如图7-82所示）后一定要点焊，以防

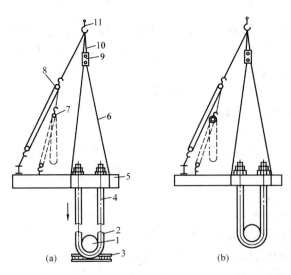

图7-81 汽包与汽包梁组合与吊装示意图
(a)组合；(b)吊装
1—汽包；2—U形环；3—枕木墩；4—U形吊杆；5—炉顶梁；
6—16m千斤绳；7—2t链条葫芦；8—10t滑车组；
9—50t双轮平衡滑车；10—12m千斤绳；11—吊钩

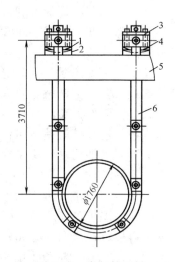

图7-82 汽包的悬吊
1、4—楔形垫铁；2—弧形垫座；
3—横担；5—汽包梁；6—U形吊环

走动。汽包采用四只吊环时,应保证各配环间受力均匀。

三、大直径下降管的吊装

锅炉大件吊装前先将大直径下降管吊放到炉前安装位置附近临时搁置,待汽包就位找正固定后,在汽包下降管口上按 120°焊上如图 7-83 所示的三块导向铁板,并画上十字中心线。利用卷扬机和葫芦将大直径下降管分别吊在汽包下降管口下方进行对口,依据管口上已画定的中心线和导向铁板进行对口,并应注意下面分配器的位置和方向不要搞错,焊接管口结束后,拆去起重机具,割除管子上的临时吊环和管口上的导向铁板。

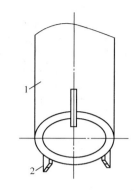

图 7-83　汽包下降管口上的导向铁板
1—下降管口;2—导向铁板

第六节　锅炉大件就位后的找正和拼缝

一、大型锅炉大件找正的特点

在大型锅炉安装中,锅炉柱距大,组合件多而重,吊装持续时间长,随着炉顶承重的逐渐增加,主梁挠度也不断增加,如 1000t/h 锅炉主梁设计挠度可达 26.4mm,此数值远远超过组合件的标高水平允许误差。这将使得早已就位和找正的组合件发生变化,产生下张口,个别吊杆螺丝过载,局部铁件、拼缝处间隙过大,甚至被破坏。此外,在组合件拼缝密封过程中,为了不使拼缝间隙过大,或误差过分集中在一处,也常常需要将组合件位置作适当的相互调整。因此,在大型锅炉安装中,组合件吊装就位后,一般只作初步的找正,在组合件吊装完毕后,再进行整体的最后找正,即二次找正。再经包角拼缝后,作最后的固定。

二次找正是比较困难的,因为吊装机具已退出或拆除,各组合件均已就位,活动余地小了。要改变组合件的标高,特别是要调整尾部组合件更是困难。所以在锅炉中,应通过实践,掌握各受热面组合件就位从初步就位找正到二次找正的变化规律。比如可以采取在一次找正时预先抬高一定数值标高的方法,这样仍可保持受热面组合件经一次找正后联箱的标高、水平在规定的范围内。解决了二次找正的困难,对尾部组合件来说意义就更大。

二次找正需全面考虑,慎重进行。因为大型锅炉系统复杂,各组合件的固定连接方式较多,组合件间配合严格,相互牵连,如二次找正不好,对整个锅炉的系统连接、拼缝密封、保温、热膨胀等方面都将产生不良的后果。

二、找正前的准备

二次找正之前,除应充分熟悉有关图纸资料和掌握质量标准外,还应做以下的准备:
(1) 准备找正时所需的工具、量具和组合件作临时固定用的材料等。
(2) 检查组合件的中心线标记是否有变动。
(3) 复查组合件的位置和锅炉纵、横中心线的尺寸是否相符。
(4) 复查组合件的标高、水平。

在调整组合件的标高、水平时,可以使用如图 7-84 所示的专用工具。这种工具制作容易,使用方便。在使用时,只要将吊杆螺帽拧去上面一只,把 U 形钢板套在吊杆上,再将

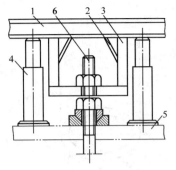

图 7-84 找正专用工具

1—工字钢；2—加固槽钢；3—U 形钢板；
4—千斤顶；5—横梁；6—吊杆螺丝

上面一只吊杆螺帽拧上，然后用两只千斤顶将吊杆抬起，使下面一只螺帽脱空，这时可以根据找正的要求，松动下面一只螺帽至适当位置，再松去千斤顶，复测组合件标高符合找正要求时，即可拆去找正工具。使用这种工具调整重量大的组合件时，应注意其本身焊接强度，必要时应用复板斜撑等进行加固。此外，在一个组合件上找正时，不同时用几只找正专用工具，以免相互之间动作配合协调不好，使组合件和吊杆产生额外应力。

三、找正的依据和程序

悬吊式汽包锅炉各受热面的组合件找正应以汽包的纵向、横向中心线和中心标高为依据。所以各组合件的正式找正固定，应在汽包找正后再进行。悬吊式直流锅炉各受热面的组合件找正应以炉顶主梁的纵向及横向中心线为标准，确定各组合件的联箱位置，以立柱上所标定的标高点为依据，测定各组合件的联箱相对标高。

汽包锅炉在找正时应先找正汽包。对没有汽包的直流锅炉在找正时应从固定侧的水冷壁开始，先找正炉膛，后找正尾部烟道组合件。因为炉膛受热面组合件相互间的牵连较多，安装工作量大。此外，炉膛先找正还可为燃烧器的就位和找正创造条件。而尾部烟道组合件找正后，除少量管子的连接外，并无其他工作量。

由于锅炉受热面广泛采用了悬吊结构形式，所以在找正时首先应保证上部的准确性。找正后应及时进行临时固定，用型钢将组合件与周围的固定结构或平台等连接起来，以防组合件走动。

一面的各片水冷壁找正后，必须及时地进行各片间的拼缝和刚性梁的连接，以减少走动。当四面水冷壁都找正后，再进行转角拼缝和刚性梁间的相互连接。

对于尾部烟道的侧包墙过热器和后包墙过热器的找正应以下联箱为准，因为包墙过热器的下联箱要相互连接成 Π 形。若以上联箱为准，则可能造成下联箱之间的相互连接困难。其他受热面组合件的找正一律以上联箱为准，按由前向后和由右向左的顺序进行。

对于过热器、再热器、省煤器等组合件的找正应以炉顶主梁或汽包中心线为依据，然后再根据水冷壁及包墙过热器找正后所留的间隙来进行，做到位置适当，有足够的热膨胀间隙。特别要注意炉顶过热器前段与前水冷壁衔接区，尾部烟道的蛇形管与包墙过热器之间，后水冷壁折焰角上部与高温对流过热器蛇形管下部弯头之间。因为这几处比较容易产生热胀卡死现象。

图 7-85 所示为锅炉受热面找正顺序。

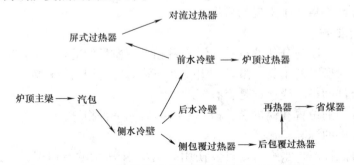

图 7-85　400t/h 锅炉受热面的找正顺序（炉左开口）

四、找正的内容及质量标准

（1）找正内容：各组合件联箱纵向和横向中心线的位置，各组合件联箱的水平和标高，各组合件管屏的垂直度，检查组合件之间拼缝间隙、热膨胀间隙以及各吊杆的受力情况等。

（2）找正质量标准：联箱与汽包之间的中心距离或联箱之间的中心距离误差为±3mm；联箱标高误差为±5mm；联箱两端的水平误差不大于2mm；联箱中心线与锅炉梁柱中心线距离误差为±5mm；组合件垂直度误差不大于5mm；按图纸固定组合件间留有足够的膨胀间隙，拼缝间隙应不超过30mm；每一组合件上的各吊杆应垂直，受力均匀。

五、炉体的拼缝

锅炉大件吊装找正完毕后，应进行水冷壁、包墙过热器转角处的拼缝。拼缝间隙不宜过大，一般不超过30mm，最大不超过50mm，特别是水冷壁转角处垂直拼缝，如间隙过大，烧坏拼缝材料，产生泄漏。拼缝材料要符合规定，一般为不锈钢。在拼缝点焊时要注意防止烧坏管子。拼缝结束后，应进行炉墙填缝。填缝应首先将两边耐火混凝土表面打毛，浇水湿润，再按各部分炉墙的结构和厚度，填补相同的材料。主保温层填缝后，要在保温层外铺铁丝网，并与两边炉墙上的铁丝网结牢，涂加抹面层。最后进行水冷壁和包墙过热器之间刚性梁间的相互连接。

第七节 锅炉主要辅助设备安装

锅炉辅助设备是锅炉机组的重要组成部分，没有这些机械锅炉就不能工作，某些机械的故障，也往往造成被迫停炉的严重后果。这些机械大都是回转机械，结构较复杂，且都在较高温度下和粉尘环境下工作（除送风机外），因而，对其安装的质量有较高要求。

一、钢球磨煤机安装

（一）钢球磨煤机安装

钢球磨煤机结构如图 7-86 所示。一般分为滚筒、端盖和齿轮环。

主要安装工序：

(1) 基础的检查、画线和修整；
(2) 设备的清点、检查；
(3) 主轴承的安装；
(4) 大罐的安装；
(5) 大齿轮的安装；
(6) 衬板的安装；
(7) 空心轴内套管的安装；
(8) 传动部分的安装；
(9) 进出口短管的安装；
(10) 油系统的安装；
(11) 球磨机的试转。

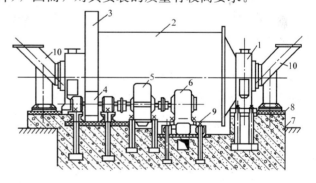

图 7-86 钢球磨煤机结构示意图
1—主轴承；2—滚筒；3—齿轮环（大齿轮）；
4—小齿轮；5—减速机；6—电动机；7—基础；
8—二次灌浆；9—地脚螺栓；10—进煤或出粉短管

1. 主轴承的安装

安装主轴承前,应先将大罐运放到两个主轴承之间的枕木上,临时搁置,不然安装好轴承后再将大罐就位要困难得多,而且很容易把已就位好的轴承碰坏。

(1) 主轴承台板就位。

1) 在主轴承的基础上,放置好预先配制的基础垫铁,在垫铁之间放上若干个小千斤顶,以便调整台板的水平。将地脚螺丝放入基础螺丝孔内,再将台板吊放在垫铁上,把地脚螺丝螺帽旋上,但不拧紧。

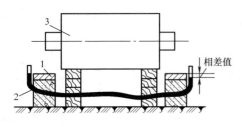

图 7-87 台板初步找正
1—台板;2—玻璃管水平仪;3—大罐

2) 台板水平初步找正:检查并调整其中心位置、水平和标高。用玻璃管水平仪测量主轴承两台板的标高是否一致,如图 7-87 所示。

3) 通过拉钢丝法检查前后主轴承座的台板中心线,调整到一条直线上。

4) 检查垫铁是否放稳,然后将地脚螺丝暂时拧紧。

(2) 球面座就位。

先在球面座与台板的接合面上涂一层黄牛油,然后将球面座吊放到台板上(球磨机球面座与台板做成一体的,球面座与台板同时就位),待球面座与台板中心线位置调整一致后,再将球面座与台板之间的螺丝拧紧,或将球面座两边用楔铁临时塞稳,如图 7-88 所示。

有的工地在主轴承台板找正时,为了调整方便,一般只放置地脚螺丝旁边的垫铁,中间部分垫铁暂时不放。待球面座找正后,再放置并打紧中间部分的垫铁。但一定要注意防止球面座的变形,方法可用百分表监视。当台板中间拱起 0.10mm 左右时,即可停止打垫铁。

(3) 球面轴瓦就位。

1) 在球面座和球面轴瓦的接触面上涂以润滑剂,以提高球面轴瓦的灵活性。润滑剂多半是黄牛油,也有用机油或黄牛油拌二硫化钼粉的。

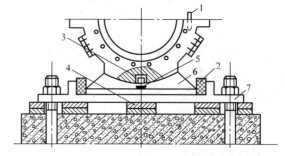

图 7-88 球面座就位
1—定位销;2—楔铁;3—瓦座销钉;4—垫铁;
5—百分表测点;6—球面座;7—台板

2) 将球面轴瓦吊放到球面座洼窝内就位,就位时球面轴瓦的球面中心销钉孔和销钉上下对准,四周间隙均匀。球面座与球面轴瓦应严格对中,瓦面轴向水平,这样不致因销钉偏向一边而影响球面调心。如果球面瓦中心销钉孔不合适,则应将孔开大,以保证球面座上的销钉和球面轴瓦上的销钉孔对正,四周均有 8mm 活动范围。球面轴瓦与球面座对中方法,可采用车制一段套管放入销孔内,进行对中画线。

图 7-89 主轴承纵向中心线标定方法
1—钢丝;2—主轴承;3—线锤;4—台板

(4) 复查两个主轴承的台板和轴瓦中心线。

用拉钢丝方法标出两主轴承纵向中心线(实际上是一条),检查两个轴承的台板和轴瓦中心线是否一致,如图 7-89 所示。如不一致,则可调整球面座与台板间的楔铁或移动台板。

(5) 复查轴瓦底面标高和水平。

在轴瓦底面上用水平尺复查轴瓦底面的水平；用玻璃管水平仪测其标高。如果合格，则可将台板的地脚螺丝和球面座的固定螺丝紧好。

主轴承安装应符合以下质量要求：

1) 两主轴承轴瓦底面应处于同一水平面上，高低相差不大于 0.5mm，标高误差不大于 10mm。

2) 轴承本身纵向及横向应保持水平。

3) 两轴承间距离（在大罐就位前已测好）应满足大罐热胀的要求，误差为±2mm。

4) 台板的纵向和横向水平偏差均不大于其长度或宽度的 1.5/1000。两台板的横向中心线 AA 与 BB 应平行，相应对角线相等，纵向中心线 CC 与 DD 应在同一直线上，如图 7-90 所示。

在上述各项测量调整中，如主轴承上下部件间不能同时都满足要求时，则应以轴瓦为准，变动台板或球面座，待合格后，即可准备大罐就位。这里要注意一点，对主轴承装好后再装大罐者，则大罐在轴承间临时搁置的高度必须大于大罐的安装高度，即大罐空心轴底部应比主轴承中分面高一些，不然安装球面轴瓦时将受到空心轴的影响。

为了降低大罐就位前临时枕木的高度，避免安装时大罐空心轴颈与球面轴瓦对准发生困难，故将球面轴瓦事前组合在两端空心轴颈上部。具体做法是：首先，清理球面轴瓦与空心轴颈，将球面轴瓦吊装于两空心轴颈上部，并临时稳住，接着将球面轴瓦上盖吊

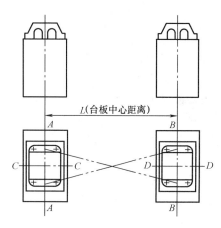

图 7-90 主轴承安装的测量

至轴颈下方，通过螺栓与球面轴瓦组合。然后，沿空心轴颈将球面轴瓦翻转至空心轴下方。在将轴瓦转向下方时，应考虑到球面轴瓦远比球面轴瓦上盖重，为了防止翻转时的冲击与晃动，应用链条葫芦稳住，使之缓慢地转向下方。最后，擦净轴瓦的球面并涂以润滑剂，准备大罐就位。

2. 大罐的安装

由于大罐的质量较大，所以需有足够起重能力的机具，具体可根据现场条件选定。当磨煤机厂房未建成时，可直接用吊装机械起吊就位。如厂房已经建成，则一般用两台 5t 卷扬机带动装设在大罐上方的滑轮组进行起吊，或用四个 20t 以上的千斤顶顶住装设在大罐前后端两侧的支承托架来升降，如图 7-91 所示。

(1) 大罐的就位。

大罐就位前应彻底清理球面轴瓦瓦面，并涂以机油。将大罐吊空或顶空，借助链条葫芦使大罐空心轴对准球面轴瓦的中心，同时使大罐保持水平，然后抽去大罐下部枕木，大罐缓慢而平稳地落在球面轴瓦上。

在用千斤顶顶大罐就位的过程中，应随时注意大罐的水平，严防产生倾斜造成滑脱。

(2) 大罐就位后的检查与调整。

1) 大罐就位后，可用塞尺检查球面座与球面轴瓦接合面四周的间隙，是否因受力引起变形而造成其间隙不均匀，必要时可移动球面座，保证大罐中心线与主轴承中心线一致。

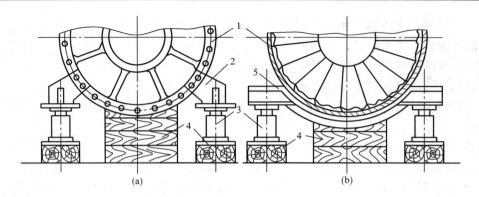

图 7-91 升降大罐的示意图
(a) 大罐一端（靠大齿轮）升降大罐的装置；(b) 大罐另一端升降大罐的装置
1—大罐；2—支撑；3—油压千斤顶；4—枕木；5—弧形支托

2) 将精密水平仪放在轴颈上，测量轴颈的水平。先在轴颈端面圆周上分 8 个等分点，随大罐的转动，使每一等分点分别停在正上方，然后测量两端轴颈的水平。两端轴颈水平偏差不应大于两轴承中心距 0.2/1000。如偏差过大，则应将大罐吊空或顶空并垫住，然后重新调整台板下面的垫铁厚度，但不应在台板与球面座之间加垫片。

3) 复查轴颈与球面轴瓦的接触情况，同时应检查空心轴颈与球面轴瓦的侧间隙、推力间隙、承力轴承膨胀间隙。然后安装主轴承盖，在扣盖时应在轴颈上注以润滑油，以防止生锈。

主轴承轴封的垫料应采用质匀而紧密的油毛毡，厚度应合适，不得两层重叠使用。毛毡裁制时应平直，接口处应为阶梯形。安装时轴封毛毡应紧贴轴颈，压条与轴颈间的径向间隙应均匀，一般为 0.3～0.4mm。

3. 大齿轮的安装

大齿轮（也称大齿轮圈）的安装通常在大罐就位找正后进行（也可在大罐就位前组装），具体安装方法和要求如下：

(1) 清理大齿轮与大罐法兰的接合面。

清理大齿轮与大罐法兰的接合面上的防锈油漆及杂物，接合面和螺孔要打光，找出大罐法兰螺孔间的定位销孔及装配印记，核对安装部位，并将大罐转至相应的安装部位。

(2) 装大齿轮。

大齿轮是分两半分别吊到大罐上进行安装的。为了大齿轮的吊装、就位、对孔方便，一般先将半片大齿轮吊起，从大罐上部扣合到大罐上，与大罐法兰对孔。对孔时应先对准装配印记，打入定位销，然后再将各连接螺栓穿上并初步拧紧。半片大齿轮装上后，转动大罐，已装上的半片大齿轮处于大罐下部。按着同样的方法吊装另外半片大齿轮，并将两半大齿轮接合面间的销钉和螺栓上紧。两半大齿轮接头处的齿距是否正确，可用检查齿形的样板检查。大齿轮与端盖法兰接合面以及大齿轮本身法兰的接合面均应严密，局部间隙不应大于 0.1mm。如不符合要求，则应加以修正。最后再紧一次整个大齿轮上的连接螺栓。

在大齿轮安装过程中应注意以下几点：

1) 先装上的半片大齿轮放到大罐上时，要使它的重心处于正中，防止大齿轮重心偏于一侧，大罐突然转动，发生事故。为此，在装大齿轮过程中，不可松脱上部吊钩，同时应采取防止大罐转动的措施。

2) 半片大齿轮装好要转至大罐下方时，要用链条葫芦等拉住缓慢地转动，防止大齿轮偏向一侧时，因转动力矩的迅速增大而大罐突然转向一侧，发生意外。

3) 在大齿轮安装中，应以定位销为准，如发现螺孔错位，则不得任意扩孔，应待大齿轮的径向和轴向晃动调整完毕后，方可用铰刀扩孔。

(3) 检查大齿轮的径向和轴向晃动。

在大齿轮附近的适当位置，用支架固定两个百分表，百分表测头分别指触齿顶和齿侧，转动大罐，根据两个百分表上各自读数的变化可知大齿轮的径向和轴向晃动。

径向晃动量如超过允许值就应调整。调整的方法是先将晃动量大的部位转至上方，松去定位销，然后将大齿轮与大罐法兰的连接螺栓全部略微旋松，并在上方用链条葫芦吊住大齿轮，根据大齿轮径向晃动量，适当地移动大齿轮。调整好后，重新拧紧各连接螺栓。

轴向晃动量超过允许值也应调整。可通过在大齿轮与大罐端盖的接合面间放置垫片的方法来调整，如图 7-92 所示，或利用专门的装置将大齿轮与大罐端盖的接合面削平。

调整完后，要重新测量大齿轮的径向、轴向晃动，直至合格。最后打入定位销，如定位销孔位偏移（不同心），致销钉插不进时，可将原孔适当铰大，重新配制合适的定位销。

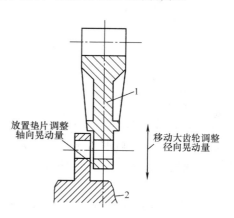

图 7-92 大齿轮晃动的调整
1—大齿轮；2—大罐

4. 衬板的安装

大罐内衬板（也称钢瓦）的安装一般是在大罐就位找正后进行的。衬板安装是较繁重的作业，所以必须得了解衬板的连接与固定方法，这样才能保证施工的顺利进行与安全。

钢球磨煤机在衬板间沿纵向有一排或四排楔形衬板（压紧楔），它通过螺栓固定在大罐壁上，并对同圈衬板起着定位和压紧的作用。而其他衬板均没有螺栓连接，只是靠相邻两块衬板的凹凸形状和压紧楔的横向压力，使位于同一圈的各块衬板间在圆周方向挤压得很紧，从而得到固定。

衬板材料为高锰钢，每块重有 50～100kg，这样重的衬板要一块一块地通过空心轴颈运送到大罐内进行安装是很费力的。为了减轻劳动强度，使衬板的运送工作简单轻便、安全可靠，目前许多施工单位采用以下办法：

穿过大罐安装一根架空的单轨梁或钢索，两端固定在大罐外面的建筑物或专设支点上，在单轨梁上装一小滑车，滑车可通过空心轴用引绳拉进拉出，传递衬板。在大罐内也可横向担搁一根短梁，上悬半吨链条葫芦来接放衬板。

(1) 端盖上扇形衬板的安装。

在端盖上，先铺放 8～10mm 厚的石棉衬板，再将扇形衬板一块一块地用螺栓紧固在端盖上。安装时，要注意螺丝头露出不应过长，过长的螺栓应截短。

(2) 大罐内衬板的安装。

安装大罐内每圈的四块楔形衬板的程序如下：

1) 先装大罐正下方的一排楔形衬板，再将固定螺栓穿上而不拧紧，如图 7-93 (a) 所示。

2) 从楔形衬板两侧对称地向两边铺装衬板,衬板与大罐间要铺放 8~10mm 厚的石棉衬板。衬板的安装应半圈半圈地进行,装满半圈就在两边顶上各安装一块楔形衬板,并将这两块和在正下方的一块楔形衬板的螺栓都拧紧,这样大罐下半圈衬板即完全铺满,如图 7-93 (b) 所示。

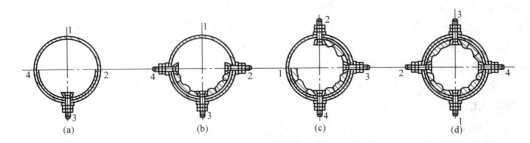

图 7-93 安装球磨机衬板程序示意图
(a) 安装大罐正下方一排楔形衬板;(b) 安装大罐下半圈的衬板;
(c) 大罐转动 90°后装大罐 1/4 圈衬板;(d) 再将大罐转动 90°后安装大罐最后 1/4 圈衬板

3) 将大罐转过 90°,并采取措施稳住大罐,防止因重心偏向一侧而产生转动。然后用同样方法从下向上再逐渐铺装 1/4 圈衬板,如图 7-93 (c) 所示。最后将最末一排衬板沿大罐长度(纵向)方向临时固定住。固定方法可用型钢从对面支撑住,在衬板边角处的大罐上焊上一些螺栓,加上压板,压住最末一排衬板后再用螺栓压紧压板;也可将最末一排衬板与大罐用电焊点焊住。

4) 再将大罐转动 90°,铺装其余 1/4 圈衬板和最后一排楔形衬板(已处于侧面位置),如图 7-93 (d) 所示。照样地逐渐进行,直至全部装好后,再一次紧固每一排楔形衬板的螺栓。最后拆除衬板的临时支撑或固定物。

(3) 衬板安装的要求和注意事项。

1) 衬板与大罐之间铺放的石棉板应整齐,厚度应一致,接缝处应严密。

2) 衬板之间咬合应紧密,衬板间的最大间隙不应大于 15mm。衬板与楔形衬板之间如需要加放垫片则可以加放,但垫片必须可靠地焊在衬板或楔形衬板上,以防运行中脱落。

3) 由于衬板制造误差较大,在安装前应校验其尺寸。最好用铁板根据大罐的内径制成一铁圈,其高度为衬板宽度。然后将衬板在铁圈内拼装,衬板边角需要修整的,也应进行修整,避免在大罐内安装时发生困难。

4) 楔形衬板的固定螺栓在穿过大罐处,应用石棉绳仔细密封(缠绕不得少于三圈),以防漏粉。螺栓的端头应嵌入衬板里,不得凸出。固定螺栓要逐个拧紧,并安有背帽,不允许松动。

5) 衬板在安装过程中,要采取切实可靠的措施,防止已装上去的衬板脱落。同时在每一个位置上安装衬板时,都要设法防止大罐因重心偏离而自转。转动大罐时,罐内不得留人。

5. 空心轴内套管的安装

装空心轴内套管时,要注意内套管螺旋导向筋的方向,入口端与大罐的转动方向相同,出口端与大罐的转动方向相反,不可装错。

空心轴与内套管之间一般有 60~100mm 的间隙。制造厂在装配时这个间隙内都不放绝热材料,因为在冶金、矿山等单位使用球磨机时,都不用热风作为输送介质。电厂中使用的球磨机一般进口热空气温度在 300℃左右，出口在 70℃左右，有些煤种要求的热空气温度还要高一些。球磨机在运转时，内套管直接与热空气接触，其温度接近热空气温度。如果空心轴与内套管之间不充填绝热材料，则空心轴就会受内套管的辐射热而提高温度，这样对磨煤机的油温及运转不利。

空心轴与内套管之间的绝热材料一般用石棉绳或超细玻璃棉。内套管在安装时与衬板之间的热胀间隙 c 应大于 5mm，如图 7-94 所示，此间隙四周要均等。空心轴与内套管接合面外要涂黑铅粉，以便以后拆卸。

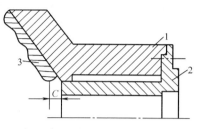

图 7-94 空心轴内套管和衬板间的热胀间隙
1—空心轴；2—内套管；3—衬板

6. 传动部分的安装

（1）传动机的安装。

大罐和大齿轮就位找正后，接着就安装传动机。传动机的齿轮和轴、轴和轴承在传动机就位前均需装配完毕。传动机安装时，先放好基础上的垫铁，如果有台板则装上台板，经找平找正后，再将传动机吊放到台板上。然后使传动机齿轮和球磨机大罐上大齿轮啮合，两节圆相切、齿宽对齐，再在此条件下进行传动机轴承座的就位找正。找正时应使传动机齿轮轴达到其水平中心线与大罐中心线平行，偏差均不得大于 0.3mm/m。否则两齿轮啮合时齿面受力不均，将加速齿轮的磨损。传动机找正后，拧紧地脚螺丝。

检查测量传动机齿轮和球磨机大罐上大齿轮的啮合情况和啮合间隙。用色印法检查两齿轮的啮合情况，用压铅丝法或塞尺检查法检查两齿轮的齿顶和齿侧间隙。从两齿轮啮合时的齿面接触情况和齿侧间隙能够判断出两齿轮的中心距是否正确，有无偏斜现象。两齿轮啮合时齿面的接触一般沿齿高不少于 50%，沿齿宽不少于 60%，并不得偏向一侧。

测量两齿轮齿侧和齿顶间隙时，要盘动大罐，每转过 45°时测量一次，并做好记录。齿侧间隙和齿顶间隙应符合制造厂图纸的规定，一般齿顶间隙为 $1/4M$（大齿轮模数），齿侧间隙应符合表 7-1 的要求。齿侧间隙应以齿的工作面及非工作面间隙的平均值计算。

表 7-1 齿侧间隙 （mm）

中心距 齿侧间隙	800～1250	>1250～2000	>2000～3150	>3150～5000
最大	0.85	1.06	1.40	1.70
最小	1.42	1.80	2.18	2.45

检查传动机垫铁的稳紧程度，以待二次灌浆。最后安装球磨机大罐上大齿轮和传动机齿轮保护罩，并检查齿轮与保护罩间的间隙，避免碰触。

（2）减速箱的安装。

减速箱经清理检查、消除缺陷后进行安装。减速箱的整体安装是以传动机为基准，找正传动机轴与减速箱输出轴的联轴器同心度，要求两联轴器端面平行且同心。必要时可调整减速箱的位置与高低。调整合格后，用手盘动联轴器，应灵活不卡，没有碰擦声，最后拧紧减速箱的固定螺栓。

（3）电动机的安装。

以减速箱为准安装电动机，找正电动机轴与减速箱输入轴的联轴器同心度，找正方法和要求与风机和电动机的联轴器的找正方法相同。

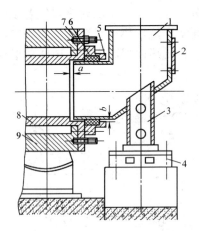

图 7-95 进（出）口短管安装
1—进（出）口短管；2—孔盖；3—支架；
4—底座；5—压紧圈；6—填料；7—螺丝；
8—空心轴内套管；9—空心轴

减速箱与电动机同它们各自的底座一起安装找正后，再检查一下垫铁，有无松动现象，随即将垫铁焊牢，以待二次灌浆。

低速球磨机有的配用两台电动机来带动大罐旋转，安装时应注意两台电动机的转向应相同。

7. 进出口短管的安装

球磨机进出口短管的基础是主轴承基础的延伸，其上有底座，底座上有支架，进出口短管就是固定在这支架上，如图 7-95 所示。具体安装如下：

(1) 检查基础底座应水平，支架与底座应垂直。

(2) 进出口短管与空心轴内套管之间应留有间隙，球磨机运转时，内套管同大罐一起旋转，而进出口短管不转。在相配连接处的轴向间隙 a：在大罐承力轴承一端一般应不小于大罐的计算膨胀值加 3~5mm；在大罐推力轴承一端应不小于 3mm。如果间隙太小，运转时则会发生摩擦，甚至妨碍轴承的正常工作。安装时应注意空心轴内套管与进出口短管的径向间隙 b 在大罐两侧应相等，上部间隙一般应较下部间隙大 1mm 左右。如不符合要求，则可调整短管支架的位置。

(3) 装进出口短管与空心轴内套管之间的密封。短管调整好后，在短管与内套管之间填入石棉绳浸黑铅粉填料，石棉绳接头应错开或整根顺球磨机转向嵌入，压入的松紧程度应适当，然后安装压紧圈，如图 7-96 所示。压紧圈的接口不得与密封填料的接口重合，压紧螺丝应均匀拧紧，以保证压紧圈压得平整，松紧合适，以减少泄漏，同时防止填料压得过紧加速磨损。

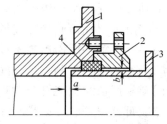

图 7-96 进（出）口短管与
空心轴内套管间的密封
1—内套管；2—压紧圈；
3—进（出）口短管；4—填料

8. 油系统的安装

磨煤机的油系统由油泵、油箱、冷油器、滤油器及油管等组成。其安装要点如下：

(1) 油泵、油箱、冷油器及滤油器等经过清理检查之后都是以整体状态进行安装的，按图纸就位。找正位置、标高和水平后，将地脚螺栓拧紧固定，然后安装油管道及冷却水系统。

(2) 油系统配管完毕后应将管路及其附件内部进行喷砂或蒸汽冲管，必要时应进行酸洗。特别对焊制、弯制的管件，必须彻底清除内壁的焊渣、砂子、杂屑等。在敷设压力油管和回油管时，应顺油的流向有 2% 的坡度（倾向轴承或油箱），每隔 1.5~2m 装设一支架固定。

(3) 油管路、冷却水管路与主轴承的连接应有利于球面轴瓦的可调性。球磨机主轴承上所配置的润滑油的进出油管和冷却水的进出水管都是钢管，管径亦有大小，因此与主轴承连接的管路除管径较小、弹性较大的外，均应在连接处采取制成活络可调的连接形式，以排除由于管路在安装时的应力作用减小或破坏球面轴瓦的可调性。一般可在与轴承连接的回油管和冷却水管上，接一段长约 300mm 的橡皮管。

(4) 油系统安装结束后做风压试验，检查其严密性。然后再启动油泵进行油循环，以清洗油系统，并应仔细检查各部位是否有漏油或渗油现象。油循环时不允许油通过轴承，应临时接旁路管。油循环开始以前应在油箱前的回油管处装设滤网，其孔眼为 0.5～0.7mm。在油循环过程中应随时检查和清除滤网上的杂物。当滤网上不再有遗留的杂物时，油循环方可结束。油循环用过的油必须经滤油机过滤后，方可作为润滑油。

（5）油循环结束后恢复正常油管路，油箱内换注合格的润滑油，启动油泵做通油试验，此时油应通过轴承。但预先应在进入主轴承前的油管上装设滤网，以防止可能有杂质进入轴承内；滤网的孔眼一般为 0.3mm。通油试验时，应检查各轴承的油量是否足够，主轴承整个轴颈上是否均匀布满油，各轴承的轴封处均不得漏油。

9. 防音罩的安装

球磨机大罐外面包有 40～70mm 厚的毛毡，毛毡外面包有 2mm 左右厚的钢板外壳作为防音罩，用以吸收运行中钢球的撞击声。在大罐外壁包装毛毡和装防音罩应符合下列要求：

（1）毛毡要铺设平整，厚度均匀，并用不低于 20 号的铁丝绑紧。

（2）防音罩的固定螺丝应拧紧，并安有背帽，防止松脱。

10. 球磨机的试转

球磨机安装后的试转，可分为轻车、重车、热车试转几个步骤。轻车试转指电动机、减速箱和大罐空罐试转。重车试转指大罐内加钢球试转。热车试转指加煤制粉试转。下面分别介绍。

（1）轻车试转。

1）电动机空转。电动机干燥后，接上电源，先单独试转。要求转向正确，运转正常。然后将电动机与减速箱的联轴器用连接螺栓连接起来。

2）减速箱空转。电动机试转合格后，带动减速箱空转 2h，检查无问题后停下，将减速箱与传动机的联轴器用螺栓连接好。

3）油系统启动。检查油系统工作是否正常，各冷却水阀门应开足供水。

4）磨煤机空转。磨煤机启动 5～10min，用事故按钮停机。检查主轴承、传动机等各部分应无异常。然后再次启动磨煤机，连续试转 8h，主轴承、传动机等各部分同样应无异常情况。

（2）重车试转。

重车试转钢球分三次以上加入大罐内，第一次加入总装球量的 20%～30%，以后每试转 10～15min 后，再加球 30% 左右。每次加入钢球后试转中要对机械各部分的振动、温度和电动机的电流值作出记录。重车试转过程中的要求和注意事项如下：

1）电动机、减速箱、传动机及主轴承的振动值不应超过 0.1mm。

2）主轴承油温一般不超过 60℃，出入口油温差不得超过 20℃。

3）电动机的电流值符合规定，并无异常波动。

4）齿轮啮合平稳、无冲击声和杂声，齿面不发烫和变色。

5）每次停车时应认真检查齿轮啮合的正确性，基础、轴承、端盖、衬板及大齿轮等处的固定螺栓是否松动，如有松动则及时拧紧。

6）在试转过程中，如发现振动过大、轴承温度过高、声音不正常等情况时，则立即停止装球试转，查清原因并消除之后，方准继续装球试转。

7）在试转过程中绝对不允许向大罐内加煤。

8）试转结束后，应将所有衬板的固定螺栓逐个拧紧一次。

9）在冬季试转完毕后，如停机时间较长，工作场所又无供暖设备时，则把轴承中的冷却水排掉，以防冻坏设备。

（3）热车试转。

热车试转的操作以往是球磨机启动前要通热风，进行静态暖磨和暖制粉系统管道，再启动排粉机、球磨机进煤制粉。实践证明，这种方法对球磨机是不利的，因为静态暖磨时，大罐内下部是钢球、上部是空的，进热风后，大罐受热不均，上部受热快，造成变形。这样空心轴颈与轴瓦的良好接触被破坏，球磨机启动后，容易引起烧瓦。另外，大罐受热产生轴向膨胀，轴颈与轴瓦之间形成轴向干摩擦。如干摩擦的摩擦力较大，则轴瓦容易产生位移，也破坏了轴颈与轴瓦的良好接触，致轴瓦烧坏。

在保证制粉系统管道不积粉的情况下，现有些安装工地对新安装的球磨机热车试转取消了静态暖磨，采用冷磨制粉，操作方法如下：

1）启动排粉机、球磨机，冷态运行。

2）进热风，逐渐升温，控制球磨机出口温度在 65℃ 左右。

3）逐渐进煤，在开始运行 40~50min 内，给煤量增至额定负荷的 50%，运转 2h 后，给煤再逐渐增加到满负荷。

球磨机试转时，如必须要掌握轴颈与轴瓦的接触情况和温度变化，则可打开主轴承上盖观视器的有机玻璃，经常用手去摸一摸空心轴颈各部的温度，以防烧坏轴瓦。

球磨机热车试转停止时的操作应注意，停止进煤后不可立即停风、停机，一般球磨机需继续运行 10min 左右，以防大罐内存煤（因潮湿）与钢球黏结。停机后，球磨机每隔 2~3h 转动一次，每次 1~2min，目的是使大罐冷却均匀。

二、中速磨煤机的安装

常见的中速磨煤机有平盘式中速磨煤机、碗式中速磨煤机、钢球中速磨煤机及环式中速磨煤机四种类型。

平盘式中速磨煤机的结构如图 7-97 所示。其碾磨部件是平盘和辊子。平盘由电动机通过减速装置带动旋转，平盘的转动再带动辊子转动。煤在平盘与辊子之间被碾碎。碾压煤的压力，一是靠辊子的自重，但主要是来自加载装置。加载装置有弹簧加载装置和液压—气压加载装置两种。平盘磨的平盘上一般装有 2~3 个锥形辊子，辊子轴线与水平的平盘面倾角一般为 15°。平盘的外缘装有一圈挡环，以防止平盘旋转时煤从平盘上未经碾磨而甩落平盘之外，并使平盘上保持合理的煤层厚度，提高碾磨效率。平盘上还装有便于拆卸的衬板，它保护平盘不受磨损。衬板磨损后可以更换。为了延长衬板使用寿命，衬板可以两面使用。

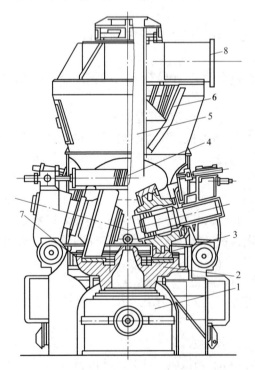

图 7-97 平盘式中速磨煤机结构
1—减速器；2—磨盘；3—磨辊；
4—加压弹簧；5—下煤管；6—分离器；
7—风环；8—气粉混合物出口管

碗式（RP 型）中速磨煤机的结构如图 7-98 所示。其碾磨部件是碗形磨盘和辊筒。碗形磨盘由电动机通过减速装置带动旋转，碗形磨盘内沿圆周均匀布置有 3 个辊筒，辊筒与碗形磨盘之间有一定的间隙（其间隙应按需要预先调整好）。原煤被送入碗形磨盘中心，碗形磨盘旋转时，煤被带进碗形磨盘与辊筒的间隙中，形成一定厚度的煤层。辊筒被旋转的碗形磨盘和煤层所带动，绕自身的固定轴心转动。原煤就在辊筒与碗形磨盘的相对运动中被碾磨成煤粉，碾碎的煤粉从碗形磨盘的边缘溢出。辊筒的压力一般采用弹簧调节。

中速钢球磨（E 型磨）的结构如图 7-99 所示，主要由：机座、机壳、碾磨装置、分离器、加载装置、减速机等部件组成。其碾磨部件就像一个巨大的滚珠支持轴承，现在大型钢球中速磨，均采用上、下磨环和一排球的结构，上磨环由十字架形的压紧环压住，并受导向滑块限制，可以作垂直方向的移动，但不能转动。球在上、下磨环提供的轨道中滚动。球式中速磨的碾磨部件的剖面图形状和字母 E 相似，故又称 E 型磨。

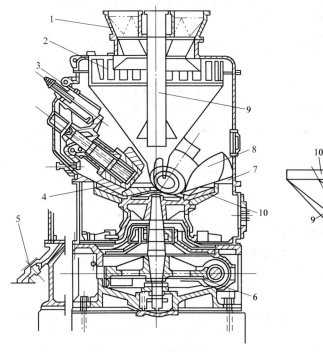

图 7-98　RP 型磨煤机的结构
1—煤粉出口；2—分离器；3—弹簧；
4—磨辊；5—异物排出管；6—减速装置；
7—布尔环；8—支架外衬；9—落煤管；10—磨盘

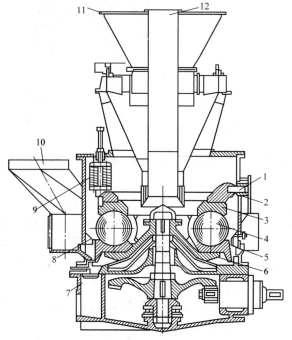

图 7-99　E 型磨煤机的结构
1—导块；2—压紧环；3—上磨环；4—钢球；
5—下磨环；6—轭架；7—石子煤箱；8—活门；
9—弹簧；10—热风进门；11—煤粉出口；12—原煤进口

E 型磨碾压煤的压力需要借助加载装置来提供。中、小容量的 E 型磨均借助弹簧预压紧提供碾磨压力；大容量的 E 型磨则由气压油封加载装置提供并保持恒定的碾磨压力。

E 型磨煤机由于内部没有需要润滑和密封的辊筒，因而其碾磨装置运行更为可靠。同时 E 型磨没有活动部件穿过壳体，其壳体密封性好且简化了结构。此外，由于 E 型磨的球在随磨环转动时，一直不断地改变着自身的旋转轴线而滚动，磨损均匀，在运行使用期内始终可以保持圆球形，因而其运行性能比较稳定，使用寿命较长。因此，E 型磨在国外得到广泛的应用。

环式中速磨煤机又称 MPS 中速磨，它是一种新型的中速磨，其结构如图 7-100 所示。其碾磨部件由三个凸形辊子和一个具有凹形槽道的磨环所组成。辊子的尺寸大，且边缘近似

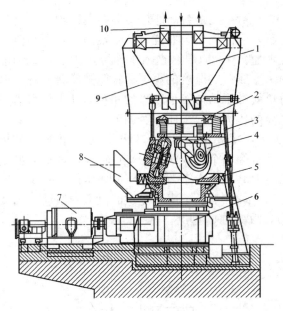

图 7-100 MPS 中速磨的结构
1—分离器；2—弹簧加压装置；3—拉杆；
4—研磨辊及架；5—磨盘装置；6—传动装置；
7—电动机；8—进风口；9—原煤进口；10—煤粉出口

球形，辊子轴线固定，这些特点使其磨煤出力高于其他中速磨。MPS 磨的研磨力是通过弹簧和拉紧钢丝绳直接传递到基础上的，故可以在轻型机壳条件下对研磨部件施加高压力，这使 MPS 磨更易大型化。

(一) 安装前的准备工作

E 型中速磨煤机安装前的一般检查和准备工作与钢球磨煤机大体相同。此外，还应对设备进行检验，重点应检查粉碎部件的制造质量及主要尺寸：上、下磨环和钢球的材质应符合设计规定；磨环弧槽的半径应略大于钢球圆弧的半径（可用样板检查），弧槽的深度应为钢球直径的 1/3 左右，弧槽表面应光洁平滑、无裂纹伤缺；钢球直径不得大于规定值。

为了保证中速磨煤机装配准确、密封良好，所有加工结合面必须清除干净、光洁，检查并消除接合面表面缺陷。清理后的加工接合面应放置在方木势垫块上。空气密封环无变形和损伤，加工误差应小。

(二) 安装程序及质量要求

E 型中速磨煤机的安装顺序是从主轴下部中心开始，由里到外，自下而上，逐步地进行。整个磨煤机的安装程序大致为：底板及机座的安装，驱动部分的安装，上、下框架与下磨环的组装，机架的安装，钢球的吊装，上磨环与上框架的安装，端盖及分离部分的安装，加压部分的安装，电动机的安装及其余附属设备、部件的安装。

1. 底板及机座的安装

先按基础上的划线在基础垫铁上初步就位底板及机座，如图 7-101 所示，然后进行中心位置、标高及水平度的找正。

中心位置找正以基础上的十字中线为基准，用拉钢丝和吊线垂法检查。要求底板及机座上预前所画的四等分十字中心线铣眼应与基础十字中心线相互重合，必要时可通过移动底板或机座来进行调整。

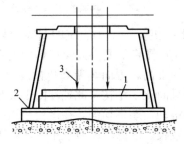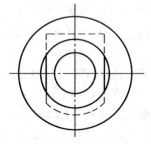

图 7-101 底板、机座的就位找正
1—底板；2—机座；3—线锤

机座的标高以锅炉钢架上的标高基准点为基准,通过经纬仪来测量找正,机座上部法兰面为标高测量面,要求满足规定范围,必要时进行调整。

测量水平的基准面是以底板中间部分的表面为准,用水平尺来测量。要求测量不少于四点,如图 7-102 所示,为了保证测量读数的精确性,底板的测点位置应光洁无伤,并在测量位置上做下标志,进行重复测量时,测点位置应保持不动。为消除零点误差,每一测量位置上水平尺应在相互垂直的方向上测量两次,并取两次测量读数的平均值。为了调整标高及水平的方便,可在底板及机座下分别放置 3～4 个可调顶丝进行调整。底板及机座调整好后,可进行二次灌浆。

2. 驱动部分的安装

驱动部分的安装包括:减速机的安装、空气密封套中心检查及轴工作台的检查。

减速机一般是以整体形式供应的,在现场要经过解体清洗检查,然后按原样回装即可安装。安装前应根据台板上打出的铣眼,划出清晰的纵向、横向中心线,彻底清除台板及减速机下表面的涂料、毛刺、污垢及杂屑等。在减速机就位前,应将空气密封室与机座组合在一起,并大致调整好。然后,就位减速机,并通过装设在底板上的水平顶丝调整中心位置,使减速机的中心与底板的中心上、下对准(重合),如图 7-103 所示。

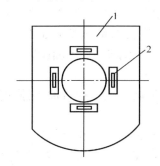

图 7-102 底板水平找正示意图
1—底板;2—水平尺

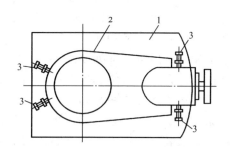

图 7-103 减速机中心位置找正
1—底板;2—减速机;3—调整螺栓

减速机的中心位置找正后,接着测定减速机输出轴(即磨煤机主轴)与空气密封套(环)的同心度。用图 7-104 所示方法装置百分表,在稍紧地脚螺栓的状态下,对空气密封套进行测量检查。方法是:用手盘转主轴,每转过 90°测量一次百分表的读数。当密封套的中心与主轴中心一致(同心)时,则百分表上的读数,在圆周的任何测点位置上都相同。必要时可根据情况用调整螺栓稍稍移动减速机或移动、修整密封套。

减速机找正好并紧固了地脚螺栓后,用百分表检查轴工作台凹窝部分的晃动度及轴端水平度,如图 7-105 所示。

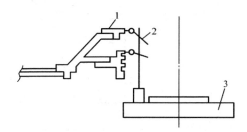

图 7-104 空气密封套中心的测定
1—上空气密封套;2—百分表架;3—轴工作台

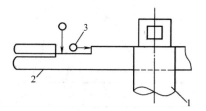

图 7-105 轴工作台的检查
1—主轴;2—轴工作台;3—百分表

3. 上、下框架与下磨环的组装

上、下框架与下磨环的组装包括以下工作：框架的清理，上、下框架组合及下磨环吊装。

框架常常以组件形式供应，运至现场后，要对框架进行清理。清理内容包括：结合面、凹窝及密配螺孔，特别要注意密配螺孔不得有伤痕及毛刺等。为方便清理可用支架（组装工具）将框架支撑平放后进行。

清理之后可进行上、下框架组合，如图 7-106 所示。用三个 3t 以上的链条葫芦，吊住框架上的三个钩板（或吊环螺栓），吊空后调节链条葫芦使框架处于水平。然后取下支架，通过空气密封套，使框架徐徐下降。在下降过程中一定要保持框架水平，并密切监视框架下部与密封套间四周的间隙以防止碰擦，待下降到离轴工作台 100mm 左右，再次清理结合面。待降落到离轴工作台 20～30mm 时，插入四个密配合螺栓，以固定框架的位置。框架降落到轴工作台上，再将所有密配合螺栓上紧，继续清扫框架，并用百分表测量框架各部分的径向、轴向的晃动情况，要求在规定范围以内。

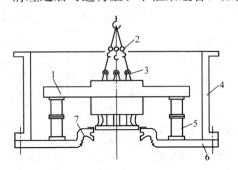

图 7-106　上、下框架组合示意图
1—框架；2—链条葫芦；3—吊环螺栓；
4—磨煤机机架；5—支架；6—底座；7—空气密封套

上、下框架安装应符合下列要求：

（1）在框架结合面、定位螺栓上涂一层二硫化钼或其他润滑剂。在台面上擦油防锈；

（2）在定位螺栓上加垫圈紧固；

（3）框架就位后，其中心偏差、水平偏差、轴向、径向晃度均应符合规定。

上、下框架安装好后，可进行下磨环的吊装。方法是：先取出下磨环与上框架凹窝接合面间的键，再对键槽与键的接触面进行清理检查，然后将键装复，如图 7-107 所示，将下磨环吊入。当下磨环降落到距上框架面 100mm 左右时，再次吹扫，然后继续下降，同时要对准键与键槽间刻印的齐缝印记，不得弄错。并随时注意和保持下磨环的水平状态，必要时，可通过链条葫芦来调整。徐徐降落到两结合面相距 3～5mm 时，为了使键与键槽的工作面靠紧，应在键与键槽的非工作面间隙中打入楔子，如图 7-108 所示。然后继续降落，待结合面只相距 1～2mm 时，更要严密监视并保持下磨环的水平直至降落到底。用塞尺检查结合面及键工作面，要求 0.03～0.05mm 塞尺塞不进。

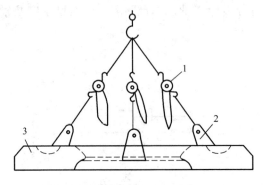

图 7-107　下磨环的吊装
1—链条葫芦；2—钩板；3—下磨环

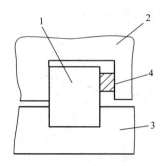

图 7-108　键与键槽的配合
1—键；2—下磨环；3—框架；4—楔子

下磨环就位后,用百分表测量其晃动量,用水平尺测量其水平度。用塞尺检查下空气密封套与下架间的径向间隙,应调整得四周均等。下磨环吊装找正完毕后,在下磨环与上框架间的环形凹窝内填入塑料环,并在上框架下面的两个部位上安装好刷子,接着便安装盖板及盖板上的防磨板。

下磨环安装应符合如下要求:
(1) 吊装下磨环时,应用下环吊钩挂在磨环的专用槽内;
(2) 在结合面及凹窝部分涂上二硫化钼或其他润滑剂;
(3) 传动键接触必须严密,并用塑料密封材料密封;
(4) 喷嘴环的活动喉板吊装前,需临时拆除,当下磨环吊装完毕后应及时复位,固定牢固;
(5) 下磨环轴向、径向晃动应符合设备技术文件的规定;
(6) 刷子座与支架的结合面均刻有1mm深的齿纹,安装时要吻合,螺栓应装有防松垫圈。

4. 机架的安装

首先清理机座的结合面,并用压缩空气将密封空气室吹干净,再检查法兰上的密封空气通道是否畅通。然后用四个吊环将机架吊起就位,降落时要平稳,以免碰坏机架上的空气密封套和喉部挡板,机座结合面间要涂密封涂料。通过调节螺栓调整喉部挡板与下磨环的间隙(见图7-109),要求为25mm±6mm。

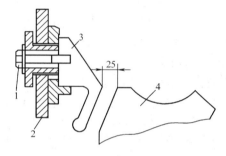

图7-109 调整喉部挡板与下磨环的间隙
1—调节螺栓;2—磨煤机支架;
3—喉部挡板;4—下磨环

5. 钢球的吊装

按顺序将钢球依次吊入下磨环弧槽中,各球的中心线应在同一水平面内,并相交于O点,当各球相互靠紧时,最后两球间留有的总间隙应在规定范围内。注意钢球吊装前应检查钢球的尺寸,做好记录和标记,钢球排列顺序不允许搞错。

6. 上磨环与上框架的安装

上磨环与上框架可以在地面组合成组件一起吊装,也可分开吊装。

(1) 组合吊装。首先将上磨环在导木垫上放平放稳,再用吊环螺栓和三个3t以上的链条葫芦将框架吊起。然后调整好上磨环水平。在其上面放置方木垫以临时支撑框架,以确保框架往上磨环上降落组合时两者的结合面间处于水平且相互平行。待框架搁在方木垫上,调好水平并对准凹窝后,稍稍将其吊空抽出方木,再降落框架扣合。也可如图7-110所示,先将框架吊放在置于上磨环周围的3~

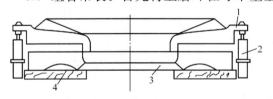

图7-110 框架与上磨环的组合
1—框架;2—液压千斤顶;3—上磨环;4—木垫

4个千斤顶上,临时支撑住,再调整好上、下结合面的平行度,经再次清理结合面,并加涂润滑剂后,徐徐降落框架,对准上磨环凹窝并扣合。组合时,一定要认清键的工作面和非工作面。框架和上磨环组合后,应用塞尺检查各配合结合面的接触是否良好、紧密,然后用钢丝绳绑牢组件,将其吊起就位。

(2) 分件吊装。先将上磨环吊放在钢球上,然后再吊装框架。通过在框架下部设置的千

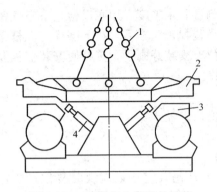

图 7-111 框架与上磨环的吊装
1—链条葫芦；2—框架；
3—上磨环；4—千斤顶

斤顶来调整框架结合面的水平度，以确保框架与上磨环的准确配合，如图 7-111 所示。

上磨环与框架就位后要进行中心位置、平正度及径向轴向晃动度的检查，必要时予以调整。然后在框架周缘与机壳间安装并调整好十字叉导杆（也叫环导件），以防止上磨环与框架的转动，同时使它们可以上、下移动。

7. 端盖及分离部分的安装

就位磨煤机本体端盖，然后进行平正度及中心孔与轴心的同心度的检查及找正。端盖与磨煤机筒体的法兰间应平整密合，并放置涂过石墨料（或密封涂料）的垫料，最后对称地上紧法兰连接螺栓。

首先按规定对分离器部件进行一般的检查准备。然后将分离器下锥体及进煤管组件，吊放在机体端盖板的中心孔内、外筒体则座放在端盖上。按图纸要求调整好高低、平度及同心度，使进煤管下端的喇叭口与主轴同心，并使其与下轴工作台中央的锥形帽间形成的进煤口间隙四周相等。

在分离器上部装进煤管上段、护套、切向门、调节机构和细粉输出管等。在安装这些部件时，要特别注意：以主轴中心为准的同心度；落煤管及筒体等的正直度。各部分的连接要牢固可靠，密封良好，要校对切向门的开度，防止四周不均或与外部开度指示不一致，切向门的方向正确、调节灵活，限位螺钉的安装正确可靠。

8. 加压部分的安装

上磨环可用弹簧加压、液体加压及气体加压三种方式。液体及气体加压的原理基本上相似，都是使用液体或气体通过具有一定压力的活塞泵来控制，以维持对上磨环与钢球施加稳定的压力。

(1) 氮气加压装置的安装要点和注意事项如下：

1) 检查 U 形螺栓螺母是否紧固并锁紧，当其处于自由悬吊状态时，下部的凹窝球面中心应与下部氮气缸销座中心对准。

2) 应先测定支座上销和销孔的配合尺寸，确定无问题后再吊装托架。

3) 在销和销孔上涂机油，结合面上涂二硫化钼，壳体结合面上加垫，并涂以规定的密封涂料。在上紧壳体结合面螺栓前应先打进上、下面间的两个小销钉。

4) 安装汽缸前，应进行以下检查和测量：上、下销座间的开档是否相等；同一垂直面上的销座中心是否在同一垂面上，测量与汽缸配合的上、下销座间的尺寸。然后将汽缸上销孔距离调到与销座相对应后，先穿装下面的销子，后穿装上面的销子，最后打入卡板，并点焊于支座上。如图 7-112 所示。

5) 初次向氮气压力缸通气时，必须再一次检查加压装置的压力及球面螺栓是否伸入 O 形环的凹坑。

6) 氮气压力缸柱塞的伸出长度应大于 20mm。

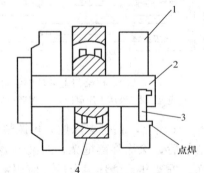

图 7-112 加压气缸的安装
1—支座；2—销子；3—卡板；4—加压气缸

7) 连接空气阀与其控制系统的紫铜管路应用管卡子卡紧、不得有任何松动。

(2) 氮气管路安装应符合下列要求：

1) 管路安装后，必须用压缩空气吹扫管道内壁，清除一切脏物，然后才允许氮气压力缸连接。

2) 管路安装完毕后，应通入额定压力的氮气（一般为 3.92MPa）检查，管道接头应无泄漏。

(3) 加压弹簧的安装要点和要求如下：

1) 弹簧加压装置在安装前要检验其性能、材质、主要尺寸及自由长度等，要求符合规定。

2) 压紧螺栓丝牙应完整，清洗干净后加石墨粉，压紧时应轻松不卡。

3) 安装时应按照规定值压紧弹簧，要求各只弹簧的压紧程度相等，受力一致，否则将损坏中速磨煤机主轴。

9. 电动机的安装

将电动机就位在预先放好的底板上，并进行初步找正，而后进行地脚螺栓孔和基础的二次灌浆。电动机在正式找正前，应在底板与底座间垫 5～6mm 的垫铁，在电动机支脚与底座间垫铜薄垫，使地脚螺栓应处于稍稍紧固状态。

电动机中心找正好后，底座进行二次灌浆。

10. 其余附属设备及部件的安装

最后按一般要求安装油泵、冷却器、油管路、给煤机、振动阀及输煤槽等附属管路机件。

(三) 分部试转

中速磨煤机全部安装好后，应按规定进行分部试转。

试转前除要满足一般转动机械的试运条件外还应满足：①加压系统试验合格，氮气压力不低于 0.98MPa；②密封风机试运合格。

试转的方法与一般转动机械的试转大体相同。但需要特别注意的是：空载（无煤）试转的时间切勿过长，一般规定不得超过 3～5min，因为空转时钢球直接与上、下磨环接触，相互间的摩擦剧烈，磨损严重，很快就会使其辗压部件温度升高，这时如加入原煤进行负载试转时，煤就会在内部燃烧起来。此外，对采用空气密封装置的磨煤机，必须保证送入轴封装置的气（风）压要高于磨煤机内一次风的风压，且压力气源可靠，不得中断。

中速磨煤机分部试运一般应达到下列标准：

(1) 减速机振动应小于 0.05mm。

(2) 上磨环的振幅由加压装置水平轴或氮压缸处观察，应小于 5mm。

(3) 各部件连接牢固无松动现象、转动部件声音正常。

三、风机的安装

1. 风机安装前的准备

风机在安装前除需熟悉图纸和施工资料，了解风机结构，准备必需的工具、材料、起重机具等以外，还需做风机设备的开箱检查。

风机设备的开箱检查是风机安装前准备工作中很重要的一环。检查就是必须根据图纸和清单详细地清点风机设备是否齐全，规格是否符合要求，并做好记录，以便及早对缺少和损坏的零件进行加工配制和处理，如发现风机设备有严重损坏，则应与有关单位联系。

2. 离心式风机的安装程序和工艺要求

(1) 底座 (基架) 的安装。

一般机械设备的底部都有金属底座，设备就装置在底座上，并通过螺栓与底座连接。底座又借助地脚螺栓或预埋螺栓通过二次灌浆与基础牢固地结合在一起。小型风机，其底座是整体式的，即所有设备均装在一个底座上；大型风机，本身和轴承座无底座，用地脚螺栓直接与基础连接。

底座安装前应在基础上先画好纵向和横向中心线，再把底座吊放在预先放置、调整好的垫铁上，并调整底座在基础平面上的位置，底座与基础上的纵横向中心线达到上下一致，其允许误差为±10mm。然后将底座与基础间的地脚螺栓临时拧紧，复查底座的位置与标高。如不符合要求，则可通过改变垫铁厚度或用打入楔形垫铁的方法加以调整。每迭垫铁与底座均应接触良好，底座表面应水平，纵横向水平偏差应在 5/1000 之内。

底座经过初步找平以后，即可进行地脚螺栓孔灌浆，把地脚螺栓固定起来，与整个基础形成一个整体。灌浆前，地脚螺栓孔内应保持清洁，油污、泥土等杂物都必须除去，同时要用水冲洗干净，以保证新浇混凝土与原混凝土结合牢固。灌浆前还要留出丝扣伸出基础面的高度。灌浆时，要注意保持螺栓的垂直，螺栓放在基础预留孔内，其下端至孔底应留有适当的间隙，地脚螺栓到孔的圆周间隙应相等，如有的地方间隙太小，灌浆时不易填满，混凝土就会出现孔洞。灌浆时还要注意分层捣实，且在螺栓周围捣固，不要在一处捣，否则螺栓会产生倾斜现象。灌浆养护后，混凝土强度达到 70% 以上时，才允许拧紧地脚螺栓。在紧地脚螺栓时，要采用对称地分几次拧紧的方法，这样地脚螺栓和设备底座受力才能均匀。拧紧螺栓时还要先从中间开始，然后往两头交错对称地进行，且用力要均匀。拧紧螺帽后，丝扣应露出螺帽外 2～3 扣。

(2) 轴承座的安装。

离心式风机采用两滚动轴承且两轴承又装在一个整体的轴承座内，风机的转子和轴承座是连在一起就位的。风机采用滑动轴承或两滚动轴承分别装在风机叶轮两侧时，应先将轴承座就位，找正后再将转子就位，然后复查一次。

安装轴承座前，先将已画线的基础清理干净，然后放置好垫铁，再在轴承座上找出十字中心线并做好标记，最后将轴承座就位。轴承座就位后，轴承座上的纵横向中心线和基础上画定的轴承位置中心线应对正。如两轴承座分别在风机叶轮两侧，则还需通过拉钢丝方法使两轴承座的中心线在一条直线上，这可以通过调整轴承座的位置来达到。最后用方水平仪测量轴承座中分面纵横向水平，并用玻璃管水平仪测量其标高。如不符合规定，则可通过增减下部的垫铁来调整。

方水平仪是测量机械设备平面水平度的一种精密量具，也是安装转动设备时常用的一种量具，它的规格比较多，常用的有 0.02～0.04mm/m。其框架是铸造的，经加工后制成。在框架上镶有水准器，水准器的玻璃管上刻有用红线分成的一个个小格。当被测量面不平时，水准器中的气泡就向高的一方移动，从气泡移动格数的多少，即可得出被测表面的水平误差。

(3) 风机机壳的就位。

对转子和轴承座组合在一起就位的，就必须先将风机机壳下半部初步就位，然后再就位转子和轴承座。对转子和轴承座不在一起就位的，就先将轴承座找正和固定，再将风机机壳下半部初步就位，并按基础中心线来初步找正，初步拧紧地脚螺丝。因为转子就位时，机壳还需根据转子的位置作少量的调整。风机上半部机壳的安装,待转子就位并找正后才能进行。

(4) 转子的安装。

1) 叶轮与主轴的装配。根据图纸叶轮和主轴可采取热套或冷套装配。装配前应仔细地检查键和键槽的尺寸,键和键槽的配合,在其两侧不应有间隙,顶部间隙一般应为 0.1～0.4mm。同时应仔细地测量轴和叶轮配合处的轴径和叶轮孔径,并将其表面清理干净。如采取热套装配时,先用烤把将叶轮孔周围加热,边加热,边用内卡测量孔径。当加热到叶轮孔径大于轴和叶轮配合处的轴径时,将叶轮迅速套在涂上机油的主轴上,至所需位置。为防止轴受热变形,应将靠近叶轮处的主轴用浸过水的石棉布包住,并不断盘动叶轮。

2) 叶轮的安装。将装配好的叶轮吊放到轴承座上,进行检查、找正,主要内容和要求如下:

①将方水平仪放在轴上,测量轴的水平度,要求不水平度不大于 0.2mm/m。

②用玻璃管水平仪检查轴心的标高,误差为±10mm,必要时可调整轴承座下面的垫铁厚度。楔形垫铁最后调整好后,应将垫铁之间用电焊固定,以防走动。

③通过轴端中心悬吊线锤,检查转子中心位置,要求与基础上的中心线重合,误差不大于 10mm。

(5) 风机外壳的找正。

风机转子找正后,就可进行风机外壳的找正,即测量和调整叶轮和外壳的配合间隙,其方法如下:

1) 将上半部风机外壳装在已初步找正的下半部风机外壳上,并用螺栓连接固定。装前在接合面处放上石棉绳,石棉绳应沿各螺栓内外交叉铺放成波浪形。

2) 测量并调整叶轮后盘与外壳的轴向间隙,在图纸规定的范围内。

3) 调整风机外壳的舌与叶轮之间的间隙,因该间隙影响风机效率和噪声,舌与叶轮间的间隙一般为叶轮外径的 5%～10%。

4) 装集流器,集流器位置安装得正确,对风机效率和性能的影响很大。集流器与叶轮的装配间隙应按图纸上的规定调整。离心式风机叶轮与集流器的安装有对口和套口两种形式。对口形式的轴向间隙一般为小于叶轮直径的 1%,叶轮直径越大轴向间隙越小。如果轴向间隙太小,则可适当缩小叶轮后盘与外壳的轴向间隙;轴向间隙太大,可在集流器与风机外壳接合面上垫一厚石棉绳。套口形式的轴向重叠段则多半为大于或等于叶轮直径的 1%,径向间隙不大于叶轮直径的 0.5%～1%,此外,集流器与叶轮之间的轴向间隙和轴向重叠段沿圆周方向应一致。

风机外壳找正后,转子和外壳的轴封间隙一般为 2～3mm,并考虑外壳受热后向上膨胀的位移。轴封毛毡应紧贴轴面,不得泄漏。

根据以上要求,将外壳调整好,再拧紧地脚螺栓,将外壳最后固定。

(6) 挡板的安装。

安装调节挡板应顺气流方向,不能搞错。如方向装反,则不但对风机的出力有很大的影响,而且会引起风机很大的振动。挡板的开度与角度指示器要装得一致,开关应灵活,各片挡板之间应有 2～3mm 的间隙。风机出入口的方形调节挡板在轴头上应刻有与挡板位置一致的标志。

(7) 风机冷却水管的安装。

冷却水管要装得整齐、美观、牢固。排水管应有3‰的顺流坡度，排水漏斗要加装箅子。

（8）电动机的初步就位。

先将电动机的底座放置在基础垫铁上，并调整其位置、标高及水平度，其安装方法和要求与风机底座的安装相同。然后将电动机（已套上联轴器）就位，并以风机的联轴器为准，进行找正。在电动机就位时，应在电动机底脚和底座之间垫入3～5mm的垫片，为联轴器找正留有调整的余地。

（9）风机和电动机的联轴器找正。

1）联轴器的装配。

轴与联轴器内孔配合为过渡配合。轴端面不应超出联轴器端面，安装时如发现轴颈过长，则可在轴颈上加装套圈，轴不致超出联轴器端面。

① 测量。联轴器内孔的不柱度及不圆度的允许误差为0.03～0.05mm。联轴器装在轴上后，它的径向晃度不应大于0.1mm，轴向晃度在距轴中心线200mm处测量时不应大于0.1mm。

② 配键。键与键槽的配合在两侧不应有间隙。在顶部一般应有0.1～0.4mm的间隙，键的材料为45号钢，不允许用加热的方法来增加其紧力。

③ 方法。装配联轴器一般采用热套，也可采用冷套，根据具体情况而定。冷套时压力机或锤子通过铜棒给联轴器加力；热套时可以将联轴器预先加热至适当的温度。

弹性联轴器用烤把将内孔缓慢加热至一定温度，测量内孔，如内孔胀大，其孔径超过轴径时，则在轴上涂上机油，迅速套入且靠足轴肩。同时为了防止轴受热变形，可对轴浇水冷却和经常盘动转子。

齿式联轴器加热时，为保证其硬度不变，一般放在机油中加热至80～100℃。

装配联轴器如内孔直径过大时，可以采用加装内套的方法处理。套筒壁厚为8～10mm，用静配合死套在联轴器孔内，装好后再将套筒内径加工到所需要的尺寸。但不允许采用在联轴器内孔和轴之间放入垫片或将轴打"毛"的方法来取得联轴器与轴颈之间的紧力。

2）联轴器的找正。

联轴器的找正是风机安装工作中一个很重要的环节，表7-2为风机联轴器找正允许误差。联轴器找正以风机为基准，待风机找正固定后，再进行联轴器的找正。

表7-2　风机联轴器找正允许误差

转速（r/min）	刚性联轴器（mm）	弹性联轴器（mm）
<3000	≤0.04	≤0.06
<1500	≤0.06	≤0.08
<750	≤0.08	≤0.10
<500	≤0.10	≤0.15

3）找正的注意事项。

联轴器找正过程中应注意：

① 联轴器在找正前，要将电动机底脚接触面清理干净，检查接触是否良好，不应有较大的脱空间隙。

② 测量联轴器径向、轴向间隙时，必须准确。不准确的原因有：找正工具在测量过程中位置发生变动；测量时插入塞尺片的用力不够均匀；在某次测量中，计算塞尺片厚度误差过大等。

③ 每次调整底脚下垫片或移动电动机后都得拧紧地脚螺栓，以保证测量准确。

④ 在读测量数值前，应将两根轴都推至轴缘顶住轴承的位置，以防盘动转子时产生窜动，影响测量的准确性。

⑤ 在找正中每个底脚下的垫片不宜超过3片，如3片高度不够时，则可改变垫片的

厚度。

(10) 基础的二次灌浆。

电动机找正并紧固地脚螺栓后，即可清理和"打毛"基础，进行二次灌浆。待二次灌浆达到强度后，再复查一下联轴器的找正。

3. 轴流式风机的安装程序

轴流式风机安装前的准备、检查工作基本上与离心式风机一样。下面以国产1000t/h锅炉采用的轴流式风机为例，叙述它的一般安装程序。

由于轴流式风机的电动机下装有空气冷却器，所以在风机安装前应先将风斗及空气冷却器安装就位，然后安装风机。

(1) 进气室临时就位。将进气室吊放在已画线的基础上，初步找准进气室的中心位置、水平标高，并固定。

(2) 轴承座及轴承安装。在进气室两端，安装推力径向轴承和支承径向轴承的下半部，用色印法检查下轴瓦与轴承座的接触情况，要求不少于2～3点/cm²。

(3) 主轴安装。先将下轴瓦擦干净，并加入适量的润滑油，然后将主轴放置在轴承内进行检查，其内容和要求如下：

1) 轴颈与轴瓦的接触角为75°左右，在接触面上接触应不少于2～3点/cm²。

2) 检查风机主轴的水平度。

3) 检查轴与轴瓦的间隙，径向间隙为0.38～0.50mm，推力间隙为0.30～0.40mm。

(4) 叶轮安装。轴承与主轴调整好后，即可在主轴上安装叶轮，并按图纸上规定的质量要求检查各部分间隙，符合要求后进气室即可定位。叶轮在轴上的装配位置必须正确并紧固。叶轮与键的配合，两侧应紧密，顶部有0.20～0.50mm的间隙。叶轮上叶片顶部与外壳的径向间隙，送风机为5±2mm，吸风机为6±2mm。

(5) 静叶安装。静叶是指静止不动的叶片，它装置在叶轮的后面。

(6) 扩压器安装。在装扩压器前应先将扩压器下部的轨道安装好，即轨道要装得平整，水平偏差应在0.01m以内，全长不大于3mm，然后安装扩压器。

(7) 动叶调节器安装。动叶调节器在安装中有以下几点要求：

1) 动叶调节器的转换器应原拆原装，不可随便调换。

2) 转换器的各传动部分应灵活，无卡涩现象。

3) 动叶调节器与主轴找正应达到同心，偏心度≯0.05mm。

4) 动叶调节器的安装位置，应考虑留有调整的余地。

5) 动叶调节器的调节指示与叶片的转动角度应一致，极限位置应有限位装置。

(8) 电动机安装。在风机的安装找正基本完成后，即可安装电动机。电动机安装的方法与离心式风机电动机安装的方法相同。一些具体要求和注意事项如下：

1) 轴流式风机的电动机一般为大型高压电动机，安装前应配合电气人员进行预检修。在预检修中对轴瓦间隙的要求与风机轴瓦间隙的要求相同。

2) 电动机磁场中心误差为±1mm，转子四周的径向间隙要求为3±0.6mm。

3) 电动机轴承座下的绝缘板应平整、无翘曲，并采用整张的材料，不要拼接。

4) 绝缘板应保持干燥清洁，每层绝缘板应较轴承座或上一层绝缘板四周多出10～15mm，以防绝缘板下积有尘土或油垢破坏绝缘。绝缘板四角应作成圆弧形。

最后安装润滑油管路及冷却水管路系统并试运行。

4. 风机的试运行

风机安装完毕后,应进行运转试验,从而鉴定安装质量,并及时消除运转中可能出现的故障。

(1) 试运行前的准备与检查。

1) 对风机设备的内外要进行清理、检查,内部不得有杂物,拆除脚手架,装设好照明及通信设施。

2) 检查各调节挡板及其传动装置是否完整。

3) 检查地脚螺栓、连接螺栓等不应有松动现象,外露的转动部分均应装设防护罩或围栏。

4) 轴承冷却水管畅通、水量充足,各轴承均应按规定加注适量的、符合要求的润滑油脂或润滑油。

5) 所有测量和监视的表计应装妥,控制装置要经验收合格。

6) 用手盘动风机和电动机的转子,应灵活不卡、无杂声,并不应有转动过紧和动静部分设备摩擦等异常现象。

7) 电动机应经过干燥,并有接地线。

8) 全面检查风烟道、炉膛、空气预热器内部,不得留有工作人员。

(2) 试运行的程序。

1) 拆去电动机和风机的联轴器的连接螺栓,先单独试转电动机 2h,检查其转动方向是否正确,并记录电动机从启动到全速的时间(即启动时间),无其他异常现象后,即可带动风机进行试转。

2) 风机试转前,应关闭入口调节挡板,防止电动机启动时过载,待启动运转正常后再逐渐打开入口调节挡板。第一次启动风机应在达到全速后,再用事故按钮停车,利用其转动惯性以观察轴承和转动部分有无其他异常。一切正常后,再进行第二次启动,两次启动的间隔时间应不少于 20min,以待电动机冷却。

3) 试运行过程中,应注意风机的运行状态,尤其要监视电流表指示,不得超过电动机的额定电流。检查风机各轴承的温度、振动、风压等情况,每半小时检查一次,并做好记录。如有反常现象,则应立即停车。

4) 试运行的连续运行时间不少于 8h。

试运行结束后,切断电源,启动电动机烘潮装置,并办理试转签证书和交接手续。

(3) 试运行的技术要求。

1) 轴承和转动部件试运行中没有异常杂声。

2) 无漏油、漏水、漏风等现象。风机挡板操作灵活,开度指示正确。

3) 轴承工作温度应稳定,一般滑动轴承不应高于 65℃,滚动轴承不应高于 80℃。如果轴承温度过高,上升也很快时,则应立即停止风机,查清原因。

4) 风机轴承的振动不得超过表 7-3 的规定。

表 7-3　　风机轴承允许的振动值

风机转速(r/min)	500	600	750	1000	1450	3000
允许最大振动(mm)	0.16	0.14	0.12	0.10	0.08	0.06

(4) 试运行的注意事项。

1) 在试运行中,风机叶轮切线方向和联轴器附近不许站人,以防发生危险。

2) 存在下列情况之一者,应停止风机试运行:轴承温度超过规定并很快上升时;轴承振动超过表 7-3 的规定时;风机外壳内有摩擦声音时;严重漏油、漏风时;油环不转或无回油时。

第八节　锅炉的启动准备及试运行

锅炉安装及检修工作结束后,为了确保机组启动后安全、稳定地运行,在启动前应做好以下准备工作:①锅炉整体水压试验;②漏风试验;③烘炉;④锅炉的化学清洗;⑤蒸汽管道吹扫;⑥蒸汽严密性试验及安全阀调整;⑦锅炉试运行。通过这些试验能够检查和发现设备及安装过程中产生的缺陷,以便及时处理并消除,保证锅炉的安装质量。

一、锅炉整体水压试验

1. 试验目的

锅炉受热面在组合前有的已进行过单排管的水压试验,在组合后又进行了组件的水压试验。但在吊装就位找正后,进行了各组合件的连接和因某些原因在组合时不能组合的管子的安装工作,这样增加了很多安装焊口。所以在锅炉受热面系统安装好后要进行一次整体的超压力水压试验,其目的是在冷态下检验各承压部件是否严密,强度是否足够。

2. 水压试验的种类

水压试验有两种,一种是工作压力下的水压试验,另一种是工作压力 1.25 倍的超压水压试验。超压水压试验的压力具体规定如下:

(1) 汽包锅炉为汽包压力的 1.25 倍;

(2) 直流锅炉为过热器出口联箱工作压力的 1.25 倍,且不小于省煤器进口联箱工作压力的 1.1 倍;

(3) 再热器系统的超压水压试验应单独进行,试验压力为其进口联箱工作压力的 1.5 倍;

(4) 直流锅炉的启动分离系统试验压力为其工作压力的 1.5 倍。

3. 试验范围

水压试验范围应包括锅炉本体全部承压部件及其相连的进出口二次门以内的全部管道和附件,一般为:

(1) 锅炉本体的所有受热面系统,包括:汽包、水冷壁、过热器和省煤器等。

(2) 与上述设备相连的附件及本体系统二次门内的全部受压管路,包括:空气系统及排气系统;连续排污系统;加药取样系统;事故放水及冲洗系统;减温水系统;热工仪表各测点等。

(3) 给水操作台及锅炉主给水管路系统。

4. 进行水压试验的条件

如果检修或检查需要,锅炉承压部件的工作压力水压试验可以随时进行。但超压水压试验会使锅炉受到额外的应力,对锅炉的寿命是有影响的。因此,应严格控制超压水压试验的次数,不能轻易进行。超压水压试验仅在下列情况下进行:

(1) 运行中的锅炉每六年应定期进行一次;

(2) 新安装和经过拆迁安装的锅炉;

(3) 锅炉在投入运行时,已经停炉一年以上;

(4) 水冷壁管和炉管拆换总数达 50% 以上时；

(5) 过热器管和省煤器管全部拆换时；

(6) 汽包、联箱经过更换或其他特殊情况。

上述情况是指进行锅炉整体的超压水压试验，因此，对单独的承压部件进行修补后，应该尽量设法在该部件装上锅炉以前，先进行单独部件的超压水压试验，以进行全面的检查与技术检验，来减少锅炉整体超压水压试验的次数。

5. 水压试验前的检查与准备工作

水压试验是检验设备缺陷和施工质量的一个重要工序，因此，一定要做好充分准备，尽可能在水压试验前发现问题并处理好。因为一经水压试验合格，就不再打开人孔和手孔等，也不宜进入汽包内部，更应避免对已经水压试验的部件进行遗留的焊接作业，否则，就需要再次进行水压试验，以证实这些再作业部分的严密性。一般水压试验后，应保持密封状态，只许从炉内排水和执行必要的防腐措施。因此，在水压试验前应做好如下检查与准备工作：

(1) 承压部件在水压试验前要结束其安装工作，包括：所有的焊接、焊口取样检验，焊口热处理，铁件焊接，管子间距及不平度调整，合金钢部件的光谱复查，水冷壁、包墙过热器的拼缝包角工作，受热面管子和联箱支吊架零件的安装工作等。

(2) 清除干净炉膛内外的杂物、灰屑。有关系统已完成最后通球，炉膛内搭设检查泄漏所需的脚手架，并有充足的照明。

(3) 汽水系统管道上所有阀门的启闭位置，应符合水压试验的要求。安全阀门应暂时卡涩，应注意卡涩阀杆时不得将阀杆压歪，但对弹簧式安全门应用卡板卡住阀杆不使其动作，不准许用压紧弹簧的办法卡涩安全门，防止破坏弹簧的性能。

(4) 割除并清理干净组合及安装时设置的一些临时设施，如临时加固、固定支撑等。核对受热面系统各处的膨胀间隙和膨胀方向。加堵板临时封闭主蒸汽集汽箱两端，再热器进出口等处与其他系统连接的管道。

(5) 装两只经检验合格的压力表，装好上水、升压、放水、放气等管道。备好水压试验所用的水源，试验用水最好为除过氧的水，也可为经过处理的除盐水，水量要充裕，水温应高于室温，但一般不应超过 80℃。

(6) 配备工作人员，落实分工检查范围，确定通信联系的方式，并准备必需的检查和修理工具（如 12V 安全行灯、手电筒、棉纱头、扳手、小锤、尺子及记录用品等）。

(7) 水压试验的环境温度一般应在 5℃ 以上，否则应有可靠的防寒防冻措施。

(8) 整理齐全安装技术记录（焊接、热处理、光谱复查等）。

6. 水压试验的程序

完成了上述水压试验前的检查与准备工作后，即可认为具备了水压试验的条件。但超压水压试验锅炉承受压力很高，且有一定的危险性。所以要保证超压水压试验能一次成功。

(1) 向锅炉进水前，开启所有空气门、压力表连通门、水位计连通门，关闭所有放水门及本体管路范围内的二次门。

开空气门是为了空气从炉内排净，否则由于空气的可压缩性，会使炉内升压或降压缓慢，压力表指针有瞬时摆动现象，这些都影响了试验的准确性。

(2) 开启锅炉进水门向锅炉进水，进水方式可通过主给水管道进水，也可通过锅炉水冷壁下联箱的排水总管或省煤器入口的临时管路进水。对 400t/h 锅炉来说进水至汽包低水位时，即停止进水，投入蒸汽循环推动器进行加热，确保汽包各点壁温在 80~100℃ 之间后关闭蒸汽循环推动器的进汽口，继续进水。图 7-113 所示为某厂扩建一台 400t/h 锅炉进行水压试验时的进水、升压系统，水压试验时，进水是从老厂中压给水母管 1 经临时进水管 2 到放水管 4，经锅炉给水管 3 至省煤器 5 进入锅炉的，放水接临时管路通老厂地沟。四台电动升压泵全部布置在炉前 9m 运转层平台上。在进水过程中经常检查空气门是否冒气，如果不冒气，应停止上水，查明原因（可能是空气门不畅通，或放水门没关严，或其他地方漏水等）。进水速度应根据水温与室温的具体情况而定，如两者温差大时，进水速度应慢些，若温差小时，可适当快些。进水温度不能太高或太低。太低时，管子、联箱外壁会凝结水珠，影响对渗漏的检查；太高时，锅炉设备会产生额外应力和不均匀膨胀。

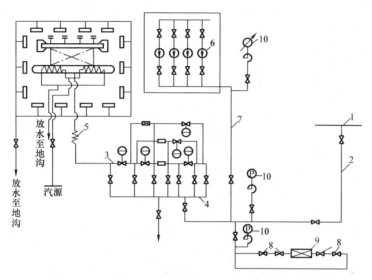

图 7-113　400t/h 锅炉水压试验进水、升压系统
1—中压进水母管；2—临时进水管；3—锅炉给水管；4—给水管的放水管；5—省煤器；
6—电动升压泵；7—临时升压管路；8—疏水阀；9—再热器；10—压力表

当锅炉水位计指示满水，同时锅炉最高点的空气门向外冒水并无气泡声时，再等 3～5min 后，即可关闭空气门和进水门，停止进水。对锅炉进行全面检查、看有无泄漏和反常现象，并将各部分的膨胀指示数值记录下来。

（3）检查没有泄漏后，启动升压泵进行升压。若是扩建厂，可利用老厂的给水系统来升压，待压力升至接近老厂给水系统运行额定压力时，即与老厂给水系统隔绝，再用临时升压泵继续升压。升压速度应均匀缓慢，在达到锅炉工作压力前，压力上升速度以每分钟不超过 0.2～0.3MPa 为宜，超过工作压力后的压力上升速度，以不超过 0.1MPa/min 为宜。

压力升至试验压力的 10% 左右时，暂停升压进行一次初步检查，若未发现泄漏和缺陷或发现渗漏现象但不影响升压时，可继续升压，让其他泄漏地点均暴露后集中处理。当压力升至锅炉工作压力时，停止升压进行全面检查，观察 5min 内压力下降的情况，对查出的缺陷及泄漏情况做好记录。据全面检查结果来确定可否继续升压进行超压水压试验。若检查中焊缝没有渗漏或润湿现象、接合处及个别人孔阀门盘根等仅有轻微的漏水现象（或渗漏是由于个别砂眼引起），并且在工作压力下 5min 内水压未降，则可继续缓慢均匀地升压进行超压水压试验。否则，应放水降压，待消除了缺陷后，再重新进行水压试验。

（4）在进行超压水压试验前，应将所有水位计与汽包的连通截门关闭，因为水位计不做超压水压试验。在水冷壁、过热器和省煤器上各选1~2点为监视点，测量该处管子的直径，待试验完毕后再测一次，看其有无残余变形。所有检查人员应停止在承压部件上进行检查和工作，退出炉室，所有无关人员应全部撤离水压试验禁区范围。

（5）压力升至超压水压试验压力值后，立即关闭升压泵出口阀门停止升压。压力表监视人员应记录下时间，在此压力下保持5min观察压力下降情况。对压力下降速度与数值作具体的分析，如使用热水温度会降低，阀门检修质量不好有泄漏等都可能引起压力下降现象。同时还应考虑到有的焊缝等处有很小的渗漏，也不一定在5min内就会引起压力的下降。因此不能单看5min内压力下降来判断有无泄漏。

之后降压至锅炉工作压力，再次进行全面检查，和升压时查出的缺陷相比较，看有无扩大，设备有无残余变形，焊缝、人孔、手孔、法兰等处有无渗漏，并一一做好标记及记录，检查期间应保持工作压力不下降。然后打开放水门进行放水、降压，降压速度可适当快些，一般每分钟可下降0.3~0.5MPa，待压力下降至接近零时，应打开所有放气阀和放水门，对于能够将水放尽的部件，应尽量将水放尽，防止内部生锈。过热器中的积水如必须排出时，可用压缩空气将水吹出。在锅炉放水时可利用余压力对疏水门、减温水阀门、仪表管取样阀门、排污阀门进行一次冲洗，一般以不小于工作压力的50%为宜。这样对新装的阀门有好处，可测定其疏通情况。

超压试验的结果良好，应将卡涩的安全门复原，中间再热锅炉的二次汽系统的水压试验，可根据上述方法适当加以简化后另外进行。

7. 水压试验的注意事项

（1）在水压试验进行时，监视空气门及给水门的人员、绝不可擅自离开工作岗位。升压过程中，应停止炉体内外一切与水压试验无关的工作，尤其是焊接工作，非试验人员一律离开现场，严格执行操作命令监护制及设备状态挂牌制。发现部件有渗漏，如继续升压时，检查人员应远离渗漏地方。停止升压进行检查前，应先了解渗漏是否有发展，若没有发展，才可进行仔细检查。

（2）在保持超压水压试验时间内，不许进行任何检查。压力降至工作压力后才可进行检查。进行炉膛内检查要使用12V安全行灯或手电筒，超压水压试验不宜多于两次。

（3）采取措施保持试验期间室温在5℃以上。试验结束后及时放尽炉水。严防立式过热器蛇形管内积水结冰，造成管子破裂。

8. 水压试验的合格标准

水压试验后符合下列所有要求时，即认为水压试验合格。

（1）在试验压力的情况下，压力保持5min没有显著下降；

（2）应没有漏水，附件不严密处有轻微渗水，但不影响试验压力的保持时，则可不算为漏水。至于焊缝，则不应有任何渗水、漏水或湿润现象；

（3）在水压试验后没有残余变形（水压试验合格后，应办理签证）。

二、漏风试验

锅炉机组投产前或经过检修后，应在冷状态下进行燃烧室、烟道、风道、除尘器及所有孔门的漏风试验（也叫风压试验或漏风检查）。试验的目的是：检查燃烧室、制粉系统、冷热风系统、烟气系统等的严密性，并找出漏风处予以消除。因为锅炉设备及其各个系统，任一部分漏风都将带来非常有害的后果，使锅炉出力降低，炉内结渣，安全经济性下降，环境卫生与工作条件变差。各厂的运行经验表明，防止各处的漏风，可使锅炉效率提高2%~3%。

1. 漏风试验的条件

进行漏风试验工作，必须具备如下条件：

（1）锅炉本体炉墙，灰渣井工作已经结束、密封装置可用，炉膛风压表装好并可用；

（2）炉本体等处的人孔门类等配全，并可封闭；

（3）空气预热器、烟风道经内部检查合格，人孔、试验孔全部封闭；

（4）燃烧器一二次风门操作灵活，开闭指示正确，大风箱人孔封闭；

（5）再循环风机（如有）安装完毕，烟道接通，进出口风门开关灵活；

（6）送引风机经单机试转合格，风、烟道安装工作全部结束。

2. 漏风试验的方法及程序

锅炉的漏风试验可分两部分进行，从燃烧室起经尾部烟道、防尘器、引风机至烟囱入口为一部分，冷热风道和空气预热器为另一部分，对负压燃烧锅炉来说，前一部分为负压系统，后一部分为正压系统，对微正压燃烧锅炉来说，两部分都是正压系统。

锅炉漏风检查的重点在出灰口、炉墙门孔、各膨胀间隙伸缩缝，过热器以后的烟道负压较大处、炉顶穿墙管四周、炉顶与前侧炉墙接缝处等结构不严密的地方。检查漏风的方法有两种，即正压法与负压法。对燃烧室、烟道等部分用负压法，启动引风机、微开引风机调节挡板，使系统维持 $300\sim400Pa$ 的负压，后用火把、蜡烛或香烟等靠近接缝处或有怀疑的地方进行检查，凡火、烟被吸偏处，就说明该处可能漏风。对制粉系统、风道、空气预热器等处，可用正压法，启动送风机，使该系统维持 $300\sim400Pa$ 的正压；或者先关严引风机入口挡板，启动送风机，维持燃烧室 $50\sim100Pa$ 的正压。后将白粉散入送风机入口或者将燃着的烟幕弹放入。凡有白粉泄聚处或冒烟处，说明该处漏风。

查出的泄漏处应及时做好标记和记录。对焊缝处泄漏一般可以补焊，一般缝隙处用石棉与黏土调和成泥状来涂抹；或用沥青和碎石棉绳混合堵塞；结合面处的泄漏用拧紧螺丝或更换垫衬等办法来消除。

在试验中应注意：试验人员要戴口罩和风镜，封闭人孔时确认内部无人；杂物应彻底清理干净。

3. 锅炉试运时各处漏风的检查与标准

投产的新设备或检修后锅炉是否严密，除作上述冷态漏风试验外，还应在锅炉运行中进一步检查和测试。检查和测试时可采用烟气分析器进行，用分析各处烟气中二氧化碳含量的百分数来测定各处的漏风情况。也就是检查燃烧产物由燃烧室经过烟道各部位的过剩空气量增加值是否在要求的范围内，如超过标准，则为不合格。

三、烘炉

1. 烘炉的意义

炉墙应具有一定的机械强度、耐热性、保温性和密封性。炉墙材料，如耐火砖、硅藻土砖、耐火混凝土、保温混凝土，在炉墙施工过程中，会带入大量水分。

为了避免锅炉投入运行时由于炉墙中水分急剧蒸发而发生裂缝，损坏炉墙结构，降低机械强度。对新砌筑的炉墙要进行烘干，即烘炉。所以烘炉是指锅炉带负荷运行之前，除去炉墙的水分，并促使炉墙完成其内部的物理化学变化，使其往日后的高温状态下免遭破坏，能够长期、可靠地工作。

2. 烘炉条件与准备

（1）锅炉本体的安装、炉墙及保温工作已全部结束，漏风试验合格，炉墙内壁清扫

干净;

(2) 烘炉所需的系统安装和试运完毕且随时可投入运行;

(3) 烘炉所需用的热工仪表和电气仪表均安装和校验完毕,各汽水门及烟风挡板灵活、可靠,各处的膨胀指示器调整到零位;

(4) 锅炉水压试验合格,并上合格软化水(水温在50~60℃之间)至汽包最低水位;

(5) 烘炉热源、各种工具、器材准备妥善。

3. 烘炉方法

烘炉主要是对重型炉墙、轻型炉墙而言的,敷管式炉墙一般不进行专门的烘干。因为在煮炉过程中,升温速度不快,其加热方式基本符合敷管式炉墙烘炉的规定。

炉墙中所含的水分与炉墙的型式、材料、施工季节、施工方法等因素有关。

烘炉一般按照热源的不同分为三种形式:燃料烘炉、热风烘炉、蒸汽烘炉。不管哪种方式,烘干过程都基本一致,都要使炉墙温度均匀升高,直至炉墙化验水分达到标准为止。

(1) 燃料烘炉。

这种方法对各种类型的锅炉都适用。它是利用燃料燃烧的辐射热和对流热烘干炉墙的。燃料一般可取木柴、重油、轻柴油、煤粉等。可在冷灰斗上架设临时的箅子,初期烧木柴,然后引燃煤块。开始小火,可利用自然通风,炉膛负压保持20~30Pa。后期可投入重油,把火加大,必要时,可开启引风机提高炉膛负压。

(2) 热风烘炉。

这种方法只适用于小容量锅炉。具体方法是从正在运行的锅炉热风道中,引来200~250℃的热风,送入待烘干锅炉的燃烧室,一般可从燃烧室下部或喷燃器附近引入。烘干初期,维持炉膛内正压1~2mm水柱($\times 9.8$Pa),可微开除灰门及锅炉上部炉门,以排除潮气,后期封闭燃烧室,开启烟道挡板,维持炉膛负压2~3mm水柱($\times 9.8$Pa)。

热风烘炉加热均匀,升温曲线接近给定烘炉曲线,温升均匀平稳。

(3) 蒸汽烘炉。

这种方法适合于各种类型锅炉。具体方法是将被烘锅炉上满除盐水或软化水,使汽包保持最低水位。然后将运行锅炉蒸汽引入待烘干锅炉,把汽包中的炉水加热至90~120℃。通过如图7-114所示的水循环,用水冷壁和省煤器散热来烘炉。在烘炉过程中,一般不开启引风机,适当打开或关闭相应的门、挡板,排除潮气。为保持汽包正常水位,可适当放水。

蒸汽烘炉使炉墙受热均匀,但蒸汽消耗量大,不经济。

以上三种烘炉方法在后期都要燃烧燃料,此时应根据过热器后的烟温控制燃烧强度。

为了查明炉墙烘干程度,应取样分析其含水率,取样点一般选在喷燃器中心线上方1~1.5m处、过热器两侧的中部和省煤器墙中部。如图7-115所示。

取样时,一般选炉墙的耐热层背向(与保温层交界处),约取50g试样。烘炉前取一次,烘炉过程中取2~3次。当所取试样含水率在7%以下时,可不单独进行烘炉而开始煮炉,利用煮炉热量继续烘烤炉墙,到煮炉结束时,炉墙含水率在2.5%以下,则烘炉合格。

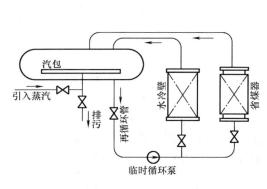

图 7-114　蒸汽烘炉系统图

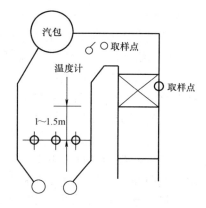

图 7-115　烘炉时温度及取样点位置

4. 烘炉注意事项

(1) 烘炉时一定要按事先制定的烘炉升温曲线进行。温升应缓慢均匀，一般要求温升速度≤10℃/h，并经常检查炉墙情况，防止产生裂纹及凸凹变形等缺陷。

(2) 烘炉前期，可启动引风机。适当打开挡板和炉门，将炉内湿气及时排出，但对流通风不易过大。

(3) 烘炉时，锅炉水位应保持正常，对汽包和各联箱应监视记录。

(4) 重型炉墙烘炉时，应在锅炉耐火砖的间隙处开设临时湿气排出孔。

(5) 冬季烘炉时，应采取防冻措施，以保持锅炉间室温在 5℃ 以上。

(6) 蒸汽烘炉后期如炉墙达不到干燥要求时，可在后期改为燃料烘炉。

(7) 如果不能通过取样分析炉墙含水率时，则可在过热器前炉墙耐热层温度达到 100℃ 以上，并在此温度下再烘炉 24h 后，再开始化学清洗。

(8) 为使炉顶、过热器、再热器、省煤器四周炉墙很快干燥，当汽包内有汽压后，可使蒸汽通过过热器，再通过临时管道流经再热器后向空排出。同时，过热器、再热器疏水门适当开启。

(9) 敷管式混凝土炉墙，在达到正常养护后，炉墙含水率＜15% 时，可不进行单独烘炉。

四、锅炉的化学清洗

锅炉的化学清洗就是用某些化学药品的水溶液来清除锅炉水汽系统中的各种沉积物，并使金属表面上形成良好的防腐保护膜。锅炉的化学清洗一般包括碱洗（或碱煮）、酸洗、漂洗和钝化等工艺过程。

新安装锅炉在制造过程中形成的氧化皮（也称轧皮）和在储运、安装中形成的腐蚀产物、焊渣、砂土、水泥、保温材料、出厂时涂的防护剂（如油脂类物质）等杂质都应通过化学清洗除掉。另外对锅炉在运行过程中产生的水垢、金属腐蚀产物等也应通过化学清洗除掉，以确保机组安全运行。

1. 运行锅炉化学清洗周期的确定

长时间投入运行的锅炉需要在运行一段时期后进行化学清洗，清洗时间的确定应根据管内沉积物的附着量、锅炉的类型、工作压力和燃烧方式等因素予以确定。

为了查明炉管内沉积物含量，通常采用割管检查的方法。对于锅炉的不同部位，由于受热不同，炉管内沉积物多少也有较大差别，一般应选择在容易发生结垢和腐蚀及受热面热负荷较大的部位。对于煤粉炉，多在喷燃器附近，燃烧带上部距炉膛中心最近处、冷灰斗、焊口处。对液态排渣旋风炉，在捕渣管处。对于循环流化床锅炉，是在埋管处。根据上述部位向火侧沉积物量和化学清洗时间间隔，决定是否安排化学清洗。

2. 化学清洗的范围

锅炉化学清洗的范围因锅炉的类型、参数和清洗种类（新安装炉还是运行炉）的不同而不同，在每次清洗时，应首先确定清洗范围。

(1) 汽包锅炉。新装锅炉，清洗范围较广。高压及高压以下的锅炉，主要清洗锅炉本体的水汽系统；超高压及以上的锅炉，除了清洗锅炉本体的水汽系统外，还应清洗过热器和炉前系统（从凝结水泵出口至除氧器及从除氧器水箱至省煤器的全部给水通道）。

运行炉一般只包括锅炉本体的水汽系统。

(2) 直流锅炉。新装锅炉，清洗范围包括锅炉全部水汽系统和炉前系统，有再热器的机组，再热器也应进行清洗。

运行炉一般只清洗锅炉本体的水汽系统。清洗时可以不包括过热器、再热器，只用蒸汽进行冲洗，避免化学清洗液滞留在管内，或洗下的垢渣堵塞管子。

3. 化学清洗所用药品

化学清洗工艺过程可采用不同药品。酸洗时，除了清洗剂外，还常加有缓蚀剂以减缓清洗液对金属的腐蚀，或加各种添加剂以提高清洗效果。

(1) 清洗剂。清洗剂是用来清除金属表面沉积物的化学药品。常用的酸洗清洗剂可分成有机酸和无机酸两类。无机酸，常选用盐酸（HCl）、氢氟酸。有机酸，常选用柠檬酸、羟基乙酸、甲酸等。

(2) 缓蚀剂。锅炉酸洗时不可避免要受到腐蚀，加入缓蚀剂后，缓蚀剂的分子吸附在金属表面，形成一层很薄的保护膜，或与金属表面或溶液中其他离子反应生成保护膜。

采用盐酸清洗时，常用的缓蚀剂为 IS-129、IS-156、若丁。采用氢氟酸清洗时常用的缓蚀剂为 F-102、IMC-5 等，采用柠檬酸清洗时，常用的缓蚀剂为若丁、SH-416、二邻甲苯硫脲等。

(3) 添加剂。在锅内的沉淀物中有一些酸液不易溶解的物质，可加入适当的药剂解决，该药剂即为添加剂，按其作用不同，可分为三类：

1) 防止氧化性离子对钢铁腐蚀的添加剂。清洗液中 Fe^{3+} 较多时可添加联氨、草酸等，清洗液中 Cu^{2+} 较多时，可添加铜离子络合剂，如硫脲。

2) 促进沉积物溶解的添加剂。硅酸盐水垢、铜垢在酸液中不易溶，可添加氟化钠或氟化铵。

3) 表面活性剂。它们是起到润湿某些物质，使某些物质在水中发生乳化和促使其分散的作用，如 401 洗涤剂、农乳 100 等。

4. 化学清洗方案的确定

锅炉化学清洗要达到清除沉积物等杂质效果好，对设备腐蚀性小，并力求缩短清洗时间和节约药品等费用的目的。为此，应选取合适的清洗用药品和制定一个较好的化学清洗方案，并做好清洗工作。清洗方案主要是拟定化学清洗的工艺条件和确定清洗系统。

(1) 清洗的工艺条件。首先了解设备和部件的材料，并查明锅内沉积物，然后选定清洗药品。通常采用流动清洗的方法。选定药品剂量，以保证腐蚀速度最小为原则，选取合适的清洗温度、清洗流速、清洗时间。

（2）清洗系统。拟定清洗系统时，以系统简单、操作方便，临时管道、阀门和设备少、安全可靠为原则。图 7-116 所示为锅炉化学清洗系统示意图。

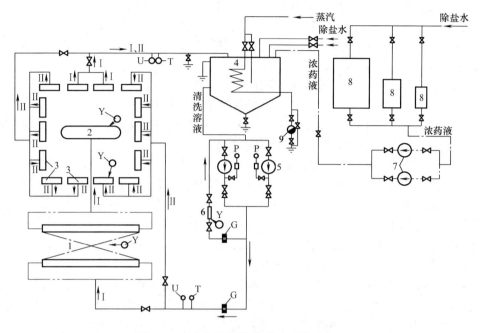

图 7-116　汽包锅炉化学清洗系统示意图

G—流量表；P—压力表；T—温度表；U—取样点；Y—腐蚀指示片安装处；1—省煤器；2—汽包；
3—水冷壁下联箱；4—清洗箱；5—清洗泵；6—监视管；7—浓药泵；8—浓药箱；9—疏水器

拟定清洗系统时，应考虑以下几个问题：

1）应保证清洗溶液在清洗系统各部分有适当的流速。清洗后废液能排干净。尤其注意管道弯曲部分，要避免流速过小而使杂质沉积。

2）选择清洗泵时，要考虑它的扬程和流量。

3）在清洗系统中，安置附有沉积物的管样和主要材料试片。

4）凡是不宜进行化学清洗或不能与清洗液接触的部件和零件，应根据具体情况采取措施，如拆除、堵断或绕过。

5）清洗系统应有引至室外的排氢管。

5. 化学清洗的准备工作

（1）与清洗系统相连而又不参加化学清洗的部分，应可靠地隔绝。清洗系统中必须要用的阀门应用耐酸衬胶阀，过热器不参加清洗，可用橡皮塞将汽包内的过热器管口堵塞。

（2）对于一些蛇形管，酸洗前要清除"气塞"，将所有管子充满水。

（3）清洗用药，热源准备好，冲洗水池备充足。

（4）清洗前，一般用与清洗系统相同的钢材试验来确定合理的化学清洗方案，对材质为奥氏体钢的，不能采用盐酸清洗。

（5）清洗系统中的管道严密无泄漏。因酸洗过程中禁止气焊，泄漏时可用橡皮、塑料等堵漏。

（6）准备医治酸、碱灼伤的急救药品（如硼酸、碳酸氢钠等），此外，还应备有自来水、石灰等以稀释、中和酸液。

(7) 汽包锅炉在化学清洗前，对在汽包上的一些引出管、表计连接管等应堵塞。

6. 化学清洗的步骤

化学清洗的步骤分为水冲洗、碱洗或碱煮、酸洗、漂洗和钝化等。

(1) 水冲洗。在用化学药品清洗之前，先用清水将受热面进行冲洗。目的是清除安装后脱落的焊渣、铁锈、氧化皮、尘土等。对运行后的锅炉，水冲洗可冲掉某些沉积物。另外，水冲洗还有检验清洗系统是否有泄漏之处的作用。

水冲洗水流速要大。但由于现场条件限制（如泵的出力）、水流速一般选 0.5～1.5m/s。系统复杂时，可分几部分进行，以保证足够的水速和冲洗效果。

(2) 碱洗或碱煮。碱洗就是用碱液清洗。碱煮就是在锅内加碱液后，锅炉升火进行碱煮。

新建锅炉，一般采用碱洗，除去油垢等附着物，为酸洗创造有利条件。

碱洗一般用 0.2%～0.5% Na_3PO_4，0.1%～0.2% Na_2HPO_4，碱液应采用除盐水或软化水配制。先在清洗系统内充以除盐水并进行循环，同时将除盐水加热至 90～98℃，然后连续、缓慢地加入已配制好的浓药品，循环 8～24h。碱洗结束后，放尽碱溶液，用除盐水冲洗系统，一直冲洗到出水 pH<8.4、水质清、无沉淀物、无油脂为止。

运行后的锅炉，一般可采用碱洗。当锅内沉淀物多或含硅量大时，应采用碱煮。当锅内沉淀物含铜较多时，还应在碱洗后安排氨洗。

(3) 酸洗。酸洗能把氧化铁皮腐蚀掉。酸洗时，在酸洗系统进行水循环，保持酸洗箱中最低水位，开启热源加热至 40℃ 左右，向系统内加入浓度为 0.2%～0.3% 的缓蚀剂，循环均匀后，从酸储槽向酸洗系统注酸液，并连续测定酸浓度：采用盐酸时为 2.5%～5%，采用柠檬酸时为 2.5%～3%，采用氢氟酸时为 1%～1.2%。酸洗液达到要求浓度后，即可对酸洗系统按方案酸洗。

当循环清洗达到规定时间后或清洗液中 Fe^{2+} 含量无明显变化时，可结束酸洗。酸洗结束后，不应用放空的办法将废液排定，以防空气进入锅内造成严重腐蚀，而应用除盐水排挤酸液并进行冲洗。

(4) 漂洗。酸洗结束后，用除盐水或软化水，加 0.1%～0.2% 的 $H_3C_6H_5O_7$ 冲洗，通常称为柠檬酸漂洗。利用柠檬酸将铁离子络合的能力，除去残余的铁离子。避免水冲洗时在金属表面形成铁锈。

漂洗时可加 0.05% 的缓蚀剂，并用氨水将其 pH 值调节为 3.5～4.0 左右。溶液温度维持为 75～90℃，循环冲洗 2～3h，漂洗即可结束。再用氨将洗液的 pH 值调节至 9～10 进行钝化处理。

(5) 钝化。经酸洗、水冲洗或漂洗后的金属受热面，遇到空气容易腐蚀，因此必须用某些药液处理，使金属表面生成保护膜，这种处理即称钝化。钝化方法有三种：

1) 亚硝酸钠钝化法。用 1.0%～2.0% 的 $NaNO_2$ 溶液，加氨水将 pH 值调至 9～10，温度保持 50～60℃，在清洗系统内循环 6～10h，然后将溶液排出，钝化结束。

2) 联氨钝化法。用 300～500mg/L 的联氨溶液，pH 值调至 9.5～10 左右，温度维持在 90～100℃，使溶液在清洗系统内循环 24～50h，钝化结束。

3) 磷酸盐钝化法。用 0.15%～0.20% 的 H_3PO_4 和 0.2%～0.3% 的 $Na_5P_3O_{10}$ 溶液，pH 值为 2.5～3.5，维持温度 45℃±2℃，漂洗 1～2h，漂洗完后在溶液中加入氨水调节 pH 值至 9.5～10，升温至 75～85℃，再循环 1～2h，钝化结束。

7. 化学清洗后的处理

化学清洗结束，废液排尽后，必须打开汽包人孔和联箱手孔，清除沉积在内部的残渣。

为鉴别酸洗效果，可割管取样，以观察炉管是否洗净、管壁是否形成了良好的保护膜等情况。检查以后，拆除化学清洗用的临时管道和设备，使锅炉等设备恢复正常，并立即投入运行。以减少停用腐蚀。不能立即投用的，应采取保护措施。

清洗结束后，还应评定清洗效果。除割管检查外，还应参考清洗时安装的腐蚀指示片的腐蚀速度、启动初期水汽质量是否迅速合格、启动过程中和启动后有无因沉淀物引起爆管事故以及化学清洗的费用等情况，进行全面评价。

化学清洗后，炉管内应清洁、无残留杂物，无二次浮锈，并形成连续完整的保护膜，无点蚀，平均腐蚀速率应小于 $10g/(m^3 \cdot h)$，总腐蚀量小于 $120g/m^2$，启动后，水汽质量能在48h 内合格。

五、冲管

蒸汽管的吹扫通常称为冲管。用水冲洗主结水管道、给水操作台直到进入省煤器前的管路也叫冲管。锅炉范围内的过热器、再热器及其管道和其他低压蒸汽系统、减温水、减压旁路系统等，由于结构及布置等方面的原因，一般不宜进行化学清洗。放在新装锅炉正式投入供水与供汽前，对其进行冲管，将砂子、泥灰、铁屑、焊渣、氧化铁皮等吹洗干净。否则让这些杂物残留在受热面管道系统中，锅炉投入运行后，会产生如下很大的危害：

（1）高速蒸汽流携带着杂物进入汽轮机，尤其在额定工况下，蒸汽动量很大，杂物以高速度冲刷撞击汽轮机叶片，叶片表面将被侵蚀成大量麻点，汽轮机内效率就会降低，严重时将引起叶片断裂，造成重大事故。

（2）杂物被蒸汽携带到各处，常造成化学、热工取样管路堵塞，阀门接合面损坏等，会使立式过热器蛇形管内的蒸汽流量减小，甚至会堵塞蛇形管，造成管子过热爆破，同样会造成再热器爆管。

（3）残留在过热器系统中的砂石等硅酸盐杂质会造成高温高压蒸汽中含有过量的硅酸盐，严重影响蒸汽品质。

1. 冲管的条件与准备

（1）化学水处理能够生产、供应足够量的软化水。

（2）给水操作台、除氧器及给水泵等给水系统全部安装完毕，具备了起动条件，开好了全部需开孔的管子。

（3）主蒸汽和再热蒸汽冷段管流量测量装置改装假孔板或不装孔板，将主蒸汽测速管取出，法兰处加临时堵板，再热蒸汽冷段止回阀加装堵板，防止蒸汽漏入汽轮机。

（4）装好所有冲管用的临时管道、固定支架、临时汽门及各放水门，还有冲管系统上的表计及排汽口的靶板，并且都应具备使用条件，排大气的管不能向下安装。

（5）对管路进行全面检查，例如安装是否牢固，连接管路的方式是否正确，除控制阀门外，冲洗管路上的阀门均应全开。

2. 冲管方法

冲管有稳压法，降压法，稳压、降压联合冲洗法三种。

（1）稳压法。

稳压冲管就是在冲管时增投燃料及关小排汽阀，尽量保持压力、温度、流量稳定不变。

优点是：

1）新炉启动，必须在高负荷下全面检验输煤、制粉和燃烧系统。燃烧稳压冲洗过程，是提前发现设备缺陷，运行人员熟悉设备性能和操作练兵而对汽轮机不产生危害的极好机会。

2) 冲洗时各部参数变化小、操作相对稳定、缓慢、容易操作，不致因汽包压力、水位剧变而使水进入过热器，恶化蒸汽品质。

缺点是：

1) 冲管时间长，投入的燃料多，操作复杂，操作时间长。

2) 耗水量较多，为了储备冲管所需水量，延长了冲管过程。

3) 由于投入燃料多，对于中间再热锅炉冲洗主蒸汽管时，再热器前烟温可能超过再热器干烧（不通汽）允许温度，因而需要专门考虑保护再热器的措施。

(2) 降压法。

降压法是利用锅炉工质、金属及炉墙的蓄热短时释放出来，提高冲洗流量的方法。冲洗时，锅炉升压至一定压力后，停火或保持一定燃料，尽快全开控制门，利用压力降产生的附加蒸发量增加冲洗流量。当压力下降到一定值后，关闭控制门重新升压，准备再次冲洗，其特点是时间短，次数多。

优点是：

1) 冲洗时间短。每次门全开时保持 1~3min，投入燃料少，炉膛热负荷不高，再热器不需要保护，因而对中间再热锅炉或燃料供应不足时，采用降压法有其优越性。

2) 每次冲洗耗水量不太大，所以储水、补水不会发生困难。据统计，降压法总耗水量比稳压法冲洗减少 1/3~1/2，在补水困难区，采取降压法可以减少等水延误工期的矛盾。

3) 冲洗次数多，各部参数变化大，温降速度大，有利于焊渣氧化物脱落，提高冲洗效果。

4) 操作简单，冲洗时可稳定燃烧或熄火，用开关控制门即可保持水位。

5) 当采用熄火操作时，可防止压降过大，引起水循环故障和水位异常的危害，而且降压、降温速度比不熄火冲洗更大些，更能充分发挥降压法的优点。

缺点是：

1) 冲洗时，各参数变化大，尤其压降速度大，虚假水位现象严重，不熄火冲洗时水位控制较困难。当控制不当时，蒸汽可能带水、盐分进入过热器，需要进一步采取措施改善蒸汽品质［如到冲洗末期采用稳压冲洗（1~2h）］。

2) 需要有快速开关的控制门，对汽包锅炉开关时间应小于 1min，熄火冲洗时启停频繁。

3) 压降速度过大，下降管内水是否汽化，影响水循环问题值得研究。

(3) 稳压、降压联合冲管法。

联合冲管法是以降压冲管为主，并在降压冲管后各增加一段时间的流量较小的稳压冲管。其目的是：

1) 检查计算的准确性，为下一步控制蒸汽参数提供数据。

2) 检查各管系的热膨胀和支吊架状况，让运行人员熟悉设备和操作。

3) 预先冲出大量的较轻的杂物，减少降压冲管时堵塞过热器、再热器的可能。

4) 降压冲管后稳压冲管可改善蒸汽品质。

3. 冲管系统

拟定冲管系统时除应根据锅炉结构系统与冲管质量准则要求外，具体选定时还应考虑如下原则：

(1) 为降低排汽的管压降应选用大直径临时排汽管（大于或等于被冲洗管截面积），防止出现在冲管系统中存在无法冲到的管道，无法避免时，应采取补救措施。

(2) 较小的阀门、较细的管径等应尽可能置于冲管系统之外（冲洗的控制门应全开），可单独考虑其冲洗。这样做是防止在冲管系统出现局部限流段。应考虑并联及串联冲洗过热器、再热器的可能性，要求安全可靠、简单、切换操作方便。还应考虑冷却再热器所能采用的方法。

4. 冲管要求和程序

冲管时，大容量锅炉的冲管蒸汽流量为锅炉蒸发量的40%～60%，冲管压力一般为锅炉工作压力的30%～60%。冲管蒸汽温度宜比额定汽温低60～80℃。管壁温度冷却到100℃以下和化学补充水达到一定储量来确定两次冲管的时间间隔，一般为6～8h。管壁温度冷却到100℃以下，是为了使黏结在管壁上的杂物因管壁温度冷缩而脱落，以利于下次冲洗时被冲掉。冲管的持续时间为15～20min。冲管次数决定于冲管效果，一般说来冲管次数多其效果就好。但随着冲管次数的增多，冲管效果的提高就不明显。

锅炉的结构不同，冲管系统不同，冲管程序的操作也不同。图7-117所示为1000t/h直流锅炉冲管系统图。

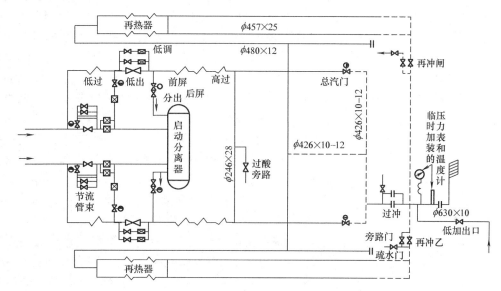

图7-117　1000t/h直流锅炉冲管系统图

5. 冲管的质量标准、安全措施及注意事项

（1）质量标准。

蒸汽冲洗时汽流对杂物的冲刷力越大，杂物越易被冲走。同时，为了保证在正常运行时不再有管壁残留物被蒸汽冲落带入汽轮机，要求冲管时蒸汽对杂物在流动方向的冲刷作用力至少应等于或大于在最大工况（额定工况）时的作用力。这样在冲管时不能冲落的杂物，在正常运行工况时也就不会被冲落。基于这样的假设，把两种冲刷作用力比简称为冲管系数K，要得到良好的冲管效果，必须保证被冲洗的系统各处的冲管系数K都大于或等于1，即

$$K = \frac{\text{冲管时蒸汽流量}^2 \times \text{冲管时蒸汽比体积}}{\text{额定负荷时蒸汽流量}^2 \times \text{额定负荷时蒸汽比体积}} \geq 1$$

冲管蒸汽流量与冲管系数K成二次方正比关系，所以增大冲管蒸汽流量是提高冲管效果的有效方法，但考虑到冲管时的蒸汽要全部排至大气，不能回收，热损失和汽水损失大。根据化学补给水的制造补充能力、锅炉燃烧能力及各受热面不致超温等条件来确定冲管流量的增大。

冲管蒸汽的比体积与冲管系数成一次方正比关系。在温度相同时，蒸汽的压力越高，其

比体积越小，在已定冲管蒸汽流量下，冲管系统各点压力与系统的连接方式、临时管道、临时阀门等结构尺寸有关。冲管系统简单，临时管道及排汽管的直径应尽可能大些，各临时阀门应选择足够的公称直径的隔绝闸阀，蒸汽管道上的流量孔板及不必要的阀门应拆除，对冲管时需要的阀门，应更换简单而阻力小的临时阀门，这样不但可以减少阻力损失，降低系统各点压力，还应保护孔板、阀门不致被高速汽流吹坏。

压力不变时，根据蒸汽性质，温度越高，比体积越大。因此，为提高冲管效率应尽可能提高冲管蒸汽温度。

以上所述是影响冲管效果的因素。

冲管一般要反复几次才能达到其质量标准。为检查冲管质量，在被冲洗管末端的临时排汽口 0.3～0.5m 处装设靶板，靶板可用铝板，宽为装设靶板处管口内径的 5%～8%，长度为其内径。装设方向应正对汽流冲击方向，背面要用铁板加固。在各区段的冲管系数至少大于 1 的前提下，每次冲管后将靶板换下来，检查靶板杂物冲击坑痕，一般随着冲管次数的增加，靶板上的坑痕将逐渐变少变小。直至杂物在靶板上最大冲击坑痕直径，铝板不大于 0.8mm，整条靶板上肉眼可见坑痕总数不多于 8 点，连续两次冲洗并更换靶板都能达到这个水平为合格。

(2) 安全措施。

1) 冲管过程中的噪声很大，要设立专门的联络信号使各部分工作与操作协调无误，炉顶控制阀与集控室之间的联系方法更应可靠而有效。

2) 厂房外的排汽管要有专人看管。与冲管无关人员应撤离现场。冲洗管道周围不能站人，并应设安全警告牌，现场不应有易燃物，避免发生意外事故，防止烫伤和发生火灾。

(3) 注意事项。

1) 要严格监视汽包水位的变化。在整个冲管过程中汽包水位波动较大，尤其在冲管开始前。应将水位调至正常水位偏低位置，防止冲管时水位被拉得太高，造成蒸汽带水。

2) 在冲管前的锅炉点火升压过程中，应严格按锅炉正常点火升压过程控制升压升温速度，监视受热面各部分的膨胀，汽包上下壁温差，过热器再热器管壁温度，使其正常和不超过规定。

3) 冲洗时，控制门一定全开。鉴于各地冲洗时控制门受到严重损伤，若不采取特殊保护措施，不宜用正式主汽门作为冲洗控制门，冲洗系统安装两个控制门是非常重要的。

4) 汽水管道的疏放水系统投运前，应在工作参数下，通汽进行冲管，以检查有无堵塞。

六、蒸汽严密性试验及安全门调整

1. 锅炉蒸汽严密性试验

锅炉整体水压试验是在冷状态下检查各部分的严密性和管路的强度。而锅炉蒸汽严密性试验是在热状态（工作压力下）下从锅炉外部检查其严密性，同时，了解各部分在热状态下的热胀情况是否正常。对新装锅炉说来，也是必须通过的一道检验程序。

锅炉按运行操作规程点火，升压至工作压力，进行锅炉蒸汽严密性试验时，应对下列部分进行重点检查：

(1) 锅炉汽水系统的焊口、孔门、法兰及垫料等处是否有漏水漏汽现象。

(2) 锅炉附件和全部汽水阀门的严密程度。

除检查上述设备部件的严密性还应检查下列设备、部件在热状态下是否正常：

(1) 汽包、联箱，各受热面部件和汽水管道的膨胀情况，及其支座、吊杆、吊架、支吊架弹簧的受力、移位和伸缩情况是否正常，是否有妨碍热胀的地方。炉墙情况是否良好。

(2) 在水冷壁、再热器热段和对流过热器等选定一些测点，在试验过程中进行一次测量，了解壁温是否有超温现象。

对泄漏轻微，难以发现和判断的地方，用一块温度较低的玻璃片或光洁的铁片等物靠近接缝或怀疑有泄漏部位进行检查，若有泄漏，会在玻璃（或铁）片上有水珠凝聚。

上述检验结果应作详细记录，并办理签证。试验结束后即升压进行安全门调整。

2. 安全门调整

(1) 重要意义。

进行安全门的动作压力调整（校验、整定、定砣）直接影响到锅炉安全经济的运行，动作压力调整的过大或偏小都不行。过大，汽压超过工作压力很多时，安全门仍不动作，这种热状态下的超压是很危险的，会发生爆管事故；偏小，汽压刚达到或稍大于工作压力，安全门就动作成缓缓地冒汽，这种长期的漏汽或频繁动作排汽影响锅炉负荷，造成电厂汽水损失增大，是很不经济的。因此，应认真、精确地进行安全门的调整工作。

要做好此项工作，应知道安全门动作压力数值是按照"电力工业锅炉监察规程"中的规定确定的，一般应略低于工作压力。

(2) 调整安全门前的准备工作。

1) 要确保控制系统工作的安全可靠，为此气（电）源必须可靠，检查每个安全门气缸内部，有生锈或卡住等现象应及时处理。气（电）控制部分先通气（电）检查，压缩空气系统应吹扫干净，并消除一切漏气现象。

2) 备好的通信联系设施应有效、可靠，有足够的水源，良好的照明，备好调整用的专用工具。

3) 应安装好汽包和过热器出口集汽联箱上的压力表，尤其是集汽联箱上的压力表应是经过校验的标准压力表，因为调整安全门是以此为准的。

4) 投入空气压缩机系统运行，接通压力继电器电源，将所有有关电动门试验一次，仔细检查安全门的有关支架和排汽管支架等。

5) 进行组织分工，做好噪声防护工作，校正安全门的措施所有调整人员都应了解。

(3) 调整顺序及方法。

安全门调整的顺序是从动作压力最高的开始向动作压力最低的依次进行。调整后动作压力要求误差在±0.5%之内，安全门工作压力即算合格。调整安全门大体分为三步：第一步为安全门吹洗检验，第二步为机械动作的调整，第三步为投入附加装置再进行调整。

1) 安全门的吹洗检验。当汽压达到安全门动作压力稍低一定数值时，用手动操作使每个安全门起座一次，每次排汽时间为 0.5～1min，一方面检验安全门起跳与回座的灵活程度，另一方面冲洗残留在阀门密封间的垃圾。

2) 机械动作的调整。此调整工作是通过松紧弹簧的调节螺母或移动重锤的位置进行调整的。改变弹簧高度和移动重锤位置与安全门起跳压力的差值通过计算或试验就可知道。一般弹簧高度改变 1mm，安全门起跳压力可相差 0.5MPa。

① 进行重锤式安全门的机械动作调整时，将重锤放在杠杆已知位置上，当压力升至安全门动作压力时，若安全门不动作，将重锤所放的位置向里侧移动；若未升到安全门动作压力时，安全门就开始动作，将重锤向外侧移动。安全门在规定压力动作后，即可将重锤固定。必须轻轻地移动重锤。

② 弹簧式安全门的机械调整是通过松紧弹簧高度来进行的。汽压升至安全门动作压力

时安全门不动作，应立即将汽压降至安全门动作压力以下（禁止继续升压使安全门动作），稍松弹簧调整螺母，但不允许在升压过程中或超过安全门动作压力时（安全门不动作）调整弹簧调整螺母。调节弹簧调整螺母使用扳手，调节方向是顺时针扳为增加压力，逆时针扳为降低压力。转动调整螺母时，应不使阀杆转动，因阀杆转动使阀芯转动而损坏密封面。

③ 脉冲式安全门由主安全门和脉冲门（重锤式或弹簧式）组成。对其进行机械调整时锅炉压力升至接近脉冲门动作压力（一般较动作压力低 0.1MPa）时，若脉冲门不动作，可将脉冲门的重锤向里侧稍加移动或将弹簧调整螺母稍松一些，脉冲门动作接着主安全门也动作并将动作压力、回座压力作为技术档案保存。

为保证安全，安全门调整动作误差压力以负偏差为妥。

3）投入附加装置再进行调整。如是国产 400t/h 锅炉、670t/h 自然循环锅炉和 1000t/h 直流锅炉，且采用的是装有附加装置压缩空气系统的新型安全门，则在安全门的机械调整完毕后，投入压缩空气系统调整热工控制回路，检查信号灯和核对压力表等是否正确，并拨好压力继电器的定值，手动和自动再让各个安全门起跳一次。如无异常，调整即算完成。

也可在调定机械动作时，将动作压力调整得比安全法则规定的压力低 0.2～0.3MPa，这个压力差由压缩空气来承担，投入压缩空气应按规定的动作压力进行调整，直到满意为止。这样可充分利用压缩空气缸的作用，提高安全门的灵敏度。

(4) 调整中的注意事项如下：

1）脉冲安全门在调整前应先冲洗脉冲蒸汽管，后调整机械部分，此时电气系统不投入，可保证在电气系统失灵时，安全门装置仍可正常工作。

2）调整安全门每起座一次应停隔 20～30min 后，再重新调整。防止起座时间过长，使弹簧受热，起座特性曲线有变化。

3）运行人员和调整人员应密切配合，加强联系，根据安全门调整的需要来升降锅炉汽压。当锅炉汽压升至额定压力时，即可减弱或停止燃烧，密切监视汽温和水位变化，必要时可打开疏水门排汽，保证汽温不超过额定值，水位应保持在规定范围。

4）调整安全门工作全部完毕后，将锅炉压力再升高一次，证实到规定动作压力时，各个安全门都能在规定动作压力先后动作，才说明调整合格，否则要重新进行调整。

七、锅炉试运行

1. 试运行目的

锅炉的试运行是锅炉安装的最后一个阶段。

锅炉试运行是在正常条件和额定负荷下，检验锅炉设计、制造和安装的质量。考查设备是否能达到规定的额定出力与参数，各项性能是否合乎原设计的要求。检验在正常运行条件下锅炉本体所有零件的强度和严密性，并且检验所有辅助设备的运行情况，特别是转动机械在运行时有无振动和轴承过热等现象。鉴定各调节、保护与控制系统的效能和特性。

在锅炉试运行的同时（或之前），还要完成锅炉热工的调整试验（初步调整燃烧室的热力工况），锅炉水动力试验，炉膛空气动力场测试，以找出影响额定参数的原因，从而决定锅炉效率、烟、风道的特性与辅助设备的运行性能等。

2. 试运行应具备的条件

(1) 锅炉安装和各种试验中检查出的缺陷，结尾项目及修改意见都已处理完毕。设备和系统的保温工作已基本结束。

(2) 锅炉辅助设备及其系统，以及燃料、给水、除尘、厂用电等均已准备就绪，并能满足锅炉满负荷运行时的需要。

（3）锅炉机组整套试运行需用的热工、电气仪表与控制装置已按设计装好并调整完毕，指示正确、动作灵敏。

（4）化学监督工作能正常进行，试运行时所用的燃料已进行了分析。

（5）生产单位已做好参加试运行的一切准备工作。

3. 试运行及其要求

按运行规程锅炉点火升压至规定参数后并列。逐步增加产汽量至额定蒸发量，在满负荷下连续运行168h，所有辅助设备应同时或陆续投入运行。在整个运行期间，锅炉本体及其系统和辅助设备及其系统均应正常工作。其严密性、膨胀位移、轴承温度及振动等均应符合技术要求。锅炉蒸汽参数，汽水品质、燃烧情况等均应基本达到设计要求。

锅炉试运行合格后，按验收规程办理整套试运行签证手续和设备验收移交工作，安装工作至此结束。

第八章 锅炉本体及主要辅助设备的检修

第一节 锅炉本体主要部件的检修

在锅炉运行了一段时间后，会出现零部件的磨损和变形，结垢和腐蚀，以及堵灰和结渣等现象，从而危及电厂的正常生产。因此，必须对锅炉进行预防性和恢复性的检修工作。

一、受热面清扫

检修的锅炉停炉后，应彻底清除受热面管外壁的焦渣和积灰。这不但便于对受热面管外壁的检查，也为在炉内进行检修工作创造了条件，还可改善受热面的传热，提高检修后的锅炉效率。

锅炉受热面的清扫和燃烧室的清焦工作，在炉内温度降至50℃左右时，就应及时进行。

受热面的清扫，一般是用压缩空气吹掉浮灰和脆性的硬灰壳。对粘在受热面管上吹不掉的灰垢，需用刮刀、钢丝刷等工具来清除。锅炉受热面的检修工作，要搭好脚手架，现多已采用铝合金检修平台，以便于炉膛施工。

受热面清扫应注意：
(1) 清扫应顺着烟气流动方向进行，并启动引风机。
(2) 先清扫浮灰，后除硬灰垢。
(3) 发现砖头、铁块等杂物要及时捡出，以免影响烟气流动。
(4) 发现发亮或磨损的管子，应做出记号，以便测量和修理。

燃烧室清焦时应注意：
(1) 清焦应从上向下进行。
(2) 先在炉墙上的各人孔门外，用铁棍将有可能掉下来的焦块清除。
(3) 清焦应有可靠的安全措施，避免伤人和损坏水冷壁管。

受热面的清扫，应达到个别处的浮灰积垢厚度不超过0.3mm，敲击管子不落灰即为合格。对不便清扫的个别管子外壁，未能清除的硬质灰垢面积不应超过其总面积的$\frac{1}{5}$。

在清扫和清焦过程中，还应对管子外壁及其支吊件进行检查。缺陷和损伤处应做记号，以便处理。

二、汽包的检修

汽包检修，应在确认其内部的确无汽、水之后方可进行。人进入汽包前，应关闭所有连接的汽水门并加锁，并在远动部位挂上可靠的标志牌。打开人孔门，当内部温度降到40℃以下时，人方能进去工作。汽包内部的检修空间很小，应协同配合。汽包内有人工作时，外边必须有人监护，且要经常同内部人员保持联系。工具材料要加强保管，进出汽包时要检查清点，不得将任何物品遗漏其中。所有管口应配上管盖，上面铺上绝缘橡胶板，防止物件掉入管内。

(1) 人孔门的检修。锅炉长期运行会使人孔门接合面产生腐蚀；也会因人孔门变形，接合面上有贯穿的槽纹，垫片被吹损或安装不当产生渗漏。检修时，应用刮刀把腐蚀点或槽纹铲除，并加以研磨修平。接触面用着色法检查，接触面积应达总面积的$\frac{2}{3}$以上。

(2) 汽包内部的清扫和检查。汽包内壁一般不允许有进行性的腐蚀。检查汽包内部的水垢和腐蚀情况,是验证运行中水质管理是否符合要求的重要方面。这项检查先由化学监督人员专门进行。然后检修人员根据情况,用钢丝刷或清扫机械除去锈垢,并配以压缩空气吹扫(若内壁清洁,可不清扫)。清扫后再由化学监督人员检查,确认是否合格。

(3) 汽水分离装置的检查。汽水分离装置运行不正常,会导致饱和蒸汽质量恶化,使过热器管内部积垢增多,在清理锈垢后,应检查汽水分离装置是否完整,有无脱落和松动,多孔板、波形板是否有积垢堵塞;水位计连通管、给水管,特别是加药管、排污管,如有锈垢应彻底清除,保证畅通。零件回装时,应注意方向,不要装反。

(4) 汽包内管头检查。汽包内管头若为胀接式,要检查管头伸出的长度和角度,并从汽包外部检查是否有渗水现象。焊接管头在清理管口四周焊缝后,用肉眼或放大镜查看焊缝有无裂纹、渗漏及焊接不良等缺陷。

(5) 汽包膨胀情况的检查。查看汽包膨胀指示器是否完整,是否回到零位;若没回零位,应查出原因。并检查汽包的连接管道有无影响膨胀和保温脱落现象。如有则应处理,把保温补齐。

汽包检修完后,应再仔细检查一下内部。清点所用工具材料,确实没有问题,才可关闭汽包门,紧好螺栓。在锅炉点火升压至 $0.5\sim1.0\text{N/mm}^2$ 时,再紧一次螺栓,这时就可把汽包人孔门保温盖装好。

三、水冷壁的检修

水冷壁管常发生的缺陷是:管子变形、管子附件烧坏或脱落、管子烧粗和磨损。

(1) 管径胀粗和鼓疱情况的检查。由于运行中超负荷、局部管壁金属温度过高或内壁积水垢等,常使水冷壁水循环不良,造成金属过热而使水冷壁管发生胀粗和鼓疱。在检查水冷壁管时,可通过手摸、眼看和用样板测量等方法检查出胀粗和鼓疱的部位。对以前出现过爆管、胀粗和鼓疱的管段及邻近区域更要仔细检查。当管径胀粗超过原有直径 3.5% 时,应更换新管。对未达到上述胀粗数值的局部胀粗管子,若已能明显看出有金属过热情况,也应更换新管。

(2) 水冷壁管的磨损检查。水冷壁管的磨损常发生在喷燃器、三次风口、吹灰孔、打焦孔等周围的个别地方。在炉膛出口处的对流受热面上和冷灰斗斜坡水冷壁管也可能有轻度磨损。焦块的坠落也会击伤冷灰斗斜坡上的管子。

在管子容易磨损的部位,常焊有保护瓦或防磨铁棍,检查时应注意它们是否损坏。水冷壁管段上如有局部磨损,其面积小于 10cm^2,磨损厚度不超过管壁厚度的 $\frac{1}{3}$ 时,可进行堆焊修补,堆焊后应进行退火处理;若管段普遍磨损且磨损严重,应换新管。

(3) 水冷壁拉、挂钩的检修。非悬吊结构的锅炉水冷壁管,一般都装有上部挂钩和下部拉钩。应当检查拉、挂钩的耳环(或铁板)是否烧坏或焊口拉开。通常是根据管排的不平整程度,或用撬棍撬动管子观察管子活动情况,来判断拉钩和挂钩是否有问题,损坏的要更换,开焊的要进行补焊。

(4) 水垢情况检查。水冷壁管内壁的水垢和腐蚀程度,在没有换管的情况下,要割管检查。它是在热负荷较高的地方,选择两个位置,各割取 400~500mm 长的管段,在此管段上再截取一定长度,用酸洗法去除水垢后,算出按内径单位面积的结垢量。当结垢程度达到表 8-1 所列数值时,要进行酸洗去垢,以保证水冷壁管正常运行。

表 8-1　锅炉受热面应酸洗的结垢量

锅炉工作压力（MPa）	结垢量（g/m²）
3.8～5.8	400～800
8.8～12.6	300～500
＞12.6	200～300
直流锅炉	200

（5）检查水冷壁管的弯曲变形。水冷壁管会因膨胀受阻，管子拉钩、挂钩烧损，及外壁结焦、内壁结垢等原因，造成弯曲变形。对弯曲值不大、为数不多的水冷壁管，可采用局部加热校直法，在炉内就地进行。若水冷壁管的弯曲值较大，为数又多，就应先割下来，拿到炉外校直。割口位置要距弯曲起点 70mm 以上，距水冷壁挂钩的边缘要在 150mm 以上。加工好坡口，再装回原位进行焊接。

四、过热器、再热器的检修

过热器、再热器是在高温条件下工作，常出现因过热而胀粗的缺陷。吊卡烧损脱落、管子磨损、焊口漏泄也时有发生。

（1）管子的胀粗、磨损检修。管子的胀粗现象一般出现在高温烟气区，特别是迎烟气的头几排管上，并以管内蒸汽冷却不足者为最甚。并列工作的管子，因外部结渣和内部结垢的程度不同，管内蒸汽流动阻力不同，也会引起管壁温度的显著差别。当个别管壁温度超过该管材料所容许的限值，就要产生过热胀粗。

在检修中要用检查样板检查管子胀粗、磨损和鼓疱的情况。当合金钢管胀粗超过原有直径的 2.5%、碳钢管胀粗超过原有直径的 3.5% 时，应更换新管。对胀粗和鼓疱的管段还应作金相分析。磨损部位多在弯头和烟气流速大的地方。当局部磨损面积大于 10cm²、磨损深度超过管壁厚度的 $\frac{1}{3}$ 时，应更换新管。

对高温部位都应根据具体特点规定固定的检查点。每次检修都要重点检查测量这些固定检查点管子的胀粗或磨损情况。对其他部位则做普遍检查。

（2）吊架、夹板等零件的检查。吊架、梳形卡和夹板等零件，常出现烧损或脱落，又可能造成管排位移、管子弯曲变形、管子磨损和管排间堵灰严重等后果。检查时可用小锤敲打，根据声音判断零件的完好情况。对已烧坏或有损伤的要进行更换。换上新零件后，要调整好与过热管子的间隙，以保证管子膨胀自由。

（3）减温器的检修。对减温器来说，外壳和 U 形管因温度经常变化而承受很大的热应力，可使 U 形管焊缝发生裂纹漏水。减温器的法兰齿形垫也会发生损坏。表面式减温器内还会发生腐蚀和结垢现象。检修时应将减温器端盖取下，抽出 U 形管芯进行检查。若发现焊缝漏水，应割下来换上新管，并用压缩空气对管芯逐根吹扫。外壁用钢丝刷清理干净，U 形管间不能有杂物。U 形管芯子清理干净后，以工作压力进行严密性水压试验。喷水式减温器检修时很少割开检查，一般只将喷水引入管处的保温层拆除，检查焊缝有无缺陷。

对减温器外壳内表面亦应清理干净，做到无锈污和杂物。还应检查减温器法兰接合面，其表面应平整光滑，无锈垢、麻点、沟槽等缺陷。若有缺陷，可用刮刀或研磨的方法将其修好。

五、省煤器的检修

省煤器常因管壁磨损、焊接质量不良、内壁腐蚀等原因造成漏泄。

在锅炉受热面中，省煤器的磨损最为严重，是个普遍存在的问题。对流受热面的磨损有两种情况：一种是普遍（均匀）的磨损，磨损速度较慢，为害较轻；另一种是局部磨损，磨损部位小而速度快，由于检查中较难发现，易造成漏水停炉事故。

影响受热面磨损的因素很多,有烟气流速、烟气中含灰浓度、飞灰颗粒的研磨能力等,同时也与锅炉结构型式有关,如管子排列、管排间附件支架情况等。烟气流速和烟气中灰粒浓度分布不均匀,是造成局部磨损的决定性因素。锅炉运行不正常,如受热面堵灰、结焦以及烟道漏风增加等,都会加剧局部磨损。

省煤器管子磨损常发生的部位是:烟气最先接触的省煤器各分组的前几排;靠墙和穿墙部位;蛇形管弯头部位;管子支吊架周围;人孔门不严密处附近的管排等。

当管子磨损面积小,局部出现凹沟、棱角时,可就地补焊;磨损面积较大、磨损厚度超过规程规定时,应更换弯头、部分直管段或整根管子;有的电厂在锅炉大修时采取了将省煤器蛇形管翻向使用的办法。翻向使用就是将管段翻转180°,让已磨损的上半圆向下,未磨损的半圆面向烟气流而继续使用。

防止省煤器磨损应从降低烟气流速和飞灰浓度、防止受热面中烟气流速和飞灰浓度局部过高、采用防磨装置诸方面考虑,可采取以下措施:

(1) 扩大尾部烟道以降低烟气流速。在锅炉检修时,可把尾部烟道炉墙向前、后移动(左、右方向不动)或减薄烟道炉墙厚度,来增加烟道截面。

(2) 加装保护装置。保护装置有保护瓦、保护板、保护帘等。保护瓦一般加在省煤器水平部分迎着烟气的前几排上及各弯头部位。它是用圆弧形铁瓦扣在管子和弯头处(要盖住管子的一半以上),一端点焊在管上,一端能自由膨胀。两块保护瓦应搭接在一起,或另外在两块相接的保护瓦上面加一块短的保护瓦。保护板装在烟气走廊的入口和中部。可一层或多层布置,来增加走廊对烟气的阻力,防止局部烟速过高,从而减小磨损。保护板的宽度应合适,为150~200mm。太宽遮蔽流通面积过多,引起附近烟速和飞灰浓度增加,造成该部管子局部磨损;太窄则起不到保护作用。对蛇形管长短一致、弯头平齐的可加装保护帘,在烟气走廊处将整排直管或整片弯头保护起来,隔离烟气走廊旁的管排与烟气转弯时离心力作用而浓缩的粗灰粒是很有效的。

(3) 局部采用厚壁管。在管子排列稠密,装用或更换保护瓦有困难时,在局部磨损最严重的部位适当装用一些厚壁管,也可以延长使用时间。

(4) 管子外表面层涂防磨涂料。在管子磨损严重的部位,涂以水玻璃加石英粉混合物或涂以搪瓷,也可以不同程度地减轻磨损。

锅炉水质不佳,会造成省煤器内壁腐蚀。为检查监督腐蚀情况,在省煤器入口联箱内装有腐蚀指示器。在检修时,可将联箱割掉(或将手孔封头拆下),取出腐蚀指示器进行检验,也可以有选择性地割取管段,解剖检查,鉴定其腐蚀程度。

第二节 磨煤机的检修

一、球磨机的检修

球磨机检修按结构分为本体、传动装置、减速箱、油系统及检修后的试转等几部分。

(一) 球磨机检修前在运行状态下的检查

在检修前运行状态下,对磨煤机应进行一次全面检查,检查项目如下:

(1) 测量减速箱、电动机、主轴承和传动装置的振动。

(2) 测量各轴承出入口油温和轴瓦温度。

(3) 检查油泵、油管路及其阀门、减速箱、各法兰接合面和各轴承的漏油情况。

(4) 检查球磨机出入口密封装置的漏粉、漏风情况。必要时进行漏风试验。

将以上检查情况做好记录，并结合缺陷记录簿上的记录，作为确定检修项目的依据。

(二) 本体部分的检修

1. 拆卸并检修进出口短管

切断电源，进行合闸试验，确认电源已经切断后，方可开始工作。将进出口短管的密封装置拆下，测量并记录短管与空心轴内套管的轴向间隙和径向间隙（或中心偏差）。再拆掉与原煤管和出粉管的连接螺栓并吊下短管，检查短管弯头内的衬板磨损情况。当衬板磨损超过其厚度的 2/3 时应予换新，局部磨损允许割补。

2. 卸钢球

磨煤机中的钢球经过 2500~3000h 运行后，就需全部从大罐内卸出，从中筛去直径小于 25mm 的小钢球。

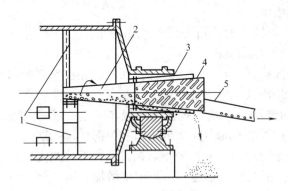

图 8-1 从磨煤机中卸出钢球的工具
1—支撑与斗子；2—导流锥体；
3—外锥体；4—内锥体；5—导流槽

卸钢球是一项繁重的工作，可采用如图 8-1 所示的卸钢球工具。卸钢球工具在安装时，分几件从空心轴送进并装于大罐中。它由三部分组成：支撑与斗子 1 两端焊于衬板上；导流锥体 2 的一端与斗子 1 用螺栓连接，另一端与内锥体 4 用螺栓连接；外锥体 3 及内锥体 4，以临时支撑支住在空心轴内侧。与运行人员联系送电，启动球磨机进行卸钢球。当球磨机转动时，大罐每转一圈，斗子就能撮起部分钢球，待斗子随大罐转到一定高度时，钢球便进入导流锥体并沿其流出。在流经有条状筛孔的内锥体时，小钢球就被筛出落入外锥体，然后流出；内锥体中的大钢球便流入导流槽 5 引至附近临时围成的池子中存起来。

3. 拆联轴器螺栓

钢球卸完后，切断电动机电源，将联轴器保护罩和联轴器螺栓拆除。在拆除联轴器螺栓前应在联轴器两对轮的配合方位上做好记号。

4. 检查衬板、楔形衬板及其固定螺栓

检查大罐内衬板的磨损情况，当磨损超过其厚度的 60%~70% 时应更换。检查衬板和楔形衬板有无裂纹，有裂纹的必须更换。楔形衬板的固定螺栓不许松动，可用手锤逐个敲打螺栓上的螺帽，检查其紧固情况。

在大罐中，更换具有四排楔形衬板的程序如下：

(1) 转动大罐使任一排楔形衬板位于与大罐轴心线同一水平面上，用图 8-2 所示的顶衬板工具将衬板顶牢，再卸掉楔形衬板的连接螺栓，如图 8-3 (a) 所示。

(2) 将大罐转 90°，使卸下螺栓的楔形衬板位于下方，并采取措施将大罐固定住，拆掉顶衬板工具，用撬棒撬出楔形衬板，再轻轻地撬出其两侧共半圈的衬板，如图 8-3 (b) 所示。

(3) 将大罐再转 180°，剩下的半圈衬板位于下方，便可自高而低地卸掉这半圈衬板和最后一块楔形衬板，如图 8-3 (c) 所示。如此逐圈地拆卸，可将整个大罐的衬板全部拆卸掉。

(4) 拆卸大罐端部的扇形衬板，只要把连接螺栓拆掉，便可将扇形衬板取下。

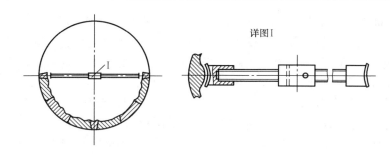

图 8-2 顶衬板工具

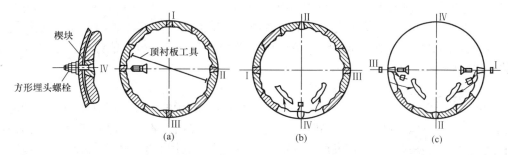

图 8-3 拆卸具有四排楔形滚筒的衬板

新衬板应按图纸尺寸进行复核,然后编号更换。衬板安装的方法及要求可见第七章第七节有关内容。

5. 检查及更换空心轴内套管

检查空心轴内套管及其内部螺旋线的磨损情况,若磨损超过其原厚度的 60% 时,应进行更换。更换时,先拆下紧固螺丝,然后顶出空心轴内套管,吊下稳放在指定地点。核对新空心轴内套管与空心轴的配合尺寸和螺孔位置,装配时将空心轴内套管吊起,在各结合面上涂上黑铅粉,然后推入就位。就位时应注意螺旋线的方向,以免装反。

6. 拆卸并清理大齿轮密封罩

先用链条葫芦吊好大齿轮密封罩,然后拆卸螺丝,吊下密封罩,再清除内部的油污。

7. 检查大齿轮

检查大齿轮的磨损情况,有无裂纹和掉齿现象,并作记录。用压铅丝法或用塞尺测量并记录大小齿轮的啮合间隙。当轮齿磨损量达到齿厚的 1/3 时,可用堆焊方法补齿,焊后再精加工保持齿形正确,并淬火处理。当大齿轮使用的时间较长而修复齿面又困难时,可将大齿轮翻转 180° 使用,即把原来的工作面调到背面,把原来的非工作面调到正面。

测量大齿轮两半结合面以及大齿轮与大罐法兰接合面的间隙,并检查连接螺栓的完整和紧固情况。

当大齿轮轮齿磨损严重或断齿并无法修复时,应更换大齿轮。新大齿轮的安装步骤可见本章第二节中有关内容。

8. 检修主轴承

(1) 顶升大罐。先拆下轴承盖,并将其吊放在枕木上,测量轴瓦各部间隙,并做好记录。然后将备好的千斤顶置于大罐四角并垫好备好的专用支承托架,大罐顶起之前应再次检查所采取的安全措施。当大罐顶起约 100mm 时,立即用备好的枕木垫牢。在顶升大罐过程中,必须保持大罐的水平。

(2) 检查主轴承。将轴瓦用钢丝绳穿好,用两个链条葫芦将轴瓦顺空心轴转动翻转过来,再轻轻地从轴承座内吊出并放在枕木上,注意不要碰伤轴瓦钨金。将轴瓦用煤油清洗擦净,检查轴瓦钨金有无伤痕、裂纹、砂眼和烧坏等缺陷。用小锤轻敲钨金,听其声音(如发出嘶哑而不清脆的声音,则钨金与瓦壳可能脱离),以判断其是否有脱壳现象。一般在接触角内钨金脱落不超过其表面积的 30% 时,其表面有裂纹、凹坑等缺陷时,可进行局部补焊;钨金脱落超过其表面积的 30% 或钨金脱壳时,应重浇钨金。补焊和重浇钨金后的轴瓦,经加工修整后再进行接触面的检查与研制。对轴承座的冷却水室应清洗干净,必要时要做水压试验,水压要高于冷却水压。

(3) 调整间隙。轴瓦与轴颈的两侧间隙应为 1.25~1.50mm,中间部分应比两端部分刮得大一些(大约 0.2mm),以防止运行中润滑油向两端流散。空心轴轴肩与轴瓦端部的轴向间隙:承力轴承端为 15~20mm,推力轴承端一般为 0.6~0.8mm。必要时可通过修刮轴瓦端面的方法来解决。

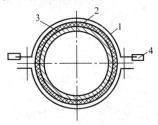

图 8-4 空心轴的研磨
1—抱箍;2—毛毡;
3—空心轴;4—手柄

9. 检查空心轴颈

用桥规仔细地测量空心轴颈的外径,以确定空心轴颈的不圆度和圆锥度是否在规定范围之内。若空心轴颈表面有小面积伤痕且深度小于 0.3mm 时,则可利用研磨法来消除(图 8-4)。

10. 大罐就位

主轴承检修好后,即可将大罐落下就位。在落大罐过程中,应特别注意千斤顶的下降,四个千斤顶的下降速度必须同步。当空心轴颈接近轴瓦时千斤顶的下降速度要更缓慢,下降时必须保持大罐轴颈的水平,轴颈柔和地坐落在轴瓦上。大罐就位后,先测量轴瓦间隙和轴颈的水平,其数值应在规定范围之内。然后装轴颈处的轴封垫料,在轴颈的上部加适量的润滑油,最后装主轴承盖并拧紧结合面螺栓。

11. 装钢球

大罐内所装钢球应无直径小于 25mm 的钢球及其他杂物。钢球装载量必须准确称量并做好记录。

图 8-5 所示为装钢球机械,它由轻便式斗链输送机 3、漏斗 2 和导流槽 4 组成。使用时,启动斗链输送机,用人工将钢球运至漏斗 2,斗链运送机的小斗便把钢球提升运至导流槽 4 中,利用导流槽坡度钢球便流入大罐。

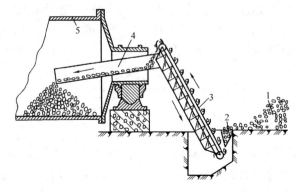

图 8-5 往球磨机中装钢球的机械
1—存积在地面上的钢球;2—漏斗;3—斗链输送机;4—导流槽;5—球磨机滚筒

12. 装进出口短管及密封装置

进出口短管法兰及人孔处的垫料应严密不漏，进出口短管伸入空心轴内套管部分与内套管的径向间隙两侧应相等，上部间隙应较下部间隙大 1mm 左右。轴向间隙在大罐承力轴承一端一般应比大罐的膨胀值大 3～5mm，在大罐推力轴承一端应不小于 3mm。间隙调整正确后，在短管和内套管之间填入涂以黑铅粉的石棉绳，然后均匀地拧紧压紧圈螺栓。

（三）传动装置（传动机）部分的检修

1. 测量传动机轴承各部间隙

在测量前，应先拆卸传动机轴承盖，然后再测量。当传动机的轴承为滑动轴承时，用塞尺测量轴与轴瓦的侧间隙，用压铅丝法测量轴与轴瓦的顶部间隙，用百分表或塞尺测量轴的轴向窜动间隙（即轴瓦的推力间隙）。若为滚动轴承，则应按滚动轴承的检查方法对轴承进行质量检查。

2. 拆卸与检修小齿轮

拆卸小齿轮前，要对大小齿轮的啮合情况已作过检查，并用压铅丝法或用塞尺测量大小齿轮的啮合间隙。小齿轮吊出后，放在支架上，用煤油将其清洗干净，再检查轮齿的磨损情况。轮齿不允许有裂纹、齿面被挤压变形等缺陷，否则齿的啮合不良、振动增大，应根据情况予以修复或换新。如果小齿轮磨损超过齿厚的 30%～40% 时，可用堆焊法补齿或换新，也可根据结构情况，翻转 180°继续使用。

3. 装配小齿轮

装配小齿轮按球磨机安装中传动机的安装要求进行。

传动机检修结束后，即可组装齿轮密封罩，在密封罩的结合面上垫以毛毡，要求结合面不漏油。

（四）减速箱部分的检修

减速箱解体前，先对零件配合的相对位置需做好印记，以免装配时位置搞错。然后拆除减速箱法兰连接螺栓、油管、轴承端盖等。再将减速箱上盖吊下，放尽箱体内的润滑油，用煤油清洗全部零件，并检查箱体内存渣是否有金属微粒，以此证实传动件的磨损情况。

箱体结合面除净原涂料后，应检查结合面在未紧固螺栓时的接触情况，要求用 0.05mm 的塞尺应塞不进，否则应对结合面进行研刮。箱体结合面上不应有贯穿内外侧的横向沟槽。其他零件如齿轮、轴承等的检查，可按前面有关章节的所述方法进行。

（五）油系统部分的检修

磨煤机油系统的作用是磨煤机运行时主轴承及减速箱能得到良好的润滑并把摩擦所发出的热量及时带走，以确保磨煤机运行的安全可靠。油系统工作的正常与否直接关系到磨煤机的安危。要求油系统在任何情况下，绝不能中断供油，同时要求整个油系统不漏油，因为漏油除了影响磨煤机润滑外，还可能造成火灾事故。因此对油系统的检修要求是：清洁干净、不滴不漏、工作可靠。

1. 油箱的清洗

油箱在每次大修或因油质劣化更换新油时，均应把油箱里的油全部放尽，进行彻底清洗。其清洗方法如下：

（1）用油泵将油箱中的存油打入干净的油桶，通知化验人员取样分析。

（2）打开油箱底部放油门，用约 100℃ 的热水把沉淀的油垢杂质冲洗干净。

（3）用磷酸三钠水对油箱进行擦洗，直到污垢全部清除，然后用干净无棉毛的白布擦净，再用面粉团粘去油箱内细小的灰粒。

（4）检查油箱内防腐漆是否完好，如发现脱落严重，则重新涂上防腐漆，以防油迅速氧化。

2. 滤油器的清洗

（1）拆除滤油器出入口法兰螺栓，取出滤油网，进行清洗并检查。

（2）用压力为 0.1～0.3MPa 的蒸汽冲洗滤网，并用压缩空气吹净。

（3）检查滤网，不得破裂或压扁。如滤网破裂应进行更换，滤网一般采用铜丝布制成，网孔不得大于 0.5mm。

3. 冷油器的检修

冷油器检修时应对其油侧和水侧进行清洗。

（1）油侧清洗。主要是清洗管子外侧，即将芯子放在盛有 3%～5% 磷酸二钠溶液的铁箱内，加热至沸腾，保持 2～4h，再吊出用凝结水冲净。然后用化学试剂检验芯子，应无碱性反应。

（2）水侧清洗。主要清洗管子内侧，由于冷油器管子少而短，所以大都采用捅杆和刷子带水捅刷。

冷油器清洗完毕后，将盖子、芯子一齐组合好，出入水口法兰加上堵板，然后对水侧按冷却水最高工作压力的 1.25 倍做水压试验，保持 5min，检查铜管有无渗漏、破裂或胀口不严等缺陷。对有渗漏和破裂的铜管应予更换。对个别渗漏的管子也可在管口处将其堵死，但其数量不得超过管子总数的 10%。水压试验后将水放净吹干。

组装时应注意冷油器法兰上的记号，上下水室方向不得装错，对油侧应仔细检查不得有杂物，隔板的距离按原样调整好。放气孔、放水孔、放油孔、仪表接头孔均应清洁畅通，各水、油、空气等阀门及表座应严密不漏。

4. 齿轮油泵的检修

将油泵与电动机解列，拆卸油管和地脚螺丝，取出油泵，检查油泵壳体应无裂纹。拆卸油泵端盖，用塞尺检查齿轮与外壳四周的径向间隙，一般应不大于 0.25mm，用压铅丝法测量齿轮端部与外壳的间隙，应不大于 0.12mm。用煤油清洗油泵的各部件，用色印法检查齿轮齿面接触情况，应啮合平稳，接触面积应大于齿面积的 80%。油泵检修完毕并清洗干净后进行装配，泵壳和端盖结合平面应涂虫胶漆片密封，均匀对称地拧紧螺栓。用手盘动泵轴应转动灵活无杂音。

5. 油管路的清洗

油管路可以用压力为 0.1～0.3MPa 的蒸汽进行冲洗，直至管内无锈垢颜色为止，然后用压缩空气吹除管内水分。清洗干净后，将油管内喷上干净的汽轮机油，用干净塑料布将管口封好。

油系统检修结束后，为切实保证油系统的清洁，必须进行油循环，过滤系统中的杂质。

（六）球磨机的试运行

检修工作结束后，应认真清理现场，清除球磨机周围的杂物，将设备各处擦拭干净，然后准备进行试运行。试运行方法和要求见第七章第七节。

二、中速磨煤机的检修

中速磨煤机的检修包括中速磨煤机本体检修、传动装置检修、润滑油系统检修三个方面。由于其在传动装置检修及润滑油系统检修方面与钢球磨煤机的检修大致相同。因此，中速磨煤机检修主要是讲述中速磨煤机本体的检修。中速磨煤机种类很多，但主要是碾磨部件的结构不同。为此，除对碾磨部件的检修分别叙述外，对其他本体部分的检修不分别叙述。

(一) E 型磨煤机碾磨部件的检修

1. 碾磨部件的检查

检查测量钢球与上、下磨环的磨损程度和上磨环的降落量。具体内容如下：

(1) 检查钢球上、下磨环有无裂纹、重皮、破碎。钢球和上、下磨环应无裂纹及破碎。当发现有重皮时，应根据重皮的大小和位置判断其对运行的影响程度，以便确定是否进行更换。

(2) 测量钢球外径。通常采用专用样规进行。测量每个钢球的最大外径及最小外径，求得每个球的平均外径，再求得各个球平均值并做好记录。

(3) 测量上、下磨环的磨损程度。常用的方法是在磨环弧形滚道上选择 4～6 个点，测量断面形状。求得最小壁厚并做好记录。

(4) 上磨环的降落量实际上就是钢球和上、下磨环磨耗的总和。测量上磨环降落量，通常以人孔盖开口部或壳体凸缘面为标准，装料设备所带指示装置的指示值可作为降落量的参考。测量上磨环的降落量可为弹簧加载装置调节弹簧紧度时提供依据，因为在两次加紧弹簧的间隔中，该降落量即为弹簧松弛高度，也就是该次需加紧的弹簧压缩的数值。

(5) 钢球和上、下磨环的磨损以及上磨环的降落量中有一项超过标准，则须更换，其标准均按制造厂的规定。

2. 碾磨部件的更换

当碾磨部件的磨损超过规定值时，应进行更换，具体步骤如下：

(1) 拆卸碾磨部件。

将加载装置与碾磨部件解列，从分离器检修孔进入磨煤机内部，拆卸分离器上下漏斗（即内锥体）连接螺栓；拆卸煤粉出口管、落煤管法兰螺丝并将其吊下；按次序拆出磨煤机出口挡板，分离器外壳和分离器内部的上、下漏斗，上磨环的十字压紧环、上磨环、钢球、风环和下磨环。

(2) 检查新钢球、磨环。

更换时用的新钢球应首先进行检查。满足以下要求时方可进行组装：

1) 新钢球、磨环应符合图纸尺寸及公差要求。
2) 新钢球、磨环表面应光洁，无裂纹、重皮等缺陷。
3) 新钢球、磨环表面硬度应符合要求。磨环表面硬度应略低于钢球表面硬度。
4) 必要时应检验新钢球材质及金相组织并符合要求。

(3) 钢球的排列。

需要更换钢球或当钢球磨损到接近填充球直径，需要补充一只填充球时，必须注意钢球的排列。因为钢球直径彼此之间总是存在差异，钢球排列于磨环滚道上的顺序应当是：直径最大的一只钢球（1号）置于中间，其次一只（2号）置于其右侧，再次一只（3号）置于左侧，第四只（4号）在右侧，第五只（5号）在左侧，依此类推（图 8-6）。这样排列，直径就从最大一只钢球，逐渐向右或向左减小。因此最小的一只钢球就在最大一只钢球的对面，使钢球与磨环均匀接触。当顺序排列错时，会造成某些钢球与磨环不接触，从而造成严重的不均匀磨损，并影响磨煤效率。

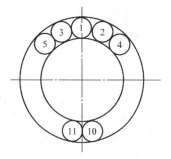

图 8-6 钢球排列方式

(4) 碾磨件的回装。

回装时与拆卸顺序相反,并要注意以下要求:

1) 当下磨环重新组装时,下磨环与上扼的结合面应配合良好,结合面内侧应防止煤粉窜入,其间的密封环应更换。

2) 上、下磨环键与磨环的配合公差应符合制造厂要求,键与键槽两侧不允许有间隙,其顶部间隙应不大于 0.3～0.6mm。

3) 下磨环应保持水平,其偏差应符合制造厂要求。

4) 上磨环与十字压紧环应接触良好,其接触面积不小于 80%。

5) 碾磨部件回装后,上、下磨环应转动灵活,钢球在上、下磨环滚道上能任意滚动。

(二) 碗式和平盘式中速磨煤机碾磨部件的检修

1. 碾磨部件的检查

碾磨部件的检查包括辊筒和磨盘的检查,其具体检查内容和步骤如下:

(1) 辊筒的检查。

1) 检查辊筒轴与轴承的装配情况。当采用的是滑动轴承时,检查辊筒轴与轴瓦之间的间隙应符合要求,轴向和径向间隙都应均匀,辊筒轴与轴瓦接触角、接触点应符合要求;当采用的是滚动轴承时,轴承间隙、辊筒轴与轴承的配合应符合轴承标准,辊筒应转动灵活。

2) 检查密封装置应密封不漏,密封圈应有良好的密封性。

3) 检查辊筒内润滑油量及油质,润滑油量应充足,油内无煤粉等杂物,油质合格。

4) 检查辊筒套的紧固螺丝有无脱落,螺丝有无裂纹、断裂、螺丝紧固是否牢固,螺丝应完整,若松弛应重新紧固。

5) 检查辊筒的磨损程度,辊筒磨损超过制造厂要求时,必须更换。

(2) 磨盘的检查。

1) 检查磨盘衬板有无脱落、裂纹、翘起,磨盘衬板应完整、无裂纹和翘起。

2) 检查测量磨盘衬板的磨损程度,当磨损量超过原衬板厚度的 1/3 时,可翻身使用;当磨损量超过原衬板厚度 2/3 时或翻身后磨损量达 1/3 时,须更换新衬板。

3) 检查磨盘与磨盘座连接螺丝有无裂纹、脱落与松动,磨盘与磨盘座连接螺丝应完整、无裂纹,发现松动时应重新紧固。

4) 检查碗式中速磨的碗缘高度及平盘中速磨的挡煤圈高度,均应符合制造厂要求,低于要求时须更换磨盘或挡煤圈。

5) 检查测量磨盘座与壳体之间的间隙,其间隙一般为 2～3mm,磨盘转动时,磨盘座与壳体无摩擦。

2. 碾磨部件的更换和装配

当碾磨部件的磨损超过规定值时,应进行更换。更换辊轴或轴承时,必须检查辊轴尺寸应符合制造厂图纸的要求。辊轴表面光洁、无裂纹。与轴承配合的辊轴颈的圆锥度不大于 0.01mm,圆度公差为 0.03mm。采用滑动轴承时,辊轴颈与轴瓦接触角应为 50°～90°,间隙应符合标准;采用滚动轴承时,轴承间隙应符合标准,轴承与辊轴颈的配合紧力为 0.01～0.03mm。

更换辊筒套时,必须检查测量各部尺寸应符合制造厂图纸的要求。其表面应无裂纹、严重重皮,硬度不低于标准;装配时必须将辊筒套的紧固螺母、防护螺母和辊筒螺母全面紧固,紧固力量要足够,并将止退螺丝等防止松动的零件装配齐全。然后,在辊筒内润滑油应填充足够量并保证轴的加油孔通畅、无堵塞。密封装置应完整不泄漏。更换和装配好后,将磨煤面间隙整定到预定值之后，盘动辊筒套，应轻便灵活，不允许防护螺母与磨盘接触，并保持上钢衬平面与轴顶套管有一定的间隙。

更换磨盘衬板前，应首先检查衬板尺寸，要符合制造厂图纸要求且衬板无裂纹，表面硬度符合制造厂标准。装配衬板时应保证其不柱度与磨盘不柱度相同，全面落实。衬板落实后，再将压环上的压紧螺丝全部紧固。

更换磨盘时，首先应按制造厂图纸要求检查磨盘尺寸，磨盘轴与轴承配合公差应符合要求，密封装置应完整不泄漏。对于采用螺旋油槽润滑的，磨盘落座前应再次全面检查回油孔，主轴进、出油孔，螺旋油挡应清洁通畅。再者，还应核对磨盘销钉及销钉孔的尺寸，其公差配合应符合要求。最后，检查刮板与机壳底盘间的间隙应符合要求且盘动磨盘，应无阻碍异声。

（三）其他本体部分的检修

其他本体部分的检修包括壳体检修及风环检修，其内容和步骤如下：

1. 壳体的检修

（1）检查壳体、壳体磨损圈及护板的磨损程度，磨损圈及护板磨损超过原厚度 1/3 应进行更换，壳体本身局部磨损超过原厚度 1/3，可局部挖补。

（2）更换新的磨损圈及护板时，应检查磨损圈及护板尺寸符合制造厂图纸要求无裂纹等缺陷。

（3）磨损圈及护板应与壳体装配牢固并平整。

2. 风环的检修

（1）检查风环的磨损程度，风环磨损达到原厚度 1/3～1/2 时应更换。

（2）检查风环的间隙是否合乎要求，若超过要求应进行调整或更换风环。

（3）检查风环的紧固螺丝应完整，无松动。

（四）加载装置的检修

大型中速磨煤机一般均采用气压—油压加载装置，氮气压力一定，磨煤压力不变。在此情况下，通过蓄力器使油压与氮气压力保持平衡，从而保持气缸的润滑及密封，即可防止氮气泄漏。但是，当发生氮气泄漏，压力降低，需要使气压增高，或由于碾磨部件磨损较严重，而需要提高磨煤压力时，通过操作压力调节阀可以进行压力调节。

1. 气压—油压加载装置的检修

（1）检查活塞表面磨损程度。当活塞表面存在严重划痕及磨损，影响其密封性时，须更换活塞，或将划痕去掉后重新镀铬。

（2）检查活塞环与气缸的配合间隙应符合制造厂图纸要求。气缸表面应光滑，无划痕。

（3）检查密封材料的密封性能。当密封性能降低，漏油量增加时，应更换密封材料。

（4）检查检测器中的存油量，当存油量过多需要放出时，应先将检测器上面常开的针形阀关闭以防止氮气漏出，再开启检测器下面常关的针形阀排油。

（5）检查活塞行程能否满足调节要求，不能满足时，应调整活塞行程。

（6）检查安全阀、调节阀、针型阀动作是否灵活、可靠。

（7）检查气压—油压加载装置系统应密封良好无泄漏。

2. 气压—油压加载装置检修后的试验

（1）动作试验。将油压侧压力升至额定压力，气压侧缓慢升压，当压力升至油压侧压力的 1/2 时，活塞即应开始动作。测量气缸压杆压缩与伸长的行程尺寸是否在预定数值范围内。

（2）耐压试验。对加载装置连同管路系统进行耐压试验，在试验压力下持续 3min，以检查是否有泄漏或其他异常，不同型号磨煤机的试验压力不同，可按制造厂家要求确定。

（3）漏油量试验。在密封油侧加一定的油压，检查氮气侧漏油量，漏油量不应超过 0.01L/min。

（五）中速磨煤机常见故障及防止

中速磨煤机常见故障很多，主要有磨煤机堵塞，磨盘主轴及辊轴铜衬过热、咬合或内部着火等。

1. 中速磨煤机堵塞及防止

中速磨煤机堵塞是由于其碾磨区吞吐煤粉的空间较钢球磨煤机小（各种中速磨煤机的空间大小又有所不同，一般以平盘磨最小，E 型磨次之，碗式磨最大），因此对给煤量调节的敏感性又比钢球磨煤机高。当给煤量调节失常时，极易造成中速磨煤机堵塞。

（1）中速磨煤机堵塞的现象。

1）中速磨煤机电流增大。

2）中速磨煤机出口气粉混合物温度下降。

3）石子煤量异常增多。

4）中速磨煤机进、出口差压增大。

5）中速磨煤机及传动装置运转声音异常。

6）锅炉出力下降。

7）对于负压直吹式系统，中速磨煤机进口负压值偏小，出口负压增加，一般情况下排粉机电流增大；当堵塞严重时，排粉机电流趋向减小。

8）对于正压直吹式系统，中速磨煤机进口风压值增大，出口负压减小，一次风机电流增大；当堵塞严重时，一次风机电流趋向减小。

（2）中速磨煤机堵塞的原因。

1）人工控制运行时，结煤量过多或通风量过少。

2）自动控制运行时，调节装置失控。

3）原煤的水分过大，干燥出力不足。

4）石子煤箱充满，未能及时清除。

5）辊筒不转动使碾磨出力明显下降。

6）风环间隙磨损过大或风环磨损引起空气动力工况恶化，石子煤量过大。

（3）中速磨煤机堵塞的防止。

1）加强运行监视与调整。

2）及时清除石子煤箱中充满的石子煤。

3）控制原煤水分不大于允许值。

4）定期检查碾磨部件及风环，保持其良好的工作状况。

2. 磨盘主轴及辊轴铜衬过热或咬合及防止

采用滑动轴承（铜衬）的中速磨煤机中，铜衬过热或咬合非常多。

（1）磨盘主轴及辊轴铜衬过热和咬合的现象。

1）铜衬所在的轴承座温度异常升高。

2）润滑油中有铜屑。

3）中速磨煤机电流增大。

4) 停磨检查磨盘主轴及辊轴铜衬，往往发现铜衬过热、磨损，甚至轴与铜衬咬合。

(2) 磨盘主轴及辊轴铜衬过热和咬合的原因。

1) 由于轴与铜衬的摩擦属于滑动摩擦，它较滚动摩擦产生的热量大，当摩擦产生的热量过大，超过润滑油能携带走的热量和本身的散热量时，磨轴和辊轴铜衬过热或咬合。

2) 碗式磨轴与铜衬均置于其壳体内，进入磨内的热空气将向它们传递热量。随着原煤水分和磨内温度升高，传递热量增大且不易向周围散发，也是磨轴与辊轴铜衬过热或咬合的原因。

3) 磨盘主轴衬瓦润滑油系统与传动装置连接在一起，传动装置磨损的产物以及油中杂质均随油循环流动，其中部分滞留于螺旋油槽中阻塞油路，或进入主轴与铜衬的摩擦面之间。由于润滑油量不足或有磨粒进入，油膜不够稳定或未建立油膜，也会发生铜衬过热或咬合。

(3) 磨盘主轴及辊轴铜衬过热或咬合的防止。

1) 严格检测磨盘主轴及辊轴、铜衬的加工精度应符合制造厂图纸要求。

2) 磨盘主轴与铜衬、辊轴与铜衬的配合间隙、接触角应符合轴瓦检修标准。

3) 磨盘主轴及辊轴、铜衬的材质应符合制造厂要求。

4) 各密封装置应有良好的密封性能，防止煤粉等杂物进入润滑油系统。

5) 定期清理润滑油系统，保持油路通畅，润滑油量合适。

3. 中速磨煤机内部着火及防止

(1) 中速磨煤机内部着火的现象。

1) 中速磨煤机出口温度突然异常升高。

2) 中速磨煤机壳体温度升高，壳体周围有较明显的辐射热感。

3) 排出的石子煤正在自燃或可见炙热的焦炭。

(2) 中速磨煤机内部着火的原因。

1) 中速磨煤机出口温度维持过高。

2) 原煤仓内已自燃或挥发分正在挥发的积煤进入中速磨煤机。

3) 中速磨煤机内部有积存煤粉处。

4) 正在运行的中速磨煤机石子煤箱充满可能引燃的黄铁矿及纤维物等未及时清除。

5) 停止中速磨煤机运行时，未将残留煤粉抽尽，停运时间过长。

(3) 中速磨煤机内部着火的防止。

1) 严格控制中速磨煤机出口温度不超过允许值。

2) 石子煤箱中存积的可燃物质应及时清除干净。

3) 中速磨煤机内部不允许有易于积存煤粉的部位。

4) 较长时间停止中速磨煤机运行时，停磨前应将磨内煤粉抽净。

5) 当发现原煤自燃时，应停止给煤。

第三节 离心式风机的检修

一、检修前的检查

风机检修前，应先在运行状态下进行检查，以了解风机存在的缺陷，并测量记录有关数据，以供检修时参考。检查的主要内容如下：

(1) 测量风机及电动机轴承的振动及它们的温升。

(2) 检查风机轴承油封漏油情况。如风机采用滑动轴承，则应检查油系统和冷却系统的工作情况。

（3）检查风机机壳与风道法兰连接处的严密性，调节挡板开关是否灵活。

（4）了解风机运行中的有关数据，必要时可做风机的效率试验。

二、风机主要部件的检修

风机在运行中，叶轮、机壳和轴等部位最容易发生磨损，因而必须进行定期检修。

1. 叶轮的检修

叶轮磨损的程度不同，所采取的检修办法也不同。通常有补焊叶片、更换叶片和更换叶轮三种情况。

（1）补焊叶片。叶片局部磨损严重时，可进行补焊或挖补。小面积磨损采用补焊，较大面积磨损则采用挖补。每个叶片的补焊质量应尽量相等，并采取对称补焊，以减小补焊后叶轮的变形及质量的不平衡。挖补叶片时，其挖补块的材料和型线应与叶片一致，挖补块还应打坡口。当叶片较厚时，挖补块应加工呈双面坡口，以保证焊补质量。挖补块的每块质量相差不超过 30g，并应对挖补块进行配重，对称叶片的质量差不超过 10g。叶片经过补焊或挖补后，其叶轮应做静平衡试验。

（2）更换叶片。若叶片普遍磨损超过原叶片厚度的 1/2，前后轮盘基本完好，则需更换叶片。在更换叶片时，为保持前后轮盘的相对位置和轮盘不变形，不能把叶片全部割光再焊新叶片，而要保留 1/3 旧叶片暂不割掉，且均匀分布开，等到已焊上 2/3 的新叶片时再割掉余下的旧叶片，焊上相应的新叶片。割除旧叶片和安装新叶片均应对称进行，以防轮盘变形。

新叶片应逐片称重，每片质量相差不超过 30g，并将新叶片进行配重组合。叶片割除后应将轮盘上的焊渣打磨平整，并在轮盘上画线定位。叶片安装位置应正确，间隔偏差不大于 ±3mm，不垂直度偏差不大于 ±2mm。更换叶片后应测量叶轮的圆周和端面的晃度，并做静平衡试验。

（3）更换叶轮。当叶轮上的叶片磨损普遍超过原叶片厚度的 1/2 和前后轮盘严重磨损造成叶轮质量不平衡时，需更换叶轮。其方法如下：

1）用气割割刀割掉连接叶轮与轮毂的铆钉头，再将铆钉冲出。叶轮取下后，用细锉将轮毂结合面修平，并将铆钉孔毛刺锉去。

2）新叶轮在装配前，应检查铆钉孔位置是否正确，再将新叶轮套装在轮毂上。叶轮与轮毂一般采用热铆，铆接前应先将铆钉加热到 100℃ 左右，再把铆钉插入铆钉孔，在铆钉的下面用带有圆窝形的铁砧垫住，上面用铆接工具铆接。全部铆接完毕，再用小锤敲打铆钉头，声音清脆为合格。

叶轮检修后，必须进行叶轮圆周和端面晃度的测量，及转子找平衡工作。

2. 机壳的检修

风机机壳常在易磨损部位加装防磨板（保护瓦），以增强其耐磨性。防磨板一般用厚为 10~12mm 的钢板或铸铁瓦（厚为 30~40mm）制成。机壳内的钢板防磨板必须焊牢。

如果是铸铁防磨板，则应用角钢将其托住并卡牢不得松动。防磨板若松动、脱焊则应卡牢补焊；若磨薄只剩下 2~3mm 时，则应换新。风机机壳的破损，可用铁板焊补。

3. 轴的检修

风机轴最易磨损的轴段是风机机壳内与工作介质接触段，以及机壳的轴封处。检查时应注意这些轴段的腐蚀及磨损程度。风机解体后，应检查轴的弯曲度，尤其对风机运行振动过大及叶轮的圆周、端面晃度超过允许值的轴，必须进行仔细的测量。若轴的弯曲值超过允许值，则应进行直轴工作。

轴上的滚动轴承经检查，若可继续使用，则可不必将轴承拆下，其清洗工作就在轴上进行，清洗后用干净布把轴承包好。对采用滑动轴承的风机应检查轴颈的磨损程度，若滑动轴承是用油环润滑的，则还应注意油环的滑动所造成的轴颈磨损。

第九章 发电机安装

在火力发电厂的安装中，汽轮机和发电机是一个整体，彼此互相关联，发电机机械部分的安装属于汽轮机工地责任范围，电气部分则由电气工地负责。

第一节 发电机本体的主要结构

国产发电机组按冷却方式划分，可分为双水内冷式发电机组和水氢氢冷式发电机组。

一、双水内冷式发电机的主要结构简述

双水内冷式发电机组是我国于20世纪60年代和70年代生产的发电设备，其冷却方式是将经处理后的除盐水，经系统管路直接通至发电机本体内的转子和定子绕组内冷却运行中的发电机。因水的密度比空气密度要大上千倍，比热容约大5倍，从而发电机水冷却与空气冷却的冷却效率相比，大为提高。现就发电机本体结构的主要部套介绍如下：

（1）QFS型发电机定子是由机座、定子铁芯、电枢绕组、冷却水回路及端盖等主要部套组成，如图9-1所示。

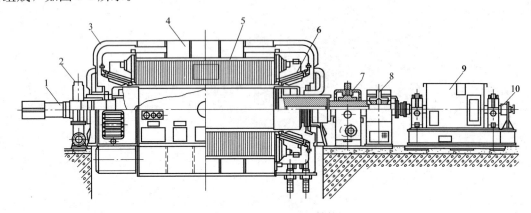

图9-1 QFS系列发电机结构图
1—转子；2—出水支座；3—端盖；4—定子机座；5—定子铁芯；
6—定子端部绕组装配；7—轴承；8—炭刷架；9—励磁机；10—进水支座

（2）发电机定子绕组的冷却水进出水环形总管，设置于发电机两端的端盖内，从环形总管引出若干支管冷却各绕组。

（3）发电机转子的冷却水回路，从发电机的励磁机转子端头处的进水支座进入转子中心孔内，至发电机转子套箍内分若干支路，直接冷却转子绕组。冷却后的回水经出水支座回到位于0m的回水箱内，形成闭式循环冷却系统。转子内部各分支的进水支管在进入转子绕组前，均用聚四氟乙烯软管连接。因转子在运行中使转子内的冷却水产生较大的离心力，当转速升至3300r/min时，离心力将达到725.2N/cm^2，因此使用的复合胶管及其连接用的接头，应具有足够的强度和良好的密封性能。

（4）发电机内定子和转子的各个空间的冷却，是由闭式空气冷却系统冷却的，如图9-2所示。空气经运行中转子两端的风扇进入发电机内各通气道，对转子和定子进行表面冷却，

从排风道排出热风,通过六组空气冷却器,将风冷却后,再被转子风扇打入发电机,从而形成了密闭式空气冷却系统。

二、QFSN-300型水氢氢冷式发电机主要部套结构

该型发电机为国产引进技术生产的300MW发电机组,其冷却方式为:定子绕组为水直接冷却,转子绕组和定子铁芯及其发电机内电气部件,均为氢气冷却。水、氢有各自的闭式循环冷却系统。发电机总体剖面如图9-3所示。现将QF-SN-300-2型发电机主要技术参数介绍于下:

发电机额定功率:300MW;发电机额定转速:3000r/min;转子的临界转速:1290r/min;密封油进油压力:0.385MPa;轴承的进油压力:0.1MPa;定子内氢气压力:0.3MPa;定子绕组内水压:0.2MPa;允许漏氢量:11m³/d;允许轴振动值:<76μm;定子内充气容积:73m³。

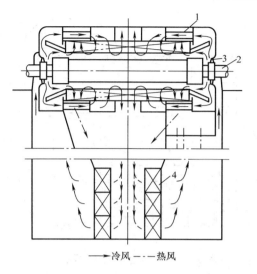

图9-2 双水内冷(QFSS-200-2型)发电机系统示意图
1—定子;2—转子;3—风扇;4—空气冷却器

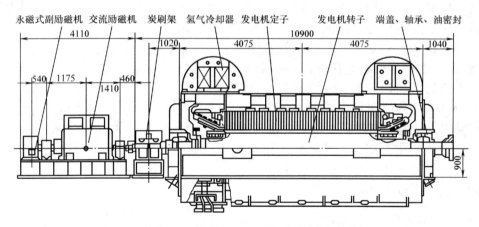

图9-3 QFSN-300-2型发电机剖面

该型发电机组是由发电机定子、发电机转子、端盖、氢气冷却器,水、氢、油密封系统及其设备等组成。定子绕组采用内冷水直接冷却,发电机内其他部位均为氢气冷却。现将各主要部套结构分述如下:

1. 发电机定子及壳体内冷却系统

发电机定子由壳体、机座、铁芯、绕组等主要部件组成。为了发电机运行中的冷却需要,还设有发电机定子内绕组的水内冷系统和其他电气部件的氢冷却通道。

图9-4所示为发电机定子一半的剖面示意图。从图中看出,发电机定子内共设置有九个氢气循环冷却通道。当汽轮发电机组启动前,向发电机定子内充入0.3MPa的干燥氢气,充气前,发电机密封油系统应投入运行,在油密封性能良好运行状态下充氢,否则将造成严重的漏氢事故。当机组启动后,随着转速的升高,设置于转子两端的风扇,将氢气打入发电机

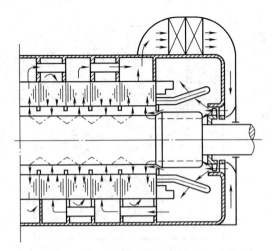

图 9-4 发电机定子氢气循环冷却通道

转子和定子的各个通气冷却区域内，使运行中的转子、定子内部的电气部套得到冷却。从通道排出的氢气，进入位于定子两端顶部的两组表面式冷却器，氢气冷却后，经风道和转子上风扇再次进入发电机内，从而形成了闭式循环氢气的冷却系统。

发电机定子绕组内的水冷却系统由水内冷装置供水。水先进入定子端部的环形总管，其上有若干个支管接头，呈辐射状分布于环形总管上，然后经橡胶软管进入绕组空心导线及发电机定子引出线部分。冷却后，水排放至位于 0m 的回水箱内。水经冷却水泵升压和经冷却器冷却后，再进入发电机。形成闭式循环冷却系统。如图 9-5 所示。

2. 椭圆瓦式支持轴承和双流环式油密封装置

发电机两端的端盖内设置有椭圆瓦式支持轴承和双流环式油密封装置。椭圆式轴瓦在大负荷下具有良好的工作稳定性。双流环式密封油装置是防止在发电机定子内充入氢气至额定压力 0.3MPa 的运行过程中，氢气从轴端处外泄的设备。双流环式密封瓦有两路进油腔室，即发电机内侧为氢侧油腔室，外侧为空侧油腔室。当发电机需置换充氢前，必须保证向氢侧和空侧腔室内供油的差压阀和平衡阀动作灵活，能随氢气压力的变化而变化。

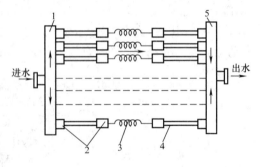

图 9-5 发电机定子水路系统图
1—总进水管；2—不锈钢接头；
3—空心铜线；4—绝缘引水管；5—总出水管

其密封油压应保持高于定子内氢气压力 0.05~0.085MPa，以防止氢气的外泄。双流环式密封瓦如图 9-6 所示。椭圆瓦式支持轴承如图 9-7 所示。

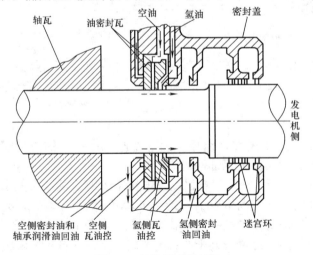

图 9-6 双流环式密封瓦

3. 发电机转子

发电机转子由高强度、高导磁性的合金钢锻制而成。转子内部设有多组冷却通风道，与发电机定子组成发电机内的氢气冷却循环系统。发电机转子与汽轮机低压转子相连接的两联轴器之间装有中间轴联轴器，均为刚性联接结构。在中间轴与低压转子联轴器间设置有调整垫片，该垫片应在低压缸通流间隙定位和发电机磁励中心调好后，测量两联轴器间的间隙，按间隙值加工垫片厚度。发电机转子后端联轴器与主励磁机转子联轴器仍为刚性连接结构。联轴器螺栓端头均由挡风板封闭,以防产生鼓风使轴承温度升高。联轴器结构如图9-8所示。

4. 氢气冷却器

共设两组氢气冷却器,置于发电机定子顶部的两端。冷却器为表面式管结构组成,与定子内氢气系统相连通,形成密闭式氢气冷却系统。

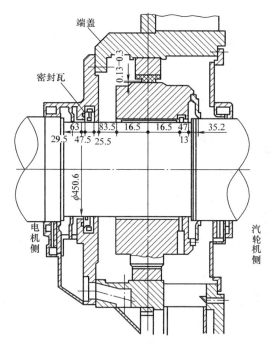

图9-7 椭圆瓦式支持轴承

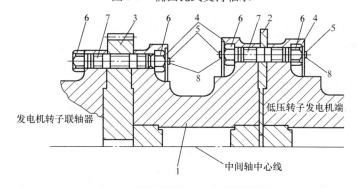

图9-8 低压转子和发电机联轴器

1—中间轴;2—联轴器垫片;3—联轴器端大齿轮;4—联轴器盖板;
5—六角头螺栓;6—专用螺母;7—联轴器螺栓;8—放松垫片

第二节 发电机安装前的准备工作

一、发电机基础复查和垫铁面的打平

(1) 发电机基础与汽轮机基础为一整体钢筋混凝土的框架式结构。在设备安装前,应认真复核与设备安装有关的几何尺寸。如基础中心、地脚螺栓、基础标高与汽轮机基础的相关标高、基础孔洞位置等,均应满足设备图纸尺寸要求。

（2）如制造厂设计为直埋式地脚螺栓和滑销锚固板时，预埋时安装专业人员应配合埋置，使地脚螺栓和锚固销板的几何尺寸满足安装要求，各螺栓顶标高应按制造厂给定的相对标高定位，以防置于发电机后端和励磁机处的地脚螺栓的标高过低，使螺帽无法上满丝扣。

（3）按垫铁布置图，对基础混凝土与垫铁接触面进行打凿加工，打凿后加工面应平整，与垫铁接触面应达75%以上。

二、发电机设备的检查和保管

1. 设备的清点检查

（1）设备到达现场后，应尽快安排开箱检查，按装箱清单认真核对，数量应齐全完整。对主要设备的精加工面，应重点检查，要求无锈蚀和碰伤。

（2）对发电机定子、转子等电气部件，应外观检查无碰损和鼠咬破损。条件允许时，尽快测量绕组的绝缘电阻应达设计规定值。

2. 发电机设备的保管与维护

（1）按标准要求进行维护保管。

（2）当设备到达现场后需半年以上才能安装时，应按电气设备的要求建立密封库房保管，房内应隔潮和具有调温设备使库内保持恒温和对湿度的要求。

（3）对发电机的箱装设备，应入库存放，且应用枕木垫高防潮，且对设备的孔洞应用铁丝网封堵，以防鼠患。

（4）对转子及其他设备的精加工面，不应作设备的支撑承力点，且应经常对精工面的防护油脂清理检查，以防油脂受潮变质，造成精加工面的锈蚀。检查后，仍应用防锈油脂防锈。

第三节 发电机定子安装

国产大功率发电机，除了因冷却方式的不同，使发电机局部结构有些差异外，其施工程序和工艺是基本相同的，故以引进技术生产的与汽轮机相配套的300MW水氢氢型发电机为主要内容加以介绍。

一、定子安装前应完成的几项工作

（1）该发电机设计要求为无垫铁安装方式，故对台板下的基础表面，铲去砂浆层30～90mm，使之露出坚实表面。

（2）铲出的坚实表面，其标高应满足机组安装要求。并对台板下的调整支柱千斤顶下基础表面铲平，基础加工后，一般标高应比台板底面设计标高低80～100mm。

（3）清点制造厂到货的千斤顶垫板、千斤顶支柱，数量应齐全，且无油垢、铁锈和毛刺，装入台板千斤顶丝扣时，应无咬扣现象。

（4）根据千斤顶垫块布置图制作混凝土底座固定千斤顶垫块，其要求为：

1）混凝土材料选用。1.5～2mm直径的标准砂或石英砂；水泥选用600号无收缩水泥并选用洁净的自来水，其配合比按体积比为砂：水泥：水＝4:4:1。

2）混凝土垫块的配制。先将筛好的砂子与水泥按比例混合均匀后，再慢慢加入水，边搅拌边加水，直至混合物显出潮湿时停止加水。继续搅拌，当用手抓紧砂浆不出水，且松手后又不松散时为合格。基础表面在制作垫块前亦应用清水将基础表面冲洗干净，保持基础表面湿润24小时的养护时间。垫块配制时，先支上专门制作的模盒，清除基础上积水后灌入配制好的砂浆，再用专用工具夯实，直到表面有水浆为止。当砂浆标高达到安装千斤顶垫块标高时，压实垫块与混凝土结合密实，如图 9-9 所示。垫块制作完后，在环境温度＋10℃下养护 3～5 天后，再自然养护。

二、发电机定子就位及初步找正

1. 台板的安装

发电机的台板为 87mm 厚钢板加工制成，布置于发电机定子的两侧。图 9-10 所示为整体布置图的 1/4（因布置均为对称布置）。现将台板安装程序和工艺要求，介绍如下：

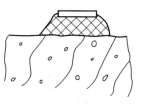

图 9-9 垫块固定

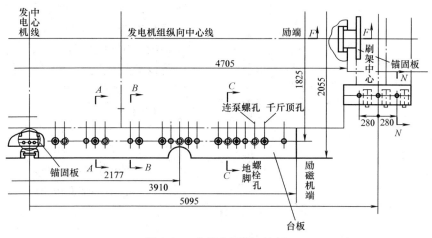

图 9-10 台板布置图（1/4）

（1）从发电机定子台板布置图可看出，在发电机基础上位于发电机纵横中心线上设置有四只锚板式销板，使发电机以纵、横中心线交点处为发电机定子膨胀死点，运行中能自由向四周膨胀，从而保证定子中心运行中不会变化。

（2）台板布置图中，$A-A$ 剖面（如图 9-11 所示）为找正调整用的小千斤顶结构图；

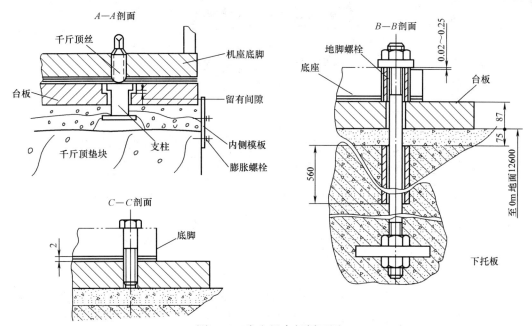

图 9-11 发电机台板剖面图

$B-B$ 剖面为与基础相连接的地脚螺栓结构图；$C-C$ 剖面为台板与发电机定子底座相连接的联系螺栓结构图。

(3) 在台板就位时，应注意检查 $A-A$ 剖面图的千斤顶柱下的支柱，在发电机台板下共有 32 只，均应全部放入。

(4) 位于发电机定子前后及两侧中心线上的四只预埋式锚固板式销板，前后与端盖相配的为⊣形板，两侧台板处为舌板式销板。预埋中应按设备要求标高定位，以防设备找正后，销板与设备标高有差异使销板与销槽位置偏移。锚固销板如图 9-12 所示。

(5) 发电机基础的纵横中心线与台板中心线应重合，台板面标高应符合设备要求，不符合时可通过调整千斤顶丝来调整台板水平。最后紧好地脚螺栓。

2. 发电机定子就位及初步找正

(1) 在发电机定子底脚与台板之间，按制造厂要求应加入整张平垫片 0.7mm 厚一张；0.2mm 厚两张，以备将来检修中调整。两端接近端盖处应加入阶梯形垫片，以增加端盖内支持轴承的支承刚度，使轴承在机组运行中稳定性增加。如图 9-13 所示。

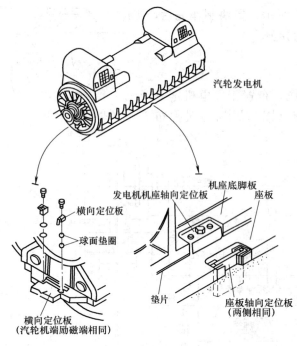

图 9-12 锚板式销板结构

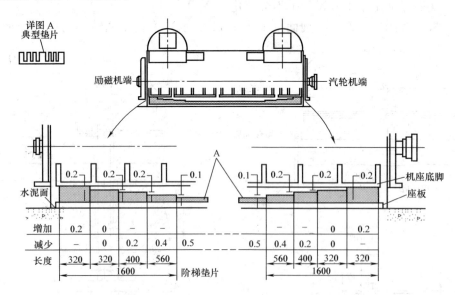

图 9-13 发电机定子底脚阶梯垫片布置图

(2) 因发电机定子重量往往超过桥形吊车的起吊能力，定子起吊前应对桥形吊车进行核算，如超过桥形吊车起吊能力，则应做出起吊方案，按方案对桥形吊车加固后方准起吊定子。

(3) 当发电机定子缓缓落到台板上时，应缓慢将定子负荷转移到千斤顶丝上去，各个千斤顶丝上的载荷应均匀。发电机定子按纵横中心线就位，标高应与设计值偏差不超过±1mm。

（4）发电机定子就位后，按制造厂给定的发电机中心标高，用拉钢丝法对定子初步找正。在定子端盖尚未安装时，可测量定子铁芯处，调整至四周间隙均等。

3. 定子就位后的安装

（1）检查发电机定子内的水冷系统的进出水汇流总管及各支管，均应无碰损，各管接头紧固可靠后，应对内水冷系统做风压试验，试验压力为0.3MPa，经8h后其漏气量应符合制造厂规定的标准。如漏气量超标时，可在水冷系统内充入适量的氟利昂气体，用卤素检漏仪全面检查系统，找出漏点，加以消除。

（2）对四台氢气冷却器进行解体检修，组装后应做0.6MPa压力的水压试验，经稳定30min后压力应不降低，并检查确无漏点后，将冷却器正式安装于发电机定子两端的顶部。安装中应对各接合面用红丹油检查接触面，应均匀接触，否则必须修刮达到合格，以防从接合面处漏氢。一切正常后，接合面处加入橡胶垫片，均匀紧固接合面螺栓。

（3）组装发电机定子端盖。先将端盖吊入定子处的安装位置，在紧接合面处螺栓总数的1/3后，接合面用0.03mm厚度的塞尺检查，均不得塞入，否则应研刮直至合格。对端盖内轴承座室和双流环式密封瓦室内的所有管孔，位置均应与图纸相符，孔洞畅通。要求封闭的孔洞，均已封闭后，方可将下半端盖与发电机定子正式组装。

（4）端盖组装中还应采用拉钢丝法将端盖内轴承洼窝与定子铁芯中心调整合格后，紧固端盖接合面螺栓。

（5）发电机两端端盖内的轴承室及密封瓦腔检查清理，应油路畅通，腔内无锈蚀和焊渣，油室经浸油试验不漏（试验方法同汽轮机轴承）。

（6）检查双流环式密封瓦并对前后端轴承进行解体清扫油脂及污垢。经外观检查，应设备零件齐全，且无碰损。

（7）发电机轴承的安装要求、施工方法均与汽轮机轴承相同。但对发电机而言尚应注意一点，为了避免轴电流的产生，所采取的绝缘措施必须予以保证。因为如果产生了轴电流，将可能造成轴颈腐蚀、轴瓦钨金熔化等严重事故，甚至使机组无法继续运行。

如果发电机磁场不对称，围绕着轴将产生一变换磁场。这个变换磁场的作用会产生一个通过两个轴瓦和轴的轴电流。而引起发电机磁场不对称的原因不外乎回路短路、转子线圈接地、励磁回路绝缘损坏等，因此要避免轴电流产生，就必须注意防止上述情况出现。

另外，在机组运行中，可能因突然的故障而不可避免地要产生轴电流，因此为阻止它的产生，在安装时，在发电机后轴承座的下面，应当垫以绝缘板；油管路上的螺栓和法兰都加绝缘套管和绝缘垫片。这样就使轴承座与转子绝缘，从而形不成回路，借以防止轴电流。

绝缘垫片可采用胶木绝缘板，其绝缘性能必须经检查合乎要求。垫板必须平整无翘曲，尽量使用整张板，最后检查轴承座对地绝缘，这时需将上轴瓦吊下，再将励磁机侧的发电机轴微微抬起，便可用遥表测量轴承座与地之间的绝缘，要求其间的绝缘电阻不得小于规定，一般要求不小于0.5~1MΩ。

三、发电机定子压力试验

（一）发电机定子的风压试验

1. 定子风压试验的准备工作（氢气侧）

（1）氢气冷却器应安装完毕，组装时冷却器的各结合面应加入密封垫，垫片两面均应涂一层750-2密封胶，以紧固所有接合面螺栓。

（2）发电机端盖内侧的中心孔用临时堵板封闭；对定子上的所有孔洞亦应全部封闭。

（3）按预定方案接好风压试验的管道系统及标准压力表。准备好找漏用的检漏仪。

2. 定子本体的风压试验

（1）将洁净干燥的压缩空气充入定子，缓慢升压，当压力升至 0.049~0.098MPa 时，进行初检，消除明显漏点后再逐渐升压至 0.29MPa 检漏。

（2）当定子内气体压力升至 0.098~0.196MPa 时，可按定子内气体容积计算，每 30m³ 容积可充入氟利昂 1kg，充入氟利昂达计算要求量后，再升压至 0.29MPa。

（3）当定子内气压达 0.294MPa，且已稳定后，试验开始，并记录初始试验的各项记录。记录项目为：时间、定子内气压降、大气环境下的大气压力和温度。试验时间一般应为 24 小时。

（4）定子本体严密性风压试验时，应注意投入氢气冷却器的水侧通水，以防冷却器管板两侧因压差过大而变形。

（5）定子气密试验一般按制造厂规定进行，当制造厂无明确规定时，可参考表 9-1 所列规定，进行试验。

表 9-1　　　　　　　氢冷及水氢氢冷发电机严密性试验参考值

发电机额定氢气压力（MPa）	严密性试验压力（MPa）			
	定子	转子	管道	整套
0.1~0.25	0.15~0.3	0.3~0.4	0.3~0.4	0.15~0.25
0.3~0.4	0.35~0.45	0.5~0.6	0.5~0.6	0.3~0.4
允许漏汽量	折算到一昼夜的漏汽率在 0.3%	试验 6 小时的压力降应不超过初压的 10%	试验 6 小时平均每小时的压力降应不超过初压的 10%	在转子静止的情况下，折算到试验压力下，一昼夜的漏汽率在 1.3%以下

3. 发电机定子壳体漏气量的计算

漏气量通用计算公式为

$$\Delta V_A (\text{或} V_H) = V \frac{273+t_0}{p_0} \cdot \frac{24}{\Delta h} \left(\frac{p_1+p_{B1}}{273+t_1} - \frac{p_2+p_{B2}}{273+t_2} \right) \tag{9-1}$$

式中　ΔV_A（或 V_H）——在绝对大气压力 p_0 和环境温度 t_0 状态下的每昼夜的空气（或氢气）平均漏气量，m^3/d；

V——发电机的充气容积，m^3；

t_0——给定状态下环境温度，℃；

p_0——给定状态下的大气压力，MPa；

Δh——正式试验的连续小时数，h；

p_1——试验开始时的定子内气体压力（表压），MPa；

p_2——试验结束时的定子内气体压力（表压），MPa；

p_{B1}——试验开始时的大气压力，MPa；

p_{B2}——试验结束时的大气压力，MPa；

t_1——试验开始时定子内气体平均温度，℃；

t_2——试验结束时定子内气体平均温度，℃。

漏氢气量与漏空气量的换算系数 K 为

$$K = \frac{\Delta V_H}{\Delta V_A} \approx 3.8 \tag{9-2}$$

试验的漏气量应达到制造厂所规定的漏气量的允许范围，否则应继续消除漏泄。鉴于发电机运行中的漏氢量的过大，对发电机安全运行危害极大，甚至造成设备的严重损坏。因此在安装中，严把质量关，尽最大努力使发电机氢系统的漏氢量降低。

（二）定子绕组内冷水系统压力试验

如用洁净的除盐水做介质压力试验时，其试验压力规定为 0.735MPa。首先向系统内充水，在充水过程中注意将系统内空气排放干净，然后缓慢升压。随着压力逐渐升高，重点检查图 9-14 所示的容易发生漏水的部位，发现泄漏及时处理，直至升到试验规定的压力。待压力稳定后，经 8h 压力不降，系统无漏泄为合格。试验后，应及时放出发电机定子内水冷系统的积水。无法放出的余水，应用压缩空气吹出，直至管内吹干为止。

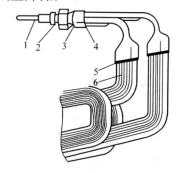

图 9-14　定子绕组容易发生漏水部位图
1—聚四氟乙烯塑料管；2—绝缘引水管接头；3—紫铜和不锈钢接头焊接口；4—紫铜接头和烟斗焊接口；5—烟斗状接头和空心铜线焊接口；6—空心铜线

水压试验中，如漏泄严重时会将水漏入定子内，影响电气绝缘，故此建议尽可能采用气压试验法检查漏泄为宜。

第四节　发电机转子安装

一、穿转子前的测量检查

（1）检查转子：先将转子清理干净，进行外观检查，应无碰损，所有紧固件无松动。

（2）检查转子线排间所有通风孔洞，清除加工中可能残存的铜屑等杂物，最后用压缩空气彻底吹扫转子。

（3）测量转子绕组的绝缘。如绝缘不合格时，应作烘干处理，直至合格。

（4）如现场条件允许，应尽早测量转子轴颈的椭圆度和不柱度以及联轴器圆周晃动度，端面的飘偏。测量值均不允许超过 0.03mm。

二、转子压力试验

（1）发电机转子的风压试验即为转子中心孔做风压试验。首先将靠汽轮机端转子中心孔堵板紧固，转子励磁端中心孔配制临时堵板并接出试压短管及压力表，充入压缩空气升压至 0.294MPa。稳压经 6h 观察应无压降，否则应查找清点给予消除。

（2）如发电机转子为水内冷结构，其水压试验要求为：双水内冷发电机转子水压试验前，检查转子进水口堵板应密封良好，出水孔所有丝堵全部拧紧。从励磁端转子中心孔将水充入，从处于转子上部的出水丝堵排放空气，当空气排净后，拧紧该丝堵。

因转子内水回路中的导线和部件包括其内部的冷却水，在转子高速旋转时，将产生相当大的离心力。在这个离心力的作用下，各接头、焊口容易松弛、脱焊，因此转子水压试验的压力应根据离心力的大小选用。

将发电机转子放置在清洁干燥场地上的转子支架上，环境温度不低于 5℃时，做水压试验。水压应缓慢上升，在上升中对转子水回路检查，发现漏水点及时消除，直至升到规定的试验压力和稳定时间，均无泄漏为合格。国产发电机转子的水压试验亦可参照表 9-2 规定试压。

表 9-2　　　　　　　　　　　　　转子水压试验要求

试验项目	试验压力（表压，MPa）		试验时间（h）
	QFS—125 型	QFS—300 型	
安装时试验	6.86	8.82	8
更换局部绝缘引水管	5.39	7.35	8
更换全部绝缘引水管	5.88	7.84	2
机组小修	5.88	7.84	2

三、发电机穿转子

转子穿装前，要求再次检查定子和转子，确信铁芯内部和通风道清洁，转子轴颈表面光洁。发电机转子装入到定子内的方法一般有如下四种：

1. 用后轴承座作平衡重量的方法穿发电机转子

采用这一方法（如图 9-15 所示）可使整个转子的重心偏向后轴承座，这样对于某些类型的发电机钢丝绳只要绑扎一次便能将转子穿出定子本体。安装时，先在发电机后轴承座后铺以方木，在方木上放好 100×8 的扁钢并涂上润滑脂，注意选择方木的高度，使发电机后轴承座放在扁钢上时，转子大致和定子同心，然后在转子重心处绑扎钢丝绳，微吊起转子，用水平仪放在转子上监视转子水平度，并利用挂在定子两侧的手拉链轮（葫芦）均匀地拉动后轴承座，将转子穿入，同时行车也随着后轴承座的滑动而前进，直至靠背轮伸出定子绕组外。

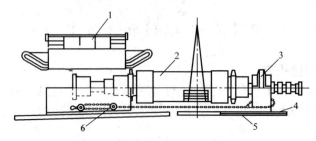

图 9-15　用后轴承座作平衡重量穿转子
1—定子；2—转子；3—后轴承座；4—扁钢；5—方木；6—手拉链轮

2. 用滑块或跑车的方法穿发电机转子

图 9-16 是用滑块的方法穿装转子的示意图，在发电机定子铁芯内装设一弧形钢板，圆弧半径应与定子铁芯半径相同，长度满足穿转子的需要，即在励磁端当钢丝绳接近定子绕组时，转子上的滑块应能落到弧形钢板上，在汽轮机端当钢丝绳尚未移到靠背轮上之前，滑块应仍支撑在弧形钢板上，为防止定子铁芯损伤，在弧形钢板与定子铁芯之间应垫上软性垫片。与第一种方法相同，在定子两侧挂上手拉链轮，利用它来均匀移动轴承座，而使转子靠背轮伸出定子外。

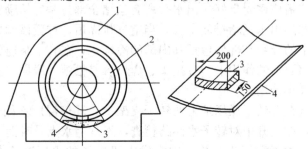

图 9-16　用滑块的方法穿装转子
1—定子；2—转子；3—滑块；4—弧形钢板

3. 用接轴的方法穿装发电机转子

QFS—125 型与 QFS—300 型发电机转子的吊装采用接轴的方法。QFS—125 型发电机转子用一根接轴；QFS—300 型发电机转子采用两根接轴，图 9-17 是用两根接轴安装发电机转子的示意图，其主要工序如下：

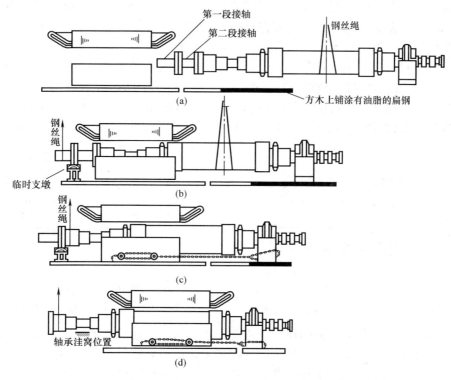

图 9-17 用接轴安装发电机转子示意图

在发电机后轴承座末端先铺好方木，方木上铺盖 100×8 扁钢，扁钢的上表面涂以润滑脂，方木的高度应使后轴承座放在扁钢上时转子大致和定子同心。在转子上装好接轴和后轴承座，吊起转子，用水平仪检查转子轴颈，应呈水平。然后将转子对准定子中心位置，缓慢地移动吊车，使转子平稳地穿入定子内，见图 9-17（a），在穿入过程中转子两端应有专人掌握转子的移动。当接轴穿出定子，起吊钢丝绳靠近励磁端定子绕组时，可将接触轴搁置在由工字钢、道木组成的临时支墩上。将钢丝绳倒换在第一段接轴上，吊起转子抽去临时支墩上的道木，利用行车和挂在定子两侧的手拉链轮，均匀拉动轴承座，使转子继续引入定子内，见图 9-17（b）。当第二段接轴自定子内引出后，用同样方法将起吊钢丝绳倒换到第二段接轴上，拆除第一段接轴，使转子继续往定子内引伸；如果此时汽轮机已就位，则在发电机转子靠背轮伸出定子后，可将支墩上的道木放好，使靠背轮放落到临时支墩上，把第二段接轴拆去，将钢丝绳倒换至靠背轮上［图 9-17（c）］仍利用手拉链和行车使转子前移，待发电机转子前轴颈引伸到轴承注窝后，将前轴承下瓦放下，使转子轴颈落在轴承上，即可拆下钢丝绳，见图 9-17（d）。转子穿装完毕后，移去穿转子工具，然后将发电机轴承座抬起，取去扁钢和方木，将轴承座底部和台板揩拭干净，按要求放上调整垫片和绝缘垫片。

4. 用两台跑车的方法穿发电机转子

这种方法实际上是上述第二种和第三种方法的混合，此处省去。

第五节 发电机间隙的调整

一、发电机空气间隙的调整

空气间隙不均时,将引起定子与转子四周磁拉力的不均衡,产生单边径向磁拉力过大。单边磁拉力与相对偏心率成正比。气隙偏心率过大将引起转子旋转振动力的增加,严重时还会使转子产生弹性变形。因此,在安装中减小转子和定子轴线的偏心是很重要的。按现行技术规范要求发电机空气间隙应均匀一致,允许实测值与气隙的平均值之差不超过 1mm 或偏差不超过 10%。测量时应选择发电机两端同一断面上的上、下、左、右圆周上的相互垂直的四点上测量,通过调整尽可能使气隙值相等为宜。现简单介绍空气间隙的调整。

（1）根据气隙值的大小制作可调整尺寸的测量工具,如图 9-18、图 9-19 所示。

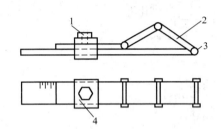
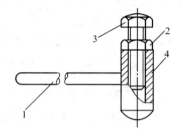

图 9-18　气隙偏差测量工具（一）
1—定位螺栓；2—测杆；3—铰链；4—导向块

图 9-19　气隙偏差测量工具（二）
1—测量手柄；2—调整螺帽；3—测头；4—壳体

（2）根据发电机转子两端套箍位置,选定与套箍同一截面的定子铁芯位置,用测量工具测量,得出四周上、下、左、右测量值,算出偏差值的应调整量给予调整。

（3）如发电机两端轴承为落地式轴承结构时,应在低压缸转子与发电机转子联轴器找正合格后,利用调整发电机定子位置使空气间隙达到要求。如发电机为端盖支承式轴承,则可通过调整端盖位置或少量调整轴承垫块内垫片的方法,使发电机气隙达到均匀。

二、发电机磁力中心的测量与调整

由于机组在正常运行时,转子的轴向位置要向后移动,因此为使发电机转子和定子的磁力中心在机组正常运行起来以后能够重合在一起,在机组安装时,就应使转子和定子的磁力中心预留一偏差值,即发电机在安装时转子的磁力中心应比定子的磁力中心向汽轮机端偏移,偏移值大小用式（9-3）计算：

$$D = \frac{L\alpha}{2} + C \tag{9-3}$$

式中　D——冷态时转子与定子磁力中心的偏移值,mm；
　　　L——转子铁芯长,m；
　　　α——每米长转子的伸长量,对空冷发电机 $\alpha=1$mm/m,对水冷发电机 $\alpha=0.5$mm/m；
　　　C——汽轮发电机组正常运行时向后的绝对伸长值,mm,例如空冷 25MW 机组的 $C=2$mm/m,125MW 机组的 $C=5.5$mm/m,300MW 机组的 $C=11$mm/m。

测量发电机转子和定子磁力中心的偏移值,是先在定子两端分别测量定子铁芯与转子套箍之间的距离 a_1、a_2（如图 9-20 所示）,然后按式（9-4）计算转子和定子磁力中心的偏差值 D

$$D = \frac{a_2 - a_1}{2} \tag{9-4}$$

根据测量所得的偏差值计算所需调整量，可采取将发电机转子轴向移动的方法，使磁力中心达到要求值。如发现转子轴向移动可能造成转子联轴器间垫片过薄或过厚时，应同时移动定子和转子。

发电机空气间隙和磁力中心全部找好后，应尽快复查联轴器中心，合格后，可进行联轴器螺栓的连接工作。联轴器间所加的垫片到达安装现

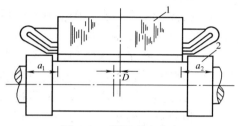

图 9-20　测量磁力中心
1—发电机定子；2—发电机转子

场后，应测量垫片面的瓢偏值，应不大于 0.02mm，否则应进行研刮。靠背轮找中心的方法同汽轮机靠背轮找中心，找中心应达到的质量要求按制造厂规定值。

当汽轮机低压转子与发电机转子靠背轮找中心工作完成后，再次复查发电机空气间隙及磁力中心，均符合技术标准后可进行发电机机座的二次灌浆。若发电机为无垫铁安装，应使用高标号无收缩的水泥，在灌浆前应彻底清除台板底部杂物，并用清水浸湿混凝土表面保持 24 小时后开始二次灌浆，灌浆过程中应使用铁钩将水泥推入台板下不易灌到的各部位，以防二次灌浆可能出现的局部脱空现象。灌浆后直至混凝土强度达到 75% 以上时，方可将发电机的荷重落到基础上。此时应检查台板与发电机机座不得出现间隙，台板与基础混凝土间应接触密实。最后拧紧地脚螺栓，其紧固力矩应达到 1240N·m 以上。

三、冷风系统安装及端盖封闭

将风扇静叶环座下半部分组装于内端盖上，上半部分只留出约 1/4 弧段待动风扇叶组装后再装，测量检查静风扇叶顶部与动风扇轮鼓之间的轴向间隙，调整至规定要求值。

组装转子两端的风扇动叶片，应根据编号装入动叶片，盘动转子将钢衬带装入。装动叶片时，用尼龙块敲紧动叶，并用锁紧块锁紧。当一组弧段叶片组装好后，用锁紧螺钉和锁块锁好动叶片，盘动转子继续组装动叶直至装完。

最后将内端盖上部未装的 1/4 弧段的风扇静叶环座组装，测量动、静叶片的径向间隙，调整后，使其符合图纸要求，如图 9-21 所示。

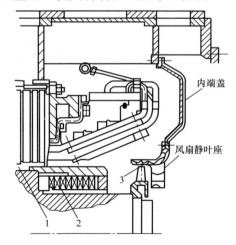

图 9-21　定子、转子气隙
1—定子气隙；2—隔板气隙；3—风扇气隙

四、发电机端盖组装

（1）对发电机定子内部要清扫干净，用大功率吸尘器吸尘。

（2）重新检查密封瓦的自由度，应无卡涩。

（3）发电机上端盖安装步骤如下：

1）对上端盖上所有零件进行清点、清扫。

2）吊起上端盖与下端盖组装水平接合面，先拧紧水平接合面螺栓，再拧紧圆周面螺栓，接触应良好。

3）在拧紧螺栓前，应往端盖密封槽内注入密封胶。

4）最后组装上端盖和密封瓦座，应在接合面处加入绝缘垫，涂上密封胶，正式装好端盖和密封瓦座。

5）测量和调整外油挡，间隙合格后，将外油挡封盖正式组装。

五、励磁机安装

(1) 按图纸要求，在基础上画出垫铁位置，经加工后，垫铁与基础面接触均匀、平稳，垫铁放置用水平仪测量，应处于水平位置，标高达到制造厂给定值。

(2) 垫铁按技术要求研刮，接合面接触均匀，接触面积达70%以上后，按安装要求标高放置可调整垫铁，然后整组起吊励磁机组设备就位。

(3) 按制造厂找中心要求，以发电机联轴器为基准，对励磁机转子进行初步找中心。

(4) 以励磁机转子中心为基准，通过对整体台板架的上、下、左、右位置的调整使四周空气间隙达到均等，误差为5%。通过台板或定子的轴向移动，使磁力中心符合图纸要求。

(5) 励磁机通流间隙需达到要求。

(6) 安装中应注意以下几点：

1）安装中所有电气部套的清理检查和电气有关试验，均应由电气专业人员检查试验合格后，再作最后封闭。

2）励磁机通风道的安装应根据设备结构安排风道的安装顺序，以免造成返工。

第十章 管道与阀门的安装与检修

火电厂的热力系统是由热力设备、管道及各种附件按热力循环的顺序和要求连接而成的。生产过程的进行及工质的输送都要通过管道来完成。火电厂主要的管道系统有：主蒸汽管道系统、除氧给水系统、再热蒸汽系统、旁路系统、给水回热加热系统、疏放水系统、循环冷却水系统、工业水系统等，管道系统是由管子及管道附件所组成的。它们的状况会影响电厂的安全性与经济性，在生产系统中的地位十分重要。

第一节 管道的规范

管道的规范一般用公称压力和公称直径表示。它们是国家标准规定中的计算直径和压力等级，以便选用管子、管件和对管道进行计算。

一、公称压力

公称压力为管子、管件、阀门等在规定温度下允许承受的以压力等级表示的工作压力。公称压力的符号为 PN，其单位为 MPa。公称压力一般表示管道法兰或法兰连接的其他管道组成件在某一基准温度下的最大许用工作压力，这一基准温度对碳素钢一般为 200℃；对耐热合金钢为 350℃。

管道组成件允许的工作压力与工作温度有关，对同一材料而言、工作压力一般均随温度的升高而降低。各种管道组成件的压力与温度等级的确定有以下两种情况：

1. 以公称压力分级的管道组成件

这类管道组成件的压力与温度关系大多可在相应的标准中直接查得。对于只标明公称压力的组成件，除非另有规定，在设计温度下的许用压力可按式（10-1）计算：

$$p = \text{PN} \frac{[\sigma]^t}{[\sigma]^s} \tag{10-1}$$

式中 p——设计温度下的许用压力，MPa；

  PN——公称压力，MPa；

  $[\sigma]^t$——钢材在设计温度下材料的许用应力，MPa；

  $[\sigma]^s$——钢材在基准温度下材料的许用应力，MPa。

管道所允许的工作压力随管道材质和使用温度的高低而变化。对碳素钢，在介质温度低于 200℃时，公称压力等于允许的最大工作压力。对耐热合金钢，在介质温度低于 350℃时，公称压力等于允许的最大工作压力。碳素钢、耐热合金钢制成的管子及管件允许的最大工作压力都将随介质温度的升高而逐渐降低。

2. 没有以公称压力分级的组成件

此类组成件如管子、管件，其压力温度参数值可用设计温度下材料的许用应力及组成件的有效厚度（名义厚度减去所有厚度附加量）计算确定。

二、水压试验

管子和附件强度试验压力（表压），按式（10-2）确定：

$$p_T = \begin{cases} 1.25p \dfrac{[\sigma]^T}{[\sigma]^t} \text{ 或 } 1.5p \\ p + 0.1 \end{cases} \tag{10-2}$$

取两者中的最大者。

式中 p_T——试验压力，MPa；

p——设计压力，MPa；

$[\sigma]^T$——试验温度下材料的许用应力，MPa；

$[\sigma]^t$——设计温度下材料的许用应力，MPa。

水压试验下，周向应力值不得大于材料在试验温度下屈服极限的 90%。

周向应力按式（10-3）计算：

$$\sigma_t = \frac{p_T[D_i + (s-a-c)]}{2(s-a-c)\eta} \tag{10-3}$$

式中 σ_t——试验压力下管子或附件的周向应力，MPa；

D_i——管子内径，mm；

s——管子壁厚，mm；

a——考虑腐蚀、磨损和机械强度要求的附加壁厚，mm；

c——管子厚度的负偏差值，mm；

η——许用应力修正系数。

水压试验的压力（表压），应不小于 1.25 倍设计压力，且不得小于 0.2MPa。水压试验用水温度应不低于 5℃，也不高于 70℃。试验环境温度不得低于 5℃，否则，必须采取防止冻结和冷脆破裂的措施。

三、公称直径

为简化管道组成件的连接尺寸，便于生产和选用，工程上对管道直径进行了标准化分级，以"公称直径"表示。公称直径的符号为 DN，公制单位为 mm。公称直径为表征管子、管件、阀门等口径的名义内直径。我国使用的钢管公称直径数值一般与钢管实际内径比较接近。其实际数值与内径并不完全相同，介质压力不同，管壁厚度一般也不同，从而出现了不同的内径。特别是高压管道公称直径与管子的内径往往相差较大。

除公称直径外，在产品目录中也可标出管子的外径 W 和壁厚 δ，表示方法为 $W \times \delta$，如外径为 108mm，壁厚为 4mm，则表示为 108×4。

第二节 管　　子

一、火力发电厂常用管道材料

火电厂汽水管道的管子主要是碳钢管和合金钢管。我国常用的管材有普通碳素钢、优质碳素钢、普通低合金钢及耐热钢。管材的钢号及推荐使用温度见表 10-1。

表 10-1　　　　　　　　　常用管材及其推荐使用温度

钢 类	钢 号	推荐使用温度（℃）	允许上限的温度（℃）
碳素结构钢	Q235—A.F Q235—B.F	0~200	250
	Q235—A Q235—B	0~300	350

续表

钢 类	钢 号	推荐使用温度（℃）	允许上限的温度（℃）
碳素结构钢	Q235－C		
	Q235－D	－20～300	350
优质碳素结构钢	10	－20～425	430
	20	－20～425	430
	20G	－20～430	450
普通低合金钢	16Mn	－40～400	400
合金钢	15CrMo	510	550
	12Cr1MoV	540～555	570
	12Cr2MoWVTiB	540～555	600
	12Cr3MoVSiTiB	540～555	600

20号钢在高压锅炉上用得很多，如水冷壁管、省煤器管和低温段过热器管。这种管有较好的工艺性能：可焊性好，容易弯管，不易裂。

合金钢管主要用于高压锅炉蒸汽温度超过450℃的过热器管和再热器管。12Cr2MoWVB钢是我国自行研制的珠光体耐热钢，具有较好的综合机械性能、工艺性能及抗氧化性能。合金钢管焊接时一般都要进行焊前预热和焊后热处理，热弯后也需进行热处理。

二、管子的检验

出厂的管子即使是合格品，由于运输和保管不当，也可能发生腐蚀、损坏、变形或将不同材质的管子相混淆的情况。各种缺陷的存在将严重影响管道的使用寿命，材质混淆甚至会造成爆管事故。因此，在使用前应进行严格检验。检验的内容主要有：

(1) 用肉眼检查管材的表面质量。其表面应光滑无裂纹、划痕、重皮，不得有超过壁厚负公差的锈坑。

(2) 用卡尺或千分尺检查管径和壁厚，尺寸偏差应符合标准中的有关规定。相对椭圆度不超过5%。

(3) 用沿管子外皮拉线的方法或将管子放在平板上检查管子的弯曲度。对冷轧钢管，其弯曲度不超过1.5mm/m。对热轧钢管：壁厚小于或等于20mm时，弯曲度不超过1.5mm/m；壁厚为20～30mm时，弯曲度不超过2mm/m；壁厚大于30mm时，弯曲度不超过4mm/m。

(4) 有焊口的管子应进行通球检验，球的直径为管子公称直径的80%～85%。

(5) 对外径大于22mm的钢管应进行压扁试验，以检验钢管的冷加工变形性能。压扁后的内壁间距H按式（10-4）计算：

$$H = \frac{(1+a)S}{a+\frac{S}{D}} \tag{10-4}$$

式中 S——钢管公称壁厚，mm；

D——钢管外径，mm；

a——单位长度变形系数，取$a=0.08$。

对未经车制的试样，在压扁试验后，当壁厚$S \leqslant 10$mm时，所出现的裂纹宽度不得大于壁厚的10%，裂纹深度不得大于0.55mm；当$S>10$mm时，裂纹深度不得大于1mm。

（6）欲考验管子的严密性和强度，需做单根管子的水压试验。试验压力 p 为

$$p = \frac{2S_{\min}\sigma}{d} \tag{10-5}$$

式中　$S_{\min}$——钢管最小壁厚，mm；

　　　σ——允许应力，为该管材屈服极限应力的 0.85 倍；

　　　d——钢管公称直径，mm。

水压试验可采用如图 10-1、图 10-2 所示的专用工具进行。

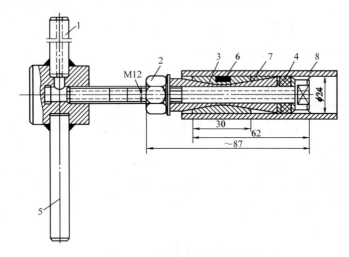

图 10-1　内塞式水压试验工具

1—进水管；2—压紧螺母；3—塞头；4—密封圈；5—把手；6—拉紧弹簧；7—锥形套；8—管子

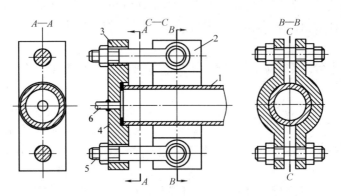

图 10-2　外夹式水压试验工具

1—管子；2—管夹子；3—压盖；4—铜垫；5—带环螺栓；6—引入水管

三、管子的弯制及校正

在管道安装过程中，由于管道在有的地方需要改变方向因此要进行弯管工作。由于制造、运输和保管不当会产生弯曲，弯好的管子也会发生弯曲角度变化，运行中的管道由于膨胀受阻，也可能使一些管段产生变形。因此在安装和检修时，就需要对它们进行校正。

（一）管子的弯制

1. 弯曲半径

弯管时，管子中性层外侧（凸侧）的金属被拉伸产生拉应力，中性层内侧（凹侧）的金属被压缩，产生压应力。在此应力的作用下，管子的长度、壁厚及额面形状发生变化，即外

侧受拉而伸长，管壁变薄；内侧受压而缩短，管壁变厚，同时截面因拉力的合力、压力的合力都指向中性层，造成凸、凹侧金属向中性层靠拢而出现椭圆形（见图 10-3）。

对于变成椭圆形截面的管段，承受内部介质压力的能力将降低，因此在弯制过程中应采取措施，把椭圆度限制在一定范围之内。管子的弯曲角度、弯曲半径、管径、壁厚等直接影响管子的椭圆度，但因管径、壁厚及弯曲角度都应满足设计要求，故合理选用弯曲半径是个关键。通常为控制凸侧金属减薄不超过直径的 15% 和椭圆度不超过允许值，推荐弯管时的弯曲半径是：冷弯弯头的弯曲半径为公称直径的 4 倍以上；热弯弯头的弯曲半径为公称直径的 3.5 倍以上。

2. 弯管工艺

弯管方法有冷弯、热弯、中频弯管三种。

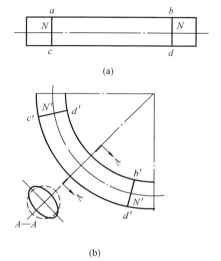

图 10-3 管子弯曲时的情况
(a) 管子弯曲前；(b) 管子弯曲后

(1) 冷弯。冷弯是在常温下用人力或机械进行管子的弯制。在管径小于 40mm 时，可用手动弯管器弯制；在直径为 40～100mm 时，多采用电动弯管机弯制。

弯制时，管子除产生塑性变形外，还会有一定的弹性变形。弯管外力撤除后，将产生 3°～5° 的回弹角。为补偿回弹量，还要过弯 3°～5°。

为防止冷弯时产生过大的椭圆变形，可采用穿芯弯曲法及预变形法。穿芯弯曲法（图 10-4）多用于直径大于 60mm 的管子，芯径比管内径小 1～1.5mm。芯棒的正确位置用试验方法获得，一般是芯棒圆锥部分和圆柱部分的过渡线在管子开始弯曲面上。为减少管壁与芯棒的摩擦，弯管前管内应进行清理，并涂少许机油。

预变形法是使定胎轮轮槽呈半圆与管子外径尺寸一致；动胎轮轮槽呈半椭圆形，在垂直方向尺寸和管外径相等，水平方向尺寸较管外径略大 1～2mm。弯制时，管子上下受轮槽限制只能沿水平 A 向变形（图 10-5），呈半椭圆的预变形。当管子离开动胎轮向上下方向变形时，其预变形将抵消一部分管子的变形，而使弯曲后的管子椭圆度减小。

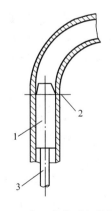

图 10-4 穿芯弯管时芯棒的位置
1—芯棒；2—管子开始弯曲面；
3—拉杆

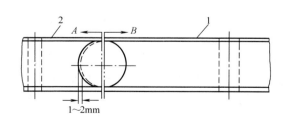

图 10-5 动定胎轮轮槽
1—定胎轮；2—动胎轮

(2) 热弯。热弯是在管内预先灌砂,再将管子加热到管材的热加工温度时进行弯制。其步骤是充砂、划线、加热、弯制、检查和热处理。

充砂:充填用的砂子应耐高温,要经过筛分、洗净和烘干,不含杂物。充填砂子的粒度见表10-2。充砂时,管子立放。充砂要密实,应边装砂边振实。充满后用木塞或钢质堵板封闭管口。

表 10-2　　　　　　　　钢管充填砂子的粒度　　　　　　　　(mm)

钢管公称直径	<80	80~150	>150
砂子粒度	1~2	3~4	5~6

划线是在拟弯制的管段上用白铅油划出加热长度 L 为

$$L = \frac{\pi R \alpha}{180} \tag{10-6}$$

式中　R——弯曲半径,mm;
　　　α——弯曲角度。

加热:是用气焊焊炬或火炉加热待弯制管段。加热温度对碳钢为950~1000℃,对合金钢为1000~1050℃,"过烧"(温度过高)是不允许的,加热时应不断转动管子,以使其受热均匀。

弯制:加热好的管子可在弯制平台上弯制。弯制过程中要随时用样板检查弯曲度。当温度低于800℃以下时,应重新加热至弯曲温度,再继续弯制。

检查:管子弯制后,应对其弯曲半径和弯曲角度用样板或在画有管样(比例为1:1)并焊有限位铁的平台上检查。弯头勾头或扬头一般不应超过2~10mm;弯曲半径偏差、椭圆度偏差应符合规定。还应检查有无外表缺陷,如裂纹、折皱、凸起、凹坑。

热处理:合金钢管热弯后需进行热处理,主要是对弯曲部位进行正火和回火。

(3) 中频弯管。中频弯管主要用于弯制直径较大的钢管。如图10-6所示,为中频弯管机示意图。它是利用中频电流通过紫铜制成的线圈产生的感应电流加热管子,并使加热部分产生弯曲变形。调整管卡子在转臂上的位置及限位滚轮的位置,就可弯制弯曲半径不同的管子。

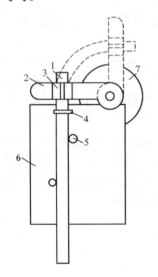

图 10-6　中频弯管机示意图
1—被弯管子;2—转臂;
3—管卡子;4—感应圈;
5—限位滚轮;6—机身;7—减速装置

(二) 管子的校正

校管可在平台上或在原布置位置上进行。对于直径小于42mm的管子通常用冷校法;直径较大的管子多用热校法。对管壁较厚、刚性较强、变形较大的管子,宜采用图10-7所示的整体加热加力法。该法是把管子弯曲部位整周加热至800℃左右再加外力校正。对管壁薄、塑性较好、变形小的管子,可采用图10-8所示的局部加热校正。它是对弯曲部位的背部(凸侧)进行局部加热,加热到800℃左右,任其自然冷却。加热时应注意加热三角形的顶点勿超过弯管的中性层,因为局部加热校正是利用凸侧加热时在凹侧产生的压应力使凸侧产生压缩变形而达到校直目的。

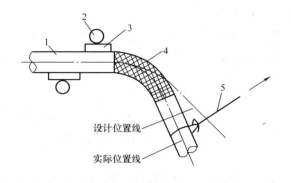

图 10-7 整体加热加力校管
1—管子；2—挡管桩；3—垫铁；4—加热段；5—绳索

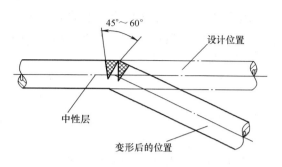

图 10-8 局部加热校管

第三节 管道附件

一、法兰组件

1. 法兰

法兰连接是中、低压管道连接中普遍采用的一种连接形式。在一些高压管上与设备连接处或检修时需要拆卸的地方，也采用法兰连接。

常用的法兰形式有平焊法兰和对焊法兰。平焊法兰用于设计温度小于 300℃、公称压力小于或等于 2.45MPa 的管道；对焊法兰用于设计温度大于 300℃、公称压力等于或大于 3.92MPa 的管道。在高压蒸汽管道上有时采用活动式法兰。

法兰密封面不允许损坏。安装前应对此面进行检查。接触不好的要进行刮研，选配法兰不但要注意接口尺寸，还应保证法兰的厚度符合管道公称压力的要求。

2. 法兰垫片

在法兰接合面之间须置有垫片以使接合面密封。垫片种类有橡胶石棉板垫片、橡胶垫片、金属石棉缠绕片和金属齿形垫片。橡胶石棉板垫片广泛用于空气、蒸汽等介质的管路中。对于光滑面法兰，使用压力不超过 2.45MPa；对于凹凸面和榫槽面法兰，可用至 9.81MPa，但温度不高于 450℃。橡胶垫片因有弹性，密封性能较好，用于介质温度低于 60℃、公称压力小于 0.98MPa 的管路法兰上。金属石棉缠绕片的密封性能好，广泛用于温度低于 450℃、公称压力小于 9.8MPa 的蒸汽管路。金属齿形垫片用于公称压力为 3.92、6.3、9.8、5.7、19.6MPa 的管道法兰上。

3. 螺栓

螺栓在法兰连接中起着重要作用，对法兰接合的严密性和管道运行的安全性有很大影响。常用的是六角螺栓和双头螺栓。六角螺栓多用于低压管道的法兰连接；双头螺栓则用于高压管道的法兰连接。

紧固螺栓时，必须做好紧固力的计算，否则会造成法兰接合处的泄漏或螺栓的损坏。螺栓工作时承受拉应力，其应力大小是通过直接测量螺栓的伸长值 ΔL，再按式（10-7）求得：

$$\sigma = \frac{\Delta L}{L} E \tag{10-7}$$

式中 L——螺栓原始长度，mm；

E——螺栓材料弹性模量，MPa。

为了保证螺栓不致损坏，其拉应力不应超出许用应力值$[\sigma]$。

测量螺栓长度和伸长值要准确到 0.01mm。紧固螺栓时必须注意保持两个法兰面平行。为此，应注意紧螺栓的次序，要对称紧，并使每个螺栓的载荷大致相同。

二、弯头和三通

1. 弯头

弯头是管道中常用的管件，用以改变管道的走向和位置。弯头一般都由工厂制作，在现场也常有一些弯头就地制作。根据制造方法的不同，可分为冷弯、热弯、冲压和焊接弯头等。

2. 三通

当管道有分支管时，需要安装三通。三通有等径三通、异径三通等，按其制造方法不同，又可分铸造三通、锻造三通和焊接三通三种。

三、管道支吊架

管道支吊架是支撑和固定管道的设施。它通常固定在梁柱或混凝土结构的预埋件上。主要功能是承受管道、附件、管内介质的重量；承受管道温度变化所产生的推力或拉力，对管道热变形进行限制和固定；防止或减缓管道的振动。

1. 支架

支架分为固定支架、活动支架、导向支架等。固定支架（如图 10-9 所示）用来限制管道在任何方向的位移，承受管道的自重及管道温度变化所产生的力和力矩。焊接固定支架用于温度小于或等于 450℃ 水平管道的固定支撑。管夹式固定支架用于 540～550℃ 的高温管道。安装固定支架时一定要保证托架、管箍与管壁紧密接触，把管子卡紧，起到死点的作用。活动支架承受管道的重量，而不限制管道的水平位移。活动支架又分为滑动支架（如图 10-10所示）和滚动支架（如图 10-11 所示）两种。此外还有导向支架，用来限制或引导管道沿某个方向的位移。

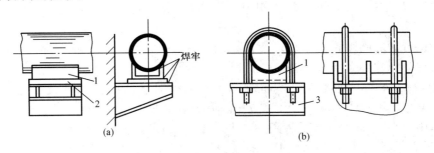

图 10-9　固定支架
(a) 焊接固定支架；(b) 管夹式固定支架
1—管枕（焊接在管子上）；2—台板（与管枕、支架焊接）；3—支架

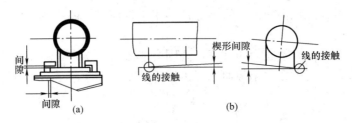

图 10-10　滑动支架及其缺陷
(a) 滑动支架结构；(b) 滑动支架接触不良

2. 吊架

吊架可分为刚性吊架、弹簧吊架、恒力吊架三种。

刚性吊架（如图 10-12 所示，也叫固定吊架）的连接件没有伸缩性，适用于垂直位移为零或垂直位移很小的管道上的吊点。

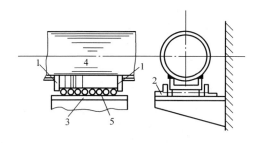

图 10-11　滚动支架

1—限制块；2—导向板；3—台板；4—管枕；5—滚柱

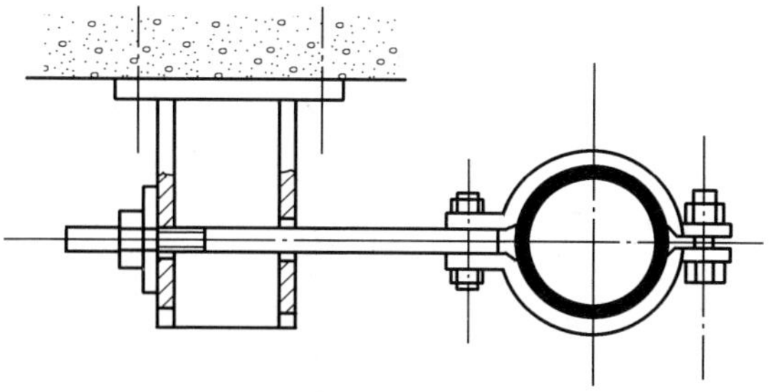

图 10-12　刚性吊架
（固定吊架）

弹簧吊架（如图 10-13 所示）的连接件为弹簧组件，适用于有中、小垂直位移的管道，并允许有少量的水平位移。位移时，弹簧受压缩，不致使工作荷重发生很大变化。为保证工作状态的吊架承受工作荷重，对向上位移的吊架，安装高度要比弹簧的工作高度低一定的热位移值，对向下位移的则恰好相反，即

$$H_{ax} = H_{gx} \pm \Delta Y_1 \tag{10-8}$$

式中　H_{ax}——弹簧的安装高度，mm；

　　　H_{gx}——弹簧的工作高度，mm；

　　　ΔY_1——管道支吊点垂直热位移值，热位移向上时用"—"号，向下时用"+"号，mm。

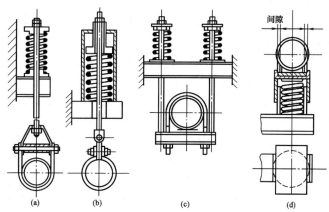

图 10-13　弹簧吊架

(a) 普通弹簧吊架；(b) 盒式弹簧吊架；(c) 双排弹簧吊架；(d) 滑动弹簧吊架

弹簧的工作高度可由式（10-9）求得：

$$H_{gx} = H_{zl} - KP_{gx} \tag{10-9}$$

式中　H_{zl}——弹簧的自由高度，mm；

　　　K——弹簧系数，mm/N；

　　　P_{gx}——弹簧工作荷重，N。

恒力支吊架（如图 10-14 所示）允许管道有较大的热位移量，而工作荷重变化很小，一

一般用在高温高压蒸汽管道和锅炉的烟风管道上。

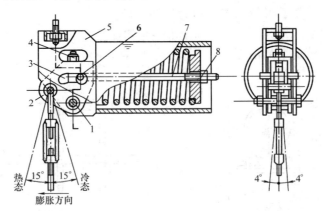

图 10-14　恒力支吊架
1—支点轴；2—内壳；3—限位孔；4—调整螺帽；
5—外壳；6—限位销；7—弹簧拉杆；8—弹簧紧力调整螺帽

3．支吊架的维修注意事项

（1）各连接件如吊杆、吊环、卡箍等无锈蚀、弯曲缺陷。

（2）所有螺纹连接件无锈蚀、滑丝等现象，紧固件不松动。

（3）导向的滑块、管枕与台板接触良好、无锈蚀、磨损缺陷，沿位移方向移动自如，无卡涩现象。

（4）支吊架受力情况正常，无严重偏斜和脱空现象。支吊架冷热状态位置大致与支吊架中心线对称。

（5）弹簧支吊架的弹簧压缩量正常，无裂纹及压缩变形。

（6）对支吊架冷热状态位置变化做记录，为检修、调整提供必要的资料。

（7）水压试验时，所有的弹簧支吊架应卡锁固定。试验结束后立即将卡锁装置拆除。

（8）在拆除管道前，必须充分考虑到"拆下此管"后对支吊架会产生什么样的影响。无论何种情况均不允许支吊架因拆装管道而超载及受力方向发生大的变化。

（9）在检修工作中，不允许利用支吊架作为起重作业的锚点，或作为起吊重物的承重支架。

管道附件在使用前应按要求核对其规格与钢号、所适用的公称压力和公称直径；检查外表缺陷和尺寸公差；对应进行监督的管道，其支吊架弹簧要进行压缩试验。全压缩变形试验是压至弹簧各圈互相接触保持5min，松开后残余变形不超过原高度的2%；如果超过时，再做第二次试验。第二次试验的残余变形不超过原高度的1%，且两次试验后残余变形的总和不超过原高度的3%。工作荷载压缩试验是在弹簧承受工作荷载下进行的，其压缩量应符合设计要求。

第四节　管道安装、维护及检修

一、管道安装

管道安装作为一个单独的系统，是发电机组安装的重要组成部分。安装质量的好坏直接影响机组的安全经济运行。

管道安装线长、面广、工作量大，安装前应做好各项准备工作。主要的准备工作有：

(1) 设计图纸及技术资料的准备。设计图纸和技术资料是安装的依据,各种图纸和资料应齐全。其中包括管道的施工图,管路明细表,管路详图,管路的支架与吊架,有关的说明书等。施工前必须认真熟悉和研讨图纸和资料,做到心中有数。若更改图纸必须征得设计人员的同意。

(2) 制定施工技术、安全、组织措施。

(3) 准备好施工场地、安装用的工具。

(4) 清点、检查管道及其附件。

管道安装的基本程序是加工测量、支吊架安装、管路敷设以及油漆与保温等。管路敷设时,由于管道很长,通常是先在地面上组成适当的组件,然后把各组件置于支吊架上,再进行组件之间或组件与设备之间的连接。

管道安装时应根据施工测量的结果和安装图的要求来进行管段的切割、坡口加工和对口焊接(或法兰连接)等组合工作。

管段切割可用手锯、气焊割管工具(图 10-15)、无齿锯、电动锯管机等工具进行。用气焊切割工具可在切割管子的同时把坡口加工出来。

坡口加工可用手动坡口机或电动坡口机进行。

管道的安装组合有法兰连接和焊接两种形式。法兰连接一般用在与设备、阀门或仪表的连接处。采用法兰连接要注意两法兰之间需用垫片加以密封;密封面要相互平行,应有适当的螺栓紧固力;螺栓受力要均匀。

管道内工作介质温度变化过大是造成法兰接合面泄漏的主要原因。因为螺栓温度的变化落后于法兰温度的变化使两者膨胀不一,将引起法兰间的紧力下降,或使螺栓产生残余变形。

焊接在管道安装中是其组合的主要形式,可采用电焊或气焊进行。管子在焊接前必须在焊接处开出坡口,常用的坡口型式如图 10-16 所示,有 V 形、U 形和双 V 形几种。V 形坡口一般用于壁厚不大于 16mm 的管子上;U 形坡口用于壁厚较厚、焊口要求严格的管子上。

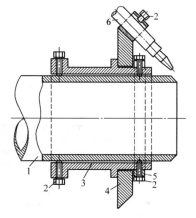

图 10-15 气焊割管工具
1—被割管子;2—顶丝;3—管套;
4—可转动的火嘴环;5—挡环;6—气焊嘴

不同壁厚的管子对口焊接时,应尽量保证焊口处的壁厚一致,并有一过渡,以免形成应力集中,见图 10-17。

管口端面应与管子中心线垂直,其偏差不大于管径的 1%,一般应小于 1mm。对焊时常用对口卡子找正,以保证两根被焊管的中心线在同一直线上,管子对口后,先用点焊固定,再拆除卡子予以焊接。

管道组件组合好后,置于支吊架上,相互连接,安装就位。

二、管道热膨胀的补偿

热力设备的管道因在高温下运行,所以必须考虑热伸长及补偿问题。所谓热补偿一般是指管道吸收热膨胀、减少热应力的能力。热补偿的方法有自然补偿或采用各种形式的补偿器。管路系统中为改变流体运动方向要设置很多 L 形管段和 Z 形管段,自然补偿就是利用管道本身弯曲部位变形来达到补偿目的的。常用的热膨胀补偿器有填料式补偿器、波形补偿器、Π形补偿器或Ω形弯管补偿器等。Π形和Ω形补偿器都是由管子弯制而成的,补偿能力大、制造容易,运行可靠,适用于任何压力和温度的管道,最为常用。

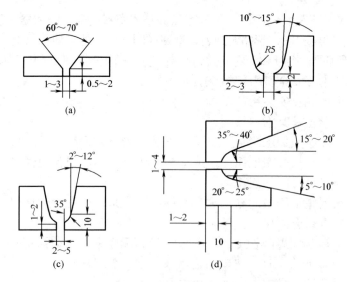

图 10-16　管道焊接常用的坡口形式
(a) V形；(b) U形；
(c) 双V形（水平管）；(d) 双V形（垂直管）

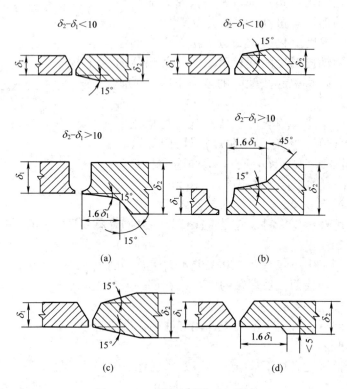

图 10-17　不同壁厚的对口类型
(a) 内壁尺寸不相等；(b) 外壁尺寸不相等；
(c) 内外壁尺寸不相等；(d) 内壁尺寸不相等的削薄

三、管道的冷紧

管道安装时,在环境温度状态下进行预先拉伸,称为管道的冷紧。冷紧的目的是产生冷拉应力以补偿一部分热应力。管道的冷紧数值用冷紧比表示:冷紧比=冷紧值/全补偿值。冷紧比规定如下:对于蠕变条件下(碳钢380℃以上,低合金钢和高铬钢420℃以上)工作的管道应进行冷紧,冷紧比不小于0.70;对于其他管道,当热伸长较大和需要减小对设备的推力和力矩时,宜进行冷紧,冷紧比一般取0.50。

冷紧口应选在便于施工和管道弯矩较小处。冷紧应在各焊口、支吊架、管道附件等安装完毕,检查验收合格,各种安全措施已完备时方可进行。图10-18所示为带螺栓的冷紧工具。冷紧工具应在焊口焊接完毕,检查合格,热处理后方可拆除。

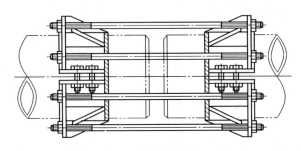

图 10-18　带螺栓的冷紧工具

四、管道的水压试验

管道安装后应进行严密性试验,一般采用水压试验。试验压力为设计压力的1.25倍,介质温度不宜高于100℃。充水水质必须纯净,应采用除盐水或凝结水,同时应加入一定量的联氨和氨水(一般是每升水中放入200mg联氨、10mg氨)。

水压试验时要把系统内的空气排尽。试验时压力升降的速度要均匀,一般为每分钟0.2~0.5MPa。试验应分阶段升压和检查,以确保安全。升至试验压力保持一定时间后降至工作压力进行全面检查。管道无破裂、变形及漏水现象认为合格。试验完毕立即排尽全部存水。

五、管道的清洗

管道安装完毕后管内常存有焊渣、金属熔渣、氧化铁皮、金属腐蚀物和一些杂物,应予以清除,否则会给安全经济运行带来极大危害。因此,在严密性试验后要进行管道清洗。水管道要用水冲洗;蒸汽管道则以蒸汽为动力吹扫管内杂物。

水冲洗时的压力和流量,应取系统内可能达到的最大压力和最大流量。水质要清洁、无杂物;冲洗要连续。待目测检查排水水质的洁净度与入口水一致时,即可停止。

六、管道的维护与检修

(一)管道的日常维护

管道的维护是一项重要工作。正确地进行维护不仅能延长管道运行寿命,而且对热力设备的经济性也有很大影响。在日常维护工作中,检修人员应与运行人员及时交换管道运行情况,定期检查各种管道状况。

(1) 检查各系统管道是否有外部损伤或腐蚀,观察管道是否有振动或晃动现象。

(2) 检查蒸汽管道的保温状况,若有保温层脱落现象应及时修补。保温层上的油渍应随时清除。

(3) 检查管道的膨胀情况，查找管道是否有膨胀受阻的地方。
(4) 检查管道上的法兰螺栓，观察是否有漏汽、漏水现象。
(5) 检查管道支吊架的受力情况。

(二) 管道的检修

管道的检修一般都与机组的大修同时进行，检修工作的主要内容有：
(1) 修补好损坏的蒸汽管道保温层。
(2) 对管道粉刷油漆并做好防腐保护工作。
(3) 对高温高压管道部分焊口进行外观检查，缺陷修复。
(4) 检查修理管道支吊架及管道法兰。
(5) 更换腐蚀或冲刷损坏的管道。
(6) 对高温高压蒸汽管道按规定项目进行金属监督检查和测量。
(7) 对汽水管道进行检查，并进行测厚检查。发现减薄时要及时更换。
检修后要分项进行质量检查与验收，整理好各种记录，做好检修总结。

第五节　阀门的分类及构造

阀门是管道系统主要部件之一，它的作用是控制或调节流体的通流状态，即接通或截断管路中的通流介质，调节流体的流量和压力，改变流体的流动方向，它对热力设备的效率、工作性能和安全运行有直接影响。

在火电厂中，阀门的规格品种繁多。对阀门的要求是关闭严密、流动阻力小，有一定的强度、结构简单、操作方便、容易维修。随着发电机组向大容量、高参数方向发展，阀门也随流体参数的提高，向高温、高压方向发展，对其结构也提出了新的要求。

一、阀门的分类

阀门是开启、关闭或控制设备和管道中介质流动的机械装置，种类很多，分类的方法也比较多。

1. 按用途分

(1) 关断阀门。用来切断和接通介质流通通路，是热力系统中用量最多的阀门。如闸阀、截止阀、蝶阀、球阀等。
(2) 调节阀门。用来调节工作工质的流量和压力。如：调节阀、节流阀、减压阀等。
(3) 保安作用阀门。用来保护设备、防止事故发生。如安全阀、止回阀、事故排放水阀等。

2. 按公称压力分

(1) 低压阀。$p_N \leqslant 1.6$MPa 的阀门。
(2) 中压阀。$p_N = 2.5 \sim 6.4$MPa 的阀门。
(3) 高压阀。$p_N = 10.0 \sim 80.0$MPa 的阀门。
(4) 超高压阀。$p_N \geqslant 100.0$MPa 的阀门。

3. 按介质工作温度分

(1) 常温阀。用于介质工作温度为 $-40 \sim 120$℃ 的阀门。
(2) 中温阀。用于介质工作温度为 $120 \sim 450$℃ 的阀门。
(3) 高温阀。用于介质工作温度大于 450℃ 的阀门。

阀门产品的型号按国家规定由 7 个单元组成，顺序编排如下：
□□□□□□□

其中：第 1 个单元表明阀门的类别，用汉语拼音字母表示。

第 2 个单元表明驱动方式，用阿拉伯字母表示。对于手轮、手柄和扳手驱动或自动阀门，则省略本单元。

第 3 个单元表明连接型式，用阿拉伯数字表示。

第 4 个单元表明结构型式，用阿拉伯数字表示，阀门的结构型式与阀门的类别有关。

第 5 个单元表明密封面或衬里材料，用汉语拼音字母表示。

第 6 个单元表示公称压力。

第 7 个单元表明阀体的材料，用汉语拼音字母表示。对于公称压力 $p_N \leqslant 1.6\text{MPa}$ 的灰铸铁阀门或 $p_N \geqslant 2.5\text{MPa}$ 的碳素钢阀门及工作温度大于 530℃ 的电站阀门，则省略本单元。

二、阀门的构造

在火电厂锅炉系统中大量使用着各种常规阀门及各种性能特殊、结构复杂的阀门，因此，阀门是系统中不可缺少的主要设备之一。

阀门作为通用机械产品，许多产品结构已不能满足现代电力工业日新月异的变化，随着火电厂机组向大容量、高参数方向发展，阀门也随着介质参数的提高，不断地向高温高压方向发展，现在已开发和研制了许多结构先进新颖、性能卓越的阀门产品。管道介质工作压力的提高，要求阀门相应地改进密封结构，提高密封性能，采用新型密封材料。为了简化管道系统出现了一阀多用的组合阀门，如启动、减压和安全三用的组合阀门。随着自动控制水平的提高，实行集中控制，对阀门的驱动装置和执行机构提出了新的要求。

1. 闸阀

闸阀又称闸板阀，只作截断装置之用。在阀体内设有一个与介质流动方向成垂直方向的闸板，在闸板全开或全闭时，接通或切断介质通路。

闸阀主要由阀体、阀盖、阀杆、闸板等组成。

闸板有单闸板和双闸板两种。闸板的两个密封面成一定角度的为楔式闸板，两个密封面平行的为平行式闸板，两密封面间加有弹簧或弹性装置的为弹性闸板。阀门开启时阀杆伸出阀体的称为明杆式，不伸出阀体的叫暗杆式。各种闸板、阀杆的不同组合构成了结构不同的闸阀。

图 10-19 为明杆楔式单闸板阀结构图，本阀门的阀体、阀盖、支架、闸板等零件为灰铸铁铸造而成，阀体密封圈采用螺纹与阀体连接，便于拆卸、维修，使用寿命长。阀门还设有上密封装置，全开时上密封起作用，保护填料不被介质浸蚀，阀杆全部采用黄铜

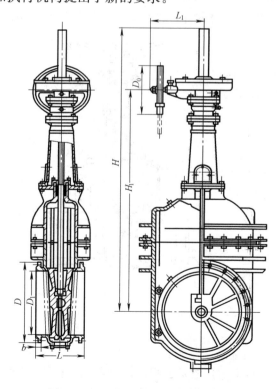

图 10-19　明杆楔式单闸板阀结构图

制成，耐腐蚀。支架采用组合结构便于加工，组装后易调试，启闭扭矩小。阀门的阀体加强筋板低、宽、少，便于工艺操作，且造型美观、刚度好。明杆式闸阀开启时，阀杆的上端便向外移动，其高度随着闸阀开启的程度而增大。所以阀杆上升的位置即表示闸阀开启的程度。阀杆螺纹在阀体的外面，与工作介质不相接触，并且容易涂加润滑剂。该类阀门可用在有腐蚀性或污浊的介质中。这种楔式闸阀有多种型号，其公称通径 D_N 为 50～600mm。

图 10-20 为明杆楔式双闸板闸阀结构图，本阀门阀体、阀盖均为铸造成形，阀体密封圈焊接在阀体上，密封面堆焊司太立硬质合金；闸板用闸板连架连接，靠中间的楔块撑开；达到密封；闸板密封面也堆焊司太立硬质合金，使密封面耐冲刷、耐腐蚀、耐磨损。

当旋转手轮关闭闸阀时，闸板便下降，并以很大的力量压到阀体的密封面上。如果楔形封面的角度为 6°，阀杆传递的力为 P，那么作用在密封面的力 $Q \approx 2P$。

图 10-21 为暗杆楔式闸阀，阀体内装有楔形闸板，闸板在非密封面两侧有槽与阀体上的凸缘相配合成导向装置。带梯形螺纹的螺母装在闸板上部，当手轮带动阀杆转动时，闸板就上升或是下降，即开启或关闭通路。暗杆楔式闸阀的阀杆在阀门开启或关闭时，是不向外移动的，所以阀杆尺寸高度不大。为了确定闸板的位置，可采用专门的指示器。这种阀门的阀杆只有旋转动作，有利于保证盘根的严密性，阀杆螺纹在阀体内，直接与介质接触，如果介质腐蚀性较大，很容易损坏。暗杆楔式单闸板阀有各种型号，其公称通径 D_N 为 450～1000mm，甚至更大。楔形单闸板阀门在结构上比较简单，内部没有易磨损的零件，但是这种闸阀的楔形密封面的加工和检修复杂。一般使用于温度在 200～250℃ 以下的介质中。温度较高时，由于阀本体和闸板将受到不均匀的热膨胀的影响，楔形闸板有卡住的危险。如果楔形闸板的密封面经过高度精密的加工和仔细的研磨调整，也可用于较高温度的介质。楔形闸阀可以装在各种不同的位置上，也就是说，阀杆的位置可以垂直向上或向下，或成某一角度。

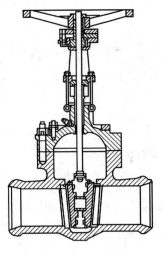

图 10-20　明杆楔式双闸板闸阀结构图

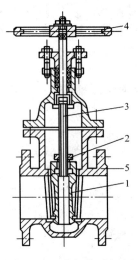

图 10-21　暗杆楔式闸阀
1—楔形闸板；2—螺母；3—阀杆；4—手轮；5—阀体

高温高压闸阀：

随着电厂参数的提高，对主汽管和给水管上的一些闸阀也提出了新的要求。它们必须经受住高温高压所带来的一些问题，如对部件的作用力、温度变化所造成的热应力以及严密性等。

高温高压阀门在运行中是否可靠，对发电厂的安全经济运行起着重要的作用。如高温高压阀门不能保证严密不漏，那么就不能切断介质的流通，该停止的设备就不能停下来，会造成严重的事故；又如阀盖上的法兰螺栓拉断，会使阀盖飞出，造成重大的事故等。

高温高压闸阀的构造型式大致与前面所讲型式接近，只是根据高温高压设备运行的经验进行某些改变，如其零件采用优质材料制成，提高加工的质量和精密度。大部分采用焊接连管道，不用法兰连接。

图 10-22 为一种锻钢制高温高压楔式闸阀，其阀体与带夹子的阀盖采用模锻制成。小口径阀门在多数情况下焊接在配管上，阀体选择适用于焊接的钢种。此阀由于采用压力密封阀盖方式，与螺栓紧固阀盖相比，其高压密封好、重量轻。高温高压阀是比较重的，用自压密封阀盖可减轻多余的重量。对于密封垫环的密封面，则以特殊的加工方法进行超精加工，即使高温高压流体进入密封垫环内，也不会从里边渗漏出来。闸板及阀座密封多采用蠕变强度高的铬钢、铬钼钢、镍铬钢等材料，这就是高温高压阀的特点。对于阀座密封面和闸板密封面都堆焊司太立硬质合金，因此不会导致咬死，并且耐磨损、耐冲刷、耐腐

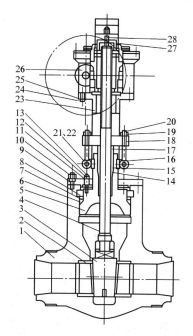

图 10-22 高温高压楔式闸阀
1—阀体；2—阀座密封圈；3—弹性闸板；4—阀杆；
5—阀盖；6—密封垫环；7—密封垫环压环；
8—对开圆环；9—双头螺栓；
10、12、19、21、22、25、28—六角螺母；
11—弹簧垫圈；13、24—双头螺栓；14—填料垫；
15—填料；16—开口销；17—填料压套；
18—填料压板；20—活节螺栓；23—轭夹子；
26—手动操纵装置；27—限制器

蚀。阀杆也采用与闸板相同的蠕变强度高的合金钢制成，并对其表面进行氮化处理，增加表面硬度，保证足够的强度。因此，可以防止发热咬死，使操作良好。

高温高压阀的操作障碍次数比耐压部位所导致的损伤次数多，尤其是操纵操作手柄时，千万不要加上超过额定力矩，否则很危险。

闸阀从阀杆与阀壳的连接方式上又可分为压力密封（自密封）式和法兰密封式两种，前者用于高压阀门，后者用于低压阀门。图 10-23 所示为自密封式闸阀的基本结构，阀盖被沉放入阀壳中，阀盖的边缘上有密封环、密封垫圈和四合环。密封环与阀盖的边缘以斜面接触，阀盖被压在压紧圈下，使之压紧密封环和密封垫圈，这一预紧力通过四合环再传到阀壳上。当阀门内部受介质压力时，这一压力由于与螺栓预紧力方向相同而被叠加到阀盖的预紧力上，使密封环受到更大的挤压力，因而产生更牢固的密封作用；内部介质压力越大，这一挤压力也越大，使阀盖更严密，产生自动密封作用，故称为压力密封或自密封。

图 10-24 所示为法兰密封式闸阀的基本结构，阀盖与阀壳依靠法兰螺栓的紧力来密封。阀盖与阀壳之间有密封圈，一般用相对较软的材料制作或制成齿形。这种结构的特点是阀内介质的压力与螺栓的紧力方向相反，压力越大，密封性越差，越易泄漏。因此，为了防止泄漏，通常采用较大的螺栓紧力，使之能足以抵消内部介质的压力，因而必须选用较大的螺栓和较厚的法兰，使阀门变得笨重。但由于这种结构比较简单，可用在低压管道上。

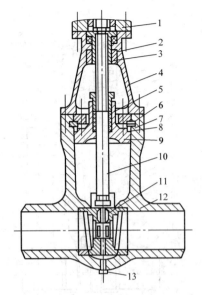

图 10-23 自密封式闸阀的基本结构

1—传动装置；2—止推轴承；3—阀杆螺母；4—框架；
5—填料；6—四合环；7—密封垫圈；8—密封环；
9—阀盖；10—阀杆；11—阀芯；12—阀壳；13—螺塞

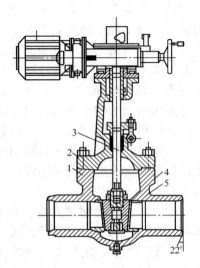

图 10-24 法兰密封式闸阀的基本结构

1—阀体；2—阀盖；3—阀杆；
4—阀瓣；5—万向顶

闸阀的结构特点是具有两个密封圆盘形成密封面，阀瓣如同一块闸板插在阀座中。工质在闸阀中流过时流向不变，因而流动阻力较小；阀瓣的启闭方向与介质流向垂直，因而启闭力较小。当闸阀全开时，工质不会直接冲刷阀门的密封面，故阀线不易损坏。闸阀只适用于全开或全关，而不适用于调节。

在主蒸汽管和大直径给水管中，对于减少管路的流动阻力损失具有很大意义，所以在这些管道中普遍采用闸阀作关断之用。但在实际使用中，往往是管道直径小于 100mm 时，一般不用闸阀，而采用截止阀。因为小直径闸阀结构相对较复杂，制造和维修难度较大。大型闸阀一般采用电动操作。

2. 截止阀

截止阀是利用装在阀杆下面的阀盘与阀体的突缘部分（阀座）的配合来开闭阀门，根据阀体结构的不同，可将其分为直通式、角式和直流式。截止阀在使用时，对介质的流向有一定要求，所以在阀体外部用箭头标出流向。

闸阀与截止阀的对比：

(1) 闸阀与截止阀相比，在开关阀门时，前者省力。

(2) 闸阀可允许介质向两个方向流动，截止阀只允许单向。

(3) 闸阀在完全开时，工作介质对密封面冲刷较小，但对截止阀的密封冲刷严重。

(4) 对于相同工作介质流量来说，闸阀的通径要比截止阀小。如对于参数 7.84MPa、480℃蒸汽，当流量为一定量时，闸阀的直径可选择 $d=210$mm，截止阀则为 $d=300$mm。

(5) 闸阀的制造长度小于截止阀，闸阀阀体的制造也较简单。闸阀的流体阻力也比截止阀小，介质的流向和流速通过闸阀后变化很小。截止阀的压力损失较大，闸阀的闸板制造与密封要比截止阀复杂。闸阀的高度要比截止阀大很多，其阀杆行程也比截止阀大。

(6) 高压截止阀的通径一般不大于 100mm，在较大直径的蒸汽与给水管路上就采用高压闸阀。

(7) 截止阀的阻力系数比闸阀大得多，小直径截止阀的阻力系数可达9～10，随着直径的增加，阻力系数下降，当直径达到100mm时阻力系数又开始上升，但上升幅度不大。随着闸阀直径的增大，阻力系数逐渐减小。

截止阀用于直径较小的管道上，而闸阀用于直径较大的管道上。为确保截止阀关闭后阀杆的密封填料不承受压力，以延长填料的寿命并便于维修，介质通常是从截止阀密封面的下部流入，从密封面的上部流出。由于介质流经截止阀时，流向和流动截面变化较大，介质的压降较大，当介质流量较大时，因压降增大造成的动力消耗较大。

截止阀阀芯面积与直径的平方成正比。随着管道直径的增加，介质作用在阀芯上的力大幅度提高，阀杆所承受的力也随之提高，给制造带来困难。所以，截止阀适用于管道直径较小，对阀门关闭严密性要求较高的工况，如疏水阀、定期排污阀及燃油阀等。

由于介质通过闸阀时不改变流动方向，流动截面变化较小，闸阀的压降较小。有时为了缩小闸阀的体积并减轻重量，降低闸阀阀杆的扭矩，采用将闸阀通道缩小的方法。即使闸阀的通道缩小，流动阻力增加，但阻力仍明显低于截止阀，见表10-3。

表10-3 截止阀与闸阀的阻力系数

阀门类型	阻力系数
截止阀	2.5～5.5
通道截面不缩小的闸阀	0.2～0.25
通道截面缩小一半的闸阀	0.96

从表10-3可以看出，通道截面不缩小的闸阀，其流动阻力仅为截止阀的1/22～1/12，即使闸阀的流通截面缩小一半，其流动阻力仅为截止阀的1/6～1/3。闸阀阀芯的厚度小于直径，其投影面积较小，介质作用在阀芯上的力较小，因而阀杆所受的力也较小。当介质流量较大时，流动阻力的减小可以明显降低动力消耗。所以，闸阀适用于流量较大、经常处于开启状态的工况，如主蒸汽阀或主给水阀常采用闸阀。

直通式截止阀：

图10-25为高压直通式截止阀，阀体、阀盖和支架连为一体，锻造而成，和管道的连接为对焊接连接。阀座密封面直接在阀体堆焊司太立硬质合金，然后加工出锥面，为锥面密封。阀杆和阀瓣制成一体，靠阀杆头部的锥面密封阀杆密封采用柔性石墨编织填料，用填料压套、止推环、填料压板压紧密封，阀杆套上有表示开关的指示标志，可以清晰地表示出阀门的开闭状态。阀杆螺母安装在导向套内，导向套安在架上，然后用阀杆螺母压盖压紧；在阀杆螺母的台肩处上下各有滚针轴承和减磨垫，以减少操作时的摩擦力；在阀杆螺母压紧盖有O形密封圈，可以防止污物进入轴承。阀杆螺母与手轮连接采用螺纹，并用挡圈卡住，这样旋转手轮就可开启关闭阀门。

阀门阀体采用碳钢制成，阀杆采用铬钼钢，阀杆螺母采用铝青铜，填料压套采用铬钼钢，该阀门还有电动、气动操作。

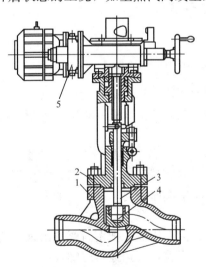

图10-25 高压直通式截止阀
1—阀体；2—阀盖；
3—阀杆；4—阀芯；5—电动头

一般截止阀安装时使流通工质由阀芯下面往上流动，这样当阀门关闭时，阀杆处的格兰密封填料不致遭受工质压力和温度的作用，并且在阀门关闭严密的情况下，还可进行填料的更换工作。其缺点是阀门的关闭力较大，关闭后阀线的密封性易受介质的压力作用而产生"松动"现象。因此，有时也使介质由阀芯上面向下流动，但这样阀门的开启力较大。

3. 蝶阀

蝶阀是近年来发展较快的阀门品种之一，在火电厂中多用在冷却水、凝结水系统以及凝结水除盐系统。蝶阀体积小、重量轻、开关简便，可水平、垂直或倾斜安装，所以在不少场合取代了闸阀和截止阀。

图 10-26 为电动蝶阀，它由蝶式执行机构和手动及电动两用二级蜗轮蜗杆减速器操纵部分组成。阀门控制管路内的流动介质主要靠转动蝶板来实现，蝶板转角的大小（即阀门开度的大小）可调节流量；当蝶板与管路成垂直或水平位置时可达到切断与接通管路的目的；蝶板的转角靠电动装置的驱动来实现。蝶板可在 0°～90° 内旋转，当作为调节介质流量时，其有效转角一般为 7°～67°，最大调节比可达到 1∶30。当无电源时，可手动。

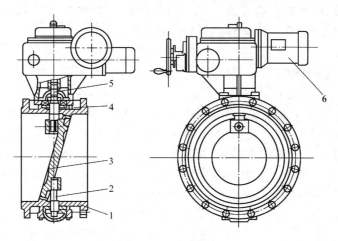

图 10-26　电动蝶阀
1—阀体；2—固定轴；3—阀盘；4—阀杆；5—传动轴；6—驱动电机

本阀门的阀体、箱体、蝶板、箱盖材料为铸铁，密封圈压环、扇形蜗轮为稀土镁球墨铸铁，小蜗轮、阀体密封圈为青铜，阀杆、蜗杆、离合器为碳钢，"O形密封圈"为丁腈耐油橡胶。

蝶阀可以任意角度安装，就位时，其阀盘就稍打开一点。对蝶阀的维护没有特殊的要求。

需要更换阀座密封时，先使阀盘处于关闭位置，然后将蝶阀从管道上拆下来，拧松下密封压环上的螺丝，取下压环，将蝶盘转到开启位置，就可拿下阀座密封，换上新的密封，然后按上述相反的步骤再组装好。

更换阀杆的密封时，先拿开阀上的操作器，松下螺栓，拆下压盖，把密封圈拿出来，清理干净阀杆、密封室和压盖，将密封套入阀杆上，然后装上压盖，对角地紧好螺栓。

蝶杆旋转 90°，蝶阀则由全开位置转至全关位置。在阀上设有两个成 90°的限位止动销，保证蝶阀的开关度。

4. 调节阀

调节阀在锅炉机组的运行调整中起重要作用，可以用来调节蒸汽、给水或减温水的流量，也可以调节压力。调节阀的调节作用一般都是靠节流原理来实现的，所以其确切的名称应叫节流调节阀，但通常简称为调节阀。

调节阀有三种基本类型：

单级节流调节阀，如图10-27所示，也称为针形调节阀。单级节流调节阀是一种球形阀，与截止阀非常相似，只是在阀芯上多出了凸出的曲面部分，通过改变阀杆的轴向位置来改变阀线处的通流面积，以达到调整流量或压力之目的。单级节流调节阀的特点是流体介质仅经过一次节流达到调节目的，因而结构简单、紧凑、重量轻、价格便宜，但仅适用于压降较小的管路。

多级节流调节阀，如图10-28所示。多级节流调节阀的特点是流体介质要经过2～5次节流达到调节的目的，在其阀芯和阀座上具有2～5对阀线，调节时阀杆作轴向位移。在管道系统中这种调节阀前后介质的压降较大，故调节灵敏度高，适用于较大压降的管路。其缺点是结构复杂。

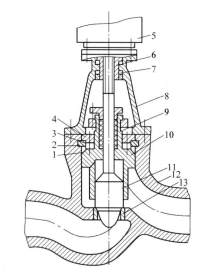

图10-27 单级节流调节阀
1—密封环；2—垫圈；3—四合环；4—压盖；
5—传动装置；6—阀杆螺母；7—止推轴承；8—框架；
9—填料；10—阀盖；11—阀杆；12—阀壳；13—阀座

回转式窗口节流调节阀，如图10-29所示。回转式窗口节流调节阀的特点是利用阀芯与阀座的一对同心圆筒上的二对窗口改变相对位置来进行节流调节，当阀芯上的窗口与阀座上的窗口完全错开时，调节阀流量仅有漏流量，当窗口完全吻合时，调节阀流量最大。在调节时，阀杆不作轴向位移，而只作回转运动。这种调节阀以国产为多，结构较为简单，但调节阀关闭时其漏流量大。

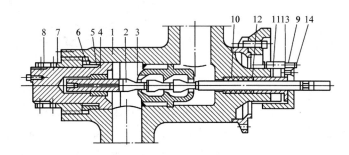

图10-28 多级节流调节阀
1—阀体；2—阀杆；3—阀座；4—自密封闷头；5—自密封填料圈；6—填料压盖；7—压紧螺栓；
8—自密封螺母；9—格兰螺帽；10—导向垫圈；11—格兰压盖；12—填料；13—附加环；14—锁紧螺钉

5. 止回阀

止回阀主要用于防止介质倒流，避免事故的发生。止回阀安装在泵出口、锅炉给水管、汽轮机抽汽管以及其他不允许介质倒流的地方。泵出口的止回阀是防止泵停止运行后，介质倒流，使泵反转。锅炉给水管上的止回阀，是为防止在给水泵停止后高压给水倒流。装在汽轮机抽汽管上的止回阀，是当汽轮机因故障停机或紧急停机时防止抽汽回流，造成汽轮机的超速。

(1) 旋启式止回阀。旋启式止回阀的阀盘围绕垂直于本体通路中心线的中心轴自由旋转，也叫翻板止回阀。

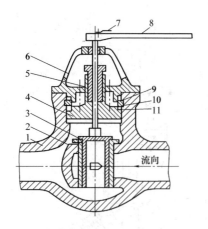

图 10-29　回转式窗口节流调节阀
1—阀壳；2—阀座；3—阀瓣；4—阀盖；
5—填料；6—框架；7—开度指针；8—转臂；
9—四合环；10—垫圈；11—密封环

卧式旋启式止回阀：见图 10-30 所示，正常情况下，阀盘靠自身重量挂在转轴上，紧贴阀门座的密封面。当有介质流过时，阀盘被抬起，它能围绕转轴从关闭位置自由地转动到开启的位置，并且差不多与介质的流向相平行。

装在低压低温水管上的止回阀，其阀盘上的密封环材料可采用橡胶，对于高温高压场合的密封环可用青铜、不锈钢等。旋启式止回阀可制成大通路的，由于其阻力小，适用于大直径的长管道上。这种止回阀可用在主水管，直径可制成 1m 以上。

（2）升降式止回阀：大通径高压止回阀大都采用强制关闭装置。见图 10-31，在阀盖与阀盘上部之间装一弹簧，能确保安全。

6. 安全阀

安全阀用在各种受压容器和管道系统上，以防压力升高超过许用数值，从而起到安全保护作用，常用的有重锤式安全阀和弹簧安全阀。

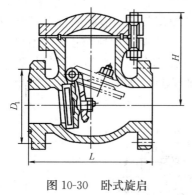

图 10-30　卧式旋启
式止回阀

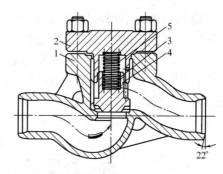

图 10-31　强制关闭升降式止回阀
1—阀体；2—阀盖；3—阀头；4—衬套；5—弹簧

安全阀是一种自动阀门，它不借助任何外力而是利用介质本身的能力来排出一额定数值的介质，以防止系统超压。当压力恢复正常后，阀门自行关闭。所谓直接载荷安全阀是指直接用机械载荷（重锤、弹簧）来克服由阀瓣下介质压力所产生作用力，先导式安全阀是指依靠从导阀排出介质来驱动或控制的安全阀，导阀本身应是符合标准要求的直接载荷安全阀。

安全阀一般分为两种：弹簧式安全阀和重锤式安全阀。

（1）弹簧式安全阀：弹簧式安全阀在系统正常运行时，阀瓣上方受弹簧加载力的作用，阀门处在关闭状态，当系统压力超过规定值时，阀瓣下方介质作用力克服弹簧加载力使阀门开启泄压，当系统压力降低到规定值时阀门在弹簧作用下关闭。

（2）重锤式安全阀：重锤通过杠杆将重力作用在阀杆上，使阀瓣紧压在阀座上，阀门关闭。当系统压力大于重锤作用在阀瓣上的力时，阀瓣开启，压力降低，从而起到保护作用。调整重锤位置，可得到不同的开启压力。

下面重点介绍大机组常用的全量型安全阀：

全量型安全阀用于蒸汽温度≤540℃，整定压力≤21MPa 的锅炉或压力容器，以防止蒸汽压力超过规定值，确保锅炉安全运行。分别布置在汽包、过热器出口主蒸汽管道和再热器出口管道上，当锅炉汽压达到阀门整定值时，安全阀克服弹簧压力立即起跳，排放蒸汽泄压，确保锅炉安全运行。根据美国 ASME 锅炉和压力容器规程规定，安全阀的总排放量不应小于锅炉设计最大蒸汽流量。

为了保证在锅炉出现超压时有一定的蒸汽流量流过过热器，所有过热器安全阀起座压力均小于汽包安全阀最低起座压力。另外，在过热器安全阀上游主蒸汽管道上还装有 1 只电磁泄压阀，其起座压力小于过热器安全阀最低起座压力。在锅炉超压时，电磁泄压阀先于安全阀起跳，可有效地减少安全阀起跳次数。电磁泄压阀进口侧带有 1 只隔离阀，用于检修时与锅炉隔离。在电磁泄压阀隔离时，锅炉仍能继续运行，因为电磁泄压阀的排放量不包括在安全阀总排放量之内。

全量型安全阀的结构见图 10-32。

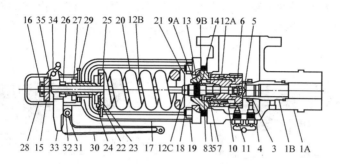

图 10-32　全量型安全阀结构图

1A—阀件；1B—阀座；3—下部调节环；4—下部调节环定位调节螺钉；5—阀瓣；
6—阀瓣夹持圈；7—锁紧螺母；8—锁紧螺母销子；9A—导向套；9B—导向套轴承；10—上部调节环；
11—上部调节环定位调节螺钉；12A—阀杆基准点；12B—阀杆；12C—阀杆销子；13—活塞；
14—活塞定位夹；15—阀杆螺母；16—阀杆螺母销子；17—阀盖；18—阀盖螺栓；19—阀盖螺母；
20—弹簧；21—下弹簧座；22—上弹簧座；23—支承轴承；24—支承轴承瓦块；25、31、32、34、35—销子；
26—调整螺栓；27—调整螺母；28—盖帽；29—盖帽定位螺钉；30—杠杆；33—叉形杠杆

安全阀由阀瓣和阀座组成密封面，阀瓣与阀杆相连，阀杆的总位移量必须满足阀门从关闭到全开的要求。安全阀的起跳压力主要是通过调整螺栓改变弹簧压力来调整。阀门上部装有杠杆机构，用于在动作试验时手动提升阀杆。阀体内装有上、下两个调节环，调节下部调节环可使阀门获得一个清晰的起跳动作，上调节环用来调节回座压力。回座压力过低，阀门保持开启的时间较长；回座压力太高，将使阀门持续起跳和关闭，产生颤振，导致阀门损坏，而且还会降低阀门的排放量。上部调节环的最佳位置应能使阀门达到全行程。

安全阀运输时，在阀瓣和阀座之间装有水压试验安全塞，安全塞作用有二：①防止阀门密封面在运输中损坏；②由于装有安全塞，使弹簧压力增加，可防止安全阀在初次水压试验时开启。在锅炉投运之前，必须将安全塞拆下，装上阀瓣。

安全阀还带有临时压紧装置。该装置附加在阀杆上，用压紧螺钉将阀杆压住，以防止阀门开启。当水压试验压力不超过安全阀最低整定试验压力时，阀门只使用临时压紧装置，不用水压试验安全塞。当水压试验压力超过安全阀最低整定压力时，应同时使用水压试验安全塞和临时压紧装置。当整定起跳压力较高的阀门时，可用临时压紧装置，以防止起跳压力较低的阀门开启。

在水压试验和安全阀整定期间,阀杆将受热膨胀,当锅炉压力低于安全阀最低整定压力的80%时,压紧螺钉应松开,以允许阀杆随温度变化而自由膨胀;当锅炉压力升到安全阀最低整定压力的80%时,只能用手动拧紧压紧螺钉,防止压紧过度引起阀杆弯曲和阀门密封面损坏。

在锅炉正常运行时,绝对不能使用临时压紧装置。

安全阀或电磁泄压阀的排汽管不应与安全阀出口管直接连接,排汽管直径大于出口管直径,排汽管套在出口管的外面,两者之间留有足够的间隙,允许排汽时出口管在排汽管内侧自由移动。出口管上装有疏水盘,以承接排汽管的疏水。

全量型安全阀的工作原理:当安全阀阀瓣下的蒸汽压力超过弹簧的压紧力时,阀瓣就被顶开。阀瓣顶开后,排出蒸汽由于下调节环的反弹而作用在阀瓣夹持圈上,使阀门迅速打开[图10-33(a)]。随着阀瓣的上移,蒸汽冲击在上调节环上,使排汽方向趋于垂直向下,排汽产生的反作用力推着阀瓣向上,并且在一定的压力范围内使阀瓣保持在足够的提升高度上[图10-33(b)]。

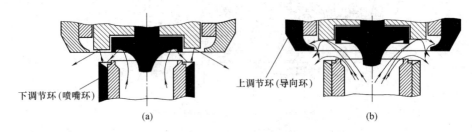

图10-33 调节环的作用
(a)下调节环(喷嘴环)的作用;(b)上喷嘴环(导向环)的作用

随着安全阀的打开,蒸汽不断排出,系统内的蒸汽压力逐步降低。此时,弹簧的作用力将克服作用于阀瓣上的蒸汽压力和排汽的反作用力,从而关闭安全阀。

向右(逆时针方向)移动上调节环(导向环),即升高上调节环,从而减少安全阀的排汽量,提高安全阀的回座压力;向左移动上调节环,即降低上调节环,从而增加安全阀的排放量,降低安全阀的回座压力。调整上调节环位置的高低,实际改变蒸汽对阀瓣的反作用力。上调节环下移,则蒸汽对阀瓣的反作用力增大,使安全阀不易回座,则这样可降低其回座压力。

上调节环的调节必须配合下调节环(喷嘴环)的微小调节,才能使安全阀的运行更为可靠、灵敏、正确。向右(逆时针方向)转动下调节环,则升高下调节环,使阀门打开迅速而且强劲有力,同时增加阀门排放量;向左转动下调节环,则降低下调节环,减少蒸汽的排放量。如果下调节环移到太低的位置,阀门将处于连续启闭的状态。

全量型安全阀阀座设计成拉伐尔喷嘴形状,阀座内径 d_i 大于1.15倍喉部直径 d_t,安全阀达到全开位置时,阀座口处通流面积大于1.05倍喉部面积,安全阀进口处通道面积大于1.7倍喉部面积。根据拉伐尔喷嘴介质流动原理,阀座出口介质流速达到音速,使安全阀排放系数大于0.975,排放量相比于其他安全阀大。

阀座突出在阀体内,避免阀体热应力对阀座密封面的影响。密封件采用阀瓣夹持圈与阀瓣焊接的结构,并与阀瓣套筒用螺纹固定在一起,避免阀瓣套筒和阀瓣的热应力对阀瓣夹持圈（也称热阀瓣）密封的影响，提高了密封性。

阀瓣夹持圈（热阀瓣）用韧性好、强度高、抗冲刷、耐高温的材料制作。这种阀瓣夹持圈结构优点是当密封面有少量蒸汽漏泄时，漏泄的汽经阀瓣夹持圈降压同时降温，使夹持圈下部温度低于上部温度，从而产生弯曲变形，使夹持圈紧接触于阀座上，增加了密封比压，提高密封能力。

当介质压力升高，介质作用力与弹簧力相平衡时，漏泄量无法避免。漏泄量增加到一定程度时，下调节环上部与阀瓣夹持圈下部形成的压力区域内的内压力将随着漏泄量增加而迅速增加，改变蒸汽对阀瓣的作用力，而使介质有足够压力，克服弹簧力，使安全阀起跳。调整下调节环位置高低，改变压力区域内的压力（或作用于阀瓣的作用力），能得到满意的起跳压力。调整上调节环位置的高低，改变蒸汽对阀瓣的反作用力，能影响安全阀的起跳高度和影响回座压力。

安全阀的阀体以及入口接头有足够强度，结构上保证即使是弹簧折断也不能阻碍排汽，并且弹簧碎片也不会飞到外部，保证整个压力容器设备和人身安全。还装设了调整螺丝的锁紧套以及上、下调节环的铅封，防止随意改变整定压力和上、下调节环的位置。为了便于检查机械部分卡住而失灵，设置了手动开启机构。在阀体最底部设置了疏水孔，防止排汽管发生水击现象。

第六节 阀门检修

阀门检修可分为解体检查、缺陷处理、阀门组装及严密性检验几个环节。

一、解体检查

阀门检修前应先进行解体，对各零件进行一次全面检查，以便针对检查出来的缺陷进行修理。

解体的顺序大致是：拆下传动装置，卸下填料压盖，清除旧填料，卸下阀盖、铲除垫料，旋出阀杆，取下阀瓣。解体时应注意在连接件上打记号，防止装配时错位。

全面检查的主要内容有：检查阀体和阀盖有无裂纹，阀杆的弯曲和腐蚀情况，阀瓣和阀座密封面的腐蚀磨损情况，填料有无损坏，各配合间隙是否适当等。

二、阀门检修

阀门解体经认真检查后，即可确定检修内容。

若在阀体或阀盖上发现裂纹或砂眼，应及时补焊。合金钢制成的阀体与阀盖，在补焊前应进行 250~300℃ 的预热，补焊后应使其缓慢冷却。

用于动、静件间密封的填料（俗称盘根）破裂或太干时应更换。更换新填料时，填料接口处应切成 45°斜坡，相邻两层填料的接口应错开 90°~180°。

阀门经长期使用后，阀瓣和阀座的密封面会发生磨损，严密性降低。修复密封面是一项量大而重要的工作。修复的主要方法是研磨。对磨损严重的密封面，要先堆焊经车削加工后再研磨。

1. 研磨材料

常用的研磨材料有砂布、研磨膏和研磨砂等。砂布是以布料为衬底，上面胶粘砂粒。依砂粒的粗细可分 00、0、1、2 等号。研磨膏是用润滑剂和磨料调配而成的。润滑剂可用机油、煤油、黄油、甘油、油酸、硬脂酸和石蜡等。常见的磨料见表 10-4。

表 10-4　　　　　　　　　　　　　常见的磨料

名称	代号	颜色	硬度 HV	适用被研材料
棕刚玉	GZ	暗棕色到淡粉红色	2000	碳素钢、合金钢、可锻铸铁、软黄铜等（表面渗氮材料和硬质合金不适用）
白刚玉	GB	白色	2200	
黑色碳化硅	TH	黑色	2800	灰铸铁、软黄铜、青铜、紫铜
绿色碳化硅	TL	绿色	3000	
碳化硼	TP	黑色	5000	硬质合金与渗碳钢

2. 研磨工具

阀瓣和阀座密封面由于损坏程度不同，不能直接对研，而是先用事先专做的一定数量和规格的假阀瓣（即研磨头）、假阀座（即研磨座）分别对阀座、阀瓣进行研磨。研磨头和研磨座用普通碳素钢或铸铁制作，尺寸和角度应与置于阀门上的阀瓣、阀座相等，见图10-34。

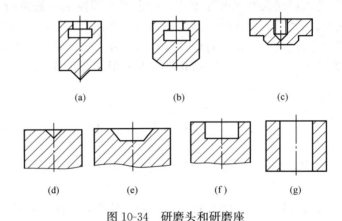

图 10-34　研磨头和研磨座
(a)、(d) 研磨小型节流阀用的研磨头和研磨座；(b)、(e) 研磨斜口阀门用的研磨头和研磨座；
(c)、(f) 研磨平口阀门用的研磨头和研磨座；(g) 研磨安全阀用的研磨座

研磨若手工进行，需配置各种研磨杆。研磨杆和研具要装配得当，不能歪斜。为减轻人的劳动强度，加快研磨速度，常采用电动研磨机或振动研磨机研磨。

3. 阀门的研磨

阀瓣和阀座密封面上产生的麻点、刻痕，当深度在 0.5mm 以内时，可采用研磨方法修复。其研磨过程可按粗磨、中磨和细磨三步进行。

粗磨一般选用 240 号～W40 磨料或 2 号砂布，使用较大的研磨压力，主要是为磨去麻点和划痕。中磨选用 W28～W14 磨料或 1 号、0 号砂布，研磨压力比较小，研磨前要更换新的研具。经过中磨，密封面基本达到要求，表面平整光亮。细磨是用手工方式，将阀门上的阀瓣和阀座直接对研。选用细研磨膏（磨料粒度 W14～W5），并稍加一点机油稀释，先顺时针再逆时针，轻轻地来回研磨。磨一会儿检查一次，直至磨得发亮，并可在阀瓣和阀座的密封面上见到一圈黑亮的闭合带。最后再用机油轻轻磨几次，用干净的棉纱擦干。

这里应当指出，采用砂布研磨时，砂布应固定在根据阀门阀瓣和阀座的形状尺寸制成的研具上。

对于大型闸板阀的闸板，通常采用刮研法修复。刮研时将闸板放在研磨平板上用着色法研磨，刮去不平部位，直至每平方厘米接触点达两点以上。然后再用刮好的闸板着色刮研阀座，接触点也应达每平方厘米两点以上。对焊在管道上的闸板阀和截止阀，则需专门的研门

机研磨修复。

阀门检修后,应进行水压试验检查其严密性。水压试验的试验压力为工作压力的 1.25 倍,在试验压力下保持 5min,然后把压力降至工作压力进行检查。若发现泄漏,应再次进行检修,直至合格。

三、阀门故障及消除

阀门在长期运行状况下会有不同程度的腐蚀、磨损、变形和泄漏。阀门的种类不同,工作条件不同,造成的故障也不尽相同。现将常见故障产生原因及消除方法列入表 10-5。

表 10-5 阀门常见故障原因及消除方法

故障名称	产生原因	消除方法
阀门本体漏	阀体浇铸质量差,有砂眼气孔或裂纹;阀体补焊时出现裂纹	磨光怀疑有裂纹处,用 4% 硝酸溶液浸蚀,如有裂纹,便可显示出来然后补焊。补焊时要注意焊前预热和焊后热处理
阀盖结合面漏	1. 自密封结构加工精度低 2. 螺栓紧固力不够或紧固力不均匀 3. 门盖垫片损坏 4. 结合面不平	1. 提高加工精度,改进密封结构 2. 注意紧螺栓时的先后顺序,紧固力一致 3. 更换垫片 4. 重新修磨结合面
填料盒泄漏	1. 填料压盖未压紧、过紧或压偏 2. 加装填料的方法不当 3. 填料的材质选择不当,或质量差已老化 4. 阀杆表面粗糙或呈椭圆	1. 检查并调整填料压盖,均匀用力拧紧压盖螺栓 2. 按规定的方法加装填料 3. 选用合乎要求的填料,及时更换或补充新填料 4. 修磨阀杆
阀瓣与阀座结合面泄漏	1. 关闭不严 2. 研磨质量差 3. 阀瓣与阀杆间隙过大,造成阀瓣下垂或接触不良 4. 密封面堆焊硬质合金的耐磨性差,质量低,龟裂或有杂质卡住	1. 改进操作,重新开启或关闭 2. 改进研磨方法,重新研磨 3. 调整阀瓣与阀杆间隙或更换阀瓣的紧固螺母 4. 重新更换或堆焊密封圈,消除杂质
阀座与阀体间泄漏	1. 装配太松 2. 有砂眼	1. 取下阀座,对泄漏处补焊而后车削加工,再嵌入阀座后车光,或换新阀座 2. 对有砂眼处进行补焊,然后车光并研磨
阀瓣腐蚀损坏	阀瓣选材不当	1. 按介质性质和温度选用合适的阀瓣材料 2. 更换合乎要求的阀门,安装时应符合介质的流动方向
阀瓣和阀座有裂纹	1. 合金钢结合面堆焊时有裂纹 2. 阀门两侧温差太大	对有裂纹处补焊,进行适当的热处理后车光并研磨
阀瓣与阀杆脱离造成开关不灵	1. 修理不当或未加螺母垫圈,运行中汽水流动使螺栓松动销子脱出 2. 运行时间过长,使销子磨损或疲劳破坏	1. 根据运行经验及检修记录,适当缩短检修间隔 2. 阀瓣与阀杆的销子要合乎规格,材料质量要合乎要求
阀杆及与其配合的螺纹套管的螺纹损坏,或阀杆头折断阀杆弯曲、阀杆与阀套磨损	1. 操作不当,用力过猛,或用大钩子关闭小阀门 2. 螺纹配合过松或过紧 3. 操作次数过多,使用年限太久 4. 调节阀阀杆在蒸汽汽流作用下振动至疲劳断裂	1. 改进操作,一般不允许用大钩子关闭小阀门 2. 制造备品时要合乎公差要求,材料适当 3. 重新更换配件 4. 在汽室中加挡板,减少汽流对阀杆与阀的横向激振

续表

故障名称	产生原因	消除方法
阀杆升降不灵或开关不动	1. 冷态下关得太紧，受热后胀住 2. 填料压得过紧 3. 阀杆与阀杆螺母损坏 4. 阀杆与填料压盖的间隙过小 5. 填料压盖紧偏卡住 6. 润滑不良，阀杆严重锈蚀	1. 用力缓慢试开或开足拧紧再关 0.5~1 圈 2. 稍松填料压盖螺栓试开 3. 更换阀杆及螺母 4. 适当扩大阀杆与填料压盖之间隙 5. 重新调整压盖螺栓，均匀拧紧 6. 高温介质通过的阀门，应采用纯净石墨粉为润滑剂

参 考 文 献

[1] 苏云提. 电力施工企业职工岗位技能培训教材：汽轮机本体安装. 北京：中国电力出版社，2004.
[2] 李浩然. 电力施工企业职工岗位技能培训教材：汽轮机辅机安装. 北京：中国电力出版社，2005.
[3] 常咸伍，霍如恒. 汽轮机本体检修实用技术. 北京：中国电力出版社，2004.
[4] 周礼泉. 大功率汽轮机检修. 北京：中国电力出版社，1997.
[5] 刘崇和，张勇. 大型发电设备检修工艺方法和质量标准丛书：汽轮机检修. 北京：中国电力出版社，2004.
[6] 郭延秋. 大型火电机组检修实用丛书：汽轮机分册. 北京：中国电力出版社，2003.
[7] 黄雅罗，黄树红. 发电设备状态检修. 北京：中国电力出版社，2001.
[8] 袁智骏. 国家职业资格培训教程：锅炉设备安装工. 北京：中国电力出版社，2003
[9] 高校良著. 高层钢结构工程质量控制. 北京：中国计划出版社，1995.
[10] 程文祥，刘爱民主编. 电厂锅炉安装与检修. 北京：中国电力出版社，2000.
[11] 虞铁铮编. 大型锅炉安装. 北京：水利电力出版社，1984.
[12] 梁立德. 火电厂热力设备检修工艺学. 北京：中国电力出版社，1995.
[13] 赵鸿逵主编. 热力设备检修工艺学. 2版. 北京：中国电力出版社，2007.
[14] 长春电力学校编. 热力设备安装与检修. 北京：电力工业出版社，1982.
[15] 鲍引年. 大型汽轮机安装. 北京：水利电力出版社，1984.